Fachberichte
Messen · Steuern · Regeln

Herausgegeben von M. Syrbe und M. Thoma

12

Sensoren
in der textilen Meßtechnik

Herausgegeben von
E. Schollmeyer und E. A. Hemmer

Springer-Verlag
Berlin Heidelberg New York Tokyo 1985

Wissenschaftlicher Beirat:

G. Eifert, D. Ernst, E. D. Gilles, E. Kollmann, B. Will

Herausgeber:
Professor Dr. Eckhard Schollmeyer
Deutsches Textilforschungszentrum Nord-West e. V.
Institut für textile Meßtechnik
Frankenring 2
4150 Krefeld 1

Professor Dr. Ernst Arnold Hemmer
Universität – GH – Duisburg
Fachbereich 6, Fachgebiet Physikalische Chemie
Bismarckstraße 80
4100 Duisburg 1

CIP-Kurztitelaufnahme der Deutschen Bibliothek

Sensoren in der textilen Messtechnik :
[Herrn Prof. Dr. Robert Kosfeld herzl. zum 60. Geburtstag gewidmet] /
hrsg. von E. Schollmeyer u. E. A. Hemmer. -
Berlin ; Heidelberg ; New York ; Tokyo : Springer, 1985
(Fachberichte Messen, Steuern, Regeln ; 12)
NE: Schollmeyer, Eckhard [Hrsg.]; Kosfeld, Robert: Festschrift; GT

ISBN 3-540-15494-9 Springer-Verlag Berlin Heidelberg New York Tokyo
ISBN 0-387-15494-9 Springer-Verlag New York Heidelberg Berlin Tokyo

Das Werk ist urheberrechtlich geschützt. Die dadurch begründeten Rechte, insbesondere die der Übersetzung, des Nachdrucks, der Entnahme von Abbildungen, der Funksendung, der Wiedergabe auf photomechanischem oder ähnlichem Wege und der Speicherung in Datenverarbeitungsanlagen bleiben, auch bei nur auszugsweiser Verwertung, vorbehalten. Die Vergütungsansprüche des § 54, Abs. 2 UrhG werden durch die »Verwertungsgesellschaft Wort«, München, wahrgenommen.
© Springer-Verlag Berlin, Heidelberg 1985
Printed in Germany

Die Wiedergabe von Gebrauchsnamen, Handelsnamen, Warenbezeichnungen usw. in diesem Werk berechtigt auch ohne besondere Kennzeichnung nicht zu der Annahme, daß solche Namen im Sinne der Warenzeichen- und Markenschutz-Gesetzgebung als frei zu betrachten wären und daher von jedermann benutzt werden dürften.

Offsetdruck: Mercedes-Druck, Berlin
Bindearbeiten: Lüderitz & Bauer, Berlin
2160/3020-543210

Herrn Professor Dr. Robert Kosfeld
herzlich zum 60. Geburtstag gewidmet

Vorwort

Die Schlagworte "Sensor" und "Mikroprozessor" fehlen in keiner Abhandlung im Zusammenhang mit technischen Innovationen. Dahinter verbirgt sich der Wunsch der Industrie nach leistungsfähigen Meßeinrichtungen zur Erfassung physikalischer und chemischer Größen:

- Bestimmte Qualitätsmerkmale eines Produktionsprozesses lassen sich nur durch Einsatz geeigneter Sensoren erreichen.

- Eine verbesserte Regelungstechnik stellt - zusammen mit der Verfahrenstechnik - einen Beitrag zur Qualitätssteigerung sowie zur Energie- und Rohstoffeinsparung dar.

- Eine Erhöhung des Automatisierungsgrades technischer Prozesse setzt die Nachbildung der sensorischen Fähigkeiten des Menschen, wie z.B. das Sehen, Hören und Fühlen, voraus.

- Der Automatisierungsgrad wurde bisher durch die Kosten der Sensoren einschließlich der Auswerteelektronik begrenzt.

Marktstudien prognostizieren den mikroelektronik-kompatiblen Sensoren (elektronische Sensoren) für die kommenden Jahre große Zuwachsraten. Für das Jahr 1986 rechnet man nach BRENDECKE [1] mit einem Marktvolumen von ca. 1 Mrd. DM für Westeuropa (vgl. Abb. 1). Das entspricht einer jährlichen Steigerung von 32 %. Dabei stellt die Automobilindustrie mit etwa 57 % des Gesamtmarktes den größten zukünftigen Abnehmer elektronischer Sensoren dar. Es ist aber zu bedenken, daß der Marktwert der Sensoren für die industrielle Meßtechnik in der gleichen Größenordnung wie der aller Automobilsensoren liegt, obwohl nach Stückzahlen deren Anteil weniger als 1 % ausmacht [1].

Die Bezeichnung Sensor leitet sich vom lateinischen "Sensorium" - das Empfindungsvermögen - ab [2]. In der VDI/VDE-Richtlinie 2600 "Metrologie", Abschnitt 3.2.1.1 ist der Sensor lediglich als englische Übersetzung von Fühler angeführt:

> "...Fühler heißt derjenige Teil des Aufnehmers, der die Meßgröße unmittelbar erfaßt und auf diese empfindlich ist".

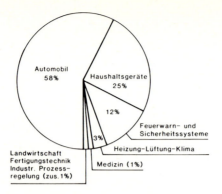

Abb. 1: Der deutsche Sensormarkt (in Stückzahlen) 1986 nach BRENDECKE [1].

Nach GÜNZEL [2] versteht man heute unter Sensortechnik oftmals den gesamten Komplex der Einrichtungen zur Aufnahme von Informationen aus der (meist technischen) Umwelt. Damit reicht die Spannweite der Sensorik also vom Meßfühler und Aufnehmer bis zur Meßeinrichtung mit digitaler Verarbeitungselektronik einschließlich Prozessor und Software.

Die Entwicklung verläuft nach TRÄNKLER [3] in Richtung Ein-Chip-Sensoren (vgl. Abb. 2), bei denen Sensor und Mikrorechner möglichst in einheitlicher Technologie gefertigt und auf einem Baustein vereint sind: Der prozeßnahe "Fühler" wird zum Aufnehmer, der das Meßsignal liefert. Nach einer Signalaufbereitung ("Anpasser") und Analog-Digital-Umsetzung ("digitaler Aufnehmer") wird dieses im Mikrorechner verarbeitet und steht an der Sammelleitung als Ausgangsgröße des "intelligenten Sensors" zur Verfügung, z.B. zur Führung eines technischen Prozesses [3]. Damit soll die neue Sensorgeneration aus kompakten Bauelementen bestehen, die mikroelektronikkompatibel sind und bei den Beanspruchungen am Meßort (z.B. extreme Temperaturen, aggressive Medien, Schmutz, Vibration) betriebssicher sind. Weitere geforderte Eigenschaften sind Genauigkeit, Zuverlässigkeit, Baugröße, Preis und leichte Anpaßbarkeit für spezielle Meßaufgaben [4]. Zu beachten ist hierbei, daß Genauigkeit und Schnelligkeit der Signalverarbeitung sowie Störsicherheit und Zuverlässigkeit durch die Sensoren bestimmt werden. Diese geben auch den Preis für die Regelkreise vor.

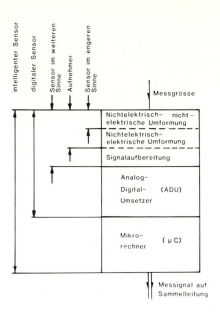

Abb. 2: Intelligenter Ein-Chip-Sensor nach TRÄNKLER [3].

Mit Sensoren lassen sich die unterschiedlichsten Meßgrößen erfassen, wie Temperatur, Weg, Kraft, Druck, Drehmoment, Dehnung, Beschleunigung, Geometrie, Füllstand, Durchfluß, Position, Feuchte, chemische Zusammensetzung und Konzentration, Magnetfeld etc. Da eine große Anzahl von Umformeffekten zur Verfügung steht, kann fast jede Größe mit mehreren physikalischen Effekten ermittelt werden, z.B. durch thermische, optische, magnetische, piezoelektrische, pyroelektrische und chemische. Ein Durchbruch zu größeren Stückzahlen und kleineren Preisen wird nur zu erzielen sein, wenn es gelingt, die Vielfalt an Eingangsgrößen mit relativ wenig Sensortechnologien zu erfassen. Als mikroelektronik-kompatible Technologien haben sich die Halbleiter-, Dünnfilm- und Dickschicht-Technologie bewährt. Neue Technologien werden z.Z. entwickelt, zu nennen sind hier die Glasfaser-, die Mikromechanik-Technologie [6] sowie neue Biotechnologien.

Fragt man nach dem Entwicklungstrend von Sensoren für die Prozeßautomatisierung in der textilen Verarbeitungskette, so strebt man eine berührungslose Erfassung von Prozeßgrößen an. Weiterhin muß mit wachsenden Anforderungen an die Prozeßsicherheit und Qualität der zu erstellenden Produkte die Meßgenauigkeit bei Erhaltung einer hohen Langzeitstabilität gesteigert werden. Die heute geforderten Meßgenauigkeiten liegen bei Produktionsprozessen im Mittel zwischen 0,5 % und 2 %, je nach Art des Prozesses [5]. Denkt man dabei an Sensoren, die z.B. in Spannrahmen, Dämpfern, Lösungsmittelanlagen etc. eingesetzt werden sollen, ist die Kapselung von besonderer Bedeutung. Trotz hoher Umweltbeanspruchungen wird von Sensoren für die Prozeßautomatisierung eine möglichst kleine Ausfallrate gefordert; dies gilt besonders für solche, die Gefahrenszustände oder Grenzwerte signalisieren müssen. Weiter müssen Sensoren (besonders Ein-Chip-Sensoren) möglichst unempfindlich gegen elektromagnetische Einstrahlung sein, um Meßwertverfälschungen zu vermeiden.

Den prognostizierten Bedarf an Sensoren wird man mit einer reinen Produktionssteigerung vorhandener Sensoren nicht befriedigen können. Nach Schätzungen müssen 80 % des Sensorbedarfs aus Neuentwicklungen gedeckt werden [1]. Die Zielsetzung des 2. **Symposiums für textiles Meß- und Prüfwesen** bestand darin, die Entwicklungstendenzen von Sensoren für die Textilerzeugung und -veredlung zu diskutieren. Neben Sensoren, wie sie z.B. in der chemischen Betriebstechnik oder Robotertechnick Anwendung finden, sind eine Reihe textilspezifischer Sensoren zu entwickeln, u.a. auch chemische und Biosensoren. Ideen für wünschenswerte Sensoren lassen sich aus der Kenntnis der Verfahrenstechnik gewinnen. Daher wurden neben den Manuskripten der Vorträge und meßtechnischen Begriffsbildungen auch verfahrenstechnische und prüftechnische Gesichtspunkte in diesen Tagungsbericht aufgenommen.

Die Herausgeber dieses Buches danken im Namen des Deutschen Textilforschungszentrums Nord-West e.V. allen, die zum Gelingen der Tagung beigetragen haben. Dieser Dank gilt besonders den Vortragenden und Frau Waltraud Moldenhauer für die gewissenhafte Erstellung der Druckvorlagen.

Literatur

[1] Brendecke, H.:
Mikroelektronik-kompatible Sensoren - eine Herausforderung für Entwickler und Hersteller.
Technisches Messen 50 (1983), 359-365.

[2] Günzel, K.:
Sensortechnik - eine neue Disziplin?
Technisches Messen 50 (1983), 355-358.

[3] Tränkler, H.-R.:
Die Schlüsselrolle der Sensortechnik in Meßsystemen.
Technisches Messen 49 (1982), 343-353.

[4] Hesse, J. (Hrsg.):
Sensoren.
Sonderheft der Zeitschrift Technisches Messen 1983;

Bethe, K. (Hrsg.):
Sensoren - Technologie und Anwendung.
VDI-Ber. 509, VDI-Verlag GmbH, Düsseldorf 1984.

[5] Hesse, D. und Küttner, H.:
Entwicklungstendenzen der Sensortechnik.
industrie-elektronik + elektronik 28 (1983), 36-44.

[6] Die Mikromechanik-Technologie wurde erstmals bei dem Silizium-Drucksensor TSP 410A und bei dem Silizium-Beschleunigungssensor SAA 50 von Texas Instruments angewandt.

Eckhard Schollmeyer
Ernst Arnold Hemmer

Krefeld, im März 1985

Inhaltsverzeichnis

Einführung in die textile Meßtechnik — 1

Entwicklungstendenzen bei technischen Sensoren — 39

Faseroptische und integriert optische Sensoren — 55

Optische Meßverfahren in der Textilindustrie — 77

Grundlagen der Verfahrenstechnik der Textilveredlung — 119

Meßtechnische Probleme im Textilveredlungsbetrieb — 141

Vom Meßwert zum computergeführten Veredlungsprozeß — 151

Meßtechnische Erfassung der Eigenschaftsänderung von Cellulose in Kontinueprozessen — 207

Prüfung von Textilien
- Ein Vorschlag zur Ordnung von Literaturkenntnissen in Merkblättern — 235

Moderne Meßverfahren bei der Entwicklung von Textilmaschinen — 327

Textiltechnische Kriterien für die Beurteilung von Karden- und Streckenregulierungen — 343

Nutzung von Ergebnissen der Textilprüfung zur Optimierung der Verarbeitungs- und Gebrauchseigenschaften von Textilien — 387

Anhang — 434

Einführung in die textile Meßtechnik

E.A. Hemmer und E. Schollmeyer

Universität-GH-Duisburg
Fachbereich 6, Fachgebiet Physikalische Chemie
Bismarckstr. 90

D-4100 Duisburg 1

Deutsches Textilforschungszentrum Nord-West e.V.,
Institut für textile Meßtechnik
Frankenring 2

D-4150 Krefeld 1

> Der Aufbau der physikalischen Wissenschaft vollzieht sich auf der Grundlage von Messungen.
>
> Max Planck

Der folgende Beitrag soll keine umfassende Einführung in die allgemeine Meßtechnik geben. Es ist vielmehr versucht worden, einige spezielle Aspekte der textilen Meßtechnik herauszustellen, die mit den überlieferten Definitionen und Anschauungen nur schlecht bzw. überhaupt nicht erfaßt werden.

1. Einführung

Das Messen gehört zu den ältesten Tätigkeiten der Menschen. Sein Ursprung liegt in kultischen und ökonomischen Bereichen. Zur Festlegung bestimmter Tage im Jahresablauf mußten Sonnen- und Mondstände bestimmt werden. Beim Tausch und Kauf von Waren oder bei der Festsetzung von Steuern wurden Maße und Gewichte benötigt. Die Balkenwaage mit gleichlangen Armen war schon den Ägyptern um 5.000 v.Chr. bekannt, und in der Bibel wurden bereits im "1. Mose 6, 14 - 16" Längenmaße für die Arche Noahs angegeben. Im Laufe der geschichtlichen Entwicklung ist der Fortschritt in den Naturwissenschaften und der Technik immer mit einer Verbesserung der Meßtechnik verknüpft. Moderne Produktionsprozesse sind ohne eine ausgefeilte Meßtechnik überhaupt nicht möglich.

2. Aufgabenbereiche der Meßtechnik

Die Meßtechnik hat sich heute zu einem eigenständigen Gebiet der Wissenschaft - der Metrologie - entwickelt [1-4]. Die Metrologie wird in folgende Bereiche unterteilt, zu denen die angeführten Aufgabenbereiche gehören:

1. Theoretische Metrologie:
   Wissenschaftliche Grundlagen, funktionale Zusammenhänge, Meßprinzipien, Fehlertheorie, Präzisionsbestimmung von Naturkonstanten.

2. Gesetzliche Metrologie:
   Erstellung gesetzlicher Grundlagen, Normung (DIN, VDE), Festlegung der gesetzlichen Einheiten.

3. Angewandte Metrologie:
   Entwicklung und Durchführung von Meßverfahren, Entwicklung und Erprobung von Meßeinrichtungen, Bestimmung der Empfindlichkeit und Genauigkeit, Bestimmung von Meßwerten und Meßergebnissen, Datenreduktion, Überprüfung der Aussagekraft von Ergebnissen als Grundlage für Entscheidungen.

In der gesetzlichen Metrologie werden die meßtechnischen Tätigkeiten festgelegt [5]:

Messen:	Quantitative Bestimmung einer Meßgröße als Produkt Zahlenwert · Einheit.
Prüfen:	Feststellung, ob das untersuchte Merkmal eines Prüflings festgelegte Bedingungen erfüllt. Nach dem Meßvorgang muß eine Entscheidung getroffen werden (Ja-Nein-Entscheidung).
Zählen:	Ermittlung einer Anzahl von Elementen. Die Elemente können Stückzahlen, aber auch Ereignisse sein.
Klassizieren:	Zusammenfassung von Prüfen und Zählen. Gegeben ist für eine bestimmte Meßgröße der Wertebereich, der in mehrere Intervalle unterteilt ist. Von einem Kollektiv von Objekten wird durch Prüfen festgestellt, welchem Intervall der jeweilige Meßwert zugeordnet ist. Durch Zählen der Elemente jedes Intervalls wird eine Verteilungskurve ermittelt.
Sortieren:	Gegeben ist für eine bestimmte Meßgröße der Wertebereich, der in mehrere Intervalle unterteilt ist. Von einem Kollektiv von Objekten wird durch Prüfen festgestellt, welchem Intervall der jeweilige Meßwert zugeordnet ist. Jedem Intervall ist ein "Kasten" zugeordnet, in den das Meßobjekt nach der Prüfung eingeordnet wird. Sortieren im strengen Sinne umfaßt nicht das Zählen der Objekte eines "Kastens".
Kalibrieren:	Ermittlung von Korrekturfaktoren oder Korrekturfunktionen, die den funktionellen Zusammenhang zwischen den ausgegebenen und richtigen Werten beschreiben.
Graduieren:	Erstellung einer Ableseskala, wobei die den Meßwerten entsprechenden Teilungsmarkierungen eingetragen werden.
Justieren:	Am Meßsystem vorgenommene apparative Änderungen, um eine möglichst gute Übereinstimmung zwischen angezeigtem und wahrem Meßwert zu erreichen, z.B. - mechanische Nullpunktskorrektur, - Einstellen mit einer Libelle und - Einstellen von Potentiometern.

Eichen: Amtliches Prüfen der Einhaltung gesetzlicher Vorschriften durch die PTB oder Eichämter. Die Eichung wird normalerweise beurkundet (Plombe, Stempel, schriftliche Urkunde). Die Beurkundung gilt immer nur für einen begrenzten Zeitraum.

3. Wesen und Durchführung des Messens

Hierzu sollen zwei Definitionen von PROFOS [6] zitiert werden:

I. "Unter Messen versteht man die Gesamtheit der Tätigkeiten und Vorgänge zum Zweck der objektiven experimentellen Beschaffung quantitativer Angaben über bestimmte materielle Eigenschaften eines physisch existenten Objektes. Die Meßergebnisse dienen als Grundlage für das Treffen von Entscheidungen im Hinblick auf Sachfragen und/oder Aktionen."

II. "Messen heißt, eine zu messende Größe als Vielfaches einer allgemein anerkannten Einheitsgröße derselben physikalischen Dimension bestimmen, und zwar durch experimentellen Vergleich mit einer Maßverkörperung dieser Einheit."

Definition II entspricht den klassischen Vorstellungen, wie sie auch in den Normen behandelt werden; Definition I läßt sich jedoch sehr viel einfacher auf moderne Verfahren und Methoden anwenden. Sie ist umfangreicher als Definition II: Beispielsweise läßt sich die Bestimmung einer Kristallstruktur nicht unter die Definition II einordnen.

4. Blockschema eines Meßsystems und allgemeine Begriffe

Die allgemeinen Merkmale eines Meßvorgangs lassen sich anhand eines verallgemeinerten Blockschemas erläutern (vgl. Abb. 1).

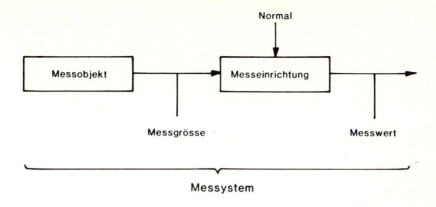

Abb. 1: Blockschema eines Meßsystems [7].

Die physikalische oder chemische Meßgröße des Meßobjektes wirkt auf den Eingang der Meßeinrichtung. In der Meßeinrichtung wird die Meßgröße mit einem Normal verglichen. Am Ausgang der Meßeinrichtung wird der Meßwert ausgegeben. Mit dem Blockschema 1 sollen einige allgemeine Begriffe erläutert werden, wie sie den bestehenden Vorschriften entsprechen.

Meßobjekt:

Meßobjekt oder Meßgegenstand ist das Objekt, dessen Eigenschaften oder Zustände bestimmt werden sollen (Reaktor, Werkstück, Faser, Garn, textiles Flächengebilde ...).

Meßgröße:

Die Meßgröße ist die physikalische oder chemische Größe (Eigenschaft, Zustand), die durch die Messung quantitativ erfaßt werden soll (Temperatur, Konzentration, Länge, Schrumpfspannung, Höchstzugkraft, Glanz...).

Meßeinrichtung:

Die Meßeinrichtung ist die Gesamtheit der für die Durchführung der Messung erforderlichen Bauelemente. Sie umfaßt alle Geräte vom Aufnehmer zur Erfassung der Meßgröße über Verstärker, Wandler, Übertrager, Rechner bis zum Anzeigegerät der Meßgröße.

Meßsystem:

Das Meßsystem umfaßt Meßobjekt und Meßeinrichtung.

Meßwert:

Der Meßwert ist der durch das Ausgabegerät angezeigte Wert. Er wird als Produkt aus Zahlenwert und Einheit angegeben (z.B. 300 K, 0,6 mol·l^{-1}, 15 cm).

Meßergebnis:

Das Meßergebnis wird meist aus mehreren Meßwerten für eine Meßgröße ermittelt, wobei statistische Methoden herangezogen werden müssen. Das Meßergebnis kann auch aus den Meßwerten für unterschiedliche Meßgrößen nach einem bekannten physikalischen Gesetz ermittelt werden.

5. <u>Einteilung der Meßgrößen</u>

Für den Bereich der Chemie bzw. chemischen Technologie unterscheidet man bei den Meßgrößen:

1. Stoffgrößen,
2. Systemgrößen und
3. Prozeßgrößen.

1. Stoffgrößen sind solche Größen, die bei Konstanz gewisser äußerer Parameter eindeutig einem Stoff zugeordnet werden können [8]. Es sind intensive Größen, die nicht von der Stoffmenge abhängig sind. Der Stoff kann auch eine Mischung sein. Hierunter fallen z.B. Dichte, Molvolumen, Extinktionskoeffizient, Reflexionskoeffizient, Flächengewicht eines Gewebes, molare Verdampfungsenthalpie und Ausdehnungskoeffizient, aber nicht Masse, Volumen, Verdampfungsenthalpie und Länge. Als äußere Parameter müssen in jedem Fall Druck und Temperatur, unter Umständen auch weitere intensive Größen, wie elektrische oder magnetische Feldstärke, angegeben sein. Bei einer Mischung ist die Konzentration (Zusammensetzung) eine Stoffgröße.

2. Systemgrößen sind solche Größen, die sich auf einen definierten Teil eines Raumes - System - beziehen. Das System ist durch Systemgrenzen gegenüber der Umgebung abgegrenzt. Nach den Definitionen der Thermodynamik können die Grenzen offen, geschlossen bzw. abgeschlossen sein. Systemgrößen sind gekoppelt mit eindeutig definierten Zuständen bzw. nur den Differenzen zwischen zwei Zuständen. Sie sind unabhängig von der Zeit, wobei auch nach der vollständigen Isolierung des Systems von der Umgebung keine zeitlichen Änderungen der Größen festgestellt werden können. Systeme können aus einer Phase, aber auch aus mehreren Phasen bestehen. Innerhalb eines Systems sind die Bedingungen für thermisches, mechanisches, stoffliches und chemisches (Reaktions-) Gleichgewicht erfüllt. Bekannte Systemgrößen sind Volumen, Länge, innere Energie, Entropie, Gleichgewichtskonstante, Verteilungskonstante, Adsorptionskonstante, elektromotorische Kraft einer galvanischen Kette (elektrochemisches Gleichgewicht), Dickeschwankungen eines Garnes als Funktion der Länge, Kante-Mitte-Unegalität gefärbter Warenbahnen.

3. Prozeßgrößen sind solche Größen, die innerhalb eines Systems mit dem wirklichen Ablauf von Prozessen gekoppelt sind. Hierbei tritt entweder die Zeit explizit auf, oder es sind, wenn die partielle Ableitung der Größe nach der Zeit Null ist, Gradienten der Größe vorhanden. Hierzu gehören auch Größen, die nicht nur von der Differenz zwischen zwei zeitunabhängigen Zuständen abhängig sind, sondern bei denen der Weg, auf dem man vom ersten zum zweiten Zustand gelangt, den Wert der Größe bestimmt, wie z.B. bei der Wärme und der Arbeit. Prozesse können diskontinuierlich im Batch-Verfahren, aber auch kontinuierlich in Fertigungsstraßen durchgeführt werden. Beispiel für Prozeßgrößen sind:

- Durchflußgeschwindigkeit eines Mediums an einem fixierten Ort als Funktion der Zeit,

- Konzentrationsverlauf zu einem bestimmten Zeitpunkt als Funktion des Ortes,

- Konzentrationsänderung an einem fixierten Ort als Funktion der Zeit,

- Flächendichteschwankung eines textilen Gutes an einem fixierten Ort als Funktion der Zeit,

- Konzentrationsänderung bei einem Batch-Prozeß als Funktion der Zeit, wenn die Konzentration im Reaktor unabhängig vom Ort ist,

- Kraft-Längenänderungs-Kurve bei einer definierten Backenabzugsgeschwindigkeit. Die Höchstzugkraftdehnung von Hochpolymeren ist keine Stoffgröße, da sie von der Verformungsgeschwindigkeit abhängt.

Der vorstehende Versuch der Unterscheidung von Meßgrößen wurde vorgenommen, da in den grundlegenden Vorschriften der Metrologie - DIN 1319; VDI/VDE 2600 - die speziellen Fragestellungen der textilen Meßtechnik in bezug auf physikalisch-chemische Grundlagen, Fertigungsprozesse und daraus resultierende Eigenschaften nicht in dem erforderlichen Umfang berücksichtigt sind. Besonders wichtig erscheint dabei die Einführung der Prozeßgrößen, denn diese Größen sind ausschlaggebend für die Realisierung von Fertigungsverfahren, da sie direkt in deren Regelung eingreifen. Hierbei ist die Abhängigkeit der Größen von der Zeit von großer Bedeutung, was besonders bei der Auswahl von geeigneten Meßverfahren berücksichtigt werden muß.

6. Erweiterung des Begriffes "Meßobjekt" in der textilen Meßtechnik

Nach den Ausführungen über die Meßgrößen ist es offensichtlich, daß für die Belange der textilen Meßtechnik die klassischen Begriffsvorstellungen erweitert werden müssen. Meßobjekte können nicht nur "Träger einer physikalischen Größe" sein, sondern müssen als Prozeßeinheiten oder Gesamtanlagen auch Träger mehrdimensionaler Größenfelder sein. Die in den DIN- bzw. VDI/VDE-Vorschriften angeführte Vorstellung ist zu sehr am Vorbild der Präzisionsmessung von Grundeinheiten orientiert, wie z.B. Masse, Länge, Zeit. Schwierigkeiten bereiten diese engen Definitionen beim Vermessen von Prozeßabläufen, wie z.B. beim kontinuierlichen Produktauftrag [9].

7. Einteilung von Meßprinzipien

Das Meßprinzip gibt die charakteristische, physikalisch-chemische Erscheinung an, die bei der Messung benutzt wird. Angeführt seien folgende Beispiele:

Meßgröße	Meßprinzip
Konzentration	Kapazität
	Extinktion
	Elektrisches Potential (pH-Wert)
	Masse, Dichte
Temperatur	Längenausdehnung
	thermoelektrischer Effekt
	Strahlungsemission
	Änderung des elektrischen Widerstandes
	magnetische Suszeptibilität
Dichte	Schallgeschwindigkeit
	Volumen - kombiniert mit Massen-Bestimmung
Länge	Lichtinterferenz
	Lichtgeschwindigkeit (Zeit)
	Kapazität

Die Meßprinzipien können nach den Teilgebieten der Physik bzw. physikalischen Chemie klassifiziert werden, wie Optik, Mechanik, Elektromagnetismus, Akustik, Thermodynamik, Spektroskopie, Elektrochemie usw.

8. Meßverfahren

Das Meßverfahren beinhaltet alle experimentellen Maßnahmen, mit denen man - nach der Auswahl eines geeigneten Meßprinzips - die gewünschten Informationen erhalten kann. Man unterscheidet verschiedene Einteilungen. Bei einem direkten Meßverfahren wird der Wert einer Meßgröße unmittelbar durch ein Ausgabegerät angezeigt (Längenmessung mit Schieblehre). Bei einem indirekten Meßverfahren wird der Meßwert als Umwandlung des Wertes einer anderen Meßgröße bzw. als Umwandlung mehrerer Werte unterschiedlicher Meßgrößen (Temperaturmessung mit Thermoelement) ausgegeben. Eine weitere Einteilungsmöglichkeit ist mit folgendem Schema gegeben:

Bei allen statischen Meßmethoden spielt die Zeit keine signifikante Rolle. Hiermit können Meßgrößen erfaßt werden, deren Werte konstant bleiben. Meßgrößen, die diese Bedingung nicht erfüllen, müssen mit einem dynamischen Meßverfahren bestimmt werden. Das Meßprinzip kann in beiden Fällen das gleiche sein. Die verschiedenen Möglichkeiten sollen an Beispielen von Konzentrationsbestimmungen erläutert werden, wobei eine ternäre flüssige Mischung zugrunde gelegt werden soll. Wenn keine chemischen Reaktionen ablaufen oder sich das chemische Gleichgewicht eingestellt hat, sind die Konzentrationen Stoff- bzw. Systemgrößen. Zu ihrer Bestimmung können statische Verfahren herangezogen werden. Ein diskretes Verfahren ist die Titration; man kann die drei Konzentrationen aber auch mit einem Filterphotometer bei drei unterschiedlichen Frequenzen messen. Bei der Aufnahme des vollständigen Absorptionsspektrums mit einem registrierenden Spektralphotometer hat man es mit einem frequenzkontinuierlichen Verfahren zu tun. Auch hierbei spielt die Registrierzeit keine Rolle.

Bei einer stationären Konzentrationsverteilung in einem Reaktor kann man den örtlichen Verlauf mit einem statischen, ortskontinuierlichen Meßverfahren ermitteln, indem man für drei konstante Frequenzen nacheinander den interessierenden Bereich abfährt (scan-Verfahren). Das gleiche Verfahren findet bei der Untersuchung von Feststoffmischungen mit der Elektronenstrahl-Mikrosonde seine Anwendung, nur wird hierbei meist ein zweidimensionaler örtlicher Bereich erfaßt (Raster-Verfahren).

Wenn sich die Konzentrationen mit der Zeit ändern, muß man ein dynamisches Verfahren anwenden, z.B. bei festgehaltenem Ort kontinuierlich mit drei konstanten Frequenzen parallel messen. Wenn die Konzentrationsänderungen langsam genug innerhalb der Meßzeiten ablaufen, kann man auch diskontinuierlich arbeiten, indem man die drei Meßfrequenzen jeweils nacheinander abfragt. Will man die Konzentrationsänderungen an mehreren Orten gleichzeitig verfolgen, müssen für alle Meßorte die jeweiligen Meßeinrichtungen parallel geschaltet werden.

Weiterhin unterscheidet man noch bei den Meßverfahren nach Ausschlags- und Kompensations-Verfahren (Abgleich). Ein Einstrahl-Spektralphotometer arbeitet nach dem Ausschlagsverfahren, ein Zweistrahl-Photometer mit Meß- und Vergleichsstrahl nach dem Kompensationsverfahren, wobei der Nullabgleich sowohl mechanisch mit einer Blende im Vergleichsstrahl als auch elektrisch in einem integrierten Rechner vorgenommen werden kann.

9. Meßeinrichtung und Meßsystem

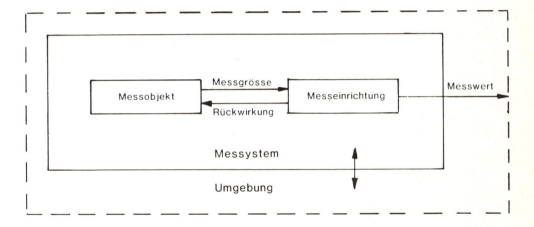

Abb. 2: Zur Definition der Begriffe Meßobjekt, Meßeinrichtung, Meßsystem und Umgebung.

Vom Meßsystem wird in Wechselwirkung mit dem Meßobjekt die Meßgröße aufgenommen und weiter verarbeitet. Das Meßsystem umfaßt sowohl das Meßobjekt als auch die Meßeinrichtung. Die Umgebung des Meßsystems steht in Wechselwirkung mit dem Meßsystem, wobei Meßobjekt wie auch Meßsystem beeinflußt werden können. Die Abb. 2 unterscheidet sich von Abb. 1 dadurch, daß die Umgebung mit berücksichtigt wird. Außerdem ist angedeutet, daß von der Meßeinrichtung eine Rückwirkung auf das Meßobjekt erfolgen kann, die zu einer Verfälschung der Meßgröße führt.

9.1 Meßeinrichtung

In der Abb. 3 ist der prinzipielle Aufbau einer Meßeinrichtung dargestellt.

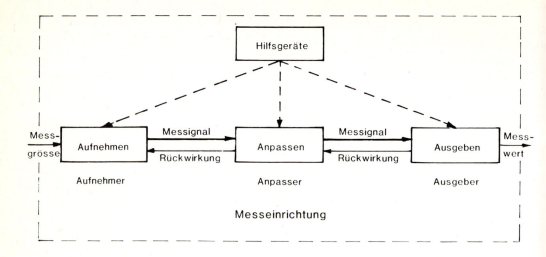

Abb. 3: Funktionselemente einer Meßeinrichtung nach VDI/VDE 2600.

Nach der Darstellung 1 besteht eine Meßeinrichtung aus den drei Elementen Aufnehmer, Anpasser und Ausgeber, deren Hintereinanderschaltung auch als Meßkette bezeichnet wird. Das erste Glied in der Meßkette ist der Aufnehmer, der an seinem Ausgang ein Meßsignal an den Anpasser weitergibt. Beispiele hierfür sind Thermoelement mit Vergleichsstelle, pH-Kette, Widerstandsbrücke für Lichtstärkemessung. Der Fühler oder der Sensor [10] ist derjenige Teil des Aufnehmers, der in direkter Wechselwirkung mit der Meßgröße steht. Beispiel hierfür sind Schweiß- bzw. Lötstelle eines Thermoelements, Meßelektrode in einer pH-Kette, Photowiderstand in einem Belichtungsmesser.

Das Anpassungsglied ist der Teil der Meßkette, in dem die Weiterverarbeitung des vom Aufnehmer kommenden Meßsignals bis zu dem Signal erfolgt, das direkt auf den Ausgeber geleitet wird. Der Anpasser besteht im Normalfall aus mehreren Elementen mit unterschiedlichen Funktionen. Hierzu gehören Meßverstärker, Meßumformer, Rechner und Meßumsetzer.

Der Ausgeber gibt den Meßwert der Meßgröße in einer für den Menschen direkt zu erkennenden Form aus, d.h. als Zeigerausschlag, Digitalanzeige, Oszillogramm, Schreiber- oder Druckerstreifen. Heutzutage wird das Ausgangssignal des Anpassers auch häufig direkt auf einen externen Rechner gegeben, wo es, evtl. mit Signalen aus anderen Meßketten, zu dem Meßergebnis verarbeitet wird.

Innerhalb der Meßkette sind die einzelnen Glieder durch Übertragungsleitungen miteinander gekoppelt. Das sind im allgemeinen galvanische Leiter, es können aber auch Wellenleiter oder neuerdings in verstärktem Maße Lichtleiter sein. Wenn die Übertragungsleitungen sehr lang sind, werden die zu übertragenden analogen Signale in den meisten Fällen digitalisiert und in codierter (digitaler) Form übertragen, wobei von der Umgebung einwirkende Störeinflüsse weitgehend ausgeschaltet werden können.

Nach den bisher üblichen Vorstellungen ist ein Meßwert oder auch ein Meßergebnis immer "ein" Zahlenwert einer "skalaren" Größe. Hiermit werden moderne Meßverfahren nicht erfaßt, bei denen man es mit Spektren, Spannungs-Dehnungskurven, Kristallstrukturen, Konzentrationsverteilung u.a.m. zu tun hat. Es gibt zwar die Anmerkung, daß das Meßergebnis auch in einer funktionellen Beziehung zwischen mehreren Meßgrößen bestehen kann, aber u.E. sollten die grundlegenden Definitionen erweitert werden.

Auch die Darstellung der Meßeinrichtung als Kette vom Meßobjekt bis zum Ausgeber wird heute nicht mehr den modernen Meßgeräten gerecht. Es gibt "Maßapparaturen", bei denen von einem Teil des Gerätes die Meßgröße im Meßobjekt erzeugt wird und von einem anderen Teil die Meßgröße bestimmt wird. In Abb. 4 soll dies verdeutlicht werden.

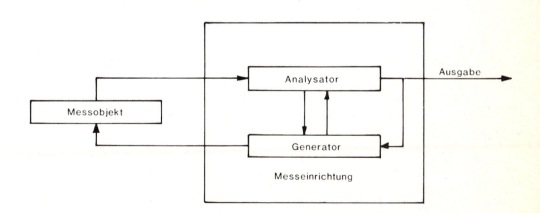

Abb. 4: Generator-Analysator - Modell einer Meßeinrichtung.

Beim Meßvorgang teilt der Analysator dem Generator mit, daß dieser ein Signal erzeugen soll. Vom Generator wird das Signal auf das Meßobjekt übertragen. Hierdurch wird im Meßobjekt die Meßgröße erzeugt bzw. verändert.

Vom Generator werden dem Analysator die Dauer des Signals und dessen Verlauf mitgeteilt. Vom Analysator wird die Meßgröße verarbeitet und als Meßwert oder Meßergebnis ausgegeben. "Meßwert" und "Meßergebnis" können auch Kurven oder Kurvenscharen sein. Der Ausgang des Analysators teilt dem Generator mit, wann der Meßvorgang beendet ist. Von diesem Zeitpunkt an kann der Meßvorgang wiederholt werden. In der konkreten apparativen Ausführung einer solchen Meßeinrichtung brauchen nicht alle Verknüpfungsleitungen vorhanden sein. Viele Meßverfahren kommen ohne den Generator aus. Dann hat der Analysator die klassische Struktur der Meßkette.

Als Beispiel sei die gepulste magnetische Kernresonanz-Spektroskopie angeführt [11]. Das Meßobjekt - die Probe - befindet sich in einem Magnetfeld, das in der Probe eine Magnetisierung erzeugt. Der Generator verändert mit einem Impuls oder einer Impulsfolge die Richtung des Magnetisierungsvektors. Nach der Beendigung des Generatorsignals kehrt der Magnetisierungsvektor in seine ursprüngliche Gleichgewichtslage zurück. Dieses Zurückgehen ist die Meßgröße. Im Analysator wird dieser Vorgang verarbeitet, wobei der Verarbeitungsvorgang auch eine Fourier-Transformation enthält. Als Meßergebnis erhält man ein Bandenspektrum als Funktion der chemischen Verschiebung. Die Lage der Banden enthält Informationen, um welche chemischen Gruppen es sich handelt, die Intensität der Banden gibt Auskunft über die Anzahl der chemischen Gruppen in dem untersuchten System. In den meisten Fällen kommt man nicht mit einem Meßvorgang aus, sondern dieser muß zur Verbesserung des Signal-Rausch-Verhältnisses wiederholt werden, d.h. das Meßergebnis wird über mehrere Meßvorgänge gemittelt. Hierbei kann man feststellen, daß man nicht die Meßeinrichtung für sich betrachten kann, sondern man muß das Meßobjekt (Probe) mit in die Betrachtung einbeziehen. Die einzelnen chemischen Gruppen in der Probe haben unterschiedliche Relaxationszeiten, d.h. sie kehren unterschiedlich schnell wieder in ihre Ausgangslage zurück. Das bedeutet, daß der Meßvorgang von Probe zu Probe unterschiedlich lang ist und daher die Wiederholungsfrequenz von der Art der Probe abhängig ist. Für eine exakte Messung muß also das gesamte Meßsystem (Probe + Meßeinrichtung) betrachtet werden.

Das ist für viele andere Meßprobleme auch der Fall. In Zukunft muß man also weg von einer isolierten Betrachtung der Meßeinrichtungen zu einer Behandlung der Meßsysteme kommen. Das gilt auch für klassische Verfahren, wenn das Meßobjekt ein komplexes Verhalten zeigt.

Ein klassisches Meßverfahren ist die Aufnahme des Spannungs-Dehnungs-Diagramms mit einer kontinuierlichen Änderung der Dehnung. Wenn man es mit einem rein elastischen Material zu tun hat, kann man sagen, daß jedem augenblicklich vorhandenen Dehnungszustand eindeutig eine Spannung zugeordnet ist. Der Ausdruck "Dehnungszustand" soll ausdrücken, daß sich zu jedem Zeitpunkt der Messung das Meßobjekt im Gleichgewicht befindet. Man könnte die Kurve auch durch eine Folge von statischen Messungen bestimmen. Bei Hochpolymeren weiß man, daß der Spannungs-Dehnungs-Verlauf durch die Verformungsgeschwindigkeit bestimmt wird [12], d.h. bei gleicher Dehnung sind die Spannungen unterschiedlich, wenn sie mit unterschiedlichen Verformungsgeschwindigkeiten eingestellt wurden. Es gibt Kunststoffe, die bei sehr großen Verformungsgeschwindigkeiten ein sprödes Verhalten, aber bei kleinen ein rein plastisches Fließen zeigen. Für eine Interpretation muß also das Meßsystem betrachtet werden.

Ansätze für die Behandlung von Meßproblemen als Vorgänge in einem Meßsystem sind vorhanden, müssen aber in Zukunft viel stärker berücksichtigt werden, d.h. die Systemtheorie muß stärkeren Eingang in die Theorie des Messens finden [13].

9.2   Meßsystem

Die klassische Meßtechnik war ausgerichtet auf die Erfassung statischer Meßgrößen. Das Ziel war, eine Meßgröße mit der bestmöglichen Genauigkeit als Einzelwert zu erfassen. Die Einzelwerte wurden dann nach mehreren Messungen zur Überprüfung der Reproduzierbarkeit zu einem Meßergebnis verarbeitet. Der Zeitablauf spielte hierbei keine Rolle. Mit zunehmender Komplexität der Meßaufgaben tritt die Erfassung dynamischer Meßgrößen immer mehr in den Vordergrund. Man betrachtet nicht mehr nur eine Meßeinrichtung zur Bestimmung von Einzelwerten, sondern geht in immer stärkerem Maße zur Betrachtung von Meßsystemen zur Bestimmung von Funktionen über [14,15]. Mit fortschreitender Automatisierung von Produktionsprozessen werden solche Meßsysteme immer mehr in die Anlage einbezogen, wo sie den Gesamtablauf kontrollieren. Die Meßwerte fallen hierbei in Form von Funktionsscharen an, die durch Rechner miteinander verknüpft werden müssen, damit eine sinnvolle Regelung der Gesamtanlage erfolgen kann.

Bei einer Weiterentwicklung der industriellen Meßtechnik muß man berücksichtigen, daß die "Meßsysteme" keine isolierten, sondern integrierte Bestandteile eines "Technischen Systems" sind [16]. Eine systematische Behandlung der Grundlagen solcher verallgemeinerter Systeme kann nur im Rahmen einer allgemeinen Systemtheorie erfolgen.

Bei der Betrachtung solcher Systeme, die aus vielen miteinander verknüpften Subsystemen bestehen können, spielen die zur Verfügung stehenden mathematischen Methoden eine große Rolle. Das dynamische Verhalten der Systeme kann durch Differentialgleichungen beschrieben werden. Für die Behandlung linearer autonomer Systeme, die durch lineare Differentialgleichungen mit konstanten Koeffizienten darstellbar sind, wird die Methode der Laplace-Transformationen eingesetzt [17]. Die Laplace-Transformierte einer Zeitfunktion f(t) ist gegeben durch die Beziehung:

$$\mathscr{L}\{f(t)\} = \int_0^\infty f(t)e^{-pt}\,dt = F(p) \quad .$$

Hierbei wird einer Zeitfunktion f(t) die Funktion F(p) einer komplexen Variablen p zugeordnet. Mit der Methode der Laplace-Transformation kann eine Differentialgleichung im Zeit-Bereich (Oberbereich) umgeformt werden in eine algebraische Funktion im p-Bereich (Unterbereich). Nach der Auflösung dieser algebraischen Gleichung nach p im Unterbereich erhält man durch eine inverse Laplace-Transformation von p in den Oberbereich das Zeitverhalten des betrachteten Systems. Von besonderer Bedeutung ist hierbei die Übertragsfunktion, die in Abb. 5 erläutert wird.

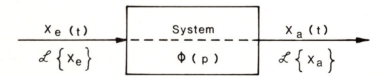

Abb. 5: Erläuterung des Zusammenhanges zwischen Ausgangs- und Eingangssignal mit der Übertragungsfunktion φ(p).

Die Übertragungsfunktion $\phi(p)$ ist definiert als Quotient

$$\phi(p) = \frac{\mathcal{L}\{X_a\}}{\mathcal{L}\{X_e\}} \quad ,$$

d.h. es gilt

$$\mathcal{L}\{X_a\} = \phi(p) \cdot \mathcal{L}\{X_e\} \quad .$$

Hierin bedeuten $\mathcal{L}\{X_e\}$ die Laplace-Transformierte des Eingangssignals $X_e(t)$ und $\mathcal{L}\{X_a\}$ die Laplace-Transformierte des Ausgangssignals $X_a(t)$. Die Übertragungsfunktion wird ermittelt, indem man auf den Eingang des Systems bzw. Subsystems eine definierte Funktion als Eingangssignal gibt. Die in der chemischen Verfahrenstechnik gebräuchlichsten Signale hierfür sind die Dirac'sche Deltafunktion $\delta(t)$ und die Heaviside'sche Sprungfunktion $U(t)$, die durch die folgenden Definitionen gegeben sind:

Deltafunktion:

$$\delta(t-\tau) = \begin{cases} 0 & \text{für } t \neq \tau \\ \infty & \text{für } t = \tau \end{cases} \quad ,$$

wobei gilt

$$\int_0^\infty \delta(t-\tau)dt = 1 \quad \text{und}$$

$$\int_0^\infty f(t)\delta(t-\tau)dt = f(\tau) \quad ,$$

Sprungfunktion:

$$U(t-\tau) = \begin{cases} 0 & \text{für } (t-\tau) < 0 \\ \frac{1}{2} & \text{für } (t-\tau) = 0 \\ 1 & \text{für } (t-\tau) > 0 \end{cases} .$$

Beide Funktionen sind verallgemeinerte Funktionen im Sinne der Theorie der Distributionen von SCHWARTZ [18]. Die Deltafunktion ist hiernach die Ableitung der Sprungfunktion. Mit Hilfe einer dieser Funktionen als Eingangssignal kann man das Ausgangssignal ermitteln und daraus die Übertragungsfunktion bestimmen [19]. Mit Hilfe der Übertragungsfunktion ergibt sich dann für ein beliebiges Eingangssignal der Verlauf des Ausgangssignals nach

$$X_a(t) = \mathcal{L}^{-1}\left\{\Phi(p) \cdot \mathcal{L}\{X_e\}\right\} ,$$

wobei $\mathcal{L}^{-1}$ die inverse Laplace-Transformation bedeutet. Für zwei in Serie geschaltete Einheiten ergibt sich nach Abb. 6:

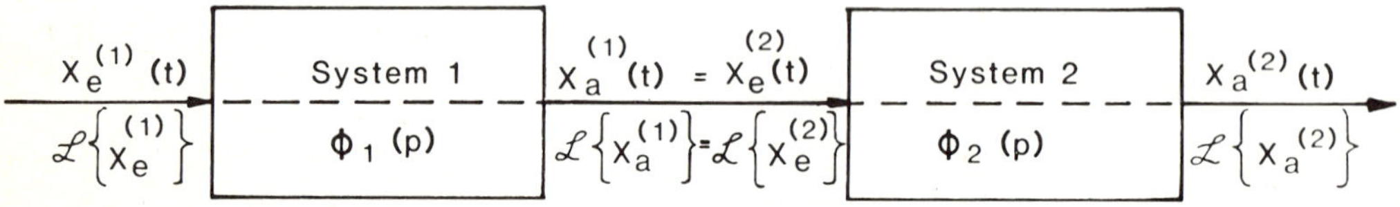

```
             ┌──────────┐             ┌──────────┐
X_e^(1)(t)   │          │ X_a^(1)(t)  │          │  X_a^(2)(t)
──────────── │ System 1 │ = X_e^(2)(t)│ System 2 │ ───────────
L{X_e^(1)}   │  Φ_1(p)  │ L{X_a^(1)}= │  Φ_2(p)  │  L{X_a^(2)}
             │          │ L{X_e^(2)}  │          │
             └──────────┘             └──────────┘
```

Abb. 6: Serienschaltung zweier Subsysteme.

Aus der Definition der Laplace-Transformierten des Ausgangssignals

$$\mathcal{L}\{X_a^{(1)}\} = \Phi_1(p)\,\mathcal{L}\{X_e^{(1)}\}$$

und

$$\mathcal{L}\left\{x_a^{(2)}\right\} = \Phi_2(p)\, \mathcal{L}\left\{x_e^{(2)}\right\}$$

sowie (vgl. Abb. 6)

$$\mathcal{L}\left\{x_a^{(1)}\right\} = \mathcal{L}\left\{x_e^{(2)}\right\}$$

folgt

$$\mathcal{L}\left\{x_a^{(2)}\right\} = \Phi_2(p)\cdot\Phi_1(p)\, \mathcal{L}\left\{x_e^{(1)}\right\}$$

oder

$$\mathcal{L}\left\{x_a^{(2)}\right\} = \Phi_{ges}(p)\, \mathcal{L}\left\{x_e^{(1)}\right\} \;,$$

mit

$$\Phi_{ges}(p) = \Phi_2(p)\cdot\Phi_1(p) \quad.$$

Für die Serienschaltung von N Subsystemen findet man als Gesamtübertragungsfunktion:

$$\Phi_{ges}(p) = \Phi_N \cdot \Phi_{N-1} \cdots \Phi_1 \; \prod_{i=1}^{N} \Phi_i(p) \quad.$$

Hiermit kann durch inverse Laplace-Transformation das Zeitverhalten der Serienschaltung ermittelt werden.

Zur Erläuterung sei ein Beispiel aus der chemischen Reaktionstechnik angeführt [20]. Wenn man am Eingang eines kontinuierlich betriebenen chemischen Reaktors impulsartig (δ-Funktion) eine definierte Menge einer inerten Markierungssubstanz zugibt, so bestimmt man am Ausgang die Dichteverteilungsfunktion der Verweilzeiten. Wenn am Eingang des gleichen Reaktors dem Volumenstrom ab einem bestimmten Zeitpunkt kontinuierlich eine pro Zeiteinheit konstante Menge der Markierungssubstanz zugeführt wird (Sprungfunktion), dann mißt man am Ausgang die Summenverteilungsfunktion der Verweilzeiten. Für chemische Reaktionen erster Ordnung kann man mit diesem Verfahren den Konzentrationsverlauf am Auslauf eines Reaktors berechnen.

Eine allgemeine Systemtheorie behandelt nicht nur das Zeitverhalten technischer Systeme, sondern sie befaßt sich auch mit anderen Systemen, die z.B. aus Bereichen der Ökologie, Ökonomie oder Biologie stammen können [21].

10. Aufbereitung von Meßwerten zum Meßergebnis

Bei zeitunabhängigen Meßgrößen wird das Meßergebnis im allgemeinen aus mehreren Meßwerten derselben Meßgröße oder aus Meßwerten für unterschiedliche Meßgrößen nach einer gegebenen Beziehung ermittelt. Im ersten Fall nimmt man eine Mittelwertbildung vor, im zweiten Fall muß für eine Interpretation das Fehlerfortpflanzungsgesetz herangezogen werden.

Jeder Meßwert ist mit Fehlern behaftet, wobei man "systematische" und "zufällige" Fehler unterscheidet [22]. Systematische Fehler haben bei Wiederholungsmessungen stets den gleichen Wert und die gleiche Abweichungsrichtung vom wahren Wert, während die zufälligen Fehler nach einer Verteilungsfunktion um den wahren Wert gestreut sind. Bei der Aufbereitung von Meßwerten zum Meßergebnis ist die Fehlertheorie von zentraler Bedeutung, denn nur bei richtiger Beurteilung der Fehler können Entscheidungen auf einer gesicherten Grundlage getroffen werden [6].

Systematische Fehler können nicht mit statistischen Methoden untersucht werden. Nur eine Analyse des gesamten Meßsystems mit Berücksichtigung der Wechselwirkungen mit der Umgebung kann zu ihrer Erkennung führen.

Die zufälligen Meßfehler können mit statistischen Verfahren beurteilt werden. Bei N Meßwerten x_i derselben Meßgröße bestimmt man normalerweise den Schätzwert des arithmetischen Mittels $\bar{x}$ nach der Beziehung (Punktschätzung):

$$\bar{x} = \frac{1}{N} \sum_{i=1}^{N} x_i \quad .$$

Zur Beurteilung der Streuung der Meßwerte wird der Schätzwert der Standardabweichung s berechnet:

$$s = \pm \sqrt{\frac{\sum_{i=1}^{N}(x_i - \bar{x})^2}{N-1}} \quad .$$

Das Quadrat der Standardabweichung wird auch Varianz genannt. Eine Angabe von Mittelwert und Standardabweichung genügt aber in den meisten Fällen nicht, da nicht zu erkennen ist, aus wie vielen Meßwerten das Ergebnis gewonnen wurde und welches Vertrauen man dazu haben kann. Für die Angabe eines Meßergebnisses wurde als Standardform vorgeschlagen (Intervallschätzung) [23]:

$$\text{Meßergebnis} = \bar{x} \pm T (\pm s, P\%, N).$$

Aus der Angabe P% ist ersichtlich, welche statistische Sicherheit angenommen wurde. Der "Streubereich" T ergibt sich als das Produkt aus dem Schätzwert der Standardabweichung und dem Faktor t der Studentverteilung zu

$$T = s \cdot t \quad .$$

Durch den Studentfaktor t werden sowohl die statistische Aussagesicherheit (z.B. 95 % oder 99 %) als auch die Anzahl der Meßwerte berücksichtigt [24]. Mit dieser Standardform kann man Voraussagen über weitere, folgende Einzelmessungen x_i machen. Wenn man sich aber dafür interessiert, wie gesichert der Mittelwert $\bar{x}$ ist, muß man den Vertrauensbereich V heranziehen, der gegeben ist durch die Beziehung

$$V = \frac{T}{\sqrt{N}} \quad .$$

In allen Fällen muß gesichert sein, daß das verarbeitete Meßwertkollektiv frei von Ausreißern ist, die gegebenenfalls eliminiert werden müssen [23,25].

Die Angabe der angeführten Kenngrößen bzw. Gütekriterien ist nur sinnvoll, wenn die Meßwerte nach einer Gauß'schen Normalverteilung verteilt sind. Wenn eine feste endliche Schranke existiert, ist das nicht der Fall. So kann z.B. bei der Bestimmung von Verunreinigungsspuren die Grenze von Null Prozent nicht unterschritten werden. Hier findet man, daß in vielen Fällen die Logarithmen der Meßwerte einer Gauß-Verteilung genügen, und daher das geometrische Mittel der Meßwerte an die Stelle des arithmetischen Mittels treten muß [26]. Auch bei Lebensdauer-Untersuchungen unterliegen die Meßwerte in vielen Fällen einer anderen Verteilung, nämlich der Weibull-Verteilung [27]. In solchen Fällen gewinnt man häufig die gewünschten Parameter mit Hilfe der Maximum-Likelihood-Methode [28].

Bei zusammengehörenden Meßwertpaaren (y_i, x_i) wendet man andere statistische Verfahren an. Hier wird nach dem funktionellen Zusammenhang der Variablen y mit der Variablen x gesucht. Der Korrelationskoeffizient gibt Auskunft, ob eine solche Verknüpfung besteht.

Mit Hilfe der Regressionsrechnung können diese Funktionen berechnet werden, wobei man auch Vertrauensbereiche ermitteln kann [24,25]. In vielen Fällen läßt sich nach einer geeigneten Merkmalstransformation eine lineare Regressionsfunktion ermitteln. Bei Alterungsuntersuchungen an Kunststoffen findet man häufig einen linearen Zusammenhang zwischen dem Logarithmus der Lebensdauer und dem reziproken Wert der absoluten Temperatur. Bei einer Schätzung der Lebensdauer für eine gegebene Temperatur kann man die obere und untere Vertrauensgrenze angeben, die je nach Größe der gewünschten statistischen Sicherheit größer oder kleiner sind. Bei vielen Garantieangaben ist aber z.B. nur die einseitige untere Vertrauensgrenze als maximal zu erwartende Gebrauchsdauer von Bedeutung [29].

Durch Varianzanalyse wird untersucht, ob die Änderung eines oder mehrerer Parameter einen Einfluß auf das Meßergebnis hat, z.B. ob Festigkeitswerte abhängig sind von unterschiedlichen Temperaturbehandlungen. Als Testfunktion wird hierbei die F-Verteilung [30] herangezogen, die nach Vergleich mit der aus den experimentellen Daten ermittelten Prüfgröße die Entscheidung ergibt, daß ein Unterschied im Ergebnis nicht feststellbar bzw. wahrscheinlich, signifikant oder hochsignifikant vorhanden ist [31]. Bezüglich weiterer Testmethoden wird auf die Literatur verwiesen [32].

Wenn das Meßergebnis E aus den Meßwerten unterschiedlicher Meßgrößen $(z_1, z_2, \ldots, z_n)$ ermittelt werden muß, so erfolgt dies nach einem funktionellen Zusammenhang:

$$E = F(z_i), \quad (i = 1, \ldots, n) \; .$$

Eine Taylorreihen-Entwicklung liefert mit der Beschränkung auf die linearen Terme für den Fehler ΔE des Meßergebnisses:

$$\Delta E = \sum_{i=1}^{n} \left(\frac{\partial F}{\partial z_i}\right) \Delta z_i \; .$$

Diese Beziehung wird als Fehlerfortpflanzungsgesetz bezeichnet. Der Mittelwert des Meßergebnisses wird aus den Meßwerten der Meßgrößen z_i oder - wenn möglich - aus den Mittelwerten $\bar{z}_i$ der Meßgrößen berechnet [2-4].

Bei der Auswertung von zeitabhängigen Meßgrößen (Prozeßgrößen) kann man die klassischen statistischen Methoden nur in begrenztem Umfang einsetzen, da sie auf statischen Voraussetzungen beruhen. Hier sollen nur einige Beispiele angeführt werden, die auf die Problematik hinweisen. Wegen der großen Breite der vorkommenden Phänomene gibt es auf diesem Gebiet noch keine befriedigende Systematik.

Ein für die Textilerzeugung und -veredlung interessantes Beispiel ist die "Mittelwertbildung", wenn man von demselben Material mehrere Kraft-Dehnungs-Kurven gemessen hat. Bei einem rein elastischen Material ist der Kurvenverlauf unabhängig von der Verformungsgeschwindigkeit und der Vorgeschichte. Man kann dann für jeweils gleiche Werte der Dehnung die dazugehörigen Kraftwerte mitteln und damit eine gemittelte Kraft-Dehnungs-Kurve konstruieren. Hochpolymere Werkstoffe zeigen aber ein visko-elastisches Verhalten, wobei der Kurvenverlauf nicht nur von der Verformungsgeschwindigkeit abhängig ist, sondern auch bei gleicher Verformungsgeschwindigkeit bei unterschiedlicher Vorgeschichte einen anderen Verlauf aufweist [33]. Bei einer Mittelung der Kraftwerte für jeweils eine konstante Dehnung ergeben sich Kurven, die in keiner Weise dem typischen Verlauf entsprechen. Deshalb wurde ein Verfahren entwickelt, mit dem aus den vorhandenen gemessenen Kurven die "beste" ausgewählt werden kann [34].

Alle Kurven werden digitalisiert, d.h. für jeweils fixierte Dehnungswerte werden die zugehörigen Kraftwerte gespeichert. Jede Kurve ist damit durch eine Folge von diskreten Punkten ersetzt worden. Es sollen n Kurven vorliegen, die in jeweils m Dehnungswerte ε_j aufgelöst werden. Aus den n Kurven wird die k-te als Bezugskurve gewählt. Dann gilt für die "Fehlerquadratsumme" in bezug auf diese Kurve

$$Q_k = \sum_{j=1}^{m} \sum_{i=1}^{n} \frac{(K_{ji} - K_{jk})^2}{s_j^2} \quad .$$

Zuerst werden die Werte der Abweichungsquadrate dividiert durch die Varianzen für ein gegebenes ε_j über alle Kurven i addiert; die zweite Summierung umfaßt alle äquidistanten Stützstellen ε_j. Diejenige Bezugskurve k, die den kleinsten Wert Q_k ergibt, wird als repräsentative Kraft-Dehnungs-Kurve aus der Kurvenschar ausgewählt.

Für die Messung sehr kleiner Signale setzt das überall vorhandene Rauschen eine Grenze. Auch von der Umgebung einwirkende Störeinflüsse können die Signale verfälschen. Deswegen wurden Methoden entwickelt, die eine Verbesserung des Signal-Rausch-Verhältnisses ermöglichen. Wenn Signal und Rauschen unterschiedliche Frequenzspektren haben, ist es in den meisten Fällen möglich, durch Anwendung eines Filters das Rauschen stärker zu dämpfen als das Signal. Von besonderer Bedeutung sind phasenempfindliche Detektoren. Häufig ist auch eine Mittelwertbildung möglich. Hierbei wird der Meßvorgang repetiert und die digitalisierten Signale werden in jeweils bestimmten Bereichen aufsummiert. Hierbei kann eine Verbesserung des Signal-Rausch-Verhältnisses erreicht werden, da das Rauschen statistisch verteilt ist, aber das Signal immer in gleicher Richtung einwirkt [15]. In neuester Zeit werden auch Korrelationsmeßverfahren verwendet, die sich mit weiterer Verbesserung der erforderlichen Korrelationsrechner und deren Verbilligung immer mehr durchsetzen werden [35].

11. Untersuchung stochastischer Meßgrößen

Bei der Verarbeitung stochastischer Meßgrößen wendet man heutzutage Methoden der Korrelationsanalyse an, wobei zwei Meßwertfunktionen auf ihre "Verwandtschaft" untersucht werden. Man beobachtet zwei um eine Zeitdifferenz τ verschobene Informationsprozesse und führt die Signale einem Korrelator zu, der die Korrelationsfunktionen bildet. Die Kreuzkorrelationsfunktion in exakter Form ist durch den Ausdruck gegeben:

$$\psi_{xy}(\tau) = \lim_{T \to \infty} \frac{1}{2T} \int_{-T}^{+T} x(t) \, y(t-\tau) \, dt \quad .$$

Die Autokorrelationsfunktion erhält man, wenn man einen Informationsprozeß mit sich selbst, aber um die Differenz τ verschoben, vergleicht:

$$\psi_{xx}(\tau) = \lim_{T \to \infty} \frac{1}{2T} \int_{-T}^{+T} x(t) \, x(t-\tau) \, dt \quad .$$

2T bedeutet in diesen Gleichungen das Beobachtungsintervall. Bei der praktischen Durchführung solcher Messungen arbeitet man mit endlichen Beobachtungsintervallen, d.h. mit endlichen Integrationsgrenzen. Man bildet also Kurzzeitmittelwerte zur Erfassung von Kennwerten des untersuchten Prozesses. Die Mittelwertbildung hat den Vorteil, daß überlagerte Störungen des Informationssignals weitgehend unterdrückt werden können.

Sehr bekannt ist diese Methode bei der Entdeckung von Signalen, die in bekannter Kurvenform ausgesendet und nach Durchlaufen einer bestimmten Strecke wieder empfangen werden [15]. In vielen Fällen ist das empfangene Signal so stark verrauscht, daß das Sendesignal nicht mehr erkennbar ist. Die Kreuzkorrelation von Sendesignal $x(t)$ mit dem Empfangssignal $y(t-\tau)$ liefert die Autokorrelationsfunktion des zu bestimmenden Signals und die Kreuzkorrelationsfunktion des Sendesignals mit dem empfangenen Rauschen $r(t-\tau)$. Es ergibt sich:

$$\psi_{xy}(\tau) = \frac{1}{2T} \int_{-T}^{+T} x(t)\, y(t-\tau)\, dt \quad .$$

Durch eine lineare Überlagerung von Signal und Rauschen wird hieraus mit

$$y(t-\tau) = x(t-\tau) + r(t-\tau)$$

$$\psi_{xy}(\tau) = \frac{1}{2T} \int_{-T}^{+T} x(t)\, x(t-\tau)\, dt + \frac{1}{2T} \int_{-T}^{+T} x(t)\, r(t-\tau)\, dt$$

Das zweite Integral strebt gegen Null, da normalerweise keine Korrelation zwischen Signal und Rauschen besteht. Übrig bleibt der erste Term, der die Autokorrelationsfunktion des Signals $x(t)$ darstellt.

Mit der Korrelationsanalyse kann man Geschwindigkeitsmessungen an Filamenten-, Garnen- und Warenbahnen vornehmen [35]. Am Anfang und Ende einer fixierten Meßstrecke werden mit einer Lichtquelle zwei Testsignale auf das transportierte Gut gegeben. Diese Testsignale werden durch die Unregelmäßigkeiten in der Oberfläche stochastisch moduliert. Die in Reflexion aufgenommenen Signale weisen die gleiche Struktur auf; das am Ende der Meßstrecke aufgenommene Signal ist jedoch um die Laufzeit gegenüber dem Anfangssignal verschoben. Die Kreuzkorrelation der beiden Signale liefert die Geschwindigkeit des transportierten Gutes.

Ein weiteres Beispiel aus der textilen Meßtechnik ist die Detektion von Periodizitäten versponnener Garne, die von Fehlern im Spinnprozeß herrühren. Mit Hilfe der Autokorrelationsfunktion können diese periodischen Anteile "on-line" bestimmt werden. Dabei wird der Faden durch einen Meßkondensator geführt, dessen Kapazität durch den durchlaufenden Faden stochastisch verändert wird. Dieses Signal wird dem Korrelator zugeführt, der die Autokorrelationsfunktion bildet. Maxima in der Funktion treten auf, wenn die Zeitverschiebung τ der Durchlaufzeit der periodischen Schwankung entspricht [36].

Autokorrelationsmethoden werden auf vielen Gebieten eingesetzt. Das erste bekannt gewordene Beispiel war die Entdeckung periodischer Komponenten in Gehirnströmen von WIENER im Jahre 1960 [21].

12. Der Sensor aus heutiger Sicht

Die Sensortechnik als Teilgebiet der Meßtechnik ist nach GÜNZEL [37] ein Oberbegriff für Mittel und Verfahren zur Aufnahme von Meßinformationen aus der (meist technischen) Umwelt und Ausgabe von Signalen als Träger aufbereiteter, für eine vorgegebene Aufgabe, z.B. Führung eines technischen Prozesses, zugeschnittener Information.

12.1 Komponenten der Sensortechnik

In Abb. 7 sind die Komponenten zusammengefaßt, die heute der Sensortechnik zugerechnet werden [37]. Danach versteht man unter Basissensoren Aufnehmer, gegebenenfalls ergänzt durch geeignete Anpasser, die eine physikalische Größe als (meist elektrisches) Signal abbilden. Sensorsysteme entstehen durch Kombination von einem oder mehreren Basissensoren, gegebenenfalls Sendern (Ultraschall, elektromagnetische Strahlung), sowie Komponenten zur Signalaufbereitung, Speicherung und Verarbeitung [37]. Dabei wird die jeweilige Systemstruktur durch das Meß- und Auswerteverfahren vorgegeben. Nach der von GÜNZEL [37] angegebenen Definition ist die Software bei digitaler Signalverarbeitung, soweit sie der Bildung des Meßergebnisses bzw. dem Erkennungsprozeß dient (Verarbeitungsalgorithmen, Modelle, Steuerung der Maßabläufe usw.), Bestandteil des Sensorsystems. Das Ausgangssignal (Systemsignal) ist auf die Belange übergeordneter Systeme zugeschnitten. Da der Mikrorechner in Verbindung mit einem preisgünstigen Temperatursensor die Korrektur der individuellen Kennlinie und des Temperatureinflusses übernehmen kann, werden nach TRÄNKLER [38] bei zukünftigen Sensoren Exemplarstreuungen von Nullpunkt und Steilheit, Nichtlinearitäten und definierte Temperatureinflüsse sogar in Kauf genommen. Die Korrekturkoeffizienten werden im Anschluß an den Herstellungsprozeß einmal ermittelt [38]. Diese "prinzipnahen" Sensorkonstruktionen führen zu kostengünstigeren Basissensoren. Da anfällige Konstruktionselemente vermieden werden können, steigt auch deren Zuverlässigkeit.

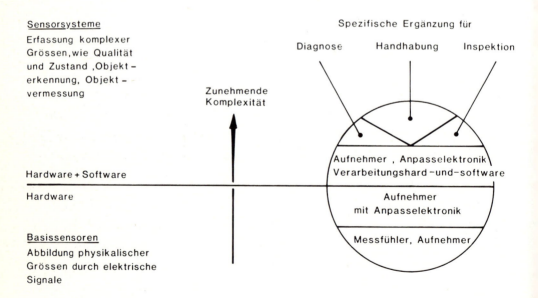

Abb. 7: Komponenten der Sensortechnik nach GÜNZEL [37].

12.2 Aufbau eines Meßwerterfassungssystems

Im folgenden wird der Aufbau eines Temperaturmeßwerterfassungssystems beschrieben. Dieses Meßsystem kann durch entsprechende Modifikationen anderen Meßbeispielen angepaßt werden.

Thermoelemente als Basissensoren werden an einen Signalumformer angeschlossen. Dabei handelt es sich um einen elektronischen Schaltkreis (Chip), der sowohl die Kaltstellenkompensation zur Verfügung stellt als auch das Meßsignal linearisiert und verstärkt [39] (vgl. Abb. 8).

Bei Verwendung eines Widerstandsthermometers (PT 100 oder Thermistor) liefert eine miniaturisierte Brückenschaltung das analoge Meßsignal, das gegebenenfalls noch mit einem Operationsverstärker (Chip) verstärkt werden muß.

Zur Meßsignalverarbeitung eignet sich die Verwendung eines Single-Chip-Prozessors (vgl. Abb. 9). Dieser ist in der modernsten C/MOS-Technologie ausgeführt. Dadurch ist ein sehr geringer Leistungsverbrauch zu realisieren und gestattet, für besondere Meßaufgaben ein isoliertes Miniatursystem zu entwickeln, das ohne Kabelverbindungen nach außen durch Wärmebehandlungsaggregate geführt werden kann.

12.2.1 Beschreibung des Meßsignalverarbeitungssystems

Die Kopplung von Basissensoren mit Single-Chip-Mikrocomputern hat bei anderen Meßbeispielen die Zielsetzung, u.a. durch die Verlagerung von Prozeßfunktionen in den Sensor den Leitrechner zu entlasten und durch eine mikrorechnerinterne Kennlinienbehandlung den Einsatz einfacher Sensoren zu ermöglichen.

Die Analogsignale werden dem im Single-Chip-Prozessor integrierten A/D-Wandler zugeführt und das digitalisierte Meßsignal vom Prozessor verarbeitet. Die Architektur des Single-Chip-Prozessors ist komplex, wobei der A/D-Wandler nur einen Teil darstellt. Das folgende Blockschema (Abb. 9) stellt die im Single-Chip-Prozessor zusammengefaßten Baugruppen dar. Entsprechend der Meßaufgabe und der Weiterverarbeitung der Meßwerte werden die einzelnen Baugruppen von einem zu entwickelnden Programm (Firmware, Maschinenprogramm) aktiviert.

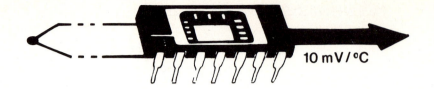

Baustein eines Thermoelement- Signalumformers

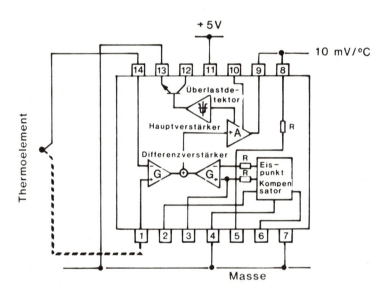

Blockdiagramm des beschalteten Bausteins zur
Temperaturmessung mit Thermoelement ohne 0-°C-Referenz

Abb. 8: Vergleichsstellenkompensator nach RIENECKER [39].

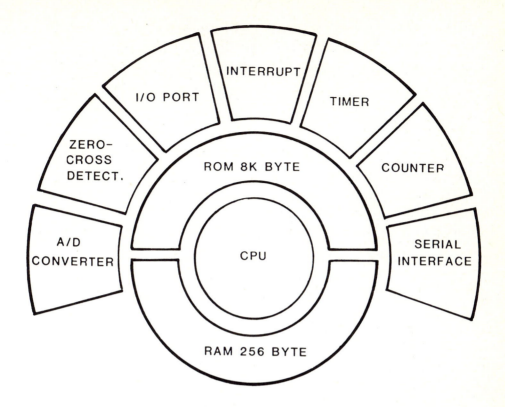

CPU
Computereinheit (Rechner)

ROM
8 K-Byte-Festspeicher

RAM
256 Byte, Speicherung der Meßwerte

ZERO CROSS DETEKTOR
Zur Erfassung der Nulldurchgänge von Wechselspannungen

I/O PORT
Ein- und Ausgabeeinheit, Ansteuerung externer Speicher

INTERRUPT
Abhängig von der Priorität wird eine bestimmte Adresse aufgerufen und von da an wird dann ein bestimmtes Programm abgearbeitet

TIMER
Aktiviert das Meßprogramm nach vorgegebenen Meßzeiten.

COUNTER
Dieser wird im vorliegenden Fall als Ereigniszähler benutzt

SERIAL INTERFACE
Kann als synchrone oder asynchrone serielle Schnittstelle zum Hostcomputer programmiert werden

Abb. 9: Architektur eines Single-Chip-Prozessors [40].

Dieser Mikroprozessor ist entsprechend der Meßaufgabe zu programmieren. Da Single-Chip-Prozessoren für Testaufgaben nicht direkt programmierbar sind, sind folgende Hilfsmittel notwendig:

1. In-Circuits-Emulator,
2. Cross-Assembler und
3. Rechner mit CP/M-Betriebssystem.

Der In-Circuits-Emulator besitzt dieselben Eigenschaften wie der eigentliche Single-Chip-Prozessor. Der Cross-Assembler ist eine Programmiersprache mit der Fähigkeit, die Maschinensprache (Operationscode) des CP/M-Rechners in die Maschinensprache (Operationscode), die der Single-Chip-Prozessor versteht, zu übersetzen.

Zur Entwicklung des Maschinenprogramms ist folgende Vorgehensweise erforderlich:

Der CP/M-Rechner ist mit dem In-Circuits-Emulator über eine serielle Schnittstelle verbunden, wobei diese serielle Schnittstelle den Datenfluß zwischen In-Circuits-Emulator und CP/M-Rechner übernimmt. Das Programm wird im CP/M-Rechner geschrieben, in den Operationscode, den der Single-Chip-Prozessor versteht, übersetzt, und dann in den In-Circuits-Emulator geladen. Beim Testen des geschriebenen Programms übernimmt dann der In-Circuits-Emulator vollständig die Aufgabe des Single-Chip-Prozessors einschließlich der Meßperipherie.

Der In-Circuits-Emulator besitzt außerdem einen EPROMER, mit dem das getestete Programm in einen Festspeicher (EPROM) geladen werden kann. Der Single-Chip-Prozessor steht für die Entwicklungsaufgabe in einer besonderen Version zur Verfügung, nämlich als Piggy-Back-Version (Huckepack-Version). Auf diese Version des Single-Chip-Prozessors wird der das Programm enthaltende Festspeicher (EPROM) aufgesteckt. Damit ist die Möglichkeit vorhanden, die entwickelte Hard- und Firmware unter Einsatzbedingungen zu testen.

Beim Einsatz in der Praxis, d.h. beim Einsatz eines fertigentwickelten Meßsystems, wird dann ausschließlich die ROM-Version des Single-Chip-Prozessors benutzt, d.h., das aufgesteckte Huckepack-EPROM wird vom integrierten ROM der normalen Single-Chip-Prozessor-Version ersetzt. Das integrierte ROM aber kann nur durch den Hersteller des Single-Chip-Prozessors mit dem entwickelten Programm programmiert werden (Maskenprogrammierung bei der Herstellung des Prozessors).

Das im Prozessor implementierte Programm (Firmware) muß mit Hilfe der On-Chip-Baugruppen folgende Aufgaben erfüllen:

1. den Meßtakt vorgeben,
2. den Prozessor in den Sleepmodus überführen, um den Stromverbrauch so gering wie möglich zu halten,
3. evtl. Korrekturen des Meßsignals durchführen,
4. Schalterstellungen abfragen,
5. Entscheidungen aufgrund der Schalterstellung treffen, z.B. Beginn der Messung, Ende der Messung, Datenausgaben, Ausgabe an eine Peripherieeinheit, z.B. Hostcomputer, Drucker, Plotter u.a..

Voraussetzung für die Gestaltung eines solchen Programms ist die Kenntnis der Wärmeübergangsfunktionen.

12.2.2 Gehäusetechnologie (Kapselung)

In der industriellen Meßtechnik erfüllt das Gehäuse des Sensors eine wichtige Funktion: Es soll vor extremen Umwelteinflüssen, wie Temperatur, Feuchtigkeit etc., schützen und ein unverfälschtes Erfassen der Meßgröße ermöglichen.

13. Danksagung

Wir danken dem Forschungskuratorium Gesamttextil für die finanzielle Förderung dieses Forschungsvorhabens (AIF-Nr. 6219), die aus Mitteln des Bundeswirtschaftsministeriums über einen Zuschuß der Arbeitsgemeinschaft Industrieller Forschungsvereinigungen (AIF) erfolgte.

14. Literaturverzeichnis

[1] Bergmann, K.:
Elektrische Meßtechnik: elektr. u. elektron. Verfahren, Anlagen und Systeme.
Vieweg, Braunschweig 1981.

Hart, H.:
Einführung in die Meßtechnik.
Vieweg, Braunschweig 1978.

Profos, P. (Hrsg.):
Handbuch der industriellen Meßtechnik.
Vulkan-Verlag, Essen 1978.

Tränkler, H.-R.:
Meßtechnik und Meßsignalverarbeitung (Fortsetzungsserie)
Technisches Messen $\underline{51}$ (1984), 155-158, 195-199, 242-246, 285-289, 335-339, 375-378, 413-417, 445-450;
$\underline{52}$ (1985), 34-40, 79-82.

[2] Neff, H.:
Physikalische Meßtechnik.
Bibliographisches Institut, Mannheim, Wien, Zürich 1976.

[3] Mesch, F.:
Meßtechnisches Praktikum.
Bibliographisches Institut, Mannheim, Wien, Zürich 1981.

[4] Frohne, H. und Ueckert, E.:
Grundlagen der elektrischen Meßtechnik.
B.G. Teubner, Stuttgart 1984.

[5] DIN 1319, Teil 1, Entwurf 1983.
VDI/VDE 2600, Blatt 2, 1973.

[6] Profos, P.:
Meßfehler. Eine Einführung in die Meßtheorie.
B.G. Teubner, Stuttgart 1984.

[7] Profos, P.:
Kompendium der Grundlagen der Meßtechnik.
Vulkan-Verlag, Essen 1974.

[8] Bezüglich der Thermodynamischen Grundbegriffe wird verwiesen auf:

Haase, R.:
Thermodynamik der Mischphasen.
Springer-Verlag, Berlin, Göttingen, Heidelberg 1956.

Kortüm, G. und Lachmann, H.:
Einführung in die chemische Thermodynamik.
Verlag Chemie GmbH, Weinheim 1981.

[9] Schollmeyer, E. und Heidemann, G.:
Verfahrenstechnische Grundlagen des Foulardierens.
Melliand Textilber. $\underline{63}$ (1982), 721-728.

[10]   Bezüglich moderner Definitionen des Sensors sei verwiesen auf:

Hesse, J. (Hrsg.):
Sensoren.
Sonderheft der Zeitschrift Technisches Messen 1983;

Bethe, K. (Hrsg.):
Sensoren-Technologie und Anwendung.
VDI-Berichte 509. VDI-Verlag GmbH, Düsseldorf 1984.

[11]   Kosfeld, R. und Offergeld, H.:
Methods of NMR Pulse Spectrometry.
Modern Physical Chemistry $\underline{2}$ (1979), 535-588.

[12]   Berndt, H.-J., v.d. Weyden, H., Bossmann, A., Becker, W. und Schollmeyer, E.:
Einfluß von Kurzzeitbeanspruchungen auf die Restdehnung von Triacetat.
Melliand Textilber. $\underline{66}$ (1985) (im Druck).

[13]   Mesch, F.:
Systemtheorie in der Meßtechnik.
Technisches Messen atm $\underline{43}$ (1976), 105-112.

Mesch, F.:
Opas Meßtechnik: Eine Stellungnahme zu DIN 1319 "Grundbegriffe der Meßtechnik".
Regelungstechnische Praxis rtp $\underline{26}$ (1984), 243-246.

[14]   Profos, P.:
Einführung in die Systemdynamik.
Teubner, Stuttgart 1982.

Krauß, M. und Woschni, E.-G.:
Meßinformationssysteme.
A. Hüthig-Verlag, Heidelberg 1975.

[15]   Jones, B.E.:
Meßgeräte, Meßverfahren, Meßsysteme, Teil I und II.
R. Oldenburg-Verlag, München, Wien 1980.

[16]   MacFarlane, A.G.I.:
Analyse technischer Systeme.
Bibliographisches Institut, Mannheim 1964.

[17]   Doetsch, G.:
Handbuch der Laplace-Transformationen (3 Bände).
Birkhäuser-Verlag, Basel 1950, 1955, 1956.

Doetsch, G.:
Anleitung zum praktischen Gebrauch der Laplace-Transformation.
R. Oldenburg-Verlag, München 1967.

van der Pol, B. und Bremmer, H.:
Operational Calculus based on the two-side Laplace Intergral.
Cambridge University Press, Cambridge 1950.

[18]   Schwartz, L.:
Theorie des distributions I, II.
Hermann et Cie., Paris 1951, 1957.

[19]   Isermann, R.:
       Identifikation I - Experimentelle Analyse der Dynamik von Regelsystemen.
       Bibliographisches Institut, Mannheim 1971.

       Isermann, R.:
       Idendifikation II - Theoretische Analyse der Dynamik industrieller Prozesse.
       Bibliographisches Institut, Mannheim 1971.

[20]   Fitzer, E. und Fritz, W.:
       Technische Chemie.
       Springer-Verlag, Berlin, Heidelberg, New York 1975.

[21]   Wiener, N.:
       Kybernetik.
       Econ Verlag, Düsseldorf 1963.

       Schaefer, H.:
       Biologische und technische Regelungsvorgänge, Grundlagenstudien aus
       Kybernetik und Geisteswissenschaft $\underline{6}$ (1965), Nr. 2.

       Webb, G.F.:
       Theory of Nonlinear Age-Dependent Population Dynamics.
       Marcel Dekker, New York 1985.

[22]   In DIN 1319 wird das Wort "Fehler" teilweise ersetzt durch "Abweichung".

[23]   Kaiser, R.E. und Mühlbauer, J.A.:
       Elementare Tests zur Beurteilung von Meßdaten.
       Bibliographisches Institut, Mannheim 1983.

[24]   Kreyszig, E.:
       Statische Methoden und ihre Anwendungen.
       Vandenhoeck & Rupprecht, Göttingen 1979.

[25]   Sachs, L.:
       Angewandte Statistik.
       Springer-Verlag, Berlin, Heidelberg, New York 1978.

[26]   Gottschalk, G.:
       Einführung in die Grundlagen der chemischen Materialprüfung.
       Hirzel, Stuttgart 1966.

[27]   Weibull, W.:
       A Statistical Distribution Function of Wide Applicability.
       J. appl. Mechanics $\underline{18}$ (1951), 293-297.

       Plait, A.:
       The Weibull Distribution - with Tables.
       Industrial Quality Control (1962), 17-26.

[28]   Hengst, M.:
       Einführung in die Mathematische Statistik.
       Bibliographisches Institut, Mannheim 1967.

[29] Hemmer, E. und Jesse, H.:
      Untersuchungen über das Thermische Alterungsverhalten von ausge-
      wählten Isolierwerkstoffen für Kabel und Leitungen. Teil IV.
      Gummi-Asbest-Kunststoffe 34 (1981), 794-798.

[30] Tabellen der F-Verteilung, z.B. in [24].

[31] Gottschalk, G. und Kaiser, R.E.
      Einführung in die Varianzanalyse und Ringversuche.
      Bibliographisches Institut, Mannheim 1976.

[32] Umfangreiche Literaturangabe in [25].

[33] Becker, O., Stein, W., Lenßen, G. und v.d. Weyden, H.:
      Auswirkung kurzzeitiger Zugbeanspruchungen auf die Garneigen-
      schaften bei der Verarbeitung.
      Melliand Textilber. 65 (1984), 442-446.

[34] Ehrler, P. und Guse, R.:
      Informationsgehalt von Kraft-Längenänderungskurve.
      Melliand Textilber. 53 (1972), 1089-1090.

[35] Lange, F.H.:
      Methoden der Meßstochastik.
      Vieweg, Braunschweig 1978.

[36] Meßsystem hierzu wird von Fa. USTER als Gleichmäßigkeitsprüfer
      angeboten.

[37] Günzel, K.:
      Sensortechnik - eine neue Disziplin?
      Technisches Messen 50 (1983), 355-358.

[38] Tränkler, H.-R.:
      Die Schlüsselrolle der Sensortechnik in Meßsystemen.
      Technisches Messen 49 (1982), 343-353.

[39] Rienecker, W.:
      Messung mit Thermoelement ohne 0 °C-Referenz.
      Elektronik 1/14.1. (1983), 29-33.

[40] NEC Electronics (Europe) GmbH.
      Product Description 6/83.

Entwicklungstendenzen bei technischen Sensoren

J. Hesse
Fraunhofer-Institut für Physikalische Meßtechnik
Heidenhofstr. 8
D-7800 Freiburg

Der Beitrag skizziert einleitend die technischen und ökonomischen Hintergründe für eine forcierte Entwicklung und Anwedung moderner technischer Sensoren. Daran schließt sich eine zusammenfassende Darstellung der wichtigsten physikalischen Effekte und Technologien an, die für solche Sensoren unter den Randbedingungen industrieller Herstellung und industriellem Einsatz zweckmäßig sind. Anhand repräsentativer Beispiele zu Sensoren für aktuelle Aufgaben in der Prozeß- und Fertigungsmeßtechnik wird der erreichte Stand erläutert. Im besonderen werden einige für die Textilindustrie relevante Aspekte diskutiert. Der Beitrag schließt mit einer Prognose zur weiteren Entwicklung bezüglich Markt und Technik.

1.   Einleitung

Die ökonomischen Sachzwänge bezüglich Produktivität, Produktionsgeschwindigkeit und -flexibilität, Qualität und Zuverlässigkeit stellen zunehmend höhere Anforderungen an die industrielle Fertigung. Sie sind nur auf der Grundlage neuer Generationen von Produktionstechnologien unter Einsatz rechnergestützter Informationssysteme und Fertigungsprozesse zu erfüllen. Die Konsequenz einer solchen Einsicht muß eine forcierte Entwicklung rechner-kompatibler Komponenten, Geräte und Systeme sein. Dies gilt insbesondere für die Belange der Meß-, Steuer- und Regelungstechnik, die im modernen Produktionsablauf Schlüsselfunktionen übernimmt. Sie hat diesbezüglich Anpassungsprobleme: Ihr fehlen noch weitgehend geeignete Meßwertaufnehmer (Sensoren) für die wichtigen nichtelektrischen Größen. Dieser Beitrag skizziert die Prioritäten, die der Markt dazu setzt, leitet daraus

Hinweise für anwendungsgerechte Sensorprinzipien und -technologien ab und
gibt Beispiele für Entwicklungen, insbesondere im Hinblick auf Anwendungen
in der Textilindustrie.

2.   System- und Marktaspekte

Die geforderten Sensoren sollen nichtelektrische Meßgrößen in mikroelektronik-kompatible Signale wandeln. Der Aspekt der Mikroelektronik-Kompatibilität bedeutet, daß die Sensorausgangssignale zum Signalpegel elektronischer Schaltungen (IC's) passen müssen (Strom/Spannungs-Charakteristik, Digitalisierbarkeit), eine lineare Kennlinie erwartet wird, geringe Exemplarstreuungen (leichte Austauschbarkeit), hohe Langzeitstabilität, kleine geometrische Abmessungen bei geringen Herstellungskosten. Darüber hinaus werden oft noch einsatzbedingte Eigenschaften wie Unempfindlichkeit gegenüber Temperatur, Vibration, elektromagnetischen Störungen, aggressiven Medien und Verschmutzung gefordert. Nur im einfachsten Fall erfüllen diskrete Bauelemente (Sensoren) ohne Normierung im Signalausgang diese Forderungen. Das Signal muß in der Regel noch in einem (oder mehreren) weiteren Bauelement verstärkt, linearisiert, temperaturstabilisiert und digitalisiert werden. In dieser Kombination waren nun hybride Lösungen der erste Entwicklungsschritt, und für viele Einsatzfälle kann es offenbar auch langfristig dabei bleiben.

Die (stufenweise) Integration der Sensor- und Signalverarbeitungsfunktionen auf einem Chip (Bild 1) liegt natürlich trotzdem nahe. Sofern für die Meßwertaufnehmer halbleiterphysikalische Größen brauchbar sind, wäre die Realisierung z.B. in Silizium-Technologie auch keine prinzipielle Schwierigkeit. Die Komplexität solcher Schaltungen würde allerdings überproportional steigen, schon weil es bei der Betriebstemperatur unterschiedliche Driften im Meß- und im Verarbeitungssignal geben könnte. Daß diese Komplikation aus fertigungs- oder anwendungstechnischen Gründen unbedingt überwunden werden muß, ist heute eher zu bezweifeln.

Wie andere Produkte auch, wird man Sensoren marktgerecht entwickeln und fertigen. Eine Schwierigkeit für verläßliche Prognosen zu diesem Markt ist allein schon die Heterogenität in der Definition des Sensors und der in verschiedenen Anwendungsbereichen ganz unterschiedlichen Anforderungen

(Tabelle 1). Es kann deshalb gar nicht verwundern, daß die ersten Marktstudien im einzelnen noch erheblich differieren und nur im ganzen hohe jährliche Wachstumsraten übereinstimmend voraussagen. In der Zusammenfassung [1] sollte aber die Aussage, daß in nächster Zeit Sensoren für Geschwindigkeit und Füllstand größere und Sensoren für Temperatur, Position, Durchfluß, Druck und Feuchte mittlere Marktanteile haben werden, richtig sein. Nach der Verteilung auf die Einsatzbereiche wird die Automobiltechnik den Markt nach Stückzahlen vermutlich auch wirklich bestimmen. Dagegen dürfte der Anteil der Hausgerätetechnik zunächst überschätzt worden sein. Verständlich ist andererseits, daß zu anderen Gebieten wie Haus- oder Sicherheitstechnik aufgrund neuerer Verordnungen (z.B. Wärmemengenmessung, Schadstoffüberwachung) der Bedarf est zu niedrig angesetzt worden ist.

Ähnlich schwierig sind auch Kostenargumente zu bewerten. Sie sind hinreichend klar im Hinblick auf die Automobiltechnik: Preise von mehr als einigen DM sind hier praktisch nicht durchsetzbar, und deswegen gibt es in diesem Fall auch schon ziemlich klare Vorstellungen, welche nutzbaren Effekte und Fertigungstechnologien hier überhaupt einsetzbar wären. Auf der anderen Seite steht die Prozeßmeßtechnik: Bei kleinem Marktanteil und den divergierenden Anforderungen bezüglich Genauigkeit, Temperatureinsatzbereich usw. sind Low-cost-Sensoren unrealistische Ziele. Herstellungskosten zwischen 100 und 1000 DM pro Sensor wären hier wohl mittelfristig angemessene Vorgaben.

Nur an solchen argumentativen Stützen können sich die folgenden Darstellungen und Empfehlungen zur Technik und Anwendung von Sensoren orientieren. Ausführliche Einzeldarstellungen neueren Datums finden sich z.B. in [2,3].

3. <u>Sensorprinzipien und -technologien</u>

Für alle heute wichtigen Meßgrößen gibt es jeweils mehrere physikalische Effekte, die zu mikroelektronik-kompatiblen Sensoren führen könnten (Tabelle 2). Im einzelnen haben sie spezifische Vor- und Nachteile, die je nach Einsatzfall mehr oder weniger relevant sein können.

Temperatur-Sensoren lassen sich z.B. als Pt- bzw. Ni-Widerstände in Dick- oder Dünnfilmtechnik leicht herstellen und im Bereich zwischen -200 und 850 °C einsetzen. Neuere Entwicklungen auf der Basis von polykristallinem Silizium könnten das Problem hoher Widerstandsbereiche (< 1 kΩ) lösen.

NTC-Heißleiter aus Oxiden der seltenen Erden sind auch noch bei 1000 °C verwendbar, haben aber eine nichtlineare Kennlinie und eine herstellungsbedingte große Exemplarstreuung.

Gute lineare Kennlinien besitzen Silizium-Speading-Resistance-Sensoren, zudem hohe Empfindlichkeit und geringe Exemplarstreuung. Ein Nachteil ist der enge Einsatzbereich von etwa -80 bis 150 °C (möglicherweise auch noch 300 °C).

Als Sensoren für **Dehnungen** und daraus ableitbare Größen wie **Kräfte, Drücke, Spannungen** haben Dehnungsmeßstreifen (DMS) einen hohen Stand erreicht und werden auch in Dünnfilm- bzw. Folientechnik angeboten.

Als neuere Entwicklung haben Druckmembranen aus Silizium je nach Dicke (10 μm bis 1 mm) einen großen Meßbereich zwischen 50 mbar und 3400 mbar bei Betriebstemperaturen zwischen -40 und 120 °C. Eine Unsicherheit ist hier noch die Überlastgrenze, die durch feste Anschlagelemente aufgefangen werden muß.

Recht vielfältig sind die Realisierungsmöglichkeiten bei Sensoren für **Abstand, Position, Drehmoment** etc.

Optische Positionierungssysteme mit Fotodioden bzw. -arrays als sensorischem Element haben einen hohen Entwicklungsstand erreicht, sind aber vergleichsweise teuer. Häufig ist auch ihre Anfälligkeit gegen Verschmutzung ein ernsthafter Nachteil.

Sensoren, die elektrische (D-Feld) und/oder magnetische (B-Feld) Felder ausnutzen, sind robuste, meßempfindliche und fertigungstechnisch einfache Bauelemente als Ergebnis neuerer Entwicklung.
Wiegand-Sensoren nutzen magnetische Elementarprozesse aus, scheinen aber noch störanfällig zu sein.
Silizium-Hallsensoren sind schon hinreichend zuverlässig und auch kostengünstig, aber begrenzt in Empfindlichkeit und räumlicher Auflösung.

Meßbereich und Empfindlichkeit von Sensoren für **Durchfluß** werden bei den gebräuchlichen Sensoren stark von den strömungsmechanischen Eigenschaften des Systems bestimmt. Diese Sensoren müssen deswegen für den jeweiligen Anwendungsfall konzipiert, zumindest aber kalibriert werden. Das Hitzdraht-Anemometer ist in diesem Sinne konstruktionstechnisch ziemlich ausgereift, für viele Anwendungen aber nicht empfindlich genug.
Ultraschall-Anemometer wären universeller einsetzbar, sind aber ziemlich teuer.

Feuchte-Sensoren mit Al_2O_3-Dilektrikum weisen Kennlinien mit guter Linearität auf. Ein Nachteil ist die lange Ansprechzeit mit Sekunden-Bereich und die engen Temperaturgrenzen (15 bis 60 °C).
Kürzere Ansprechzeiten haben Ta_2O_5-Sensoren in Dünnfilmtechnologie. Sie scheinen auch stabiler und unempfindlicher gegenüber aggressiven Medien zu sein.
D-Feld-Sensoren für die Feuchtemessung befinden sich in der Entwicklung.

Sensoren für **chemische Größen** haben in Verbindung mit der Automobil-Abgastechnik an Bedeutung gewonnen (λ-Sonde). In der Regel beruhen sie auf der Wechselwirkung der zu messenden Moleküle mit Festkörperoberflächen bzw. dadurch geänderter elektronischer Bauelementparameter (MOSFET, ISFET). Mit der Ausnahme der λ-Sonde gibt es aber noch keine voll befriedigende Lösung, und auf diesem Gebiet scheinen erfolgversprechende Ansätze erst über ein gründliches Verständnis der physikalisch-chemischen Wechselwirkungsprozesse möglich zu sein.

Diese Beispiele zeigen, daß sowohl Metalle als auch Halbleiter oder keramische Werkstoffe einsetzbar sind und Auslegungsvarianten als Bulk- oder Schichtstruktur möglich sind. Der Vergleich dieser verschiedenen Technologien (Tabelle 3) zeigt aber, daß der Einsatz von Halbleitertechnologien erst bei ziemlich großen Stückzahlen sinnvoll wird. Nach Stand und Komplexität dürfte sich die Herstellung von Halbleiter-Sensoren dann aber auf die etablierten großen Halbleiterfirmen konzentrieren. Bei vergleichsweise geringem Stückzahlbedarf, z.B. in der Prozeß- und Fertigungsmeßtechnik, sind aber die anderen Technologien mindestens konkurrenzfähig, vielleicht sogar überlegen. Gerade hier haben also auch neue Technologien (z.B. faseroptische Sensoren) reelle Einsatzchancen und öffnen damit auch kleinen und mittelständischen Unternehmen den Sensor-Markt mit seinem großen Innovationspotential.

4. Anwendungsbeispiele

Für erfolgreiche Entwicklung und den Einsatz mikroelektronik-kompatibler Sensoren gibt es schon jetzt gute Beispiele. Im folgenden werden vier vorgestellt. Es waren Arbeiten des Fraunhofer-Instituts für Physikalische Meßtechnik.

4.1 Elektronische Sensoren und Sensorsysteme

In der Textilindustrie war eine Aufgabe, höhere Fadenlaufgeschwindigkeiten bei der Verarbeitung von Garnen zu erreichen. Man stieß daher an die Grenze der Funktionsfähigkeit bewährter mechanischer Fadendetektoren. Zur Lösung dieses Problems wurde ein elektronischer **Fadensensor** entwickelt, der die Influenz von Ladungen in einem Kondensator durch das elektrische Feld der stochastisch auf dem Faden verteilten Ladungen ausnutzt. Dadurch wird eine berührungs- und nahezu spannungsfreie Führung auch von Fäden mit komplexer Struktur bei hoher Laufgeschwindigkeit (1000 m/min) ermöglicht. Bild 2 zeigt diesen Fadensensor als Funktionsmodell.

Mit elektrischen Wechselfeldern arbeiten **elektronische Abstandssensoren** nach dem D-Feld-Prinzip: Ein zwischen zwei Elektroden erzeugtes elektrisches Wechselfeld wird gestört, wenn Werkstücke in den Feldbereich gelangen. Die Störung läßt sich mit einer dritten Elektrode (Sonde) berührungsfrei messen. Solche D-Feld-Sensoren sind für Meßabstände von Mikrometer bis Meter ausgelegt, arbeiten noch bei 1000 $^{\circ}$C und erlauben Selbsteichung und -überprüfung. Sie sind auch fertigungstechnisch einfach, und demnächst wird auch eine dazu passende Auswerteelektronik als IC vorliegen.

D-Feld-Sensoren lassen sich u.a. zur (berührungslosen) Dickenmessung von Folien (Papier, Plastik, Metall), zur Füllstandmessung (Glas, Metall, Bild 3) und zur Feuchtemessung einsetzen und sind als Positionssensoren in Verbindung mit Industrierobotern in der Automobilindustrie zwei Jahre lang praktisch erprobt.

4.2 Optische Sensoren und Sensorsysteme

Die Simulation des menschlichen Auges ist ein Schlüsselproblem der Entwicklung optischer Sensorsysteme. Optoelektronische Sensor-Bausteine in Form von Fotodioden, linearen Fotodiodenarrays bzw. Matrixarrays sind in diesem Sinne auch mikroelektronik-kompatible Sensoren. Es gibt bereits CCD-Arrays mit mehr als 4000 Bildpunkten bis herunter zu 7 µm Bildpunktkantenlänge bzw. entsprechende Matrixarrays von bis zu 300.000 Bildpunkten. In Verbindung mit Lumineszenz- oder Laserdioden und Lichtwellenleitern entsteht z.Z. eine neue System-Generation mit interessanten Eigenschaften.

Ein solches Sensorsystem ist z.B. ein **Prozeßspektrometer zur Analyse von Gasen und Flüssigkeiten.** Das meßtechnische Konzept (Bild 4) geht von geschopptem Licht aus, das in einen Lichtwellenleiter eingekoppelt und zum Sensor geführt wird. Damit wird das Licht nach Wechselwirkung mit der Probe von einem zweiten Lichtwellenleiter wieder aufgenommen und in einem Spektrometer spektral zerlegt. Der Kern dieses Moduls ist ein optischer Vielkanalanalysator. Das Elektronik-Modul enthält einen Mikroprozessor, der die Steuerung des Gerätes und die Datenanalyse übernimmt. Das System gewährleistet hohe Flexibilität bezüglich der zu untersuchenden Stoffgemische und niedrige Querempfindlichkeit aufgrund der gleichzeitigen Erfassung von 20 Wellenlängenintervallen (Kanälen) in einem ca. 0,8 µm breiten Wellenlängenbereich zwischen 0,9 und 2,5 µm. Zeitliche Auflösungen bis herab zu 0,1 s und Meßempfindlichkeiten im Bereich einiger 10 ppm sind erzielbar.

Optoelektronische Sender- und Sensorelemente sind auch Schlüsselkomponenten eines **Farberkennungssystems.** Es nutzt die in den verschiedenen Farb-, d.h. Wellenlängenbereichen unterschiedlichen Absorptionseigenschaften transparenter Medien aus. Die geringe erforderliche Meßzeit von nur etwa 1 ms reicht auch bei schnellem Materialfluß zur sicheren Farberkennung aus. Schwankende Oberflächenbeschaffenheiten lassen sich durch Zweifrequenzmessung in Transmissionsanordnung eliminieren.

5. Ausblick

Bei noch steigender Komplexität der industriellen Fertigung werden zur automatischen Überwachung und Steuerung der Einzelprozesse die Anforderungen an entsprechende Sensoren bzw. Sensorsysteme weiter steigen. Man wird außerdem verlangen, daß sie so flexibel ausgelegt sind, daß sie auch bei wechselnden Produkten einsatzfähig bleiben.

Die heute vorliegenden Sensoren genügen diesen Anforderungen nur bedingt. Die in diesem Beitrag skizzierten Konzepte sind aussichtsreiche Ansätze. Die entwicklerischen Leistungen der nächsten Jahre werden für das künftige Geräte- und Anlagengeschäft mitentscheidend sein.

6. Literatur

[1] Brendecke, H.:
Mikroelektronik-kompatible Sensoren - eine Herausforderung für Entwickler und Hersteller.
Technisches Messen 50 (1983), 359-365.

[2] Hesse, J. (Hrsg.):
Sensoren.
Sonderheft Zeitschrift Technisches Messen, Oldenbourg-Verlag, München (1984).

[3] Bethe, K. (Hrsg.):
Sensoren-Technologie und Anwendung.
VDI-Berichte 509, VDI-Verlag, Düsseldorf (1984).

Tabelle 1: Güteklassen von Sensoren

Sensoren in der	Präzisions-Meßtechnik	Industriellen Meßtechnik	Konsumgüter-Meßtechnik
Anwendungs-Bereich	Prüftechnik Kalibrier-Technik	Verfahrens-Technik Fertigungstechnik	Kraftfahrzeug Haushaltsgeräte
Genauigkeit	$2..5 \cdot 10^{-4}$	$2..5 \cdot 10^{-3}$	$2..5 \cdot 10^{-2}$
Typische Korrekturverfahren bei Streuung, Linearitätsfehler und bei Einflußeffekten	Digitale Korrektur	Analoge Korrektur	Ohne Korrektur
Typische Schnittstelle bei der Signalübertragung	IEC 625/ IEEE 488-Bus	20 mA, 10 V und diverse digitale Bussysteme	fehlt
Zuverlässigkeit Einsatzzeit (MTBF)	$(10^3 h)$	$10^5 h$	$10^3 h$
Kosten pro Stück inkl. Elektronik	DM 10.000	DM 100...1000	DM 1....10

Tabelle 2: Sensor-Konzeptionen

Meßgröße	Prinzip/Effekt	Ausführungsbeispiele
Temperatur	Temperaturabhängigkeit des elektr. Widerstandes von Festkörpern	Metall-Dünnfilm-Widerstände
		Oxidische NTC-Heißleiter in Sintertechnologie
		Halbleiter (Silizium) in Spreading-Resistance-Technik
	Temperaturabhängigkeit von Parametern von Festkörperbauelementen	Durchflußspannung von Dioden, Transistoren
		Transmission von Lichtwellenleiter-Resonatoren
Kraft Druck Dehnung	Piezoresistive Widerstandsänderung	Metall- bzw. Halbleiter-Dehnungsmeßstreifen in Dünnschicht- oder Folientechnologie
	Kapazitätsänderung	Membran (Metall, Halbleiter)
	über Abstandsmessung	Faseroptische Druckmeßumformer mit Membran
	Optische Laufzeit- bzw. Phasenänderung	Laserscanner
	Änderung von Feldverteilungen	D-Feld-Sensor D/B-Feld-Sensor
	Wiegand-Effekt	Wiegand-Drähte auf Fe-Co-V-Basis
	Hall-Effekt	Hall-Bauelemente auf Si- oder GaAs-Basis
	Magnetostriktiver Effekt	Wirbelstrom-Sensoren

Tabelle 2 (Forts.): Sensor-Konzeptionen

Meßgröße	Prinzip/Effekt	Ausführungsbeispiele
Durchfluß	Temperaturabhängigkeit des elektr. Widerstandes	Hitzdrahtsonden
	Doppler-Effekt	Laser-Doppler-Anemometer
		Ultraschall-Systeme
Feuchte	Änderungen durch Dielektrikum	Kapazitätsmessung mit Al_2O_3-Dielektrikum
		Ta_2O_5-Sensoren in Dünnfilmtechnologie
		D-Feld-Sensoren
Chemische Zusammensetzung, Konzentration	Adsorptions- oder Absorptionseffekte an Festkörperoberflächen	Widerstandsänderung an Halbleiter-Oberflächen durch Oxidations-/Reduktionsprozesse
		Änderung der Elektronen-Austrittsarbeit und damit der Einschaltspannung von Transistoren (MOSEFT's)
		Ionensensitive Feldeffekttransistoren (ISFET'S)
	Elektrochemische Effekte	Redoxpotentiale chemischer Reaktionen, amperometrische Messungen
	Lichtabsorption	Spektrometer mit LED/Fotodioden- bzw. Diodenlaser/Fotodioden-Anordnungen

Tabelle 3: Sensortechnologien im Vergleich

		Technologie	
Kriterium	Silizium	Dünnfilm	Dickschicht
Investitionen für eine Fertigungslinie (in Mio DM)	1	0,3	0,1
Produktionsgerecht für jährliche Stückzahlen	10^5	$10^3 - 10^6$	$10^2 - 10^5$
Sensorfertigungskosten			
- bei hohen	sehr niedrig	niedrig	niedrig
- bei niedrigen Stückzahlen	sehr hoch	hoch	mittel
Miniaturisierungsmöglichkeit	sehr gut	gut	mittel

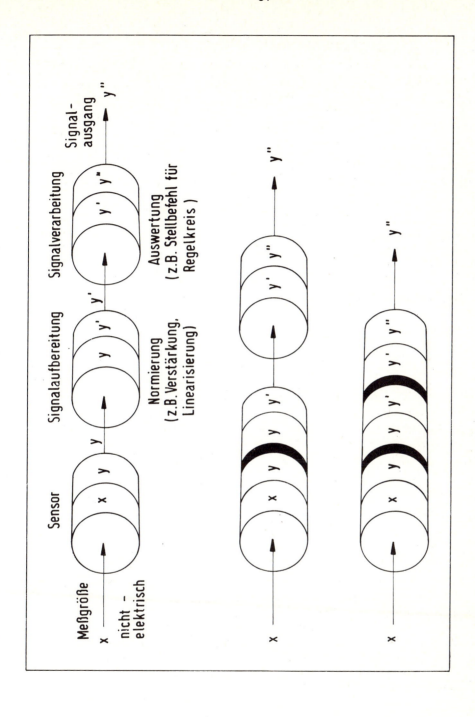

Bild 1 : Sensor - Designstrategie

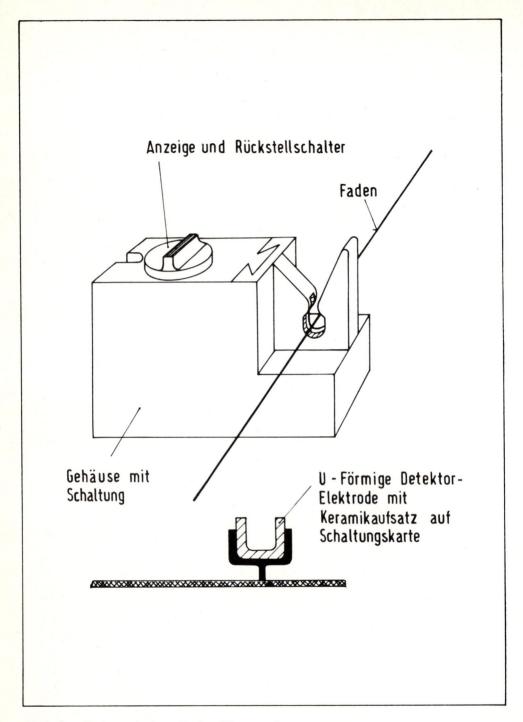

Bild 2 : Elektronischer Fadenüberwachungssensor

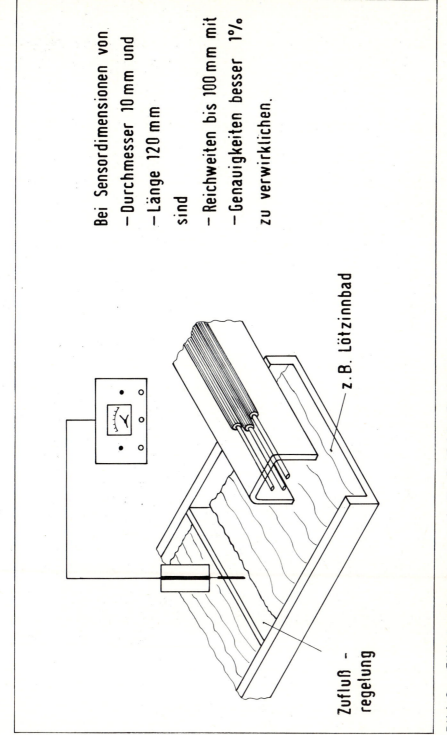

Bild 3 : Füllstandsmessung mit D-Feld-Sensoren

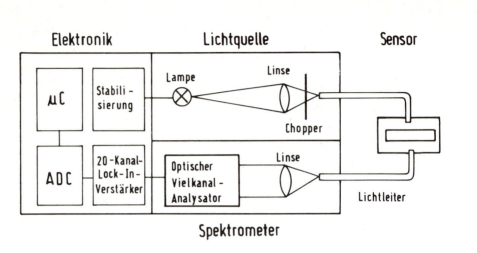

a)

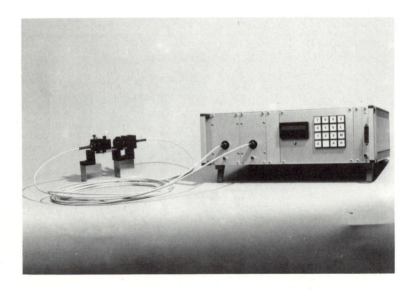

b)

Bild 4: Prozeßspektrometer schematisch (a) und als Funktionsmodell (b)

Faseroptische und integriert optische Sensoren

W. Sohler
Universität-Gesamthochschule Paderborn
Angewandte Physik
Postfach 1621
D-4790 Paderborn

1) Einleitung

In den letzten Jahren hat sich - als Ableger der Lichtleitfaser-Technik - das Gebiet der faseroptischen (und integriert optischen) Sensoren entwickelt. Es ist zunehmend selbständiger geworden und wächst auch heute noch, was sich in einer steigenden Anzahl veröffentlichter Arbeiten pro Jahr ausdrückt. Zum Zeitpunkt dieses Kolloquiums hat bereits die 3. Internationale Konferenz über "Optical Fiber Sensors" stattgefunden.

Unter einem faseroptischen Sensor versteht man ganz allgemein einen optischen Meßfühler zur Erfassung einer physikalischen Meßgröße (s. Abb. 1). Solch ein Sensor wird über eine Lichtleitfaser mit Licht versorgt; eine zweite Faser (die unter Umständen mit der Versorgungsfaser identisch sein kann) führt dann ein durch die Meßgröße geeignet codiertes Lichtsignal zum Detektor und damit zur elektronischen Auswertung und Weiterverarbeitung im Meßgerät zurück. Ein faseroptischer Sensor nutzt also wesentlich die Vorteile optischer Signalübertragung aus; insbesondere profitiert er dabei von der Störunempfindlichkeit der optischen Übertragungsstrecke gegenüber elektromagnetischen Feldern. Darüber hinaus ermöglicht der optische Sensor eine direkte Konversion der Meßgröße in ein optisches Signal ohne eine weitere elektrisch-optische Wandlung, wie sie bei einem elektronischen Sensor mit optischer Signalübertragung erforderlich wäre.

Der Begriff "faseroptischer Sensor" beschreibt dennoch kein ganz einheitliches Konzept: Der eigentliche optische Sensor (s. Abb. 1) kann z.B. "extern" die Transmission auf dem Weg Versorgungs-/Signalfaser als Funktion der Meßgröße modulieren; er kann aber auch "intern" ein Stück speziell präparierter (z.B. dotierter) Faser sein. Während diese Sensoren meist mit vielwelligen (Multimode-) Fasern hergestellt werden, gibt es daneben

- im allgemeinen komplizierter aufgebaut - sehr empfindliche faseroptische
Meßsysteme mit einwelligen (Monomode-) Fasern oder integriert optischen
(mit Hilfe einer Planartechnologie hergestellten) Wellenleitern als Sensorelement. Dabei wird die Phasenlage oder der Polarisationszustand des Lichtes durch die Einwirkung der Meßgröße auf den Lichtleiter verändert und
mit Hilfe einer Interferometeranordnung nachgewiesen.

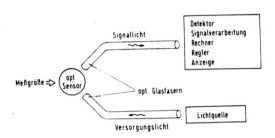

Abb. 1: Schematische Darstellung eines faseroptischen Sensors bzw.
Sensorsystems

Wegen der Vielfalt der Entwicklungen in den letzten Jahren ist es unmöglich geworden, in einem kurzen Artikel einen umfassenden Überblick über
faser- und integriert optische Sensoren zu geben. Daher kann es das Ziel
dieses Beitrages nur sein, anhand ausgewählter Beispiele die Prinzipien
und Möglichkeiten dieser neuartigen Sensoren zu diskutieren. Dabei sollen
zum einen Bauelemente und Geräte vorgestellt werden, die bereits auf dem
Markt erhältlich sind. Zum anderen soll aber auch über erste Forschungsergebnisse neuer Konzepte berichtet werden, die hier in Deutschland entwickelt wurden. Im übrigen wird auf eine Reihe von Übersichtsartikeln verwiesen [1 - 4], die als Gesamtheit einen guten Überblick über dieses neue
Gebiet geben.

Die Gliederung dieses Beitrages erfolgt nach den Meßgrößen.

2) Temperatursensoren

a) Phosphor

Eines der ersten faseroptischen Meßgeräte, die kommerziell erhältlich waren [5], wertet die temperaturabhängige Lumineszenz (s. Abb eines Eu-dotierten (z.B.: $Gd_2O_2S:Eu$ und $La_2O_2S:Eu$) Phosphors am Ende einer optischen Glasfaser aus zur Temperaturbestimmung [6].

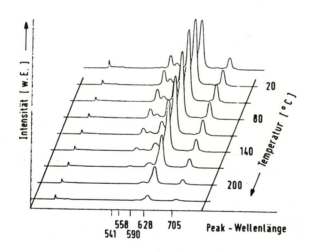

Abb. 2: Lumineszenz von $Gd_2O_2S:Eu$ als Funktion der Wellenlänge und Temperatur [7].

Dazu wird der Phosphor (Durchmesser von wenigen 100 µm) über die (Multimode-) Faser durch UV-Licht zur Lumineszenz angeregt; diese Strahlung wird dann über die gleiche Faser zurück zur Detektionseinheit geleitet. Hier wird das Licht spektral zerlegt und detektiert; das Intensitätsverhältnis zweier Linien wird dann bestimmt und ausgewertet als

Maß für die Temperatur im Bereich von -50°C bis + 250°C. Die Auflösung wird mit 0.1°C angegeben.

Eine Variante dieses Meßprinzips bestimmt nicht ein Intensitätsverhältnis, sondern die temperaturabhängige Phasenverschiebung zwischen Lumineszenzlicht und Anregungslicht bei periodischer Anregung [8]. In einem Prototyp eines Meßgerätes, das diese Methode benützt, wird über die gemessene Phasenverschiebung die Frequenz des periodisch modulierten Anregungslichtes gesteuert. Dadurch wird die Temperatur über eine Messung dieser Frequenz bestimmt, was sehr genau mit üblichen Frequenzzählern möglich ist. Der Meßbereich dieses Gerätes beträgt - 30 bis + 150°C bei einer Genauigkeit von 0.04°C.

Seit kurzem ist ein weiteres Gerät auf dem Markt erhältlich [9], welches das gleiche Meßprinzip verwendet, aber einen lumineszierenden $Ga_xAl_{1-x}As$-Kristall als eigentlichen Sensor einsetzt. Dadurch ist es möglich, die Lumineszenzstrahlung durch eine (preiswerte, sehr kleine) Lumineszenzdiode mit Infrarotstrahlung ($\lambda \sim 750$ nm) anzuregen. Ein Schema dieses Meßgerätes ist in Abb. 3 dargestellt; es ist ausgelegt zur Temperaturmessung zwischen 0°C und 200°C bei einer Genauigkeit von etwa 1°C (Auflösung: $\sim 0,1°C$).

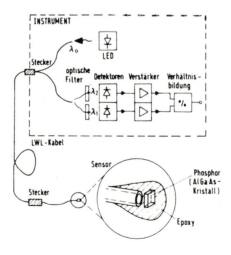

Abb. 3 : Schematische Darstellung eines kommerziell erhältlichen, faseroptischen Temperatursensors [9].

Das Konzept dieses Gerätes ist sehr interessant, da es erlaubt,
einfach durch Austausch des Sensors auch andere Größen zu messen.
Dies wurde bereits am Beispiel eines Vibrationssensors demonstriert [10].

b) Pyrometer

Pyrometer sind seit langem bekannte optische Meßgeräte, die vorzugsweise zur Messung sehr hoher Temperaturen eingesetzt werden. Sie analysieren die Hohlraumstrahlung eines schwarzen Körpers, dessen Spektrum sich gemäß dem Planck'schen Strahlungsgesetz temperaturabhängig verschiebt. Faseroptische Meßmethoden erlauben nun, die Strahlung eines Hohlraumes mit einer temperaturfesten (Saphir-) Faser einzufangen, über eine Quarzglasfaser (außerhalb des Hochtemperaturbereiches) zur Detektionseinheit fortzuleiten und dort auszuwerten. Das National Bureau of Standards in Washington hat ein entsprechendes faseroptisches Meßgerät mit einem miniaturisierten Hohlraumstrahler an der Spitze der Faser entwickelt. Es kann Temperaturen bis zu 2000°C mit der großen Meßgenauigkeit von 0.05 % bestimmen. Der Sensor selbst hat eine sehr kleine Wärmekapazität, so daß auch schnelle Temperaturänderung gemessen werden können.

c) Integriert optischer Resonator

Integriert optische Resonatoren in $LiNbO_3$, wie in Abb. 4, eignen sich wegen der starken Temperaturabhängigkeit ihres Brechungsindexes besonders gut zur Messung auch kleinster Temperaturänderungen [11]. Ihre periodische Kennlinie (s. Abb. 4) legt eine digitale Auswertung nahe: man zählt bei einer Temperaturänderung die Zahl der "durchfahrenen" Interferenzordnungen. Durch die Länge des Bauelementes und die Wellenlänge des Lichtes kann man in weiten Grenzen die Empfindlichkeit des Temperatursensors festlegen.

Um bei einer periodischen Kennlinie die Zahl der "durchfahrenen" Ordnungen auch als Funktion der Richtung der Phasen- (bzw. Temperatur-) änderung zählen zu können, benötigt man zwei, gegeneinander um 90° phasenverschobene Signale. Man kann dazu das Ausgangssignal eines Resonators und das einmal differenzierte Signal verwenden. Vorteilhafter ist es jedoch, die einmal und zweimal differenzierten Signale zu benutzen,

um zu einer Auswertung zu kommen, die jeweils beim Nulldurchgang zählt.
Dadurch wird man von langsamen Schwankungen der Lichtintensität unabhängig.

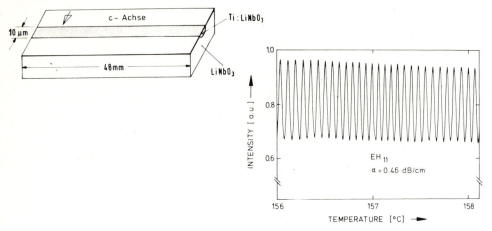

Abb. 4 : Integriert optischer Fabry-Perot Resonator mit Ti:LiNbO$_3$ Wellenleiter (links); Kennlinie des Resonators: transmittierte Intensität als Funktion der Temperatur (λ=0.63 µm) (rechts).

Die zur Differentiation notwendige Phasenmodulation läßt sich durch eine Frequenzmodulation des Laserlichtes oder auch durch eine elektrooptische Modulation der optischen Weglänge des Resonators erreichen. Abb. 5 zeigt die so gewonnenen differenzierten Signale als Funktion der Temperatur. Damit wird ein konventioneller Vorwärts-/Rückwärtszähler angesteuert, der bei jedem Nulldurchgang einen elektronischen Impuls erzeugt und je nach Richtung der Temperaturänderung zum bestehenden Wert hinzuaddiert oder subtrahiert. Beim Beispiel in Abb. 5 wurde eine Empfindlichkeit von 35 Impulsen/K bzw. ein Auflösungsvermögen von 29 mK/Impuls erreicht.

Bei Versorgung des Resonator-Sensorelementes über eine polarisationserhaltende Monomodefaser, bei einer Auswertung in Reflexion mit Hilfe einer Frequenzmodulation des Laserlichtes kommt man zu einem prinzipiell recht einfachen, optischen Meßsystem hoher Genauigkeit. Es hat allerdings den Nachteil, keine absoluten Temperaturen, sondern nur Temperaturänderungen messen zu können.

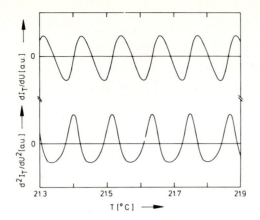

Abb. 5 : Ein- und zweimal elektrooptisch differenziertes Signal eines integriert optischen Resonators von 27 mm Länge in Abhängigkeit von der Temperatur (λ = 0.63 µm).

d) <u>Integriert optischer Frequenzverdoppler</u>

Absolute Temperaturen lassen sich mit integriert optischen Resonatoren mit Hilfe optischer Frequenzverdopplung bestimmen, die in diesen Strukturen einen besonders großen Wirkungsgrad erreichen kann. Bei gegebener Temperatur des Resonators ist eine ganz spezielle Lichtwellenlänge erforderlich, um Phasenanpassung von Grund- und Oberwelle und damit eine Frequenzkonversion mit (relativ) großem Wirkungsgrad zu erreichen.
(s. Abb. 6). Diese sogenannte Phasenanpaßwellenlänge variiert stark mit der Temperatur des Resonators, die damit recht genau ($\sim$ 0.1°C) in einem Temperaturbereich von Zimmertemperatur bis etwa 400°C bestimmt werden kann (s. Abb. 7). Voraussetzung ist allerdings eine abstimmbare, kohärente Lichtquelle ausreichender Leistung zum Betrieb des Resonators.

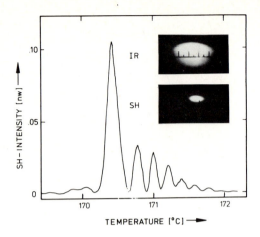

Abb. 6 : Intensität des frequenzverdoppelten Lichtes (λ = 0.576 μm) als Funktion der Temperatur des integriert optischen Resonators.
Photos: Nahfeld der optischen Moden von Grund- und Oberwelle.

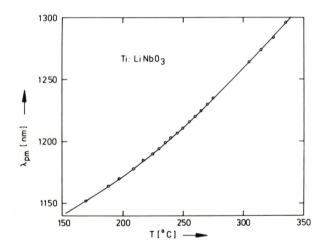

Abb. 7 : Phasenanpaßwellenlänge für optische Frequenzverdopplung in Ti:LiNbO$_3$ Wellenleiterresonatoren in Abhängigkeit von der Resonatortemperatur.

e) Faseroptischer Resonator

Analog den integriert optischen Resonatoren lassen sich auch faseroptische Resonatoren, wie in Abb. 8, zur Temperaturmessung verwenden. Kist et al. [12] haben zur Auswertung ein anderes Verfahren herangezogen (s. auch Abb. 8): Das System Halbleiterlaser - faseroptischer Resonator wird in einer Resonanz, d.h. bei maximaler Transmission bzw. minimaler Reflexion stabilisiert. Dies wird erreicht über ein Nachstimmen der Wellenlänge des Laserlichtes durch den Betriebsstrom, wenn sich die Temperatur und damit die optische Weglänge des faseroptischen Resonators ändert. Bei dieser Methode muß allerdings eine Einschränkung des Meßbereiches auf etwa 20°C in Kauf genommen werden; dafür ist es aber möglich, nach entsprechender Eichung auch absolute Temperaturen zu messen. Dieses Gerät ist speziell für medizinische Anwendungen konzipiert, bei denen der eingeschränkte Meßbereich nicht stört [12].

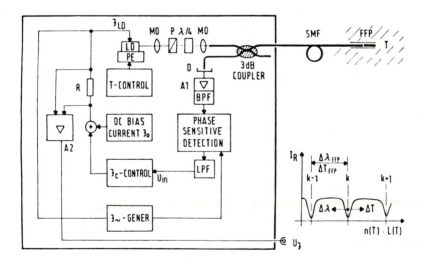

Abb. 8: Schema eines faseroptischen Meßsystems mit Faser-Fabry-Perot (FFP) Resonator [12]

3) Wegaufnehmer

Faseroptische Wegaufnehmer, die verschiedene Meßprinzipien ausnutzen, erlauben die Messung von Wegen im Bereich von 10^{-10} m bis 1 m. Darüberhinaus bilden sie die Grundlage für die faseroptische Messung einer Vielzahl anderer Meßgrößen, die sich durch Probekörper in Wege umwandeln lassen. In einem kürzlich erschienenen Obersichtsartikel wurden "Faseroptische Wegaufnehmer als Grundelemente für Sensoren" ausführlich diskutiert [13]; daher soll hier auf eine entsprechende Darstellung verzichtet werden.

4) Schallsensoren (Hydrophon)

Faseroptische Mach-Zehnder-Interferometer (s. Abb. 9) sind vor allem zur höchstempfindlichen Messung von Druckdifferenzen (Schall) zwischen Meß- und Vergleichsfaser ausgebildet worden [1]. Ein faseroptisches Hydrophon mit langen Fasern erreicht beispielsweise eine so hohe Empfindlichkeit, daß damit der "seastate zero", das frequenzabhängige Hintergrundrauschen in der Unterwasser-Sonartechnik, ausgemessen werden kann [14]. Dabei ist von großem Interesse, daß durch die Flexibilität der Quarzglasfasern Sensoren mit Richtcharakteristik hergestellt werden können.

Abb. 9 zeigt den schematischen Aufbau solch eines Meßsystems. Der Schalldruck verändert durch eine Modulation des Brechungsindexes der Meßfaser die Phasenlage des hindurchgehenden Lichtes und damit das Interferenzsignal, das mit zwei Photodioden detektiert und über einen Hochpaß zum Verstärker geführt wird. Das hinter dem Tiefpaß anstehende Signal wird zur Stabilisierung des Arbeitspunktes des Interferometers gegenüber langsamen Schwankungen (z.B. durch Temperaturänderungen) verwendet.

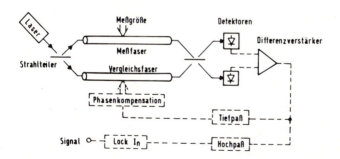

Abb. 9: Schematische Darstellung eines faseroptischen Mach-Zehnder-Interferometers

5) Gyroskop (Rotationssensor)

Eines der am weitesten entwickelten faseroptischen Sensorsysteme ist ein Ringinterferometer, das die winkelgeschwindigkeitsabhängige Phasendifferenz (Sagnac-Effekt) zwischen den gegenläufigen Lichtwellen als Meßgröße auswertet [15]. Den schematischen Aufbau des Interferometers zeigt Abb. 10.

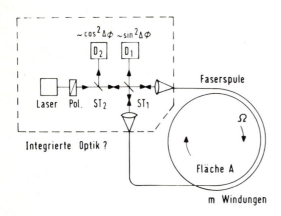
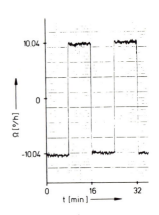

Abb. 10: <u>Links:</u> Schematische Darstellung eines faseroptischen Gyroskops.
(D_1, D_2: Detektoren; Pol.: Polarisator; ST_1, ST_2: Strahlteiler)
<u>Rechts:</u> Messung der Erdrotation [16] (s. auch Text).

Das polarisierte Laserlicht geht durch zwei Strahlteiler hindurch, bevor es in die beiden Enden derselben Faserspule eingekoppelt wird. Die Lichtwege der im bzw. gegen den Uhrzeigersinn umlaufenden Moden sind gleich lang, sofern das System in Ruhe ist. Dadurch beobachtet man am Ausgang des 2. Strahlteilers konstruktive, am Ausgang des 1. Strahlteilers jedoch destruktive Interferenz. Wird das Interferometer jedoch mit einer Winkelgeschwindigkeit Ω gedreht, erhält man durch den relativistischen Sagnac-Effekt eine Phasendifferenz $\Delta \phi$ zwischen rechts- und linksläufigen Lichtwellen, die proportional zu Windungszahl m mal umschlossener Fläche A ist.

Die Empfindlichkeit der Meßanordnung kann daher durch die Verwendung einer
langen (Faserlängen zwischen 100 und 1000 m sind üblich), dämpfungsarmen
Faser enorm gesteigert werden: je nach Faserlänge, optischer Licht-
leistung, Auswerteelektronik etc. können Empfindlichkeiten bis zu
$\sim 10^{-3}$ °/h erwartet werden. Die theoretisch möglichen Grenzen sind
heute experimentell fast erreicht worden.

Das Sagnac-Ringinterferometer nutzt einen relativistischen Effekt aus:
die Winkelgeschwindigkeit wird also relativ zu einem Inertialsystem
z.B. zum Fixsternhimmel gemessen. Das bedeutet, daß auch die Erdrotation
leicht meßbar sein sollte, wenn die experimentell erreichte Empfindlichkeit sich der theoretischen Grenze nähert. Ein entsprechendes Meßergebnis von Schiffner zeigt der rechte Teil der Abb. 10. Hier ist das Ausgangssignal eines faseroptischen Gyroskops aufgetragen als Funktion der
Zeit; dabei wurde das Meßsystem periodisch auf den Kopf gestellt, so daß
ein positives und negatives Signal entsprechend der Komponente der Winkelgeschwindigkeit der Erde bei der geographischen Breite von München registriert wurde.

Die heutige Entwicklung faseroptischer Gyroskope versucht, zum einen die
theoretischen Grenzen der Empfindlichkeit des Sensors zu erreichen, zum
anderen aber auch die Stabilität, vor allem die Langzeitstabilität zu verbessern, um den Anforderungen für Navigationsinstrumente gerecht zu werden.
Daneben zeichnen sich auch viele Anwendungen für Sensoren mittlerer und
geringer Genauigkeit ab, z.B. für Robotersteuerungen, die nur eine Kurz-
zeitstabilität erfordern. Dabei wird angestrebt, das faseroptische Gyros-
kop so weit als möglich zu miniaturisieren. Dies ist möglich mit den
Mitteln der integrierten Optik, die es erlauben, die einzelnen optischen
Komponenten des Gyroskops (s. Abb. 10) zu miniaturisieren und zu einem
optischen "Schaltkreis" auf einem gemeinsamen Substrat zusammenzufassen,
an den dann die Faserspule als der eigentliche Sensor angeschlossen wird.
Man kann noch weitergehen und versuchen, auch die Faserspule zu integrieren.
Das ist natürlich nur mit einer Windung möglich, es sei denn, man ersetzt
die offene Windung durch einen geschlossenen Kreis - einen integriert
optischen Ringresonator. Je nach dessen Güte kann das Licht mehr oder
weniger häufig zirkulieren und dadurch die Empfindlichkeit des einfachen

Interferometers mit einer Windung um einen Faktor verbessern, der in etwa der Finesse des Resonators entspricht. Theoretisch sind mit solch einem integriert optischen Ringresonator Empfindlichkeiten bis zu einigen $100°/h$ möglich. Allerdings ist der experimentelle Nachweis noch nicht erbracht worden.

6) Stromwandler

Die Drehung der Polarisationsebene linear polarisierten Lichtes in einem longitudinalen Magnetfeld (Faraday-Effekt) kann zur Strommessung mit Hilfe einer Lichtleitfaser ausgenutzt werden. Dazu wird eine lange Monomode-Faser als Spule um einen stromführenden Leiter gewickelt. Die Drehung der Polarisationsebene ist dann proportional zum Linienintegral $\oint \vec{H} \, d\vec{r}$ und damit zur Stromstärke im eingeschlossenen Leiter (s. Abb. 11).

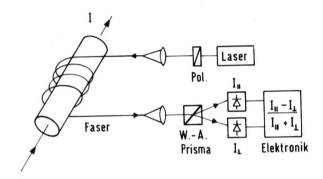

Abb. 11: Schema eines faseroptischen Stromwandlers. Der Drehwinkel der Polarisationsebene des geführten Lichtes wird mit Hilfe der Elektronik berechnet.

Einen Vergleich der Meßsignale von konventionellem und faseroptischem Stromwandler [17] zeigt Abb. 12 . Letzterer wendet eine Kompensationsmethode an: die Drehung der Polarisationsebene wird in einer zweiten Spule der selben Faser mit Hilfe eines Kompensationsstromes rückgängig gemacht. Dadurch erhält man einen großen Meßbereich und kann von den bekannten Vorteilen einer "Nullmethode" profitieren. Prototypen solch eines Sensors sind bereits in Kraftwerken zur Strommessung an hochspannungsführenden Leitern (kein Isolationsproblem) eingesetzt worden [18].

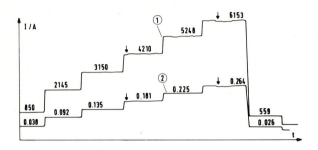

Abb. 12: Vergleich zwischen den Meßsignalen eines konventionellen und faseroptischen Stromwandlers bei stufenweiser Änderung der Stromstärke als Funktion der Zeit.
1: Primärstrom (konventioneller Wandler);
2: Kompensationsstrom (faseroptischer Wandler) [17].

7) Flüssigkeitsstandanzeiger und Refraktometer

Die Eigenschaften einer optischen Glasfaser werden entscheidend durch das Verhältnis der Brechungsindizes von Faserkern und Fasermantel bestimmt. Dadurch ist es möglich, die Ausbreitung des Lichtes durch eine "nackte" Faser (ohne Mantelglas) über den Brechungsindex des umgebenden Mediums zu beeinflussen. Mit einer geeigneten Geometrie des "nackten" Faserabschnittes kann man durch Eintauchen in eine Flüssigkeit die Totalreflexion entweder für alle (s. rechter und linker Teil der Abb. 13) oder nur für einen Teil der geführten Lichtwellen (Abb. 13: Mitte) aufheben. [19-21]

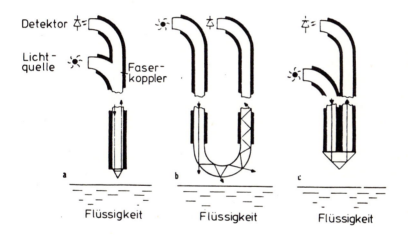

Abb. 13: Faseroptische Flüssigkeitsstandanzeiger mit unterschiedlicher Geometrie: konisches Ende des Lichtwellenleiters (a), U-förmig gebogene "nackte" Faser (b) und Miniaturprisma (c).
Der U-förmige Sensor kann auch als Refraktometer verwendet werden.

Wie groß der Anteil des ausgekoppelten Lichtes ist, hängt vom Brechungsindex der Flüssigkeit ab. Damit kann der U-förmige Sensor der Abb. als Refraktometer und Füllstandsanzeiger verwendet werden; der konische und der prismatische Fühler können ausschließlich als Füllstandsanzeiger eingesetzt werden. Faseroptische Grenzwertgeber, die nach diesen Prinzipien arbeiten, sind seit kurzer Zeit auch kommerziell erhältlich [22].

Die Empfindlichkeit des U-förmigen, faseroptischen Refraktometers soll durch Abb. 14 verdeutlicht werden. Hier ist die Lichtintensität am Photodetektor in Abhängigkeit vom Brechungsindex der Flüssigkeit bzw. vom Zuckergehalt (Grad Oechsle) einer entsprechenden Wasserlösung dargestellt [19].

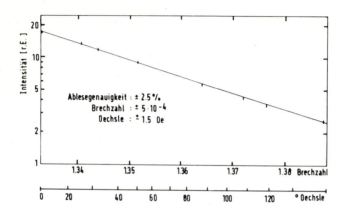

Abb. 14 : Lichtintensität am Ausgang eines faseroptischen Refraktometers in Abhängigkeit vom Brechungsindex bzw. vom Zuckergehalt (Grad Oechsle) einer Wasserlösung [19].

Damit eröffnen sich auch Einsatzmöglichkeiten in der chemischen Prozeßtechnik [23], um z.B. Säurekonzentrationen etc. über den Brechungsindex zu bestimmen. Allerdings sei nicht verschwiegen, daß wegen der Verschmutzungsgefahr des Sensors und möglicher Korrosion seiner Oberfläche Probleme auftreten können.

Ausblick

Wie dieser Überblick gezeigt hat, ist heute bereits eine Reihe faseroptischer Sensoren bzw. Meßsysteme kommerziell erhältlich. Es ist abzusehen, daß weitere Sensoren und entsprechende Meßgeräte hinzukommen werden. Ihr bevorzugtes Einsatzfeld werden elektromagnetisch gestörte, chemisch aggressive oder explosive Umgebungen sein.

Literaturangaben:

[1] T.G. Giallorenzi et al.: IEEE J. Quant. Electron. QE-$\underline{18}$, 626 (1982)

[2] R. Ulrich: LABO Fachzeitschrift für Labortechnik, 1o83 (1980)

[3] W. Sohler: Fachberichte "Messen, Steuern, Regeln" Band 1o
(Herausgeber M. Syrbe und M. Thoma) S. 58 (1983); Springer-Verlag Berlin

[4] R. Kist: Techn. Messen tm$\underline{6}$, 2o5 (1984)

[5] Firma Luxtron

[6] K.A. Wickersheim und R.B. Alves: Ind. Research Development 1979, S. 82

[7] H.J. Boehnel: private Mitteilung

[8] Th. Bosselmann und A. Reule: Proc. 2nd Intern. Conf. on Optical Fiber Sensors OFS'84, S. 151 (1984) VDE-Verlag Berlin, Offenbach

[9] Firma Asea, Västerås, Schweden

[1o] C. Ovrén, M. Adolfsson und B. Hök: Proc. Intern. Conf. on Optical Techniques in Process Control, The Hague, The Netherlands, Paper B2, S. 67 (1983)

[11] W. Sohler: GMR-Bericht 3, (VDI/VDE-Gesellschaft Meß- und Regelungstechnik).

[12] R. Kist, S. Drope und H. Wölfelschneider: Ref. 8, S. 165

[13] R. Ulrich: Ref. 11, S. 71

[14] J.E. Donovan, T.G. Giallorenzi, J.A. Bucaro und V.P. Simmons, 1981, "Applications of Fiber Optics in Sensors", Electro '81.

[15] S. Ezekiel und H.J. Arditty (Herausgeber): "Fiber-Optic Rotation Sensors"
Springer Series in Optical Sciences Bd. 32; Springer-Verlag, Berlin, Heidelberg, New York 1982

[16] G. Schiffner, B. Nottbeck und G. Schöner: in Ref. 15, S. 266

[17] W.D. Bargmann und H. Winterhoff: Techn. Messen $\underline{50}$, **6**9 (1983)

[18] Laser Focus Febr. 1980, S. 48

[19] K. Spenner: Techn. Messen $\underline{51}$ (1984)

[20] K. Spenner, M.D. Sing, H. Schulte und H.J. Boehnel: Proc. First Int. Conf. Opt. Fiber Sensors, London, IEE publication, 96 (1983)

[21] T. Takeo und H. Hattori: Jap. J. Appl. Phys. $\underline{21}$, 1509 (1982)

[22] Datenblatt Firma Fafnir GmbH, Hamburg

[23] H. Raab, GMR-Bericht 3 (VDI/VDE-Gesellschaft Meß- und Regelungstechnik), 133 (1984)

Optische Meßverfahren in der Textilindustrie

E. Schollmeyer, M. Beier und Th. Bahners
Deutsches Textilforschungszentrum Nord-West e.V.,
Institut für textile Meßtechnik
Frankenring 2
D-4150 Krefeld 1

1. <u>Einleitung</u>

Der wesentliche Anteil der optischen Meß- und Kontrolleinrichtungen in der Textilindustrie besteht aus Lichtschranken in vielfachen Variationen:

- Kontrolle des Fadenvorrats in Schußspulen,
- qualitative Kontrolle von Warenbahnen in Transmission oder Reflexion auf Flecken, Löcher und Gewebefehler,
- Breitenmessungen von Warenbahnen mit Fotoelementzeilen,
- Prüfung auf Fadenbruch etc.

Diese Vorrichtungen kontrollieren qualitativ makroskopische Größen von Geweben und Garnen zur Steuerung von Produktionsabläufen. Komplexe Sensorsysteme in Beugungs-, Interferenz- und Reflexionsanordnung sind in der Lage, qualitativ und quantitativ Strukturen von Geweben und Filamenten zu erfassen.

Ziel der vorliegenden Arbeit ist es, die Messung von Kenngrößen eines Siebgewebes durch Beugung sowie der Oberflächenrauhigkeit und der Querschnittsform von Filamenten durch Reflexion zu diskutieren. Weiter lassen sich Faserstrukturen durch die Methode der Interferenzmikroskopie aufzeigen.

2. Methodik der Interferenzmikroskopie
2.1 Wechselwirkung von Hochpolymeren mit Licht

Packungsdichte und Orientierung der kristallinen und fehlgeordneten Bereiche sind u.a. wichtige physikalisch-chemische Größen für die Strukturaufklärung von Hochpolymeren. Z.B. ist das Diffusionsverhalten von kleinen Teilchen (Farbstoff, Carrier, Quellmittel) in hochpolymerer Matrix von diesen Größen abhängig. Daher ist es wichtig, experimentelle Möglichkeiten zu finden, die diese Größen als Funktion des Radius wiedergeben.

Fasern sind einachsig anisotrope Objekte [1]. Sie weisen in Richtung der Faserachse - optischen Achse - den Brechwert $n_\|$ auf. Senkrecht zur Faserachse haben sie für senkrecht zur Faserachse polarisiertes Licht den Brechwert $n_\perp$ und für parallel zur Faserachse polarisiertes Licht den Brechwert $n_\|$ (vgl. Abb. 1).

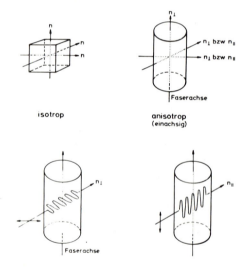

Abb. 1: **Oberer Bildteil:** Hauptbrechzahlen bei einem isotropen und einem einachsig anisotropen Körper nach HANNES [1];
Unterer Bildteil: Bei einem einachsig anisotropen Körper (Faser) treten zwei Hauptbrechzahlen, $n_\perp$ und $n_\|$, auf. Ist das Licht senkrecht zur Faserachse polarisiert, wird nur $n_\perp$ wirksam; $n_\|$ wird dann wirksam, wenn das Licht parallel zur optischen Achse polarisiert ist bzw. wird [1].

Die Doppelbrechung als ein Maß für die Orientierung ist definiert durch

$$\Delta n(r) = n_\parallel(r) - n_\perp(r) ,$$

wobei $n_\parallel$ i.a. größer als $n_\perp$ ist.

Die Doppelbrechung setzt sich aus den Anteilen

Δn_a Eigendoppelbrechung der Makromoleküle,
Δn_c Eigendoppelbrechung der Kristallite und
Δn_f Formdoppelbrechung

zusammen [2]:

$$\Delta n(r) = v_c(r)\Delta n_c + (1-v_c(r))\Delta n_a + \Delta n_f(r),$$

mit

v_c Volumenanteil der kristallinen Phase.

Der Anteil $(1-v_c(r))\Delta n_a$ ist ein Maß für die Orientierung der Makromolekülketten in den fehlgeordneten Bereichen der Faser. Da aber Kristalldoppelbrechung und Formdoppelbrechung mitgemessen werden, ist Δn ein Maß für die Gesamtorientierung.

Um ein Maß für die Packungsdichte zu erhalten, geht man vom isotropen Brechungsindex [3] aus:

$$n_{iso}(r) = (2n_\perp(r) + n_\parallel(r))/3 .$$

n_{iso} ist der Brechungsindex, den das Material hätte, wenn seine Orientierung ohne Änderung der Packungsdichte beseitigt würde. Eine Anwendung der Gleichung von LORENTZ-LORENZ [4]

$$\frac{n_{iso}^2(r) - 1}{n_{iso}^2(r) + 2} = \varrho(r)c_{LL}$$

und der empirische Zusammenhang von GLADSTONE-DALE [3]

$$n_{iso}(r) - 1 = \varrho(r)c_{GD}$$

geben Beziehungen zwischen dem radialen Verlauf der Dichte $\varrho(r)$ und dem isotropen Brechungsindex $n_{iso}(r)$ an. Durch Messungen von ANGAD GAUR und DE VRIES [5] wird die Gleichung nach LORENTZ-LORENZ für Hochpolymere bestätigt; die Beziehung von GLADSTONE-DALE dagegen nicht. Nach SCHARDIN [6] ergibt sich die GLADSTONE-DALE-Gleichung aus der LORENTZ-LORENZ-Gleichung für den Grenzfall eines Gases, d.h. $n \approx 1$.

Die Konstante c_{LL} ist bestimmbar, wenn $n_{iso}(r)$ über den Faserquerschnitt A gemittelt wird

$$\overline{n_{iso}} = 1/A \int_A n_{iso}(r) \, dA(r)$$

und die Dichte der Faser gemessen wird (z.B. nach der Schwebemethode):

$$c_{LL} = \frac{1}{\varrho} \frac{\overline{n_{iso}}^2 - 1}{\overline{n_{iso}}^2 + 2} .$$

Unsicher bleibt dabei, wie c_{LL} von dem Kristallinitätsgrad abhängt. Ohne Kenntnis der Konstanten c_{LL} gibt $n_{iso}(r)$ qualitativ die Schwankung der Dichte des Materials über den Radius wieder. Gesamtorientierung und Dichteschwankung als Funktion des Radius sind durch keine anderen Meßmethoden zugänglich. Sie sind durch die Methoden der Strukturanalyse (z.B. Röntgenweitwinkelstreuung) nur als über den Faserradius gemittelte Werte erhältlich.

2.2 Definition der relativen Interferenzstreifenversetzung

Die Interferenzmikroskopie ist eine der möglichen optischen Methoden, mit denen die Packungsdichte und die Orientierung als Funktion des Radius bestimmt werden können: Das Interferenzbild einer Faser liefert als Meßergebnis die relativen Streifenversetzungen

$$\eta = \frac{\Delta X}{X}$$

ihrer Interferenzstreifen X gegenüber den geraden äquidistanten Grundstreifen des Einbettungsmediums X (vgl. Abb. 2). Mit Hilfe eines optischen Modells der Faser kann daraus der Brechwert als Funktion des Radius n(r) berechnet werden.

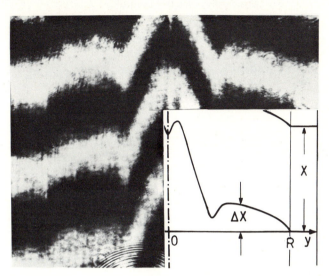

Abb. 2: Definition der relativen Interferenzstreifenversetzung η einer Faser. Es bedeuten:

    X   Interferenzstreifenabstand,
    ΔX   Interferenzstreifenversetzung am Ort y,
    R   Faserradius.

Für den Fall einer strukturhomogenen Faser (vgl. Abb. 3 - 5) (Brechwert n(r) = konst·) ergibt sich als relative Interferenzstreifenversetzung

$$\eta(y) = \frac{n - n_0}{\lambda} d(y) \qquad (1)$$

mit

    y   Abstand des Lichtstrahls zum Fasermittelpunkt,
    λ Wellenlänge des Meßlichtes,
    n_0 bzw. n Brechwert der Einbettung bzw. der Faser,
    d(y) = $2\sqrt{R^2-y^2}$ Lichtweg durch die Faser an der Stelle y.

Abb. 3: Interferogramm einer PES-Faser ($\eta_\parallel$, n_0 = 1.7156) nach SCHOLLMEYER UND KÜHNLE [12].
Der Brechwert der Faser ist fast konstant und identisch mit dem Brechwert der Einbettung. Die Interferenzstreifen verlaufen ohne Versetzung über die Faser.

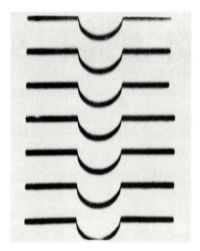

Abb. 4: Interferogramm einer PES-Faser ($\eta_\parallel$, n_0 = 1.7210) nach SCHOLLMEYER UND KÜHNLE [12].
Der Brechwert der Faser ist fast konstant, aber kleiner als der Brechwert dere Einbettung. Die Interferenzstreifenversetzung hat die Form einer halben Ellipse.

Abb. 5: Interferogramm einer PES-Faser ($\eta_\parallel$, $n_0 = 1.7454$) nach SCHOLLMEYER und KÜHNLE [12].
Der Brechwert der Faser ist fast konstant, aber wesentlich kleiner als der Brechwert der Einbettung. Die ellipsenförmige Interferenzstreifenversetzung ist stark ausgeprägt.

Nach Einsetzen von d(y) folgt aus Gl. (1) für die Interferenzstreifenversetzung die Gleichung einer Ellipse

$$\frac{\eta^2 \lambda^2}{4 R^2 (n-n_0)^2} + \frac{r^2}{R^2} = 1$$

mit der Variablen η und den Halbachsen

$$p = \frac{2 R (n-n_0)}{\lambda} \quad \text{und} \quad q = R.$$

In den Abb. 6 und 7 ist der Brechwert nicht mehr konstant. Die Interferenzstreifenversetzung ähnelt nicht mehr der Form einer Ellipse.

Abb. 6: Interferogramm einer PES-Faser ($\eta_\parallel$, $n_0 = 1.7104$) nach SCHOLLMEYER und KÜHNLE [12].
Der Brechwert der Faser ist nicht konstant, deshalb ist die Interferenzstreifenversetzung nicht ellipsenförmig. Der Brechwert der Einbettung ist kleiner als der Faserrandbrechwert.

Abb. 7: Interferogramm einer PES-Faser ($\eta_\perp$, $n_0 = 1.5402$) nach SCHOLLMEYER und KÜHNLE [12].
Der Brechwert der Faser ist nicht konstant. Der Brechwert der Einbettung ist kleiner als der Faserrandbrechwert.

2.3   Methoden zur Bestimmung des Brechwertes und der Doppelbrechung
      von Fasern

Eine übliche Methode war, den Brechwert von Fasern mit der Becke-Linie zu messen. Dabei wird die Fokussierungserscheinung durch die als Zylinderlinse wirkende Faser in Abhängigkeit vom Brechwert des Einbettungsmediums beobachtet. Ergebnis ist der Brechwert der Faser an ihrem Rand. McLEAN [7] wies nach, daß diese Methode nicht zuverlässig ist; er fertigte dünne Längsschnitte von Fasern an und konnte mit Hilfe eines Interferenzmikroskopes den Brechwert von Fasern als Funktion des Radius bestimmen. Dadurch war es möglich, das Auftreten mehrerer Becke-Linien bei derselben Faser auf den Verlauf des Brechwertes n(r) zurückzuführen und zu zeigen, daß der Becke-Brechwert i.a. nicht den Brechwert der Faser am Faserrand wiedergibt.

Eine genaue Methode zur Bestimmung der Doppelbrechung stellt die Kompensationsmethode dar. Hiermit kann durch Kompensation, des Gangunterschiedes des durch die doppelbrechende Faser aufgespaltenen Lichtes, mit einem Quarz- oder Kalkspatkeil, die Doppelbrechung gemittelt über den Faserradius gemessen werden. Mit einem geometrischen Modell der Interferenz an einer Faser mit Rotationssymmetrie kann die Doppelbrechung in Abhängigkeit von der Meßstelle längs des Faserdurchmessers mit einem Polarisationsmikroskop ermittelt werden [8].

THETFORD und SIMNES [9] zeigten, daß die Doppelbrechungsmessung mit der Kompensationsmethode ungenau ist. Wegen ihres Brechwertes $n_{\parallel}$ wirkt eine positiv doppelbrechende Faser (d.h. $n_{\parallel} > n_{\perp}$) bei der Einbettung in einer Immersion des Brechwertes $n_{\perp}$ als vergrößernde Zylinderlinse, wegen des Brechwertes $n_{\perp}$ bei der Einbettung in einer Immersion des Brechwertes $n_{\parallel}$ als verkleinernde Zylinderlinse. Deshalb muß der Kompromiß eingegangen werden, die Faser in einer Immersion einzubetten, die einen Brechwert zwischen $n_{\perp}$ und $n_{\parallel}$ hat, damit auf alle 2 N Interferenzlinien scharf eingestellt werden kann. Da $n_{\perp}$ und $n_{\parallel}$ mit dem Polarisationsmikroskop nicht direkt meßbar sind, ist die Faser i.a. in nicht angepaßter Immersion n_0 eingebettet. Ist n_0 zu klein, wird der Interferenzstreifenabstand vergrößert und Streifen am Faserrand können verschwinden. Für zu hohe Doppelbrechung sind in keinem Fall alle Interferenzstreifen sichtbar; sie drängen sich am Faserrand. Das zu ihrer Auflösung benötigte Objektiv mit großer Apertur läßt nicht den Überblick über die ganze obere Halbebene

der Faser zu. Das Abzählen der N Interferenzstreifen und Einstellen der
N-ten Interferenzspitze führt deshalb oft nicht zum genauen Wert der
Doppelbrechung.

HOLOUBEK und LEDNICKY [8] schlagen eine Meßmethode zur Messung höherer
Doppelbrechung vor: Durch Veränderung der Wellenlänge des Meßlichtes
(Interferenzfilter) wird die Zahl oder Lage der sichtbaren Interferenz-
streifen verändert. Durch Vergleich der Streifenlageänderung mit der
Wellenlängenveränderung kann die genaue Doppelbrechung bestimmt werden.

McLEAN [10] wies Unterschiede in Δn bis zu 0.05 bei einem Vergleich der
Kompensations- mit der interferenzmikroskopischen Methode nach. Durch Versuche an Hohlfasern, die mit Immersionsflüssigkeiten von bekanntem Brechwert gefüllt wurden, wies er nach, daß die interferenzmikroskopische Methode genaue Meßwerte liefert. SCHOLLMEYER und HERLINGER [11] zeigten, daß
die Doppelbrechungsmessung mit dem Interferenzmikroskop ca. 10-fach größere Genauigkeit gegenüber der Kompensationsmethode bietet.

Prinzipiell ist die Berechnung des Brechwertes n(r) möglich, wenn ein
Längsschnitt ($n_\perp$, $n_\parallel$ bestimmbar [7]) oder ein Querschnitt (nur $n_\perp$ bestimmbar) von der Faser angefertigt wird und mit dem Interferenzmikroskop die
Interferenzstreifenversetzung gemessen wird. Dazu sind dünne Schnitte und
parallele Schnittflächen nötig, wodurch die Messung unempfindlich bzw.
ungenau wird. Es besteht die Gefahr, daß Dichte und Orientierung durch
die Schnittanfertigung verändert werden.

HANNES [1] entwickelte eine Auswertmethode, die die Berechnung des Brechwertverlaufs n(r) aus der interferenzmikroskopischen Messung an rotations-
symmetrischen Fasern ohne Zerstörung der Faser zuließ. Das Ringzonenmodell
teilt den Faserquerschnitt in kreisförmige Zonen, für die vereinfachend
ein konstanter Brechwert angenommen wird. Die Brechungsindizes dieser Zonen werden von außen nach innen mit einem Iterationsverfahren sukzessiv
aus dem Interferenzbild berechnet. Durch Verfeinern der kreisförmigen
Zonen kann die Genauigkeit dieser Methode vergrößert werden. Da aber die
Genauigkeit am Rand am schlechtesten ist, pflanzen sich Ungenauigkeiten
zur Fasermitte sukzessive fort.

KÜHNLE, SCHOLLMEYER und HERLINGER [12] entwickelten ein analytisches Modell, das die Auswertung durch Lösen einer Integralgleichung stetig vornimmt. Das Rechenverfahren ist ein Ausgleichsverfahren, das die Fehler des Ringzonenmodells nicht mehr enthält. Als Lösung erhält man ein Polynom, das n(r) kontinuierlich wiedergibt.

Beide Methoden setzen

- eine strenge Rotationssymmetrie der Faser und ihrer inneren Struktur,
- einen gradlinig und senkrecht zur Faserachse verlaufenden Lichtweg und
- eine gute Anpassung des Brechwertes des Einbettungsmediums der Faser an ihren Randbrechwert

voraus und gestatten eine getrennte Bestimmung von $n_\perp(r)$ und $n_\parallel(r)$ durch Wahl der Polarisationsrichtung und des Einbettungsmediums.

Lichtleitfasern gestatten eine zuverlässige Übertragung großer Datenmengen. Die Lichtleitfaser besteht aus einem Kern mit hohem Brechwert, einem Randgebiet mit niedrigem Brechwert und einem Schutzmantel aus Kunststoff mit etwas höherem Brechwert als das Randgebiet. Der Kern transportiert die Information in Form von Lichtimpulsen. Das Licht wird im Kern zusammengehalten, weil es beim Übergang vom optisch dichteren (Kern) zum optisch dünneren Medium (Rand) in den Kern total reflektiert wird. Derselbe Effekt verhindert Fremdlichteintritt durch den Mantel in den Kern.

Um die Brechwertverteilung in der Lichtleitfaser zu erfassen, wurden mehrere Methoden entwickelt [13]:

a) Faserschnitt-Methode [14-17]: Ein Faserquerschnitt wird interferenzmikroskopisch vermessen.

b) Reflexionsmethode [18-20]: Die Intensität des von dem planen, sehr sauberen Faserende reflektierten Lichtes wird mit Hilfe eines Auflichtmikroskopes gemessen. Die Reflexion vom gegenüberliegenden Faserende muß unterdrückt werden.

c) Brechungsmethode [21,22]: Ein Faserende befindet sich in einer Flüssigkeitszelle, deren Brechwert geringfügig größer als der des Faserrandes ist. Das Faserende wird radial unter einer stark fokussierten Lichtquelle (Laser) vorbeigefahren und das aus der Faser herausgebrochene Licht gemessen.
Diese Methode ist sehr genau; der Fehler beträgt $\delta n = 1 \cdot 10^{-4}$.

d) Nah-Feld-Methode [23-25]: Ein planes Faserende wird mit einer Lambert'schen Lichtquelle beleuchtet, die Intensität des aus dem gegenüberliegenden Faserende austretenden Lichtes wird im Durchlichtmikroskop radial gemessen.

e) Transmissions-Methode [26]: Ein planes Faserende wird mit hochfokussierter Lichtquelle radial überfahren und die aus dem gegenüberliegenden Faserende austretende Lichtintensität gemessen. Dabei wird das Licht, das unter zu großem Winkel in die Faser gestrahlt wird, aus der Faser herausgebrochen und nicht von der Meßmethode (d) und e)) erfaßt.

f) Fokussierungsmethode [27]: Die Faser wird in Immersionsöl eingebettet, das den Randbrechwert der Faser hat, wobei eine genaue Anpassung wichtig ist. Paralleles Licht strahlt senkrecht durch die Faser und wird mit einem normalen Mikroskop beobachtet. Es wird auf eine Ebene oberhalb der Fasermitte scharfgestellt, so daß sich die gebrochenen Lichtstrahlen nicht kreuzen. Die Lichtintensität senkrecht zur Faserachse und der Abstand Faserachse-Beobachtungsebene werden vermessen. Daraus kann dann der Brechwert der Faser als Funktion des Radius berechnet werden.

Die beschriebenen Methoden a) bis e) arbeiten nicht zerstörungsfrei und liefern nur den Brechwert $n_\perp(r)$. Sie sind für hochpolymere Fasern damit ungeeignet.

Methode f) erlaubt die getrennte Messung von $n_\perp(r)$ und $n_\parallel(r)$ mit einem Durchlichtmikroskop. Sie hat folgende Nachteile gegenüber der Interferenzmikroskopie:

1. Die Bestimmung des Randbrechwertes der Faser ist ungenau.
2. Die Lichtintensität I darf während der Messung nur um $\delta I = \pm 10^{-4} \cdot I_0$ schwanken, das Objekt muß gleichmäßig ausgeleuchtet werden.
3. Das Objekt darf nicht gefärbt oder mattiert sein.

Um die Durchlichtinterferenzmikroskopie auch für die Bestimmung des Brechwertverlaufs n(r) in Lichtleitfasern nutzbar zu machen, wurde von KOKUBUN und IGA [28] ein optisches Modell der Faser weiterentwickelt, das die Brechung des Lichtes berücksichtigt. Das Modell ermöglicht eine genaue Näherung der Interferenzstreifenversetzung. Damit wird auch die Berechnung stark ausgeprägter Brechwertstrukturen möglich, die sich mit einem Polynomen 6. Grades [12] nicht beschreiben lassen.

Als genäherte Lösung einer transzendenten Integralgleichung ergeben sich die Beziehungen:

Brechungswinkel:

$$\psi(y) = 2\, n_R\, y \int_{n_R y}^{n_R R} \frac{d \ln n(u)}{du} \frac{du}{\sqrt{u^2 - n_R^2 y^2}}$$

Brechwert als Funktion des Radius, ohne Berücksichtigung der Brechung des Lichtes in der Faser:

$$n(r) = n_R - \frac{\lambda}{\pi} \int_r^R \frac{d\eta(y)}{dy} \frac{dy}{\sqrt{y^2 - r^2}} \qquad (2)$$

Brechwert als Funktion des Radius, die Brechung des Lichtes in der Faser wird in erster Näherung berücksichtigt:

$$n(u) = n_R \exp\left\{ -\frac{\lambda}{\pi \cdot n_R} \int_{u/n_R}^R \frac{d\eta(y)}{dy} \frac{dy}{\sqrt{y^2 - \frac{u^2}{n_R^2}}} \right\} \qquad (3)$$

Es bedeuten:

    n_R Brechwert am Faserrand = Brechwert der Einbettung,

    u $n(r) \cdot r$ (durch Transformation, Argument der ersten Näherung)

Der genaue Rechengang ist zu finden in [29].

2.4 Berechnung des Brechwertes n(r) aus der Interferenzstreifenversetzung

Zur Berechnung des Brechwertes n(r) nach den Gleichungen (2,3) aus den Meßwerten der relativen Interferenzstreifenverschiebung kann $\eta(y)$ durch einen polynominalen Ausgleichsspline S(y) dritten Grades [30,31] angenähert werden:

$$S(y) = P_i(y) = a_i + b_i(y-y_i) + c_i(y-y_i)^2 + d_i(y-y_i)^3 \tag{4}$$

$$y = [y_i, y_i+1], \quad i = 0,\ldots, N-1.$$

Mit der Spline-Funktion (4) wird $d\eta(y)/dy$ berechnet und wiederum durch die Spline-Funktion S(y) angenähert. Damit ergibt sich als Ansatz zum Lösen des Intergrals (2)

$$\frac{d\eta(y)}{dy} = P_i(y) .$$

Das zu lösende Intergral (vgl. Gl. (2)) lautet damit

$$n(r) = n_R - \frac{\lambda}{\pi} \sum_{i=0}^{N-1} I_i(r), \quad I_i(r) = \int_{r_i}^{r_{i+1}} P_i(y) \frac{dy}{\sqrt{y^2 - r^2}}$$

mit N Zahl der Meßwerte, r_0 Fasermitte und r_{N-1} Faserrand.
Zur Lösung des Integrals für die 1-te Näherung (3) wird die Lösung nullter Näherung benötigt.

Dazu werden in $I_i(r)$ die Variablen r_i, r ausgetauscht gegen

$$r_i \to \frac{u_i}{n_R} = \frac{n(r_i) r_i}{n_R}, \quad r \to \frac{u}{n_R} = \frac{n(r) r}{n_R}$$

Die Lösung lautet

$$n(r) = n_R \exp\left\{ -\frac{\lambda}{\pi \cdot n_R} \sum_{i=0}^{N-1} I_i(r) \right\}$$

mit dem Argument

$$r = \frac{u}{n(r)} \quad .$$

2.5 Versuchsaufbau

Gemessen wurde mit einem Interferenzmikroskop (vgl. Abb. 8) nach dem Mach-Zehnder-Prinzip. Es wurde zusammengebaut aus Teilen der Mikrobank der Firma Spindler & Hoyer.

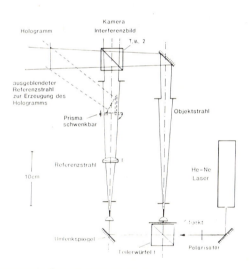

Abb. 8: Schematische Darstellung des Durchlichtinterferenzmikroskopes.

Durch Benutzen eines HeNe-Lasers (Wellenlänge λ = 632,8 nm) ließen sich gut Interferenzstreifen einstellen, außerdem war es möglich, Interferenz-Hologramme des untersuchten Objektes herzustellen. Störend waren Beugungserscheinungen an Objektivöffnungen und Linsenoberflächen, die nur durch sehr exaktes Justieren des Strahlenganges verringert werden konnten.

Objekt- und Referenzstrahlengang sind nicht identisch, deshalb wurden die Wellenfronten Objekt-Referenzstrahlengang durch die Linse L angeglichen.

Durch Verstellen der Linse L war es möglich, mit demselben Objektiv im Referenzstrahlengang mehrere Vergrößerungen durch Wechseln des Objektives im Objektstrahlengang einzustellen. Die Intensitäten der Strahlengänge mußten mit Neutralfiltern angeglichen werden, um ein Interferenzbild mit hohem Kontrast zu erhalten.

Die gemessenen Objekte waren textile Fasern und Glasfasern. Die Fasern wurden in einen zweiachsig verschiebbaren Metallrahmen gespannt, in Immersion eingebettet und in den Objektstrahlengang zwischen Teilerwürfel 1 und Objektiv mit Teilerwürfel 1 als Auflager geschoben. Als Immersionsflüssigkeit dienten:

$$\begin{array}{ll}
\text{1-Brom-Naphtalin} & n_D=1.6480\ (25\ ^\circ C)\ , \\
\text{1-Jod-Naphtalin} & n_D=1.6978\ (25\ ^\circ C)\ , \\
\text{Dijodmethan} & n_D=1.74\ , \\
\text{Paraffinoel} & n_D=1.4806\ (25\ ^\circ C)\ , \\
\text{Anisaldehyd} & n_D=1.5720\ (25\ ^\circ C)\ , \\
\text{Undecan} & n_D=1.4200\ (25\ ^\circ C)\ \text{und}
\end{array}$$

Chargille-Brechwertflüssigkeiten mit $n_D=1.700$ bis 1.800.

Der Brechwert der Immersion wurde durch Mischen der Flüssigkeiten und Kontrolle mit einem Abbe-Refraktometer mit der Genauigkeit $\pm\ 0.0002$ bestimmt. Brechwerte > 1.70 konnten mit dem Refraktometer nicht gemessen werden, die Genauigkeit der Chargille-Immersion ist $\pm\ 0.0005$.

Objekt- und Referenzstrahl werden im Teilerwürfel 2 zusammengeführt und erzeugen hier das Interferenzbild, das fotografiert wird. Das Foto wurde vergrößert; für genaue Messungen wurden Äquidensiten der Interferenzstreifen ausgewertet.

Das mathematische Modell der Faser geht davon aus, daß der Brechwert der Immersionsflüssigkeit identisch mit dem Faserrandbrechwert ist. Fehlanpassung führt zu falscher Brechwertberechnung in der Nähe des Faserrandes. Die Faser ist ideal eingebettet, wenn ihr Rand im Mikroskop unsichtbar ist. Für konstanten Brechwertverlauf $n(r) = n =$ konst. ist die Inferenzstreifenversetzung innerhalb einer Faser

$$\eta(y) = \frac{n - n_0}{\lambda} 2\sqrt{R^2 - y^2}$$

mit n_0 Brechwert der Einbettung, λ Wellenlänge des Meßlichtes und R Faserradius. Wenn man annimmt, daß der Brechwert der Faser im Randgebiet konstant ist, kann man mit der Formel

$$n = \frac{\lambda \eta(y)}{2\sqrt{R^2 - y^2}} + n_0$$

den Brechwert im Randgebiet berechnen, n ist dann annähernd der Brechwert der Faser am Faserrand. So kann sukzessive der Randbrechwert genau angepaßt werden.

2.6 Ergebnisse und Diskussion
2.6.1 Einfluß der Einbettung auf den berechneten Brechwertverlauf

Das vorgestellte Modell fordert, daß der Faserrandbrechwert mit dem Brechwert des Einbettungsmediums übereinstimmt. Bei Fehlanpassung wird der Brechwert im Faserrandbereich falsch berechnet. Abb. 9 zeigt die Interferenzstreifenversetzung $\eta(y)$ einer Polyesterfaser mit $R = 10.4$ μm von der Fasermitte bis zum Rand. Die Faser wurde in Immersionsflüssigkeiten mit unterschiedlichen Brechwerten n_R eingebettet. Abb. 10 gibt die berechneten Brechwertverläufe wieder. Man erkennt deutlich den Einfluß der Fehlanpassung zwischen $r \approx 0.8 \cdot R$ und $r = R$.

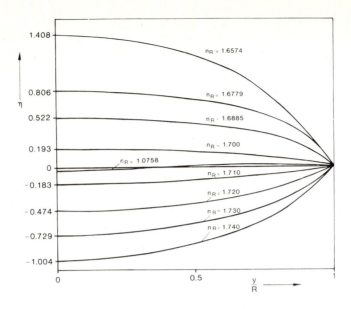

Abb. 9: Interferenzstreifenversetzung $\eta(\frac{y}{R})$ in Abhängigkeit vom Brechwert n_R des Einbettungsmediums am Beispiel einer PES-Faser ($R = 10.4\ \mu m$).

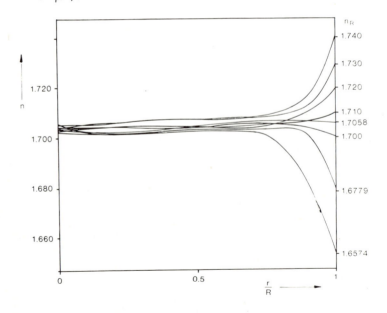

Abb. 10: Einfluß der Fehlanpassung des Einbettungsmediums n_R auf den berechneten Brechwert $n(\frac{r}{R})$ am Beispiel einer PES-Faser ($R = 10.4\ \mu m$).

Innerhalb der Faser ist der Unterschied zwischen den Brechwertverläufen auf Temperaturveränderung während der Messungen, Messung unterschiedlicher Stellen der Faser und Auswertungsfehler zurückzuführen.

Die Forderung, die Faser in Immersion mit dem Faserrandbrechwert einzubetten, ist nicht leicht zu erfüllen:

a) Schon bei annähernd guter Einbettung ist der Faserrand schlecht erkennbar, und deshalb ist nicht eindeutig feststellbar, ob die Interferenzstreifenversetzung durch Struktur im Faserinneren oder durch Fehlanpassung hervorgerufen wird.

b) Die Temperaturänderung beeinfluß den Brechwert der Immersionsflüssigkeit wesentlich stärker als den Faserbrechwert: Temperaturänderung um $\pm$ 1 K ruft Brechwertänderung der Immersion um ca. $\pm$ 0.0005 hervor. Für genaue Messungen muß daher der Meßort auf konstanter Temperatur gehalten werden.

c) Bei Wahl eines ungünstigen Einbettungsmediums kann die Immersionsflüssigkeit in die Faser diffundieren. Dieser Effekt wurde jedoch bei den hier mitgeteilten Messungen nicht beobachtet.

2.6.2 Messung einer Brechwertstufe

Um zu testen, ob der Brechwertverlauf n(r) richtig berechnet wird, wurde eine hohle Glasfaser (R = 186.3 μm) mit Paraffinoel (n_D=1.4806 $\pm$ 0.0002, 25 °C) gefüllt; der Brechwert der Einbettungsimmersion betrug n_R = 1.4672 $\pm$ 0.0002.

Abb. 11 zeigt die Interferenzstreifenversetzung η. Die zur Annäherung benutzte Spline-Funktion gibt den Knick im Verlauf der Interferenzstreifenversetzung beim Übergang Füllimmersion-Glas gut wieder, es ist ein nur leichtes Schwingen im Kurvenverlauf aufgrund der benutzten Annäherungsfunktion zu sehen.

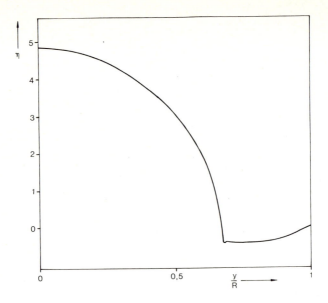

Abb. 11: Interferenzstreifenversetzung $\eta(\frac{y}{R})$ einer Brechwertstufe, dargestellt am Beispiel einer hohlen Glasfaser (R = 186.3 μm), die mit Paraffinoel gefüllt wurde. Der Brechwert der Einbettungsimmersion beträgt n_R = 1.4672.

Abb. 12 zeigt den Brechwertverlauf n(r). Da die Brechwertstufe stark ausgeprägt ist, schwingt die Spline-Funktion hier deutlich und gibt nicht den richtigen Brechwertverlauf wieder. Verkleinern des Gewichtsfaktors kann das Schwingen verhindern, dadurch wird die Stufe geglättet und nicht richtig dargestellt. Der Brechwertverlauf in der gefüllten Glashohlfaser wird aber sehr genau berechnet.

Im Bereich der Füllung ist der Brechwert fast konstant und beträgt in der Fasermitte n(r = 0) = 1.4803. Dies ist in guter Übereinstimmung mit dem Brechwert der Füllflüssigkeit n = 1.4806. Die Brechwertkante ist sehr scharf und identisch mit dem Ort der inneren Faserwand.

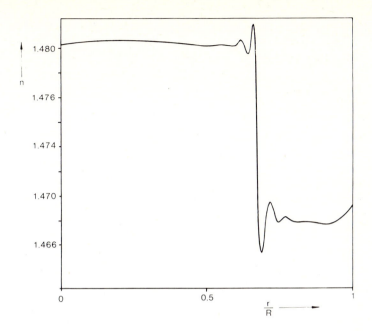

Abb. 12: Brechwertstufe der mit Paraffinoel gefüllten Glashohlfaser (vgl. Abb. 11).

2.6.3 Vergleich des vorgestellten Modells mit der Polynomdarstellung [12]

Das Modell nach [12] nähert den Brechwert n(r) mit einem Ausgleichspolynom 6. Grades an, bis die Rückrechnung auf die Interferenzstreifenversetzung nur noch geringfügig von den Meßwerten der Interferenzstreifenversetzung abweicht. Für den Vergleich beider Modelle wurde der Brechwertverlauf in einer Lichtleitfaser berechnet: Die Interferenzstreifenversetzung, zurückgerechnet aus dem Ausgleichspolynom 6. Grades, das den Brechwertverlauf n(r) in der Faser beschreibt, kann die gemessene Interferenzstreifenversetzung nur annähernd wiedergeben (vgl. Abb. 13, Graph 2). Daher wurde ausgehend von der zurückgerechneten Interferenzstreifenversetzung der Brechwert der Lichtleitfaser mit dem hier vorgestellten Modell berechnet.

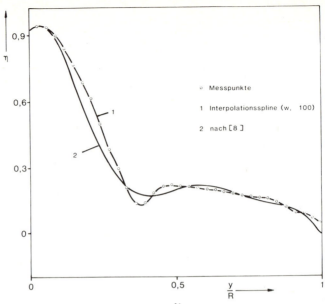

Abb. 13: Interferenzstreifenversetzung $\eta(\frac{y}{R})$ einer Lichtleitfaser:
- o Meßpunkte,
- 1 Interpolationsspline (w_i = 100) und
- 2 Näherung nach [12].

Abb. 14 zeigt, daß der nach [12] berechnete Brechwert und der Brechwert, der nach dem vorgestellten Modell ermittelt wurde, sehr gut übereinstimmen; Ausnahmen sind die Bereich der Fasermitte r = 0 und des Faserrandes r = R.

Der Unterschied in der Fasermitte beruht darauf, daß das vorgestellte Modell die Ableitung dη(y)/dy für y = 0 aus Symmetriegründen sehr klein (10^{-6}) setzt. Am Faserrand wird der Brechwert auf n(R) = n_R, d.h. auf den Brechwert der Einbettung gezwungen. Die Spline-Funktion nähert die Interferenzstreifenversetzung sehr genau an (vgl. Abb. 13, Graph 1).

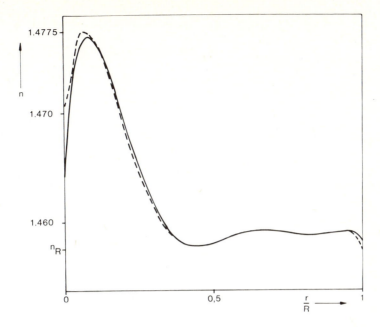

<u>Abb. 14</u>: Brechwertverlauf $n(\frac{y}{R})$ in einer Lichtleitfaser (R = 60 μm):
——— Berechnet nach [12] und
- - - berechnet nach dem vorgestellten Modell aus Graph 2 in Abb. 13.

Durch Wahl des Gewichtsfaktors w_i (i = 0,...,N-1; N Zahl der Meßpunkte) kann die Spline-Funktion sowohl die Grenzfälle einer Ausgleichsfunktion als auch einer Interpolationsfunktion annehmen. Der Gewichtsfaktor wird positiv proportional zu der dritten Ableitung der Spline-Funktion angesetzt [30]. Die Wirkung des Gewichtsfaktors zeigt Abb. 15 am Beispiel der Interferenzstreifenversetzung der Lichtleitfaser. Für große Gewichtsfaktoren w_i wird der Spline zum Interpolationsspline, für kleine w_i zum Ausgleichsspline. Durch Vorgabe verschiedener Gewichtsfaktoren können die Meßwerte damit sowohl ausgleichend als auch interpolierend angenähert werden. Deshalb unterscheidet sich der berechnete Brechwertverlauf n(r) (vgl. Abb. 16) auch sehr deutlich von dem nach [12] berechneten.

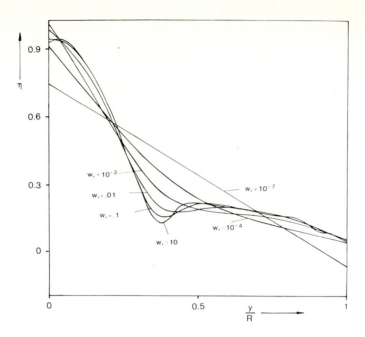

Abb. 15: Einfluß des Gewichtsfaktors w_i am Beispiel der Interferenzstreifenversetzung η der Lichtleitfaser (vgl. Abb. 13).

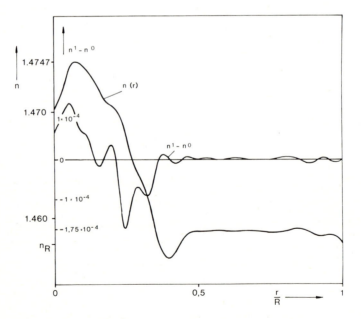

Abb. 16: Brechwertverlauf $n(\frac{r}{R})$ in einer Lichtleitfaser (R = 60 μm), Differenz zwischen erster (n1) und nullter (n0) Näherung (n1-n0). Man beachte die unterschiedlichen Maßstäbe für n und n1-n0.

Bei der nullten Näherung der vorgestellten Brechwertberechnung bleibt die Lichtbrechung unberücksichtigt, während sie in die erste Näherung eingeht. Der Unterschied zwischen der nullten und der ersten Näherung ist nur gering (vgl. Abb. 16) und wird nur bei großen Brechwertschwankungen in der Faser erkennbar. Für die hier gemessenen Fasern mit den Durchmessern

$$D = 20.8\,\mu m \text{ (Abb. 10 und 11, PES),}$$
$$D = 120\,\mu m \text{ (Abb. 6 - 9, Lichtleitfaser) sowie}$$
$$D = 372.6\,\mu m \text{ (Abb. 12 und 13, Glashohlfaser)}$$

zeigt sich der Unterschied in der vierten Stelle hinter dem Komma (Lichtleitfaser), bzw. in der dritten Stelle hinter dem Komma bei der dickeren Hohlfaser (gefüllt mit Paraffinoel) und liegt damit bei den meisten textilen Fasern außerhalb der Meßgenauigkeit.

2.6.4 Holographie

Die Benutzung eines HeNe-Lasers als Lichtquelle ermöglicht die Interferenzholographie. Man erhält das Hologramm am Schnittort des abgelenkten Referenzstrahls mit dem Objektstrahl und kann es durch Wiedereinsetzen an denselben Ort rekonstruieren.

Das Interferenzhologramm enthält die Phaseninformation der Faser und verhält sich beim Verändern der Lage der Interferenzstreifen genauso wie die Faser. Wird das Bild der Faser mit dem Hologramm genau überdeckt, dann verlaufen die Interferenzstreifen geradlinig ohne Versetzung über die Faser (vgl. Abb. 21a). Man kann sich dieses Verhalten anschaulich so erklären, daß das Hologramm die Differenz Referenzstrahlphase - Objektstrahlphase festhält. Wird das Hologramm mit dem Objektbild überlagert, dann erhält man als resultierende Phase Referenzstrahlphase - Objektstrahlphase + Objektstrahlphase, d.h. die Referenzstrahlphase, die keine Information des Objektes enthält. Dadurch sind folgende Meßbeispiele möglich:

- Nachweis der Veränderungen an einer Faser nach mechanischen sowie thermischen Beanspruchungen und nach Diffusionsvorgängen (z.B. Färben) und

- Untersuchung der Wirkung der Immersionsflüssigkeiten auf die Faser durch Einbettung dieser in nicht angepaßter Immersion (z.B. Wasser).

Die Abbildungen 17 - 21 und die dazu angegebenen Strahlengänge verdeutlichen das Verfahren der Interferenzholographie.

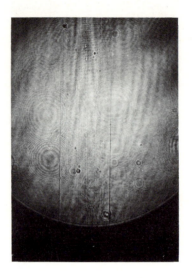

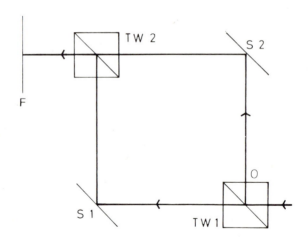

Abb. 17: Bild einer Faser (Phasenobjekt) - nur die Ränder der Faser sind sichtbar - und Strahlengang im Interferenzmikroskop. Der Referenzstrahl ist abgeblendet (vgl. Legende zu Abb. 21).

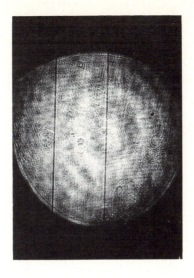

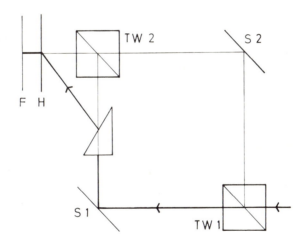

Abb. 18: Bild der Faser (vgl. Abb. 17), festgehalten auf dem Hologramm und Strahlenverlauf im Interferenzmikroskop. Der Objektstrahl ist abgeblendet (vgl. Legende zu Abb. 21).

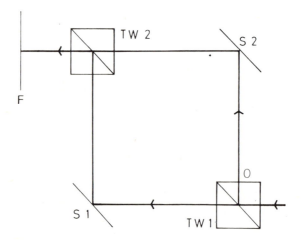

Abb. 19: Interferenzbild der Faser (vgl. Abb. 17 und 18) und Strahlengang im Interferenzmikroskop. Die Interferenzlinien verlaufen gerade und äquidistant im Bereich der Einbettung und versetzt (annähernd der Form einer halben Ellipse) im Bereich der Faser (vgl. Legende zu Abb. 21).

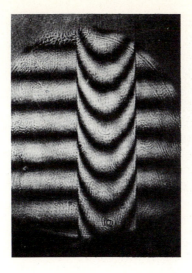

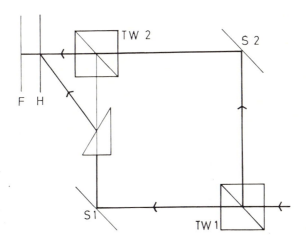

Abb. 20: Rekonstruktion des Interferenz-Hologramms der Faser (vgl. Abb. 19) und Strahlengang im Interferenzmikroskop. Das Objekt ist beiseite geschoben (vgl. Legende zu Abb. 21).

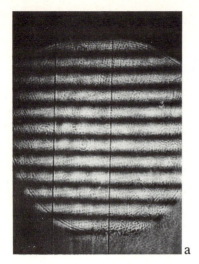 

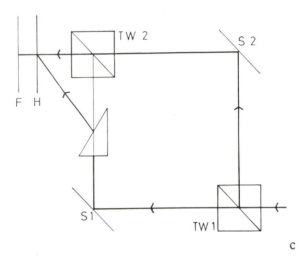

Abb. 21: a) Überdeckung der Hologrammrekonstruktion (vgl. Abb. 20) mit dem Interferogramm (vgl. Abb. 19). Die Interferenzstreifen verlaufen nun gerade über die Faser.

b) Hologrammrekonstruktion und Interferogramm nebeneinander. Man sieht die gegensinnige Auslenkung der Interferenzstreifen. Die Phase des Referenzstrahls ist im Hologramm gespeichert, deshalb erhält man auch vom Objekt das Interferenzbild.

c) Strahlengang im Interferenzmikroskop zu a) und b).

Es bedeuten:

TW 1, TW 2   Teilerwürfel,
S1, S2   Umlenkspiegel,
F   Fotoapparat ohne Objektiv,
H   Hologrammplatte und
O   Objekt.

3. Charakterisierung von Filamentquerschnitten durch Reflexionsmessungen mit parallelisiertem Lichtbündel

Die textilen Eigenschaften von Filamenten - wie z.B. Spinnverhalten, Glanz, Farbeindruck, Anschmutzverhalten - werden u.a. durch ihre Querschnittsform bestimmt. Dieses Merkmal wird durch den Spinnprozeß vorgegeben und kann durch mechanische (z.B. Dehnen, Biegen), thermomechanische (z.B. Texturieren, Kalandern) und chemische Einflüsse (z.B. Quellen) verändert werden. Informationen über die Form von Filamentquerschnitten und ihre Varianz werden im allgemeinen mikroskopisch anhand von Mikrotomschnitten gewonnen. Die Querschnittsform eines Filamentes wird jedoch durch die Schnittqualität der Mikrotomschnitte beeinflußt. Zudem können stochastisch verteilte Deformationen von Filamenten nur mit einem größeren Versuchsaufwand statistisch erfaßt werden. Damit besteht die Forderung, die Filamentgeometrie mit vermindertem Meßaufwand und repräsentativ für eine größere Lauflänge zu charakterisieren.

Erste Ansätze wurden mit der Erfassung der Filamentdeformation texturierter Garne mit Hilfe eines prozeßgesteuerten Mikroskop-Photometers [32] gemacht. Diese Methode ist relativ zeitaufwendig, da die Filamente mäanderförmig abgerastert werden. Schneller und einfacher ist es, Abweichungen im Filamentquerschnitt durch Reflexionsmessungen zu erfassen [33].

3.1 Darstellung der Methode

Das Meßprinzip (vgl. Abb. 22) beruht auf einem Reflexionseffekt [34]: Ein zylindrischer Körper, der schräg von einem schmalen Lichtbündel angestrahlt wird, reflektiert einen mit der Zylinderachse koaxialen Lichtkegel. Damit erscheint auf einem Bildschirm ein Lichtkreis um diesen Zylinder. Jede Abweichung von einem kreisförmigen Querschnitt des Probenkörpers verhindert scharf abgebildete Kreise; es entsteht aufgrund der unregelmäßigen Oberfläche ein komplexes System zahlreicher, versetzt angeordneter Kreise.

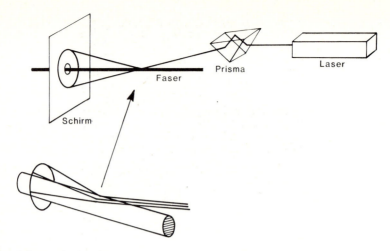

Abb. 22: Schematische Darstellung des Strahlengangs zu Reflexionsuntersuchungen an Fasern.

Zur Darstellung des Effektes wurden Messungen an verschiedenen Mono- und Multifilamentgarnen vorgenommen. Die Abb. 23 zeigt Darstellungen von Filamentquerschnitten mit den dazugehörenden Reflexionsbildern. Ein Vergleich der beiden Monofilamente a und b zeigt, daß bereits geringe Abweichungen vom kreisförmigen Querschnitt (Faser b) zu einem unterschiedlichen Reflexionsbild führen. Die Aufspaltung des Reflexionsbildes in Kreisbögen mit unterschiedlichen Radien nimmt mit ausgeprägterer Profilierung des Filamentquerschnittes zu (Abb. 23c). Auch Querschnittsänderungen, wie sie durch die Texturierung erzeugt werden, können durch Reflexionsuntersuchungen an Einzelfilamenten dargestellt werden (Abb. 23d - 23e).

Die in Abb. 23 wiedergegebenen Beispiele zeigen, daß der beschriebene Reflexionseffekt für eine berührungslose und schnelle Kontrolle des Querschnittes von Filamenten geeignet ist. Die Verwendung eines entsprechenden opto-elektronischen Bauelementes ermöglicht im Zusammenhang mit einem Mikroprozessor den Aufbau eines einfachen Kontrollsystems zur Beschreibung von Abweichungen in der Querschnittsform von Monofilamentgarnen am laufenden Faden.

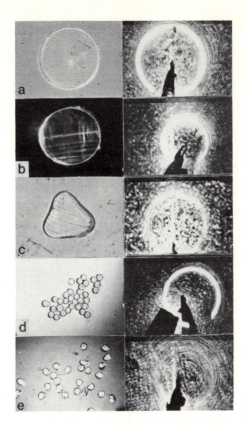

Abb. 23: Darstellung der Faserquerschnitte (linke Spalte) mit den dazugehörenden Reflexionsbildern (rechte Spalte):

a) PA 6-Monofilamentgarn 35 tex,
b) PES-Monofilamentgarn 550 tex,
c) PA 6-Monofilamentgarn trilobal 2,2 tex,
d) Einzelfilament aus PES-Multifilamentgarn 16,7 tex f 34,
e) wie d) texturiert.

4.   Meßverfahren zur Ermittlung der Kenngrößen von Siebgeweben

Zur Charakterisierung von Siebgeweben gemäß DIN 4197 sind Meßverfahren wünschenswert, die gegenüber den bisherigen Methoden, die auf einem Mikroskop bzw. einem Lunometer basieren, größere Schnelligkeit und Genauigkeit aufweisen. Kriterien des Siebgewebes sind vor allem konstante Fadendichten und quadratische Öffnungen, was u.a. beinhaltet, daß Schuß- und Kettfaden senkrecht zueinander angeordnet sind. Diese Daten sollen mit großer statistischer Aussagekraft bestimmt werden; das bedeutet, daß sehr viele Gewebeöffnungen erfaßt werden sollten.

Mit Hilfe des hier vorgestellten optischen Meßverfahrens, das auf der Beugung von Laserlicht am Gewebe basiert, ist es möglich, die relevanten Daten des Gewebes berührungslos und äußerst schnell zu bestimmen [35]. Die Messung kann auch an der laufenden Webmaschine vorgenommen werden.

4.1   Physikalisches Prinzip

Das Prinzip des vorgestellten Meßverfahrens ist es, ein paralleles Lichtbündel am Gewebe zu beugen, wie es in Abb. 24 schematisch dargestellt ist.

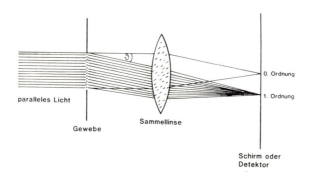

Abb. 24: Die Abbildung der Beugungsbilder aller Gewebeöffnungen.

Der physikalische Effekt wird durch die Fraunhofersche Beugungstheorie beschrieben [36]. Das Gewebe wird dabei als Flächengitter bzw. regelmäßige Anordnung gleichgearteter Öffnungen betrachtet. Der Intensitätsverlauf des entstehenden Beugungsbildes wird damit durch zwei Faktoren bestimmt, nämlich durch das Beugungsbild der einzelnen Öffnung und zum anderen durch die Überlagerung der Beugungsbilder aller Öffnungen. Kenngrößen sind dabei die Größe der Öffnungen, d.h. die Maschenweite w und die Gitterkonstante g, jeweils in x- und y-Richtung. Die Gitterkonstante ist die Summe aus Maschenweite w und Fadendicke d und entspricht somit der inversen Fadendichte.

Der Fraunhoferschen Theorie entsprechend entsteht das Beugungsbild im Unendlichen. Um eine sinnvolle Messung durchführen zu können, wird gemäß Abb. 24 eine Sammellinse in den Strahlengang gebracht, so daß die Abbildung in der Brennebene der Linse scharf abgebildet wird. Der Intensitätsverlauf in der Brennebene im Abstand f'_s wird dann beschrieben durch

$$I(x,y) = I_0 \left(\frac{\sin(kaw/2)}{kaw/2} \right)^2 \left(\frac{\sin(kbw/2)}{kbw/2} \right)^2 \left[N + \sum_{n=1}^{N-1} \sum_{m=n+1}^{N} 2\cos(ka(x_n-x_m) + kb(y_n-y_m)) \right] \quad (5)$$

mit

$k = 2\pi/\lambda$

$a = x/f'_s$, $b = y/f'_s$ relative Koordinaten in der Bildebene und

x_n, y_n Koordinaten der n-ten Öffnung in der Objektebene, wobei $x_n - x_m \propto g$ gilt.

Werden sehr viele Öffnungen beleuchtet und tragen somit zum Beugungsbild bei, so wird der Intensitätsverlauf zum überwiegenden Teil durch den Überlagerungseffekt, der durch die Doppelsumme in Gl. (5) beschrieben wird, bestimmt. Dazu sei angemerkt, daß an den ausgemessenen Geweben durchweg einige Tausend Öffnungen beleuchtet werden. Das bedeutet, daß die Lage der Beugungsmaxima durch die Maxima der Kosinusfunktion bestimmt wird. Man kann daher leicht ableiten, daß für den Abstand Δa zweier benachbarter Maxima bei y = const. gilt

$$2\pi = k(x_n - x_m)\Delta a = (2\pi/\lambda) g_x \Delta x/f'_s \quad (6)$$

und somit

$$g_x = \lambda f'_s / \Delta x. \quad (7)$$

Aus dem Beugungsbild ist somit die Gitterkonstante bzw. die Fadendichte direkt abzulesen.

Abb. 25 zeigt die typische Struktur des Beugungsbildes eines realen Siebgewebes. Die Intensitätsmaxima sind mit ihrer regelmäßigen Anordnung leicht zu erkennen. Aus der kreuzartigen Anordnung der Intensitätsmaxima kann weiterhin direkt der Winkel zwischen Schuß- und Kettfaden abgelesen werden. Die Meßanordnung kann daher auch als Grundprinzip für ein Richtorgan angesehen werden.

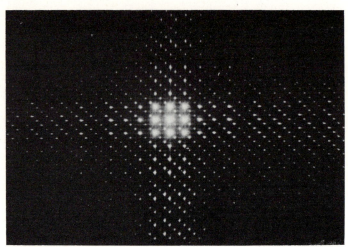

Abb. 25: Beugungsbild eines Siebgewebes.

4.2 Aufbau des Meßplatzes

Abb. 26 (vgl. auch Tabelle 1) zeigt den gesamten Aufbau der Meßanordnung. Ein handelsüblicher HeNe-Laser mit $\lambda = 632,8$ nm und 5 mW Leistung dient als Lichtquelle. Der Einsatz des Lasers gestattet eine gute Auswertbarkeit der Beugungsbilder. Um das Gewebe gut auszuleuchten, wird der Laserstrahl aufgeweitet. Zu diesem Zweck sind eine Zerstreu- und eine Sammellinse konfokal angeordnet. Das Maß der Aufweitung ist gleich dem Verhältnis der Brennweiten dieser Linsen. Es beträgt bei der beschriebenen Apparatur 5:1, wobei der effektive Durchmesser des Lichtbündels 7 mm beträgt.

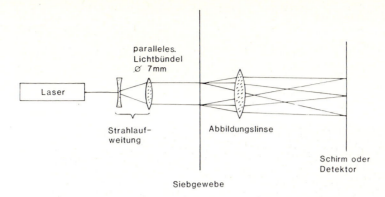

Abb. 26: Aufbau der Meßanordnung.

Tabelle 1: Daten des Meßplatzes

Lichtquelle	HeNe-Laser	λ = 632,8 nm $1/e^2$-Durchmesser = 1,4 mm P = 5 mW
Strahlaufweitung	Zerstreuungslinse	f_z = -10 mm
	Sammellinse	f_s = 50 mm
	Aufweitungsfaktor	5
Abbildung	Sammellinse	f'_s = 1200 mm
Fotoempfänger	Fotodiode im Fotoelementbetrieb in x-Richtung verschiebbar (Genauigkeit: 0,01 mm)	

Das Beugungsmuster wird durch eine Sammellinse in die Bildebene abgebildet. In der beschriebenen Anordnung dient eine in x-Richtung verschiebbare Fotodiode zur Auswertung. Um eine hohe Genauigkeit zu erreichen, wird eine langbrennweitige Abbildungslinse verwendet, wodurch eine hohe Vergrößerung erzielt wird. Die Brennweite beträgt 1200 mm. Man muß hierbei allerdings die Auflösung des Empfängers beachten, die im vorliegenden Aufbau etwa 0,5 mm beträgt. Ein einfacher Auswerte-Algorithmus, der auf einem Mikrocomputer betrieben wird, ermöglicht es, aus der aufgenommenen Intensitätskurve in x-Richtung die exakten Abstände der Maxima mit geringen Fehlern zu ermitteln.

4.3 Meßergebnisse

Mit der beschriebenen Meßanordnung wurden Messungen an Sieb- und Filtergeweben durchgeführt. Ausgemessen wurden die Intensitätsmaxima der 0. und 1. Ordnungen und mit Hilfe des Mikrocomputers gemäß Gl. (7) ausgewertet. Tabelle 2 zeigt die Ergebnisse, wobei sowohl die Herstellerangaben als auch die Resultate von Mikroskopmessungen mit angegeben sind. Es muß hierbei beachtet werden, daß die Messungen mit dem Mikroskop aufgrund der relativ geringen Zahl von Gewebeöffnungen, die vermessen werden, nicht den gleichen hohen statistischen Aussagewert wie die optischen Messungen besitzen. Auf eine Messung des Winkels zwischen Schuß- und Kettfaden wurde verzichtet.

Tabelle 2: Meßergebnisse an Sieb- und Filtergeweben

Gewebe-Nr.	Hersteller-angabe g_x in μm	Mikroskopmessung g_x in μm	optische Messung g_x in μm	$f = g_x/g_y$
Siebgewebe				
1	125,0	122,9	116,7	0,956
2	100,0	98,3	99,3	0,948
3	83,3	81,5	79,5	0,981
4	75,0	77,6	70,8	1,159
5	56,0	50,5	54,3	0,973
6	52,4	53,1	54,3	0,965
7	50,0	50,7	52,2	0,921
Filtergewebe				
1	-	232,0	232,8	0,980
2	-	335,0	337,2	1,016
Genauigkeit		ca. 3 %	ca. 1 %	

Die Gewebekonstante wurde zusätzlich auch in y-Richtung vermessen, so daß man eine Aussage über die Einhaltung von DIN 4197 erhält, die verlangt, daß Siebgewebe quadratisch sind. Diese Messung wird durch den Formfaktor $f = g_x/g_y$ ausgedrückt, der bei exakt quadratischen Geweben 1 beträgt.

4.4 Anwendungsgebiete des Meßverfahrens

Die beschriebene Apparatur gestattet es, auf optischem Wege und damit berührungslos mit hoher Genauigkeit die Kenndaten eines Siebgewebes zu erfassen. Das sind

- die Gewebekonstante als inverse Fadendichte - bei bekannter Fadendicke läßt sich die Maschenweite errechnen - und

- der Winkel zwischen Schuß- und Kettfaden.

Unter Verwendung moderner optoelektronischer Bauelemente, wie z.B. CCD-Sensoren, kann diese Messung mit äußerster Schnelligkeit durchgeführt werden. Daher wäre es möglich, diese Messungen an der laufenden Webmaschine vorzunehmen und in einen Meß- und Regelkreis einzubinden.

Weiterhin kann das Meßprinzip auch auf andersgeartete Gebilde, wie z.B. Riete, angewendet werden. Unter Verzicht auf die Information der Gewebekonstanten ist ein weiterer Einsatz als Richtorgan für sehr dichtes Gewebe möglich.

Danksagung

Wir danken dem Forschungskuratorium Gesamttextil für die finanzielle Förderung dieser Forschungsvorhaben (AIF-Nr. 5651 und 6224), die aus Mitteln der Arbeitsgemeinschaft Industrieller Forschungsvereinigungen (AIF) erfolgte.

Literatur

[1] Hannes, H.:
Kolloid-Z., Z. Polymere 250 (1972), 765.

[2] Schurz, J.:
Physikalische Chemie der Hochpolymeren.
Springer-Verlag, Berlin, Heidelberg, New York 1974, S. 134.

[3] Hermanns, P.H.:
Physics and Chemistry of Cellulose Fibres.
Elsevier Publ. Co., Amsterdam, New York 1949, S. 216.

[4] Born, M. und Wolf, E.:
Principles of Optics.
Pergamon-Press, Oxford, New York, Toronto, Sydney, Paris, Frankfurt 1980, S. 87.

[5] Angad Gaur, H. und De Vries, H.:
J. Polymer Sci., Polymer Phys. Ed. 13 (1975), 835.

[6] Schardin, H.:
Z. Instrumentenkunde 53 (1933), 424.

[7] McLean, J.H.:
Textile Res. J. 35 (1965), 242.

[8] Holoubek, J. und Lednicky, F.:
Z. Polymerforsch. u. Textiltechn. 29 (1978), 276.

[9] Thetford, A. und Simnes, S.C.:
J. Microsc. (Oxford) 89 (1969), 143.

[10] McLean, J.H.:
Textile Res. J. 41 (1971), 90.

[11] Schollmeyer, E. und Herlinger, H.:
textil-praxis int. 34 (1979), 645.

[12] Kühnle, G., Schollmeyer, E. und Herlinger, H.:
Makromolekulare Chem. 178 (1977), 2725; 179 (1978), 661; 180 (1979), 473 und 491;

Kühnle, G. und Schollmeyer, E.:
Progr. Colloid & Polymer Sci. 65 (1978), 225;

Kühnle, G., Schollmeyer, E. und Herlinger, H.:
textil-praxis int. 33 (1978), 789;

Schollmeyer, E. und Kühnle, G.:
Bunsenges. phsy. Chem. 83 (1979), 322.

[13] Marcuse, D.:
Principles of Optical Fiber Measurement.
Academic Press, New York, London, Toronto, Sydney, San Franzisko 1981.

[14] Wonsiewicz, B.C., French, W.G., Lazay, D. und Simpson, J.R.:
Appl. Opt. 15 (1976), 1048.

[15] Presby, H.M., Mammel, W. und Devosier, R.M.:
Rev. Sci. Instrum. 47 (1976), 348.

[16] Presby, H.M., Marcuse, D. und Astle, H.W.:
Appl. Opt. 17 (1978), 2209.

[17] Stone, J. und Earl, H.E.:
Appl. Opt. 17 (1978), 3647.

[18] Ikeda, M., Tateda, M. und Yoshikiyo, H.:
Appl. Opt. 14 (1975), 814.

[19] Eichhoff, W. und Weidel, E.:
Opt. Quantum Electron 7 (1975), 109.

[20] Stone, J. und Earl, H.E.:
Opt. Quantum Electron 8 (1976), 459.

[21] Steward, W.J.:
Tech. Digest: Int. Conf. Integrated Opt. Opt. Fiber Commun paper
C2-2.IOOC, Tokyo (1977).

[22] White, K.J.:
Opt. Quantum Electron 11 (1979), 185.

[23] Burrus, C.A., Chinnock, E.L., Gloge, D., Holden, W.S., Li, T.,
Standley, R.D. und Keck, D.B.:
Proc. IEEE 61 (1973), 1498.

[24] Sladen, F.M., Dayne, D.N. und Adams, M.J.:
Appl Phys. Letters 28 (1976), 255.

[25] Olshansky, R. und Keck, D.B.:
Appl. Opt. 15 (1976), 483.

[26] Arnand, J.A. und Devosier, R.M.:
Bell Syst. Tech. J. 55 (1976), 1489.

[27] Marcuse, D.:
Appl. Opt. 18 (1979), 9.

[28] Kokobun, Y. und Iga, K.:
The Transactions of the IECE of Japan, E 60 (1977), 702.

[29] Beier, M. und Schollmeyer, E.:
Angew. Makromol. Chem. 128 (1984), 15

[30] Engeln-Müllges, G. und Reutter, F.:
Numerische Mathematik für Ingenieure,
Bibliographisches Institut, Mannheim, Wien, Zürich 1982, S. 313.

[31]   Jordan-Engeln, G. und Reutter, F.:
         Formelsammlung zur numerischen Mathematik mit Standard-FORTRAN-
         Programmen.
         Bibliographisches Institut, Mannheim, Wien, Zürich, Hochschul-
         taschenbücher 106 (1981), S. 266.

[32]   Heidemann, G., Ringens, W. und Jellinek, G.:
         Melliand Textilber. 61 (1980), 372.

[33]   Bahners, T., Bossmann, A. und Schollmeyer, E.:
         Melliand Textilber. 65 (1984), 846.

[34]   Pohl, R.W.:
         Optik und Atomphysik, 9. Aufl.
         Springer-Verlag, Berlin, Göttingen, Heidelberg 1954, S. 9.

[35]   Bahners, T. und Schollmeyer, E.:
         Melliand Textilber. 65 (1984), 518.

[36]   Born, M. und Wolf, E.:
         Principles of Optics, Electromagnetic Theory of Propagation,
         Interference and Diffraction of Light.
         Pergamon Press Oxford, New York, Toronto, Sidney, Paris,
         Frankfurt, 6. Aufl., 1980, S. 370.

mo.

Grundlagen der Verfahrenstechnik der Textilveredlung

G. Heidemann und E. Schollmeyer

Deutsches Textilforschungszentrum Nord-West e.V.
- Textilforschungsanstalt
- Institut für textile Meßtechnik
Frankenring 2
D-4150 Krefeld 1

1. Definition der Verfahrenstechnik der Textilveredlung

Die Verfahrenstechnik der Textilveredlung behandelt die physikalischen und chemischen Wirkungen von Behandlungsmaschinen (z.B. Spannmaschine, Foulard), Behandlungsmedien (z.B. Luft, Wasser) und Veredlungsmitteln (z.B. Farbstoff, Antistatikum) auf das Textilgut in Textilveredlungsprozessen. Ihre Zielsetzung ist es sicherzustellen, daß das gewünschte Veredlungsergebnis in reproduzierbarer Qualität z.B. kostengünstig und umweltfreundlich erhalten wird. Dabei legt das Anforderungsprofil an eine Fertigware das gewünschte Veredlungsergebnis fest. Für ein Baumwollflachgewebe beispielsweise gilt nach SCHONER [1]:

1. **Dimension:**

    - Endbreite und Endlänge,
    - Flächengewicht,
    - Warenverzug;

2. **Verarbeitungseigenschaften:**

    - Vernähbarkeit,
    - Schneidfähigkeit,
    - Planlage;

3. **Aussehen:**

   - Weißgrad,
   - Farbe (Egalität, Farbungenauigkeit),
   - Oberflächenbeschaffenheit (glänzend, matt, rauh);

4. **Gebrauchseigenschaften:**

   - Knitter- und Scheuerverhalten,
   - Reißfestigkeit,
   - Dehnung,
   - Restschrumpf,
   - Farbechtheiten,
   - Ausrüstung, wie

     hydrophob,
     flammhemmend,
     fungizid,
     schmutzabweisend,
     oleophob u.a.m.

Ziel der verfahrenstechnischen Forschung ist die Erkennung und formelmäßige Beschreibung der funktionellen Zusammenhänge zwischen Textilgutzustandsänderungen und deren Einflußgrößen. Der Beschreibung dieser Zusammenhänge dienen die "Gesamtfunktionen" der Systeme. Die Systemgrenzen sind bezogen auf den Veredlungsprozeß frei wählbar und werden zweckmäßig den technischen Realitäten (Maschinen, Apparate) oder dem technisch Realisierbaren angepaßt.

In technischen Systemen treten üblicherweise Energie-, Stoff- und Signalflüsse auf; außerdem werden Energien, Stoffe und Signale umgesetzt. In Abhängigkeit davon, welcher dieser drei Flüsse bzw. Umsätze in einem technischen Gebilde vorherrscht, spricht man von einer Maschine, einem Apparat oder einem Gerät.

2.   <u>Gliederung der Verfahrenstechnik der Textilveredlung</u>

2.1   <u>Horizontale und vertikale Gliederung</u>

Die Gliederung der Verfahrenstechnik der Textilveredlung kann nach unterschiedlichen Gesichtspunkten erfolgen, z.B. nach der zu behandelnden Faserart, artikelspezifisch oder nach den Behandlungsmaschinen und -apparaten.

Einem Vorschlag von RÜTTIGER [2] folgend, nimmt man zweckmäßig eine vertikale Gliederung entsprechend dem Schema 1 vor. Hierbei werden alle Prozesse bis in physikalische Grundoperationen (unit operations) und chemische Grundoperationen (unit processes) aufgelöst und durch sogenannte Grundfunktionen [3] beschrieben. Die horizontale Gliederung erfolgt artikelspezifisch auf der Ebene der Veredlungsverfahren. Ein Beispiel hierfür, die Thermosolfärbung von Flächengebilden aus Polyesterfasern, ist in Schema 2 dargestellt. Die Verfahren werden naturgemäß durch sehr komplexe Gesamtfunktionen [3] beschrieben. Der Vorteil der horizontalen Gliederung liegt in der eindeutigen Prozeßbeschreibung; diese Gliederung ist aber wegen der in der Textilveredlung notwendigen Vielfalt der Artikel sehr breit angelegt. Der Vorteil der vertikalen Gliederung liegt in der Abstraktion von zufälligen Prozeßgegebenheiten auf allgemein gültige funktionelle Zusammenhänge.

2.2   <u>Grundvorgänge</u>

Grundvorgänge sind die in den verschiedenen Verfahren stets wiederkehrenden Einzelvorgänge. Die Grundvorgänge müssen in sich einheitlich sein und dürfen nur einem Gesetz gehorchen. Grundvorgänge sind i.a. für sich allein nicht realisierbar.

Grundoperationen (unit operations), Grundverfahren oder Einheitsoperationen, sind in der Chemischen Verfahrenstechnik fest definiert als **physikalische Grundvorgänge,** bei denen Zustandsänderungen erfolgen. Sie werden in **mechanische, elektrisch-magnetische und thermische** Grundvorgänge eingeteilt.

Mechanische und elektrisch-magnetische Grundoperationen laufen im wesentlichen ohne Wärmetransport oder molekularen Stofftransport ab. Bei thermischen Grundoperationen spielen dagegen Kräfte, die einen Fluß bewirken, für die angestrebte Zustandsänderung die Hauptrolle. So rufen z.B. sowohl ein Konzentrationsgradient als auch ein Temperaturgradient eine Diffusion hervor (gewöhnliche und Thermodiffusion). Auch Relaxationsvorgänge gehören in diesem Sinne zu den thermischen Grundoperationen, da zum Spannungsaufbau und/oder -abbau Platzwechselvorgänge der Polymerkettensegmente in den Faserstoffen erforderlich sind.

In der allgemeinen technischen Systematik werden zueinander inverse **physikalische Grundfunktionen** z.B. wie folgt formuliert:

Fließen	invers zu	Isolieren
Fügen	"	Teilen
Führen	"	Streuen
Koppeln	"	Unterbrechen
Richten	"	Oszillieren
Richtungändern	"	Richtungändern
Speichern	"	Entleeren
Verbinden (Mischen)	"	Trennen
Vergrößern	"	Verkleinern
Wandeln (Umsetzen)	"	Rückwandeln (Umsetzen)

Als **Grundprozesse** (unit processes) werden **chemische Grundvorgänge** bezeichnet, bei denen Stoffwandlung stattfindet. Diese Vorgänge gehören in den Bereich der Reaktionstechnik und sollen hier der Verfahrenstechnik zugeordnet werden. Ihre Einteilung geschieht heute unter dem Gesichtspunkt thermischer, elektrochemischer, photochemischer, mechanologischer, biochemischer etc. Reaktionen.

Grundvorgänge der Textilveredlung sind z.B.:

mechanische:	Durchströmen
	Komprimieren
	Rauhen
	Schmirgeln
	Spannen
	Speichern
	Stauchen
thermische:	Diffundieren
	Kalandrieren
	Mischen
	Netzen
	Quellen
	Relaxieren
	Schrumpfen
	Verdünnen
	Verdunsten
	Verweilen
chemische:	Addieren
	Hydrolysieren
	Kondensieren
	Oxidieren
	Reduzieren
	Vernetzen

Die Grundvorgänge werden formelmäßig durch **Grundfunktionen der Textilveredlung** beschrieben. Sie sind dadurch charakterisiert, daß die Eingangs- und Ausgangsgrößen des zugehörigen Systems noch nicht festgelegt sind.

2.3   Verfahrenselemente

Ein Verfahrenselement ist der ungeachtet der verschiedenen Grundvorgänge realisierbare kleinste, unteilbare Vorgang eines Verfahrens. **Die Grundvorgänge** sind bei gleichzeitigem Ablauf meistens gekoppelt.

Verfahrenselemente sind z.B.:

    Abkühlen
    Aufheizen
    Ausziehen
    Quetschen
    Tauchen

2.4   Verfahrensschritte, Behandlungen, Verfahrensstufen

sind einfache Kombinationen von Verfahrenselementen, die eine im Sinne der Textilveredlung vorgegebene Zustandsänderung des Textilgutes liefern. Gegenseitige Beeinflussung zwischen den Verfahrenselementen ist gegeben. Verfahrensschritte können maschinentechnisch als eigenständige Behandlungen realisiert werden (Veredlungsmaschinen).

Verfahrensschritte sind z.B.:

    Dämpfen
    Klotzen
    Spülen
    Trocknen

Die Verfahrenselemente und -schritte werden durch logische und/oder formelmäßige **Teil- oder Gesamtfunktionen der Textilveredlung** beschrieben.

2.5   Verfahren, Prozesse

sind Kombinationen von Verfahrensschritten, die ein Textilgut mit vorbestimmtem Eigenschaftsspektrum als Veredlungseffekt liefert. Hinsichtlich der erzielten Eigenschaften ist mit Wirkungen zwischen den Verfahrensschritten zu rechnen. Die Verfahrensschritte laufen i.a. in einer vorgegebenen eigenschaftsprägenden Reihenfolge ab. Zur Realisierung der Verfahren benötigt man Veredlungsanlagen.

Veredlungsverfahren sind z.B.:

>   alkalische Abkochung
>   Apparatefärbung
>   Peroxidbleiche
>   Pigmentfärbung
>   Stückbaumfärbung
>   Thermosolfärbung

2.6 Veredlungsbereiche, Veredlungsproduktionen

sind Kombinationen einzelner Verfahren, deren Abfolge artikelspezifisch ist.

Veredlungsbereiche sind z.B.:

>   Ausrüstung und Beschichtung
>   Färbung und Druck
>   Vorbehandlung

3. Methodik der Verfahrenstechnik

3.1 Aufgabe

Die Aufgabe der Verfahrenstechnik ist es, Verfahren im industriellen Maßstab zu realisieren, die eine Änderung der Eigenschaften der behandelten Stoffe zum Ziele haben. Im Gegensatz dazu wird bei der mechanischen Bearbeitung von Werkstücken im festen Zustand diesen eine äußere Form aufgezwungen (mechanische Verfahrenstechnik). Danach lassen sich für einzelne Verfahren der Textilveredlung z.B. die folgenden Zielsetzungen angeben:

Die Zielsetzung des **Waschens** ist eine Stofftrennung, d.h. eine Änderung der inneren Struktur durch die Extraktion sowie durch die Desorption von Faserbegleitstoffen, eventuell gekoppelt mit chemischen Spaltungsreaktionen. Gegebenenfalls kann dabei parallel eine sogenannte Strukturentwicklung durch Änderung der physikalischen Makro- und Mikrostruktur ablaufen.

Beim **Abschälen** von Polyesterfasern liegt die Zielsetzung in einer chemischen Reaktion auf der Faseroberfläche und anschließender Stofftrennung. Damit wird auch eine Änderung der Makrostruktur durch Vergrößerung der Oberfläche erreicht.

Die Zielsetzung beim **Trocknen** ist eine Stofftrennung. Man erreicht aber auch ebenso gewollt oder ungewollt Änderungen in der pyhsikalischen Mikro- und Makrostruktur.

Beim **Thermofixieren** wird eine Änderung der physikalischen Eigenschaften durch Umkristallisation des Fasermaterials angestrebt.

Das **Färben** stellt eine Stoffmischung ggf. mit zusätzlicher chemischer Reaktion dar.

Ebenso stellt der **Finish** eine Stoffmischung i.a. mit chemischer Reaktion dar, wobei eine Änderung der physikalischen und chemischen Eigenschaften angestrebt wird.

3.2 Erhaltungssätze

Für viele physikalische Quantitäten gelten Erhaltungssätze, z.B. für die Energie, die Masse, die elektrische Ladung und den Impuls. Man denkt sich ein passend gewähltes Raumgebiet derart von der Umgebung abgegrenzt (System), daß in ihm die gewünschte Transformation stattfindet und eintretende sowie austretende Ströme gemessen werden können.

Unter der Gesamtfunktion eines Systems versteht man alle Kenntnisse und Regeln, auch formelmäßige Zusammenhänge, die die Transformationseigenschaften eindeutig bestimmen, um damit für unterschiedliche Eingaben die Ausgaben eindeutig zu kennzeichnen.

Mit den Erhaltungssätzen lassen sich systembezogene Bilanzgleichungen aufstellen. Für die Konzentrationsänderung in einem Waschbad bei Frischwasserzulauf und Flottenaustrag durch die Ware ergibt sich z.B. bei partiellem Austausch der auszuwaschenden Substanz zwischen Textilgut und Flotte folgende Massenstrombilanz:

$$x \cdot \dot{m}_W = V_B \frac{dc_B}{dt} + y\, \dot{m}_W \cdot \frac{c_B}{\rho_B} + (1-k)\, x \cdot \dot{m}_W \qquad (1)$$

mit
    x Massenbeladung des einlaufenden Textilgutes
    $\dot{m}_W$ Massenstrom des ein- und auslaufenden Textilgutes
    V_B Waschbadvolumen
    c_B Badkonzentration
    t Zeit
    y Beladung des auslaufenden Textilgutes mit Flotte
    ρ_B Baddichte
    k Austauschkoeffizient zwischen Textilgut und Flotte

Die Differentialgleichung (1) läßt sich für den speziellen Fall eines konstanten Austauschkoeffizienten geschlossen lösen. Bekanntermaßen unterliegt aber der Austauschkoeffizient vielfältigen Einflußgrößen, wie der Badkonzentration, der Temperatur, der Viskosität der Flotte, der Warengeschwindigkeit, der Porosität, der Dicke und der Komprimierbarkeit des Textilgutes, der Diffusionsgeschwindigkeit und der Löslichkeit der auszuwaschenden Substanz. Damit benötigt man den funktionellen Zusammenhang für k zur Lösung von Gl. (1). Diese wird dann i.a. nur durch numerische Verfahren zu erhalten sein.

Bei Energie- und Impulstransformationen sind entsprechende Ansätze für die Energie- und Impulsbilanz vorzunehmen.

3.3 Kennzahlen

Die Schwierigkeit, die in den Bilanzgleichungen auftretenden Kennzahlen allgemeingültig angeben zu können, wird empirisch durch die **Ähnlichkeitstheorie** gelöst. Sie macht sich die Erfahrung zunutze, daß ähnliche Vorgänge auch mit gleichen Gesetzmäßigkeiten beschreibbar sind. Da die den Transformationen zugrunde liegenden Naturgesetze unabhängig von den Einheiten der in ihnen vorkommenden Quantitäten sind, müssen mit Hilfe der **Dimensionsanalyse** Größenbeziehungen in Kennzahlbeziehungen umgewandelt werden. Die Ähnlichkeitstheorie gestattet es somit, allgemeingültige Kennzahlen auch dann anzugeben, wenn die speziellen physikalischen Gesetze des betreffenden Vorganges nicht in konkreter Form bekannt sind, sondern nur Informationen über die **dominanten Einflußgrößen** vorliegen. Die Ermittlung der Einflußgrößen ist also eine wesentliche Voraussetzung der Anwendung der Ähnlichkeitstheorie, d.h. vor der Anwendung der Dimensionsanalyse ist stets eine Problemanalyse durchzuführen. Als Informationsquellen dienen dabei nach steigendem Aussagewert geordnet [4]:

- Modellvorstellungen über die grundlegenden physikalischen und chemischen Effekte der Transformationsänderung,

- Erkenntnisse über die Einflußgrößen dieser Effekte,

- allgemeine Grundbeziehungen der Physik und Chemie,

- "mittelbare" Beziehung der Physik und Chemie sowie

- "unmittelbare" Beziehungen der Physik und Chemie.

4. Modellvorstellungen und dominante Einflußfaktoren als wichtige Voraussetzung für die Verfahrenstechnik sowie Meß- und Regeltechnik in der Textilveredlung

Modellvorstellungen über die Stoff-, Wärme- und Impulstransformation in einem System sind somit wichtige phänomenologische Voraussetzungen für die Beschreibung und die Handhabung eines Systems. Zur Zeit ist es noch nicht möglich, irgendein System der Textilveredlung durch unmittelbare Beziehung quantitativ vollständig zu beschreiben.

Der Eingriff in ein System wird durch Stelleinrichtungen (z.B. Stellmotoren, Stelltransformatoren, Potentiometer) bewerkstelligt. Für die Erzeugung des hierzu notwendigen Steuersignals ist die Erfassung einer Regelgröße mit Hilfe eines Sensors notwendig, welcher Informationen über den Ablauf einer Transformation bei Kenntnis der verfahrenstechnischen Zusammenhänge enthält. Die Meß- und Regeltechnik ist somit aus der Sicht der Textilveredlungsproduktion mit ihren vielfältigen Eigenschaftstransformationen eine wichtige Hilfswissenschaft. Sie kann aber erst wirksam werden, wenn mindestens Modellvorstellungen und deren dominante Einflußgrößen über die Transformationen in einem System bekannt sind. Die Wege zur Ermittlung der Gesamtfunktion eines Systems sollen an einigen Beispielen diskutiert werden.

4.1 Wege zur Ermittlung der Gesamtfunktion eines Systems

4.1.1 Modellvorstellungen zum Gesamtsystem Foulardieren

Nach RÜTTIGER et al. [5] läßt sich die Gesamtfunktion in Elementarfunktionen aufgliedern. Für den Foulard gilt:

1. das Tauchen des Textilgutes in der Flotte als Stoffmischung,

2. das Abquetschen des beladenen Textilgutes als Zumessung und

3. der Transport der Reaktionsmischung (Textilgut mit definiertem Produktauftrag).

Die Elementarfunktionen lassen sich weiter in Grundfunktionen aufteilen. Am Beispiel des Tauchens lassen sich die nachstehend aufgeführten Grundfunktionen angeben:

- Netzen,

- Eindringen der Flotte in die Zwischenräume des Textilgutes,

- Verdrängung der Luft aus dem Textilgut,

- Eindiffundieren des Wassers in das Fasermaterial,

- Quellen des Fasermaterials,

- Eindiffundieren der Farbstoffe bzw. der Veredlungsmittel in das Fasermaterial,

- ....

Für den Abquetschvorgang in der Quetschfuge sind folgende Grundfunktionen denkbar [3]:

- Kompression des Textilgutes im Walzenspalt,

- Flottenrückströmung als Durchströmung des Textilgutes,

- Kapillartransport in Richtung der Warengeschwindigkeit w,

- Haftflotten-Rückführung an den Walzen,

- Rückströmung der abgequetschten Flotte,

- ....

Während des Transportes der Reaktionsmischung nach der Quetschfuge werden Grundfunktionen wirksam, die z.T. auch schon beim Tauchen eine Rolle spielen:

- Eindiffundieren des Wassers in das Fasermaterial,
- Eindiffundieren der Farbstoffe bzw. der Veredlungsmittel in das Fasermaterial,
- Verdunsten des Wassers,
- ....

Hinsichtlich des Einflusses der einzelnen Elementarfunktionen beim Foulardieren sind zweckmäßig Grenzfälle zu betrachten. So übernimmt z.B. bei hinreichend genügendem Netzen das Abquetschen lediglich die Rolle einer Zumessung, wenn nicht, bedingt durch spezielle Warenkonstruktionen und entsprechende Foulardierbedingungen, Luft trotz ausreichender Netzung ausgetrieben werden muß. Bei nicht ausreichender Netzung wird im Abquetschvorgang infolge der Durchströmung Luft ausgetrieben und die Ware im Innern genetzt. Das Netzen wird damit durch eine mechanische Einwirkung in der Quetschfuge - Durchströmen der Ware - nachgeholt. Damit wird der Abquetschvorgang immer dann zur dominanten Elementarfunktion, wenn beim Tauchen nicht ausreichend genetzt wird.

Die Gesamtfunktion eines Systems kann nicht aus der Kenntnis der Grundfunktionen alleine gewonnen werden, da diese allgemein definiert werden, d.h. ohne Festlegung von Ein- und Ausgabe in das jeweilige System. Weiterhin bestimmen nicht nur diese Grundfunktionen alleine, sondern - viel wesentlicher - deren Zusammenwirken die Gesamtfunktion. Versucht man, eine Verfahrenstechnik des Foulards unter diesem Gesichtspunkt zu entwickeln, so sollten nicht die Grundfunktionen einzeln untersucht werden, sondern es sollten zunächst dominante Abhängigkeiten gefunden werden. Als Möglichkeiten bieten sich an, Betriebs- und Laborversuche durchzuführen. Ungeachtet dessen ist die Kenntnis der Grundfunktionen von erheblichem Wert, weil sich mit ihrer Hilfe Voraussagen über die dominanten Einflußgrößen, insbesondere bei bestimmten Grenzzuständen des Systems, machen lassen. Für den Fall des Foulardierens lassen sich das Netzen, Durchströmen und Komprimieren als dominante Grundfunktionen ansehen.

4.1.1.1 Netzen

Die Benetzung eines Festkörpers kann durch den Randwinkel Θ zwischen diesem und einem auf seine Oberfläche aufgebrachten Flüssigkeitstropfen (z.B. Wasser) beschrieben werden [3]. Entlang der Dreiphasenrandlinie Flüssigkeit-Gas-Festkörper wirkt die nach Gl. (2) definierte Benetzungsspannung j:

$$j = \gamma_{13} - \gamma_{23} = \gamma_{12} \cos \Theta \quad , \tag{2}$$

mit γ_{13} Grenzflächenspannung Festkörper-Luft,
γ_{23} Grenzflächenspannung Festkörper-Flüssigkeit,
γ_{12} Grenzflächenspannung Flüssigkeit-Luft und
Θ (statischer) Randwinkel.

Taucht man eine Kapillare mit dem Radius r in eine Flüssigkeit, die durch die Viskosität η, die Oberflächenspannung γ und die Dichte ρ beschrieben wird, so steigt diese als Funktion der Zeit t in der Kapillaren auf. Dabei errechnet sich die Steighöhe zur Zeit t (h_t) als Funktion der Variablen r, η, γ, s und Θ des (dynamischen) Randwinkels.

Ein textiles Gut kann als eine große Anzahl parallel angeordneter Kapillaren mit unterschiedlicher Benetzbarkeit angesehen werden, die miteinander einen Flüssigkeitsaustausch haben. Die einzelnen Kapillaren liegen mit unterschiedlichen Radien vor, da hierbei grundsätzlich Kapillaren, die von den Fasern des Garns, und solche, die von den Garnen des Gewebes gebildet werden, berücksichtigt werden müssen.

Der Netzvorgang beim Foulardieren kann als ein Kurzzeitnetzprozeß aufgefaßt werden, wobei die Begriffsbildung Kurzzeit im Hinblick auf die Erreichung von Gleichgewichten zu verstehen ist. Für diesen Grenzfall gilt näherungsweise Gl. (3):

$$h_t^2 = \frac{\gamma_{12}}{2\eta} \cdot \cos \Theta \cdot t . \tag{3}$$

Hierbei beschreibt r als mittlerer Kapillarradius das Textilgut, $\frac{\gamma_{12}}{2\eta}$ ist durch die benetzende Flüssigkeit vorgegeben, und cos Θ charakterisiert die Faser-Flüssigkeits-Wechselwirkung. Hierbei sind insbesondere die in praxi auftretenden Anströmgeschwindigkeiten zu berücksichtigen.

Durch einen Zusatz an Netzmitteln läßt sich das Benetzungsverhalten beeinflussen. Hierbei kann der Wirkungsmechanismus eines Netzmittels wie folgt beschrieben werden [7]:

1. Bei Netzmitteln tritt eine orientierte Adsorption an der Wasser-Luft-Grenzfläche auf, wobei die hydrophile Gruppe im Wasser bleibt, während die hydrophobe Gruppe bei geringer Belegung flach an der Wasseroberfläche aufliegt; bei dichter Packung richten sich dann die Netzmittelmoleküle auf und bilden einen zusammenhängenden Film [7]. Damit treten Änderungen der Grenzflächeneigenschaften, d.h. eine signifikante Herabsetzung der Grenzflächenspannung γ_{12}, auf. Durch die Herabsetzung der Grenzflächenspannung wäßriger Lösungen wird eine bessere Benetzung von Festkörpern erreicht: Mit der Abnahme von γ_{12} verringert sich auch der Randwinkel Θ nach Gl. (2).

2. Die den Netzvorgang bestimmende Größe ist die Benetzungsspannung j gegenüber dem textilen Material [6]

$$j = \gamma_{13} - \gamma_{23} \quad . \tag{4}$$

Gl. (4) wird als Energiebilanz für den Fall einer eintauchenden Benetzung (Immersionsnetzung) erhalten: Beim Eintauchen eines Festkörpers in eine Flüssigkeit verschwindet die Festkörperoberfläche unter Bildung der neuen Phasengrenzfläche fest-flüssig, während die Flüssigkeitsoberfläche unverändert bleibt [8]. Die gleiche Energiebilanz wird auch bei der Bewegung einer Flüssigkeit in einer Kapillare erhalten.

Um eine gute Netzwirkung hervorzurufen, muß j möglichst große Werte annehmen, d.h. γ_{23} muß erniedrigt werden [9]. Eine Herabsetzung von γ_{23} führt zur Erhöhung von $\cos\Theta$ nach Gl. (2), d.h. zu niedrigen Randwinkeln. Ebenso führt eine Erniedrigung von γ_{12} zu einer Erhöhung von $\cos\Theta$.

3. Die Erniedrigung der Oberflächenspannung nach 1) begünstigt die Spreitung der wäßrigen Phase auf dem Festkörper und damit die Verdrängung der im Textilgut eingeschlossenen Luft [6].

4.1.1.2 Durchströmen

Faßt man das Textilgut als ein poröses Haufwerk auf, das durch ein Fluid durchströmt wird, läßt sich die Durchflußmenge Q aus der **Kozeny-Carman-Gleichung** (5) errechnen [10]:

$$Q = \frac{F \cdot \varepsilon \cdot \Delta p}{k \cdot l \cdot \eta} d_h^2 \quad , \tag{5}$$

mit
    Q   Durchflußmenge,
    F   angeströmte Fläche,
    ε Zwischenraumporosität,
    Δp Druckdifferenz,
    k   empirische Konstante, die u.a. von der Form der Kapillaren und der Länge des Strömungsweges abhängt,
    l   Länge einer Kapillare,
    η Viskosität und
    d_h hydraulischer Durchmesser einer Kapillare.

Wendet man Gl. (5) auf den Fall des Foulardierens an, so ist zu beachten, daß die **Kozeny-Carman**-Beziehung ein istropes Haufwerk beschreibt; beim Foulardieren sind jedoch eine richtungsabhängige Druckströmung entgegengesetzt der Warenlaufrichtung und die durch die Zusammendrückbarkeit des textilen Gutes geänderten Durchströmungseigenschaften im Walzenspalt zu berücksichtigen.

4.1.1.3 Komprimieren

Ausgangspunkt für die Gewinnung einer Dicke-Druck-Beziehung eines Gewebes ist nach BOGATY et al. [11] die **van-der-Waals**sche Gleichung für ein Gas:

$$(p + p_i)(V_M - b) = RT \quad , \tag{6a}$$

mit
    p   Außendruck,
    p_i Binnendruck $= \dfrac{a}{V_M^2}$,
    a   Proportionalitätsfaktor,
    V_M Molvolumen,
    b   vierfaches Eigenvolumen der Moleküle und
    RT   Energiegröße.

Analog zu Gl. (6a) wird für ein Gewebe

$$(p + c)(c - d_\infty) = e$$

angenommen. Damit folgt

$$p = \frac{e}{d-d_\infty} - c \quad , \tag{6b}$$

mit d_∞ Gewebedicke bei hohem Druck,
       c, e   Konstanten,
       d   Gewebedicke für einen Druck p.

In Gl. (6b) stellt d_∞ die Textilgutdicke bei hohen Drucken p dar, d.h. für den Fall, daß $e/(p + c)$ vernachlässigbar klein ist. Bei p = 0 ist die Dicke des Textilgutes durch $d_\infty + e/c$ gegeben; damit stellt e/c die mögliche Kompression dar.

4.1.2 Modellvorstellungen zum Veredlungsschritt "Thermofixieren"

Der Veredlungsschritt "Thermofixieren" besteht aus den Verfahrenselementen "Aufheizen", "Textilgut mechanisch führen", "bei Temperatur unter Spannung verweilen" und "Abkühlen". Das Ziel der Thermofixierung ist der Abbau bzw. die Vergleichmäßigung von inneren Spannungen und die Stabilisierung eines Zustandes für thermische Beanspruchungen in Folgebehandlungen. Verbal läßt sich der Vorgang so beschreiben, daß beim Aufheizen mit steigender Materialtemperatur zunächst der "Auftaubereich" durchlaufen wird, d.h. durch Einfrieren blockierte Spannungen werden durch die einsetzende Kettensegmentbeweglichkeit ausgelöst. Mit weiter steigender Temperatur werden instabile Kristallite aufgeschmolzen und dadurch wiederum blockierte Spannungen freigesetzt. Durch das Verweilen bei Maximaltemperatur wird das Material partiell umkristallisiert, wobei Kristallite entstehen, deren thermische Stabilität von der Kristallisationstemperatur sowie der Verweilzeit und Spannung während der Kristallisation abhängt. Beim Abkühlen erfolgt dann zusätzliche Kristallisation in Kristalliten minderer Stabilität und schließlich das Einfrieren der nichtkristallisierten Bereiche unter den jeweiligen Spannungsbedingungen.

Folglich lassen sich die Elementarfunktionen gedanklich in die experimentell unter Prozeßbedingungen nicht isoliert zu realisierenden Grundfunktionen aufteilen, nämlich den Wärmeaustausch zum

- Auftauen, d.h. Überführung der nichtkristallisierten Bereiche vom eingefrorenen Zustand in den viskoelastischen Zustand,

- gebenenfalls Aufweiten oder auch zur Modifikation der Kristallgitter,

- Schmelzen, d.h. Überführung vom kristallisierten in den viskoelastischen Zustand,

- Relaxieren, d.h. Aufbau und Abbau von Spannungen durch Platzwechsel von Kettensegmenten,

- Kristallisieren, d.h. Überführung vom viskoelastischen in den kristallisierten Zustand.

- Einfrieren, d.h. Überführung vom viskoelastischen in den eingefrorenen Zustand.

Im Sinne der Zielsetzung des Thermofixierprozesses, der Strukturvergleichmäßigung und des Spannungsabbaus zur Minderung des Restschrumpfes in Folgeprozessen, sind dabei dominant die Zustandsänderungen durch Schmelzen, Relaxieren und Kristallisieren. Zur Prozeßsteuerung müßte man also Sensoren haben, die in der Lage wären, die dominanten Grundvorgänge zu erfassen. Das Schmelzen und Kristallisieren läßt sich z.B. röntgenographisch oder calorimetrisch off-line verfolgen. On-line sind nur die dabei auftretenden Temperatureffekte meßbar. Stufen in der Aufheizkurve, die ein Schmelzen oder Kristallisieren anzeigen, werden aber in praxi nicht beobachtet, da i.a. nur ein Kristallitnetzwerk von etwa 1/100 der Masse des Fasermaterials betroffen ist. Daher sind heute zur Kontrolle der Fixierung "nur" zwei Parameter on-line meßbar, nämlich einerseits die Temperaturdifferenz zwischen Behandlungsmedium und Textilgut während des Aufheizens direkt durch Strahlungspyrometer oder indirekt aus der Temperatur der Zuluft und der Abluft und andererseits die auf Ketten oder Walzen der Thermofixiermaschinen übertragenen Spannungen. Die Spannungsmessung setzt Kenntnisse der Relaxationsgeschwindigkeit und der Korrelation zwischen

Temperatur und Schrumpfkraft voraus, die materialspezifisch zu erarbeiten sind. Die Spannungsmessung zur Kontrolle und Steuerung des Thermofixierprozesses wird künftig noch an Bedeutung gewinnen, da die Spannung die Zielgröße Restschrumpf dominant beeinflußt und bei gegebenem Textilgut sowohl durch die Temperatur als auch durch die Dimensionsvorgabe einer Thermobehandlung und untergeordnet durch die Behandlungszeit beeinflußt werden kann [12].

4.1.3 Modellvorstellungen zur Gesamtfunktion Stoffdruck

In Anlehnung an KASSENBECK et al. [13,14] sind die wesentlichen Einflüsse auf das Druckergebnis im Schema 3 wiedergegeben. Als Stoffe werden dem System Stoffdruck die Ware und die Druckpaste zugeführt, das die Ware mit dem im Sinne der Menge, der örtlichen Begrenzung, des Durchdrucks sowie der Egalität definierten Produktauftrag verläßt. Diese Gesamtfunktion läßt sich in folgende Grundfunktionen zerlegen [15]:

- rheologische Vorgänge, d.h. rheologische Bedingungen an der Maschine und rheologisches Verhalten der Druckpaste,

- Grenzflächenvorgänge und

- physikalische Eigenschaften des Textilgutes, wie Durchströmbarkeit und Komprimierbarkeit.

Damit wird auch die Gesamtfunktion Stoffdruck in ihrem - bisher unbekannten - formelmäßigen Zusammenhang von Parametern abhängen, die die Stoffe (Textilgut, Druckpaste), die Maschine und den Prozeß kennzeichnen.

5. Schlußbetrachtung

Die Ausführungen über die Grundlagen der Verfahrenstechnik der Textilveredlung zeigen auf, daß im Vordergrund die Definition und verbale Beschreibung der Systeme steht. Diesem System werden Stoffe zugeführt, und als Ausgabe verläßt es das umgewandelte Textilgut. Die bisherige Zielsetzung einer verbalen Beschreibung der Transformationseigenschaften des Systems ist für die Optimierung der Prozesse und für die Entwicklung einer geeigneten Meß- und Regelungstechnik nur wenig hilfreich. Benötigt werden formelmäßige Zusammenhänge, die die Transformationseigenschaften quantitativ beschreiben und somit über meßbare Parametervariation einen gezielten Eingriff in das System erlauben. Damit wird es sich auch in Zukunft nicht vermeiden lassen, physikalische und mathematische Denk- und Arbeitsweisen zu verwenden.

> Gott hat zur Erschaffung der Welt
> herrliche Mathematik verwandt.
> Paul Dirac

Danksagung

Die Darstellung beruht auf Diskussionen im "Arbeitskreis Verfahrenstechnik der Textilveredlung, DTNW" in den 70er Jahren. Allen Beteiligten gilt unser Dank.

Wir danken dem Forschungskuratorium Gesamttextil für die finanzielle Förderung dieser Forschungsvorhaben (AIF-Nr. 5305 und T 53), die aus Mitteln des Bundeswirtschaftsministeriums über einen Zuschuß der Arbeitsgemeinschaft Industrieller Forschungsvereinigungen (AIF) erfolgten.

Literatur

[1] Schoner, R.:
Möglichkeit und Grenzen des Produktauftrags mit geringer Feuchte.
Melliand Textilber. $\underline{65}$ (1984), 759-764.

[2] Rüttiger, W.:
Vorlage Arbeitskreis Verfahrenstechnik der Textilveredlung,
Krefeld 1973.

[3] Schollmeyer, E. und Heidemann, G.:
Verfahrenstechnische Grundlagen des Foulardierens.
Melliand Textilber. $\underline{63}$ (1982), 721-728.

[4] Kögl, B. und Moser, F.:
Grundlagen der Verfahrenstechnik.
Springer-Verlag, Wien, New York 1981.

[5]   Rüttiger, W., Rümens, W., Burkhardt, G. und Petersen, H.:
      Übersicht der industriellen Verfahrenstechniken der Hochver-
      edlung von Zellulose.
      Textilveredlung 6 (1971), 16-23.

[6]   Langmann, W.:
      "Netzmittel in der Textilindustrie" in:
      Chwala, A., Anger, V., Handbuch der Textilhilfsmittel, Verlag
      Chemie, Weinheim, New York 1977, S. 947-960.

[7]   Schwuger, M.J.:
      Zur Wirkungsweise von Tensiden in technischen Prozesen.
      Chem.-Ing.-Techn. 44 (1972), 374;

      Schwuger, M.J. und Kurzendörfer, C.P.:
      Physikalisch-chemische Grundlagen der Reinigung harter Oberflächen.
      Zbl. Bakt. Hyg, I Abt. Orig. B 168 (1979), 55-72.

[8]   Lange, H.:
      Zur Kinetik der Grenzflächenaktivität.
      Kolloid-Z. 136 (1954), 136-142.

[9]   Moilliet, J.L. und Collie, B.:
      Surface Activity.
      Von Nostrand, New York 1951, S. 114.

[10] Kozeny, J.:
      Hydraulik, ihre Grundlagen und praktische Anwendung.
      Springer-Verlag, Wien 1953, S. 47-60.

      Carman, P.C.:
      Die Bestimmung der spezifischen Oberfläche von Pulvern.
      J. Soc. Chem. Ind. 57 (1938), 225; 58 (1939), 1.

[11] Bogaty, H., Hollies, N.R.S., Hintermaier, J.C. und Harris, M.:
      The Nature of the Fabric Surface: Thickness-Pressure
      Relationships.
      Textile Res. J. 23 (1953), 108-114.

[12] Heidemann, G. und Berndt, H.-J.:
      Praktische Erfahrungen bei der Prozeßkontrolle thermischer
      Behandlungen und Beurteilung fixierter Ware aus PES und PES-
      Mischungen.
      Chemiefasern/Textilind. 31/83 (1981), 866-874.

[13] Kassenbeck, P. und Neukirchner, A.:
      Beitrag zur Kenntnis des Druckvorganges beim Rottionsfilmdruck.
      Melliand Textilber. 61 (1980), 523-525.

[14] Kassenbeck, P., Neukirchner, A. und Huber, H.-J.:
      Einfluß verschiedener Parameter auf den Druckausfall beim
      Rouleauxdruck.
      Melliand Textilber. 58 (1977), 591-597.

[15] Schurz, J.:
      Rheologie von Streichmassen.
      Wochenblatt für Papierfabrikation 99 (1971), 358-363.

Schema 1

Vertikale Gliederung der Verfahrenstechnik der Textilveredlung

Veredlungsbereiche: Abgeschlossene Bereiche in der Textilveredlungsindustrie, z.B. Vorbehandlung, Färbung, Druck, Ausrüstung, Beschichtung. Wird gekennzeichnet durch Art und Reihenfolge der zu durchlaufenden Verfahren.

Veredlungsverfahren: (Veredlungsprozesse) Umfangreichere Behandlungen des Textilgutes (Vorbereitung, Stoffumwandlung, Aufbereitung der Reaktionsprodukte), nach denen das Textilgut einen bestimmten Veredlungseffekt aufweist, z.B. alkalische Abkochung, Peroxidbleiche, Pigmentfärbung, Stückbaumfärbung, Thermosolfärbung.

Veredlungsschritte: (Behandlungen) Einzelbehandlungen eines Textilgutes, die meist in **einem** Veredlungsaggregat ablaufen oder durch eine bestimmte Rezeptstruktur gekennzeichnet sind, z.B. Klotzen, Trocknen, Spülen, Dämpfen, Kaltverweilen, Heißverweilen unter Spannung, Heißverweilen auf Docke.
Dargestellt in schematischen Fließbildern mit Stoff-, Energie- und Signalfluß.

Verfahrenselemente: (kleinste unteilbare Vorgänge von Verfahren) Teile einer Behandlung, in denen nur ein einzelner Vorgang oder eine Gruppe zwangsgekoppelter Vorgänge abläuft, z.B. Tauchen, Quetschen, Ware mechanisch führen, Ausziehen, auf Temperatur halten.

Grundvorgänge in der Veredlung: Stets wiederkehrende Einzelvorgänge in den verschiedenen Veredlungsverfahren, z.B. Wärmeaustausch, Stoffaustausch, Breitspannen, Netzen, Quellen, Krumpfen.

Beschreibbar durch Gesetze aus allgemeinen naturwissenschaftlichen und technischen Grundlagen.

Hilfsgebiete für die Verfahrenstechnik: Prüf- und Meßtechnik (einschließlich intelligenter Sensoren), Veredlungsmaschinen, Automation, Vorausberechnungen, Optimierung, Systemtechnik.

Schema 2

Gliederung der Verfahrenstechnik der Textilveredlung am Beispiel eines Verfahrens

	THERMOSOLFÄRBUNG von FLÄCHENGEBILDEN aus PES				
Verfahren beschrieben durch Gesamtfunktionen					
Verfahrensschritte beschrieben durch Teilfunktionen oder Gesamtfunktionen	Klotzen von Farbstoff	Trocknen	Thermosolieren	Waschen	Klotzen von Finish	Trocknen und Fixieren
Verfahrenselemente beschrieben durch Elementarfunktionen	Tauchen Quetschen	Aufheizen	Aufheizen Abkühlen	Tauchen Quetschen Spritzen	Tauchen Quetschen	Aufheizen Abkühlen
Grundvorgänge beschrieben durch **Grundfunktionen**	Netzen Mischen Breitführen Transportieren Umlenken Durchströmen Komprimieren	Verdunsten Migrieren Diffundieren Breitführen Transportieren	Verweilen Diffundieren Sublimieren Verdunsten Breitführen Transportieren Umlenken	Netzen Durchströmen Verdünnen Schrumpfen Stauchen Breitführen Transportieren Komprimieren	Netzen Mischen Breitführen Transportieren Umlenken Komprimieren	Verdunsten Verweilen Diffundieren Breitspannen Voreilen Entspannen Schrumpfen Speichern Transportieren Umlenken

Schema 3

Einflußgrößen auf das Druckergebnis in Anlehnung an KASSENBECK et al. [13,14].

Substrat
- physikalische Struktur der Faser (z.B. Porosität)
- Benetzbarkeit
- Quellung
- m^2-Gewicht
- mittlerer Kapillarradius
- elastische Eigenschaften (Kompressibilität, Relaxation)
- grenzflächenphysikalische Eigenschaften
- Oberfläche (Rauhigkeit)

Druckpaste
- Konzentration
- Oberflächenspannung
- rheologische Eigenschaften (z.B. Viskosität in Abhängigkeit der Scherbeanspruchung mit Vorgeschichte)
- grenzflächenphysikalische Eigenschaften

Druckergebnis
- Konturenschärfe
- Auflösung
- Durchdruck
- Egalität
- übertragene Farbstoffmenge
- Farbe
- Farbstoffe

Maschine
- Druckgeschwindigkeit
- Rakel (Rakelgeometrie, Rakelwinkel, Geometrie der Rakelspitzen)
- Rakelanpreßdruck
- Füllstand der Druckpaste an der Rakel
- Meshzahl der Schablonengaze

Meßtechnische Probleme im Textilveredlungsbetrieb

S. Glander
NINO AG
Postfach 20 29
D-4460 Nordhorn

Zusammenfassung

Die viel zu langsame Einführung der Meß- und Regeltechnik, der Automatisierung oder gar der computergeführten Prozeßsteuerung in den Textilveredlungsbetrieben hat zahlreiche Ursachen. Die wichtigsten sind:

- Zum Messen einiger Prozeßparameter während der Produktion gibt es keine bzw. keine brauchbaren Meßgeräte.

- Das Messen und Regeln der wichtigsten Prozeßparameter bringt oft nicht den gewünschten Effekt, wenn die Rohware selbst keine reproduzierbaren, die Färbung beeinflussenden Eigenschaften aufweist.

- Bei Investitionen, die zur Qualitätsverbesserung führen, ist die Amortisationszeit häufig nicht berechenbar.

- Es fehlt die Koordination des Know-how der Meßgerätehersteller, Maschinenbauer, Textilveredler, der chemischen Industrie und der Forschungsinstitute für die Entwicklung und/oder Anwendung von neuen Meßmethoden und -geräten.

- Die Einführung von neuen Meßmethoden wird durch Mißtrauen vieler Mitarbeiter im Textilbetrieb behindert.

- In den Textilbetrieben fehlt qualifiziertes Personal.

- Die Ausbildung der Textilingenieure auf dem Gebiet der Meßtechnik bei den Textilveredlungsverfahren ist völlig unzureichend.

1. **Fehlende Meßgeräte bei Kontinueprozessen**

In der Ausziehfärberei sind Temperaturmessung und -steuerung, pH-Wert-Einstellung, das Dosieren von Farbstoffen und/oder Chemikalien und das automatische Ansteuern der einzelnen Prozeßschritte schon Stand der Technik. Es gibt unterschiedliche Bedienungs- und Datenträgersysteme. Auf diesem Sektor kann alles Wünschenswerte realisiert werden, wenn Investitionsmittel zur Verfügung stehen.

Bei den kontinuierlichen Prozessen ist der Schaden einer fehlerhaften Behandlung des Textilgutes größer als bei den diskontinuierlichen, weil die Metragen bis zur Fehlerentdeckung in der Regel viel größer sind. Aber gerade hier fehlen viele verläßlich arbeitende Meßgeräte bzw. Meßmethoden.

1.1 **Probleme in der Vorbehandlung**

Farbabweichungen zur Farbvorlage, Kanten- und Endenablauf werden in vielen Fällen durch eine unreproduzierbare und unegale Vorbehandlung hervorgerufen.

Unterschiede im eingesetzten Garn und bei der Beschlichtung sowie auch Fehler beim Weben sollten während oder nach der Vorbehandlung erkannt werden. Das Erkennen solcher Fehler auf der unigefärbten Ware ist wegen der Reparaturkosten, der Qualitätsminderung durch Nachbehandlungseinflüsse und wegen der Terminverzögerung sehr teuer.

Für den Färber ist eine vorbehandelte, farbfertige Ware mit konstantem Weißgrad, mit gleichmäßiger Netzfähigkeit von Anfang bis Ende und auch über die Breite, mit konstantem Mercerisiergrad und pH-Wert des Gewebes ein selten erfüllter Wunsch!

Dagegen sind die Vorbehandlungsprozesse im Spannrahmen sehr gut zu kontrollieren und teilweise zu automatisieren (Breite, Krumpf, PES-Fixierzeit).

1.1.1   Meß- und Regelung der Chemikalienkonzentrationen

Beim alkalischen Abkochen, beim Bleichprozeß und auch beim Absäuern wird in der Regel heute noch der Nachsatz über ein Rotameter per Hand eingestellt und nach diskontinuierlicher manueller Titration auch per Hand korrigiert.

Die angebotenen Meßgeräte und nachgeschalteten Regelsysteme, die z.B. nach dem Prinzip der Wärmetönungsmessung arbeiten, oder bei denen nach der Methode der potentiometrischen Titration eine Redoxpotentialmessung durchgeführt und dann eine vorgegebene Konzentration durch automatische Dosierung eingeregelt wird, arbeiten nicht zuverlässig genug. Generell muß bei diesen Regelverfahren die Imprägnierflotte umgepumpt und über einen Bypass durch die Meßkammer gepumpt werden. Die Verschmutzung der Meßflüssigkeit bzw. das Filtrieren dieser Flüssigkeit und auch die große Totzeit der Regelstrecken haben in der rauhen Umgebung einer Vorbehandlungsstraße bisher den erfolgreichen Dauereinsatz verhindert. Die Dichtebestimmung der Flotte durch Messung der Auftriebskraft ist nur für extrem hohe Konzentrationen einsetzbar.

Das Aufrechterhalten einer vorgegebenen Chemikalienkonzentration beim Naß-in-Naß-Imprägnieren durch die Steuerung der Nachsatzverstärkung ist besonders schwierig.

Obwohl es bisher keine brauchbaren Meßsysteme gibt, scheint eine automatische Nachsatzdosierung in Abhängigkeit von der Geschwindigkeit, des Warengewichtes und beim Naß-in-Naß-Prozeß des Abquetscheffektes eine große Verbesserung gegenüber der Rotameter-Handeinstellung zu sein. Die genannten Abhängigkeiten müssen allerdings empirisch ermittelt werden, weil kaum ein proportionaler Zusammenhang besteht.

1.1.2   Steuerung des Waschvorganges

Da die Waschwirkung eines Waschmittels vom pH-Wert der Waschflotte abhängt, wird üblicherweise nach diskontinuierlicher Titration z.B. der Natronlauge über den Nachsatz dieser Natronlauge auch der Nachsatz des Waschmittels gesteuert, weil Waschmittel und Natronlauge in einem konstanten Verhältnis in einer Nachsatzflotte angesetzt sind.

Eine getrennte Nachsatzdosierung zur Konstanthaltung der Konzentration
der waschaktiven Substanz einerseits und des pH-Wertes andererseits
scheitert, weil es bisher keine brauchbare Meßmethode zur Konzentrationsmessung der Detergentien und/oder des Anteils der Dispersion der Schmutz-
teilchen in der Waschflotte gibt.

1.1.3 pH-Wert des Gewebes

Nach den Waschprozessen, aber noch viel wichtiger, nach der Mercerisation,
muß das Gewebe neutral bis schwach sauer eingestellt werden. Dazu wird
der pH-Wert oder die durch Titration ermittelte Säurenkonzentration zur
Regulierung des Säurennachsatzes benutzt. Wünschenswert ist aber eine,
wenn auch indirekte, kontinuierlich arbeitende Meßmethode, mit deren Hilfe
man auf den pH-Wert des Gewebes schließen kann.

1.1.4 Saugfähigkeit des Gewebes

Für einen nachfolgenden kontinuierlichen Färbeprozeß ist eine gleichmäßige
Netzfähigkeit des Gewebes von Anfang bis Ende und über die Breite eine
wichtige Voraussetzung für einen reproduzierbaren Farbausfall. Üblich sind
stichprobenartige Überprüfungen der Wiederbenetzbarkeit z.B. durch die
Steighöhenmethode oder aber auch eine Überprüfung des Abquetscheffektes
über die Breite des vorbehandelten Gewebes im Labor. Solche Überprüfungen
sollen Fehler in der Vorbehandlung aufzeigen und z.B. durch einen zusätzlichen Waschprozeß eine Vergleichmäßigung der Netzfähigkeit bewirken. Eine
repräsentative Probenentnahme und anschließende Überprüfung des Abquetscheffektes über die Breite der Gewebebahn im Labor ist zwar sehr nützlich,
aber auch zeitaufwendig und stört außerdem den Produktionsablauf. Hier
fehlt ein kontinuierlich arbeitendes Meßverfahren.

1.1.5 Weißgradmessung

Die Messung des Weißgrades durch Remissionsmessung von Gewebeproben ist für die Beurteilung des Bleichprozesses und einer eventuellen Korrektur zur Zeit die einzige Hilfe.

Eine kontinuierliche Messung an der laufenden Gewebebahn und die Möglichkeiten einer automatischen Steuerung des Bleichprozesses sollten untersucht werden.

1.2 Probleme beim Färben

Weil nach dem Färbeprozeß zumindest im Vergleich zum Halbfertigmuster (d.h. ohne Appreturumschläge) alle Fehler (Nuance, Egalität, Warenbild) sichtbar werden, ohne gleich die Ursachen zu erkennen, wurde die Messung und Regelung vieler wichtiger Prozeßparameter dieser Veredlungsstufe bereits erfolgreich eingeführt.

Positive Beispiele sind die Automatisierung der Farbküche, der Flottenauftrag über die Gewebebreite, die Regelung der Vortrocknerleistung, die Anpassung der Trocknungsleistung bzw. -geschwindigkeit, das Konstanthalten der Thermosoliertemperatur und -zeit, die Temperaturkonstanz und Luftfreiheit im Dämpfer.

Es bestehen aber noch zahlreiche ungelöste Probleme, wie die kontrollierte beidseitige Heißluftbeblasung des Farbstoffklotzes in der Hotflue, die Messung und Regelung der Chemikalienkonzentration beim Pad-Steam-Verfahren (vgl. 1.1.1 und 1.1.2) und die Farbmessung an der laufenden Warenbahn über die Breite sowie im Vergleich zur Farbvorlage und auch der Zusammenhang zwischen diesen Remissionsmessungen am getrockneten Pigmentklotz und an der entwickelten bzw. fixierten Färbung.

1.3 Probleme bei der Hochveredlung

Wie schon bei der Vorbehandlung und beim Färben beschrieben, ist auch beim Naß-in-Naß-Imprägnieren die kontinuierliche Konzentrationsmessung der Imprägnierflotte und eine korrekte Nachsatzdosierung bzw. Nachsatzverstärkung bisher nicht befriedigend gelöst.

Meßeinrichtungen als Voraussetzungen für eine automatische Prozeßführung in der mechanischen Appretur (z.B. das Messen des Chintzablaufes zur Regelung des Kalanderdruckes oder die Messung des Rauh- und Schmirgeleffektes zur Regelung der Geschwindigkeit oder der Warenspannung) fehlen, weil wegen der geringen Kosten für die Reparatur der fehlerhaften Ware im Vergleich zu den Reparaturkosten von Fehlfärbungen die Investitionsbereitschaft der Textilindustrie viel zu gering ist.

2. Unterschiedliche Rohwareneigenschaften

Der Textilveredler hat oft keinen Einfluß auf rohstoffbedingte Affinitätsunterschiede, auf optische Effekte unterschiedlicher Spinnpartien, auf Einflüsse verschiedener Webstuhltypen und auf Fadendichteunterschiede über die Breite und von Webstück zu Webstück.

Durch solche Rohwarenunterschiede können auch Fehlpartien entstehen, obwohl die Prozesse Vorbehandlung und Färbung unter konstanten und an sich optimalen Bedingungen durchgeführt wurden. Solche Mißerfolge dürfen nicht als Argumente gegen die Einführung und Durchsetzung der Meß- und Regeltechnik sowie der Automatisierung im Textilveredlungsbetrieb akzeptiert werden.

Wenn über das Messen und Regeln der Prozeßparameter hinaus immer mehr Textilgutparameter (z.B. Flächengewicht und Flottenaufnahme) beim Veredeln gemessen werden, kann man auch die Ursachen solcher verborgenen Fehler aufdecken.

Die meisten dieser angesprochenen rohwarenspezifischen Einflußgrößen sollten vorab im Labor bestimmt und bestenfalls zur Abänderung der Veredlungsprozeßführung genutzt, zumindest aber durch die frühzeitige Aufdeckung solcher Textilgutunterschiede bei der Disposition (Dessineinteilung oder Zusammenstellung von Serien gleicher Farbe) berücksichtigt werden.

3. **Lohnt es sich zu investieren ?**

Die Anschaffung einer Fixierautomatik am Spannrahmen bringt neben reproduzierbaren Fixierbedingungen, die indirekt auch zur Qualitätsverbesserung führen, augenscheinlich eine erhebliche Geschwindigkeitssteigerung. Die Automatisierung in einer Farbküche ist neben der Reduzierung von Wiegefehlern mit Personaleinsparung verbunden. In solchen Fällen sind die Amortisationszeiten leicht auszurechnen und damit die Investitionen gut zu begründen.

Die Nutzung der Meßtechnik, z.B. für eine Verbesserung der Reproduzierbarkeit der Vorbehandlung, hat ganz sicher einen positiven Einfluß auf die Reduzierung der Nachbehandlungskosten. Neben dieser qualitativen Aussage ist eine quantitative Vorhersage der Kostenersparnis schon deshalb nicht möglich, weil vorher der verursachende Anteil der vorbehandlungsbedingten Fehlpartien nicht zu ermitteln ist.

In solchen Fällen hilft nur die Überzeugung, daß die Einführung der Meß- und Regeltechnik für die Produktionskontrolle und Qualitätssicherung auf lange Sicht nur Vorteile bringen kann.

4. **Fehlende Koordination**

Ein Textilbetrieb, der heute eine Vorbehandlungsstraße, bestehend aus Abkoch-, Bleich- und Trockenanlage, oder eine Färbestraße, bestehend aus Thermosol- und Pad-Steam-Anlage, kaufen will, wird keinen Maschinenhersteller finden, der ein Paket mit Meßeinrichtungen für die wichtigsten Prozeßparameter und ein Konzept für eine computergeführte Prozeßsteuerung anbieten kann.

Zugegeben, beim Spannrahmen oder HT-Ausziehfärbeapparat sieht es anders aus.

Den Meßgeräteherstellern fehlt in der Regel die Kenntnis der Probleme der Veredlungsverfahren und bei den Textilmaschinen.

Die Innovationen aus den anwendungstechnischen Abteilungen der chemischen Industrie nehmen mit dem Personalabbau zwangsläufig ab.

Die Forschungsinstitute produzieren verwertbare Ideen, aber betreiben keine praxisgerechte, auf die Bedingungen der Textilveredlungsproduktion ausgerichtete Einführung von Meßmethoden bzw. Entwicklung von Meßgeräten.

In der Textilindustrie sind die Entwicklungslabors und maschinentechnischen Abteilungen mit dem Lösen der Alltagsprobleme vollauf beschäftigt.

Generell fehlt eine Institution, die das Know-how von Meßgeräteherstellern, Maschinenbauern, Textilveredlern, der chemischen Industrie und den Forschungseinrichtungen koordiniert.

5. Personalsituation in den Textilveredlungsbetrieben

Für die weitere Anwendung neuer Meßmethoden und -geräte sowie der notwendigen computergeführten Prozeßsteuerung müssen in den Textilbetrieben die personellen Voraussetzungen verbessert werden.

Meß- und Regeltechniker bzw. -ingenieure sollten zur Einführung, Optimierung und vor allem für die Wartung neuer Meß- und Regeleinrichtungen selbstverständlich sein.

Wo gibt es Textilingenieure mit guten und speziell auf Veredlungsprozesse ausgerichteten Kenntnissen auf dem Gebiet der Meß- und Regeltechnik und der Prozeßsteuerung? Diese Frage richtet sich insbesondere an die Fachhochschulen.

Das Management der Textilveredlungsbetriebe hat die Aufgabe, allen Mitarbeitern das Mißtrauen oder gar die Angst vor neuen Meßgeräten und vor Computern zu nehmen. Die in den meisten Fällen recht hohen Investitionen sind nur dann sinnvoll, wenn die gesamte Belegschaft des Textilveredlungsbetriebes von den Vorteilen dieser neuen Produktionsweise überzeugt werden kann und wenn alle Mitarbeiter bei der Überwindung der Schwierigkeiten, die beim Einführen solcher Systeme unvermeidlich sind, mithelfen.

Eine Produktion mit weniger Fehlware und mit besserer Qualität ist das wichtigste Ziel der Einführung der Prozeßsteuerung, wofür wiederum die Messung der Prozeßparameter die Voraussetzung ist. Natürlich wird dabei auch die Produktionsleistung gesteigert, schon alleine dadurch, daß weniger Reparanten auch weniger Produktionskapazität blockieren. Es werden selbstverständlich auch manuelle Arbeiten überflüssig.

Für den Maschinenführer wird seine mit Meßgeräten erweiterte Maschine nicht nur komplizierter, sondern seine verantwortungsvollere Aufgabe macht den Arbeitsplatz auch interessanter. Bei gut erarbeiteten Sollwertvorgaben für die Meß- und Regeleinrichtungen oder den computergeführten Prozeß wird für den einzelnen Mitarbeiter die Gefahr wesentlich geringer, durch Fehlverhalten Schaden anzurichten. Er hat sogar wieder Zeit, auf Flecke und Falten zu achten.

mo.

Vom Meßwert zum computergeführten Veredlungsprozeß

W. Rüttiger
BASF Aktiengesellschaft
D-6700 Ludwigshafen

1. <u>Die Bedeutung von Meßwerten für die Prozeßführung in der Textilveredlung</u>

● **Anzeigegeräte an Veredlungsanlagen, was sie zeigen sollten.**

Insgesamt gesehen sind die Maschinenaggregate in der Veredlungsindustrie gut mit Meßinstrumenten ausgestattet. Zumindest könnte eine Prüfung durch das Institut Warentest eine Note zwischen befriedigend und sehr gut ergeben. Der Maschinenführer muß seine Anlage nicht mehr nach Gefühl fahren (Abb. 1). Ist das aber wirklich ein Fortschritt?

Früher hatte der Maschinenführer noch Zeit, an der Anlage zu stehen. Über Auge und Ohr bekam er Rückmeldungen von der Ware und von der Anlage, die er aufgrund seiner Erfahrung (die gab es wirklich) für eine annähernd optimale Steuerung verwerten konnte. Heute hat er seine Meßinstrumente. Er erkennt im Vorbeigehen, daß der Wasserverbrauch auf 4,8 m^3/Std. richtig eingestellt ist; ob er aber bei den voll verkleideten Anlagen noch bemerkt, daß die Ware momentan gar nicht läuft, könnte schon fast fraglich werden.

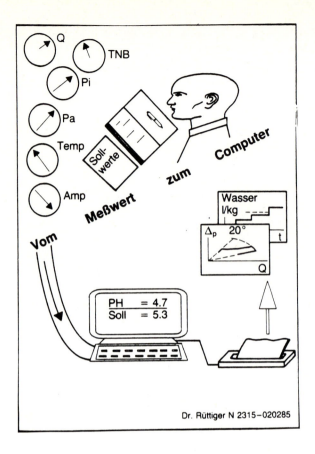

Abb. 1:   Meßwerte und ihre Auswertung.

In sehr vielen Fällen wurden Meßgeräte installiert, ohne die dazugehörigen Leuchtfelder für die Sollwerte. Es gibt dafür positiv zu vertretende Ausnahmen: Das Zeigerinstrument mit zwei Aufklebern oder am Spannrahmen die Trocknungsanzeigen mit -|normal|+ . Im Fall des Zeigerinstruments muß man noch wissen, daß der gelbe Aufkleber für die leichte und der rote für die schwere Ware gilt, was relativ leicht zu merken ist. Bei der Trocknung wird der Sollwert nicht mehr groß und deutlich gemeldet. Eine Umstellung auf einen speziellen Artikel zu Beginn der Schicht birgt die Gefahr, daß sie über die ganze Schicht erhalten bleibt, auch wenn schon kurz danach wieder Standardware gefahren wird, die deutlich andere Einstellungen verlangt (Abb. 2).

Diese Hinweise mögen Verständnis wecken für die Behauptung:

Ein Meßwert ohne Sollwert ist nur ein halber Wert.

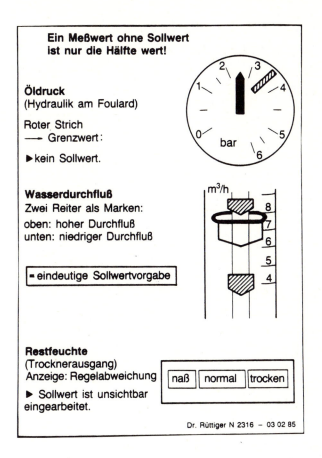

Abb. 2: Meßwerte und Sollwertvorgabe.

Grundsätzlich sollte dies ja kein Problem sein, da der Schichtführer alle Sollwerte im Kopf hat und zusätzlich noch die wesentlichsten auf der Laufkarte vermerkt sind. Da aber fast überall der Termin im Vordergrund steht, kommt das Auswerten der Meßwerte meist zu kurz. Verfahren werden gerne so eingestellt, daß sie "gepuffert" laufen, d.h., daß die Meßwerte über eine deutliche Bandbreite pendeln können, ohne daß das Endergebnis wesentlich beeinflußt wird.

In diesem Zusammenhang muß man auch die Tatsache sehen, daß bei Neuinvestitionen die Preisverhandlungen so weit im Vordergrund stehen, daß der Maschinenhersteller die Anlage "abspecken" muß. Das kann man natürlich am einfachsten an der Instrumentierung.

- **Der zur Verfügung stehende Meßgerätepark**

Für diese Diskussion ist es nützlich, den üblicherweise vorhandenen "Meßgerätepark" aufzulisten [1]: siehe Tabelle 1 und 2.

Tabelle 1: Meßgeräte für die Apparatefärbung

Meßgröße	üblicher Sensor	Maßeinheit
● Temperatur Färbebehälter	Temperaturfühler	°C
● Temperatur Nebenbehälter	Temperaturfühler	°C
o Stromaufnahme Pumpe	Amperemeter	A
● Druck, außen	Manometer	bar
o Druck, innen	Manometer	bar
o Füllstand Färbebehälter	Niveausonde	auf/zu
o Füllstand Nebenbehälter	Niveausonde	auf/zu
o Warenlaufgeschwindigkeit	Tachogeber	m/min
o Spülwassermenge	Wasseruhr	m^3
o Differenzdruck	Δp-Manometer	bar
● Grundausstattung	o häufig in der Erstausstattung	

Tabelle 2: Häufige Meßgeräte für die Continuefärbung

Meßgröße	üblicher Sensor	Maßeinheit
• Warenlaufgeschwindigkeit	Tachogeber	m/min
• Füllung, Farbflottentrog	Niveausonde	auf/zu
• Füllung, Chemikalientrog	Niveausonde	auf/zu
• Quetschdruck am Foulard (eventuell Kante-Mitte-Kante)	Manometer	bar
• Lufttemperatur in der Hotflue (meist mehrere Stellen)	Ausdehnungsthermometer	°C
• Lufttemperatur im Thermosolaggregat (eventuell mehrere Stellen)	Ausdehnungsthermometer	°C
o Dampffüllung im Dämpfer	speziell angeordneter Temperaturfühler	(°C) auf/zu
o Luftgehalt im Dämpfer		
o Temperatur im Wasserschloß		
o "Küpenstand" (Reduktionsvermögen)	Küpen-Indikatorpapier	Farbumschlag
• Zulauf Kaltwasser	Rotameter	m^3/Std.
• Zulauf Heißwasser	Rotameter	m^3/Std.
o Längszugspannung der Ware	Auslenkung der Tänzerwalze	Skt
o Zulauf von Oxidationsmitteln	Rotameter	l/min
o Zulauf von Seifhilfsmitteln	Rotameter	l/min
o Zulauf von Säure	Rotameter	l/min
o Stromaufnahme Antriebs- oder Ventilator-Motoren	Amperemeter	Amp
• Grundausstattung	o häufig in der Erstausstattung	

Diese Aufstellungen zeigen, daß die normale Instrumentierung weit eher den Stand der Technik um die Jahrhundertwende repräsentiert als den des Raumfahrtzeitalters. Damit erheben sich automatisch einige Fragen:

1. Erfüllen diese Meßgeräte die gestellte Aufgabe?
2. Gibt es überhaupt Meßfühler für die interessierenden Prozeßgrößen?
3. Sind die modernen Meßfühler für die Textilveredlung tauglich?

4. Sind unsere Anlagen mit Meßgeräten schon überbestückt, eventuell als dekoratives Beiwerk, das preisgünstig ist?

Obwohl man beim heutigen Stand der Forschung und Nutzwertanalysen diese Fragen nur unzureichend beantworten kann, sollen im folgenden doch wenigstens Teilaussagen gebracht werden.

● **Aufgaben der Meßgeräte**

Die Meßgeräte sollen im Idealfall Informationen über den Veredlungsprozeß liefern, d.h. über das Textilgut und seine Zustände sowie über das Behandlungsmedium. Sie sollten in der Lage sein, das intuitive Erfassen in früherer Zeit durch übertragbare Zahlenwerte zu ersetzen. Das bedeutet auch, daß **eine** interessierende Prozeßgröße nicht über die Instrumentierung in ein Bündel von Teilgrößen zerlegt wird, die nicht in einfacher Weise zur gesuchten Größe verknüpft werden können. In Abb. 3 sind wohl die wichtigsten Aspekte zusammengefaßt.

Veranschaulichen wir uns das an konkreten Beispielen. Bei der Kontinuefärbung (Tabelle 2) stand an erster Stelle die Warenlaufgeschwindigkeit. Sagt diese Größe das über den Färbeprozeß aus, was wir wissen wollen? Die Antwort ist eindeutig: "nein". Die verfahrenstechnischen Größen, die für uns von Interesse sind, sind doch die Verweil- oder Behandlungszeiten in den einzelnen Prozeßstufen, wie

- die Tauchzeit im Trog (Netzen, Entlüften, Penetrieren),
- die Antrocknungszeit im IR-Schacht (Migrations- und Durchfärbeanteil),
- die Resttrocknungszeit in der Hotflue (Migration, Rissigkeit),
- die Thermosolierzeit,
- die Dämpfzeit (Küpe, Reaktiv),
- die Seifzeit.

Diese Zeiten sind streng genommen auch noch keine direkten Veredlungsgrößen, sie stehen aber dem Veredlungsergebnis deutlich näher als die Warenlaufgeschwindigkeit.

Ähnliches sehen wir bei der Apparatefärbung. Die Temperatur der Flotte ist die leicht zugängliche Meßgröße, sie sagt aber doch, wenn überhaupt, dann nur sehr indirekt etwas über den Verlauf des Aufziehens der Farbstoffe aus. Hier wäre die Messung der Farbstoffkonzentration auf der Ware und der aktuellen Unegalität die Wunschgröße.

```
Meßwerte sollen

→  direkte Informationen über den
   Veredlungsprozeß liefern,

   also    über das Textilgut
           über die Textilchemie
           über das Aggregat

→  nur notfalls indirekte Informationen geben,

   also nicht nur Warenlaufgeschwindigkeit,

   sondern auch  Tauchzeit (Trog)
                 Austrockenzeit (IR-Schacht)
                 Resttrockenzeit (Hotflue)
                 Thermosolierzeit
                 Dämpfzeit
                 Seifzeit usw.

   und dazu: Durchsatz an Textilgut in kg/min

→  aber nicht über ein Voltmeter anzeigen,
   daß das Kesselhaus noch existiert.

                           Dr. Rüttiger N 2319 – 03.02.85
```

Abb. 3:   Meßwerte müssen Aufgaben erfüllen.

Die normalerweise installierten Meßgeräte erfüllen sicher nur zu einem Bruchteil die vernünftigerweise zu stellenden Aufgaben. Sie verkörpern eine Tradition, die seinerzeit nicht schlecht war, die aber weitergeführt werden muß.

• Die Bedeutungsanalyse für Meßfühler fehlt noch!

Gibt es heute schon die wünschenswerten Meßfühler? Um eine wissenschaftlich fundierte Antwort zu geben, müßte man die Liste der Wunschgrößen einigermaßen vollständig erarbeiten, dann etwa 3 - 5 Bedeutungs- oder Prioritätsklassen bilden und prüfen, in welcher Güte und mit welchem Aufwand die obersten Klassen abzudecken sind. Diese Entwicklungsarbeit ist bisher noch nicht erfolgt. Man kann natürlich auf eine so gewichtige Frage einige singuläre Antworten geben. Mit diesen kann dann überlegt werden, ob es richtiger ist, prinzipiell neue Sensoren zu entwickeln, oder ob es schneller zum Ziel führt, bekannte Sensoren aus anderen Gebieten auf die Textilveredlung zu übertragen. Um die Wartezeit abzukürzen, bis hier die ersten Ergebnisse kommen, ist in Abb. 4 erst einmal eine ganz vordergründige Checkliste angegeben, die in vielen Fällen zu einer guten Entscheidung verhilft.

Kriterien für den Kauf von Meßfühlern:

- Hilft der Meßwert direkt Retouren zu verringern?
- Ist das Meßgerät billig?
- Trägt Meßwert dazu bei, mehr Produktion zu fahren?
- Kann man über den Meßwert billiger produzieren?
- Kann ein Meßwert Bedienungsaufwand erniedrigen?
- Ist der Wartungsaufwand für das Gerät niedrig?
- Bringt die Verbesserung durch das Meßgerät deutlich mehr Geld, als für die Installation auszugeben ist?

Eine Prüfung der Kriterien, ob sie an sich sinnvoll sind, und der Meßfühler, wie weit sie die Kriterien erfüllen fehlt noch.

Regel des DOD in USA (größter Einkäufer der Welt):

- Überlege, welche Meßgröße dir wirklich etwas bringt. Dann kaufe dafür das beste Gerät, das der Markt hat.
- Bestes Gerät: erfaßt gesuchte Größe am direktesten, zeigt verläßlich an, ist wartungsfreundlich.

Dr. Rüttiger N 2320 – 03.02.85

<u>Abb. 4</u>:   Bedeutungsanalyse für Meßfühler fehlt noch.

● Ein Wunschmeßfühler im Bereich der Continuefärbung

Bei der Continuefärbung wünscht man sich den Sensor für den Farbstoffauftrag, d.h. für die Menge Farbstoff pro kg (trockenes) Textilgut. Hierfür ist mir weder ein bestehender Fühler noch ein möglicherweise wirksames Sensorprinzip bekannt. Ersatzweise geht man davon aus, daß die Farbstoffkonzentration in der Flotte örtlich und zeitlich konstant ist, was man auch grundsätzlich (in bestimmten Fällen) messen kann. Wenn man von der konstanten Farbflotte ausgehen kann, dann ist der Flottenauftrag auf die Ware ein gutes Maß für die Farbstoffbeladung. Zu beachten ist dabei aber, daß die Ware z.B. bei Bw 4 - 10 % Feuchte enthalten kann. Schwankt dieser Wert, dann wird auch die Messung des Flottenauftrages fehlerhaft, nicht sehr stark, aber bei sensiblen Färbungen gerade ausreichend für fehlerhafte Ware. In dieser Fallstudie fehlt also ganz eindeutig der wünschenswerte Sensor. Er läßt sich jedoch durch andere Größen, sozusagen einkreisend substituieren:

1. Farbstoff und Hilfsmittelkonzentration in der Klotzflotte (Kante/Mitte/Kante).
2. Lokale Beladung der Ware mit Flotte (bezogen auf deren Trockengewicht vor der Beladung, nicht auf das Laufkartengewicht).
3. Lokale Restfeuchte der in die Flotte einlaufenden Ware und der Austauschkoeffizient Wasser/Produkt.

Man erkennt, daß hier die nicht direkt meßbare gewünschte Größe: Farbstoffbeladung durch eine Gruppe von Meßgrößen ersetzt werden muß, die heute im Prinzip gehandhabt werden können, die aber doch recht aufwendige Messungen bedingen (der Austauschkoeffizient ist dabei ebenfalls nicht direkt meßbar, da er aber nur als Korrekturgröße eingeht, kann er als interpolierter Wert aus Reihenversuchen eingesetzt werden) (Abb. 5).

Bevor man einen solchen Meßaufwand für eine Prozeßstufe eingeht, sollte man natürlich prüfen, ob hier nicht eine zu vordergründige Forderung an die Meßtechnik gestellt wurde. Grundsätzlich sollte es genügen, wenn man am Ende eines Färbeprozesses den Farbausfall mißt und danach die Station mit der höchsten Einwirkung auf den Prozeß; Farbflotte und Farbflottenauftrag korrigiert. Die Farbmessung am Auslauf einer Färbeanlage mit Trockner ist Stand der Technik. Seit etwa 20 Jahren gibt es Geräte, die über die Breite der Ware (hin- und herfahrend oder 3 - 5 Meßköpfe) die Remission der Farbware messen und Abweichungen von der Vorlage anzeigen.

Hier liegt die Problematik weniger beim Meßfühler als beim regelungstechnischen Zeitverhalten. Die Messung erfolgt etwa 30 - 100 m nach dem Farbauftrag. Die Regelungsstrecke hat damit eine hohe Totzeit, d.h. korrigierende Eingriffe in den Farbauftrag bedingen den Durchlauf größerer Metragen, bis die veränderte Stelle der Ware am Meßkopf ankommt.

Man erkennt, daß jede Strategie für sich erhebliche Nachteile hat und daß letztendlich bei den heutigen Sensormöglichkeiten nur die Anwendung beider Strategien gemeinsam unseren Wunschvorstellungen entgegenkommt.

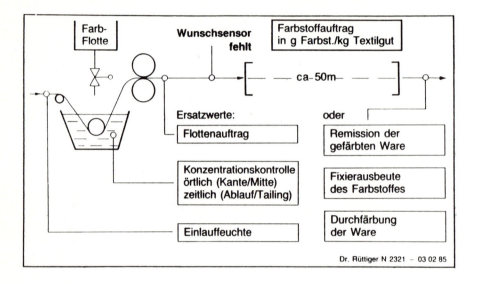

Abb. 5: Ein Sensor für den Farbstoffauftrag bei der Continuefärbung, Wunsch-Nr. 1.

- **Diskussion eines Wunschmeßfühlers für die Apparatefärbung**

Auch für die Apparatefärbung sei diese Studie gebracht. Wir benötigen die aktuelle visuelle Farbtiefe des Textilguts während des Aufbaues der Färbung einmal, um den Endausfall der Nuance hochrechnen zu können (Substratunterschiede) und um zu erkennen, ob die Partie zur Unegalität neigt, damit gegengesteuert werden kann. Für diese Größe ist mir z.Z. noch kein geeigneter Fühler bekannt. Mit etwas Phantasie kann man sich vorstellen, daß man über Glasfaser-Sonden verfügt, die in die Wickelkörper eingesteckt werden und über die man die Remission und damit den Farbaufbau der Ware verfolgen kann. Auch bei Färbemaschinen mit umlaufender Warenbahn wäre es vorstellbar, die Ware an einem Fenster vorbeizufahren, an dem

eine Remissionsmessung erfolgt. Hier wäre zunächst aber das Problem der
Auswertung von Remissionsmessungen an nasser Ware, die sich nicht in klarem Wasser, sondern in einer das Licht teilweise absorbierenden Farbflotte
befindet. Eine weitere Schwierigkeit besteht darin, daß die Remissionsmessung die oberflächliche Farbstoffanlagerung deutlich stärker erfaßt
als die Farbstoffanteile in den Fasern. Dies ist aber offensichtlich ein
grundsätzliches Problem des Apparatefärbers, das über Know how und entsprechendem Vorhalt gelöst werden kann. Auch hier kann man festhalten,
es fehlt der technisch brauchbare Sensor, ein offensichtlich taugliches
Sensor**prinzip** ist bekannt (Abb. 6).

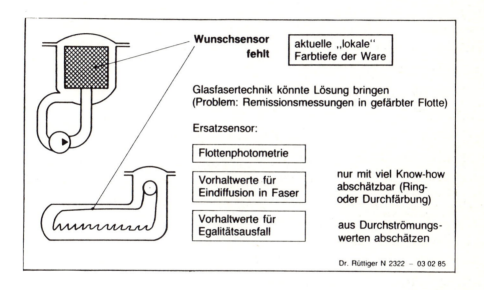

Abb. 6: Ein Meßfühler für die aktuelle Farbtiefe der Ware im Apparat
- Wunsch Nr. 2.

Was bietet sich hier als Übergangslösung, also als substituierende Sonde
an? Für das Problem, die Nuance zu kontrollieren, bietet sich die Flottenphotometrie an. In vielen Fällen sollte sie in der Lage sein, über die
Konzentration der einzelnen Restfarbstoffe zu melden, ob man mit der korrekten Farbtiefe rechnen kann und ob ein Farbstoff selektiv zurückgehalten
wurde, also, ob man mit einer Tonverschiebung rechnen muß. Der visuelle
Eindruck einer Färbung wird aber nicht nur von der Menge an aufgezogenem
Farbstoff, sondern bekanntermaßen auch von der Durchfärbung bestimmt.
Diese Korrektur müßte dann aus Erfahrungswerten hochgerechnet und der

Flottenphotometrie überlagert werden. Der Teilaspekt Farbtiefe und Farbton ist aber nicht ausreichend. Es muß auch noch die Egalität der Partie gewährleistet sein. Hierzu liefert uns die Messung der Farbstoffkonzentration in der Flotte keine direkt brauchbare Information.

Aufgrund der gesetzmäßigen Zusammenhänge zwischen der Aufziehgeschwindigkeit (signifikante Färbegeschwindigkeit) und dem Unegalitätsrisiko [2] besteht die indirekte Möglichkeit, über die Flottenphotometrie eine Aufziehkurve zu bilden, daraus die signifikante Färbegeschwindigkeit zu berechnen und frühzeitig Maßnahmen gegen eine Unegalität einzuleiten. Wesentliche Voraussetzung dafür ist aber, daß das "betriebsseitige System", das ist der Färbeapparat mit seiner Flottenzirkulationseinstellung und das Textilgut in seiner jeweiligen Standard-Aufmachung, konstant bleibt. Während die Flottenzirkulation über Durchflußmessung oder stellvertretend über Pumpendrehzahl, Differenzdruck sowie Bypass und Drosseleinstellung noch relativ gut erfaßt werden kann [3], fehlt eine Information über eine eventuelle Deformation der Textilgutwickel während der Färbung noch vollständig.

Eine Reihe eigener Untersuchungen in Zusammenarbeit mit einem renomierten Hersteller von Färbeapparaten haben gezeigt, daß man bei einem direkt gemessenen (und auf Konstanz geregelten) Flottendurchsatz bei bekannter Flottenzusammensetzung den Durchströmungswiderstand des Textilgutes erfassen kann. Damit läßt sich einerseits die Reproduzierbarkeit der Wickelpackung "messen" und andererseits die durch den Flottendruck bedingte Aufweitung bis hin zum Kanal und die thermo- oder turgomechanisch bedingte Kontraktion der Wickel verfolgen.

Die analoge Diskussion der Ablagefärbeaggregate mit dem Problem der Faltenbildung und deren "Vorabmessung" [4] bedarf noch weiterer Entwicklungsarbeit, so daß hier nicht darauf eingegangen wird.

Insgesamt gesehen zeigen sich für die Apparatefärbung Ansätze, um die Wunschgröße substituierend einkreisend zu messen. Keine der hier angeschnittenen Möglichkeiten kann uns jedoch weiterhelfen, wenn es sich um ein unterschiedlich anfärbendes Fasermaterial in einer Partie handelt. Hier ist die Meßtechnik sicher noch auf lange Zeit überfordert, so daß man sich von der SENSORIK zur Chemie wenden muß, um über nivellierende Färbereihilfsmittel mit Vorhalt Substratfehler zu vermeiden.

• Sensoren aus anderen Industriezweigen textilgerecht abwandeln

Verfügt die Meßtechnik über Sensorprinzipien, die lediglich für die Textilveredlung adaptiert werden müßten?

> **Sensortechnik:**
>
> **Widerstandstemperaturfühler (Pt 100)**
>
> für folgende textile Prozeßgrößen:
> Flottentemperatur, Trocknertemperatur,
> Luftfeuchte (Feuchtthermometer), Dampffüllung,
> Luftgehalt im Küpendämpfer,
> Strömungswächter, Übergangspunkt: Trocknung-
> Thermofixierung,Ablufttemperatur ......
>
> **Textile Prozeßgröße:**
>
> **Flotten-Niveau, Füllstand**
>
> Sensoren für die Größe:
> Schwimmer, mit Kippschalter oder Magnet und
> Kontakt; Kapazitiver Näherungsschalter;
> Leitfähigkeitsmeßzelle; Lufteinperlung und
> -druckmessung;
> Flüssigkeitsdruckmessung (Druckhöhe) ......
>
> **Textile Prozeßgrößen – mit verschiedenen Sensoren erfaßbar**
>
> **Veredlungs-**   Welcher Sensor ist geeignet?
> **technik:**
> **Sensortechnik:** Wichtig für Montage und Anschluß.
>
> Dr. Rüttiger N 2323 170285

Abb. 7: Textile Prozeßgrößen sind das Ziel, nicht die Sensortechnik.

Diese Fragestellung verheißt recht interessante Fortschritte. Es muß sich aber jemand finden, sie zu beantworten. Die Entwicklung in der Textilveredlung hat normalerweise konkrete textilchemische oder veredlungstechnische Aufgaben, aus denen sich keine Antwort zur obigen Frage ableiten läßt. Für die Veredlungstechnik steht die zu messende Größe weit im Vordergrund, mit welcher Sensortechnologie sie realisiert wird, ist demgegenüber fast nebensächlich. Tabelle 3 zeigt einige Beispiele.

Tabelle 3: Textile Meßgrößen und Sensortypen, die diese Größen liefern.

Meßgröße	Sensortechnik
Temperatur, Flote	Thermoelement, Platindrahtwiderstand (Pt 100), Kapillare mit einer sich ausdehnenden Flüssigkeit, NTC-Widerstand, temperaturempfindliche Halbleiter ...
Restfeuchte, Textilgut (nach dem Trockner)	Elektrische Leitfähigkeit, Infrarotabsorption oder -Remission, Empfänger für die Wärmestrahlung des heißen Textilgutes, Flächengewichtsmessung, Kapazitätsänderungen, Änderungen der Lufttemperatur im Trockner ...
Flotten-Niveau (Füllstand)	Schwimmer, neigend mit Kippschalter. Schwimmer mit Magnet und Kontakt. Kapazitiver Näherungsschalter, Leitfähigkeitssonde, Lufteinperlung und Luftdruckmessung, Flüssigkeitsdruckmessung (Wassersäule)...

Selbstverständlich ist die Natur des Sensors nicht ganz nebensächlich. Eine vorgegebene Aufgabe kann mit einem bestimmten Sensor sicher verläßlicher oder billiger gelöst werden, als mit einem anderen Sensortyp, etwa vergleichbar einer Färbung auf Baumwolle, die man mit Küpen- oder auch mit Reaktivfarbstoffen zufriedenstellend, wenn auch mit gewissen typischen Unterschieden, ausführen kann. Hinzu kommt, daß der Betriebselektriker mit einer Art von Sensoren (Meßfühlern) gut vertraut ist und gut umgehen kann, während der korrekte Einbau und Anschluß bei anderen Arten zu Problemen führt (Abb. 7).

Eine verläßliche Antwort auf die Frage, ob genügend Sensoren vorhanden sind, die nur angepaßt werden müßten, kann hier nicht gegeben werden. Man kann aber davon ausgehen, daß die Gerätehersteller den Markt verfolgen und daß sie mit sehr hoher Wahrscheinlichkeit erkennen, welche Sensoren sich günstig für die Textilveredlung adaptieren lassen. Wenn man die Entwicklung bei der Auto- und Konsumelektronik aufmerksam verfolgt, wird man mit hoher Wahrscheinlichkeit die preiswerten und robusten Sensoren nicht aus dem Auge verlieren. Aber selbst wenn man glaubt, einen Trend zu erkennen, dann ist immer noch beachtlicher Entwicklungsaufwand erforderlich, um ein Sensorelement an unsere textilen Anforderungen bezüglich Temperatur-, Chemikalien- und Flusenbeständigkeit anzupassen.

- **Sind unsere Veredlungsaggregate mit Meßgeräten eventuell überbestückt?**

Bei der doch sicher nicht üppigen Ausstattung der Aggregate mit Meßgeräten ist dies schon fast eine abwegige Frage. Etwas umformuliert klingt sie positiver. Welche am Aggregat befindlichen Meßinstrumente würde ich lieber gegen andere Anzeigegeräte umtauschen? Auch hier kann noch keine allgemeine Antwort gegeben werden. Die Frage hat ja zunächst den Sinn, uns das Problem bewußter zu machen. Meßgeräte sollten weder Statussymbol sein noch Dekor einer Veredlungsanlage. Die Einschränkung, daß man an einer durch Instrumente aufgewerteten und dekorierten Anlage lieber und damit wirksamer arbeitet, sei der Objektivität halber angefügt.

Greifen wir wieder je ein Beispiel heraus.

An der Continue-Anlage gehe ich nur ganz selten an den Schaltschrank, um die Stromaufnahme der Antriebsmotoren an den Amperemetern abzulesen. Eine Anzeige, um wieviel Prozent meine Ware einspringt oder sich längt, wäre mir lieber, alternativ könnte am Verstellrad für die Breithalter am Wareneinlauf groß die jeweilige Warenbreite angezeigt werden.

Am Foulard könnte das Manometer eine andere Skala vertragen, die, anstatt einen irgendwo herrschenden Öl- oder Luftdruck anzuzeigen, nach dem Liniendruck in daN/cm (altmodisch kp/cm) skaliert sein sollte, wohl wissend, daß auch dieser Meßwert nur sehr bedingt eine übertragbare Größe darstellt.

Am Färbeapparat würde ich auf das Manometer für den Außendruck verzichten und mir statt dessen den Differenzdruck anzeigen lassen, und statt dem Manometer für den Innendruck würde ich mich voraussichtlich für die Anzeige des Flottenverhältnisses entscheiden. (Den an sich gewünschten Durchfluß anzuzeigen, wäre eine Größenordnung teurer!)

Diese Beispiele mögen vielleicht nicht allzu überzeugend klingen, denn die gewünschte Anzeige würde vermutlich doch etwas teurer ausfallen, als die statt dessen entfallende Anzeige. Sicher ist es aber eine Überlegung wert: welche Meßwerte möchte ich haben, auf welche könnte ich verzichten.

- **Einige Grundsätze zum Problemkreis: Sensoren - Meßwerte**

Dies bisherigen Betrachtungen lassen doch recht klar erkennen, daß heute und in der nächsten Zukunft nicht der Sensor im Vordergrund steht, sondern der Meßwert.

Die Frage nach dem "richtigen" Sensor tritt an Bedeutung zurück. Für viele Veredlungs-Meßgrößen gibt es Sensoren nach sehr unterschiedlichen Prinzipien, die die gestellte Meßaufgabe recht gut erfüllen. Unterschiede in der Beständigkeit gegen aggressive Medien, im Preis, im Wartungs- und Nachjustieraufwand und in der Störanfälligkeit (Flusen!) sind für den Veredlungsbetrieb doch erheblich wichtiger als das physikalische oder chemische Wirkungsprinzip. Hinzu kommt, daß diese Eigenschaften beim Kauf kaum erkennbar sind, also erst nach einer längeren Betriebserprobung festgestellt werden können.

Im Vordergrund muß die Suche nach dem "richtigen" Meßwert stehen. Interessanterweise braucht man hier nicht eine vertiefte Kenntnis der Meßtechnik und ihrer Grundlagen, als vielmehr die Kenntnis über die Wechselwirkung der einzelnen Größen im Veredlungsprozeß. Wenn man die für eine bestimmte Behandlung entscheidende Größe kennt, sie aber nur grob messen kann, dann kann man im allgemeinen besser und sicherer produzieren, als wenn man "aus Sicherheitsgründen" drei oder vier Größen mißt, deren Bedeutung für die anstehende Behandlung ungewiß ist.

Die "richtige" Meßgröße existiert nicht losgelöst, auch nicht als Position in einer Liste solcher Größen. Eigenartigerweise hängt die "richtige" Meßgröße von der menschlichen Einstellung zur Maschine oder besser, von der Einstellung zur Art der Verfahrensführung ab. Je nach der Strategie, die ich wähle, um einen Prozeß zu führen, sind einige Meßgrößen "richtig" und andere "falsch", wobei an der gleichen Anlage in einem anderen Betrieb bei einer anderen Strategie es umgekehrt sein kann.

Die starke menschliche Komponente kommt zunächst einmal daher, daß man einen Prozeß durch Steuern oder durch Regeln führen kann. Beide Arten des Vorgehens, gut ausgeführt, können zu einer optimalen Veredlung führen. Wird aber ein gleiches Ziel auf verschiedenen Wegen erreicht, dann sind unterwegs auch die Wegweiser, also unsere Meßgeräte, unterschiedlich.

Beim **Steuern** werden **Einflußgrößen** gemessen und eingestellt (zum Teil auch geregelt). Beim **Regeln** werden **Erfolgsgrößen** gemessen und dadurch konstant gehalten, daß man die Einflußgrößen nachstellt (ansteuert). Die Erfolgsgröße ist meist ein Veredlungseffekt am Textilgut, der mit dem Sollwert verglichen wird. Bei einer Abweichung wird solange (automatisch durch den Regler) am Prozeß "gedreht", bis der Veredlungseffekt den Sollwert wieder erreicht.

Zwei Beispiele mögen das veranschaulichen.

Beim Trocknen am Spannrahmen wird die Restfeuchte des Textilgutes gemessen (eine Erfolgsgröße) und danach die Warenlaufgeschwindigkeit eingestellt (nachreguliert). Es liegt ein Regelkreis: Trockner-Restfeuchte-Warenlaufgeschwindigkeit vor. Beim Trocknen eines Farbklotzes im Infrarotschacht möchte man vielfach unterschiedliche Tauchzeiten in der Flotte vermeiden, die Ware soll mit konstanter Geschwindigkeit laufen. Man stellt somit die Laufgeschwindigkeit (durch Messung kontrolliert) konstant ein und ebenso die Heizleistung (Vorgabe und Kontrolle der Anzahl einzuschaltender Stäbe) sowie den Quetschdruck (ebenfalls durch Messung kontrolliert) auf Erfahrungswerte ein und erreicht so ebenfalls eine gleichmäßige Produktion.

Für die Prozeßführung: Trocknen ist einmal das Messen der Restfeuchte "richtig", wenn man regelt, und zum anderen ist das Messen und Konstanthalten von Warenlaufgeschwindigkeit, Flottenmitnahme und Heizleistung "richtig".

Ähnliche Duplizitäten gibt es auch in der Apparatefärbung. Man kann den Farbstoffauszug, z.B. bei der Reaktivfärbung, durch entsprechende Salzzugaben steuern (ECOSAL-Verfahren mit Multi-Produkt-Injektion), wobei abgemessene Portionen an Salz dem Prozeß automatisch zugegeben werden. Man kann aber auch mit einer geeigneten Photometereinrichtung die Restkonzentration des Farbstoffes in der Flotte messen. Damit erhält man indirekt ein Maß für die Erfolgsgröße: Farbstoffaufzug. Über die bekannten Eingriffe, wie Temperaturführung oder Hilfsmittel- und Chemikalienzusatz, kann man den Farbstoffauszug den jeweils vorgegebenen Sollwerten anpassen, also eine Regelungsstrategie ausführen. Auch hier zeigen sich die Unterschiede: beim Steuern einer Badfärbung ist es "richtig", Zeiten, Temperaturen und Salzmenge abzumessen, beim Regeln ist es dagegen "richtig", die Restfarbstoffkonzentration zu messen.

Diese Analyse ist aber noch nicht ganz befriedigend, da man ja zunächst nicht wissen kann, ob man "richtig" regelt oder steuert. Die statistische Auswertung von einigermaßen einheitlichen Produktionen kann hier weiterhelfen, denn richtig angewendet zeigt sich, welche Maßnahmen der Prozeßführung Qualität oder Kosten zum Günstigen oder Ungünstigen hin beeinflussen. Ein anderer Weg ist die Prozeßvorausberechnung. Wenn man die zu erzielenden Größen treffsicher vorausberechnen kann, dann kann man ziemlich sicher sein, daß die Haupteinflußgrößen in der Formel erfaßt sind. Leider sind solche Formeln Mangelware. Man muß sie sich mühsam aus der Literatur zusammensuchen und dann noch an die Gültigkeitsbereiche der eigenen Produktion anpassen. Vielfach ist die mangelhafte Berechnungsformel nicht ein mathematisches Problem, sondern sie beruht auf ungenügender Kenntnis der veredlungstechnischen Zusammenhänge.

Sowohl für den Weg der statistischen Auswertung als auch für die Prozeßvorausberechnung wird eine "Formelsammlung für Textilveredler" ein wichtiges Werkzeug sein. Die Meßwerte haben inzwischen die ihnen zukommende Bedeutung erlangt. In Einzelfällen, z.B. für die Indanthren-Kontinuefärbung, sind die Grundzusammenhänge bereits so gut bekannt, daß man mit Näherungsformeln eine Prozeßsimulation am Bildschirm [5] durchführen kann. Hier übernimmt ein Kleincomputer die Rechenarbeit. Man kann nun die bei der Simultion notwendige Handeingabe der Prozeßgrößen Zug um Zug durch Meßsignale vom realen Prozeß her ersetzen und wird so zu einer idealen Bildwarte für ein Veredlungsverfahren gelangen.

Aus dieser Studie kann man einige Regeln für die sinnvolle Auswahl von Meßgeräten ableiten (Abb. 8). Diese Regeln mögen einerseits banal und selbstverständlich klingen. Wenn man aber durch den eigenen Betrieb geht und findet, daß gut die Hälfte der Meßgeräte gegen diese Regeln verstößt, dann sollte man eventuell die Regeln abändern und seiner Instrumentierung anpassen oder, was sicher zweckdienlicher ist, die Meßeinrichtungen den Grundforderungen anpassen oder mit anderen Worten:

> **7 goldene Regeln für Meßwerte**
>
> 1. Nur solche Größen anzeigen, die für die Bedienung wesentlich sind.
>
> 2. Kein Meßwert ohne Sollwert.
>
> 3. Meßwerte, die von der richtigen Prozeß-Größe kommen, dürfen relativ ungenau ausfallen
>
> 4. Je indirekter die Messung, um so höher die erforderliche Genauigkeit
>
> 5. Günstige Sollwerte muß ein intelligenter Mann mit viel Schweiß erarbeiten
>
> 6. Erst die Messung in Ordnung bringen, denn der Einstellaufwand an der Anlage ist sehr klein
>
> 7. Intelligente Verarbeitung von Meßwerten zu brauchbaren Anzeigen ist wichtiger als Sensorforschung
>
> Dr. Rüttiger N 2325 – 03.02.85

<u>Abb. 8</u>: Umgang mit Meßwerten "leicht gemacht".

Nur Größen anzeigen, die für den Prozeß wesentlich sind, und die Anzeige dort anbringen, wo sich der für die Überwachung zuständige Mann am häufigsten aufhält.

Dort wo die Meßwerte angezeigt werden, müssen auch die Sollwerte gut sichtbar angebracht sein und Rechenhilfen zur "Datenverarbeitung" zur Verfügung stehen.

● **Schwerpunktbildung: Meßwerte oder automatisierte Einstellelemente?**

Ist es sinnvoll, auf der Meßwert-Seite mehr zu tun als bei der Fernverstellung von Motoren, Ventilen und Reglern? In der Apparatefärbung ist schon bei den einfachen Steuerungsgeräten ein so hoher Automationsgrad erreicht, daß eine Handbedienung während der Färbung fast nur noch die

Chemie betrifft. Durch neuere Entwicklungen wie die Mixomat-Anlage der
Fa. THEN oder die Multi-Produkt-Injektion der Fa. THIES wird auch dieser
Handeingriff künftig entfallen. Aber der Programmierer der Steuerung
braucht aus den Meßwerten das Know how für die günstigste Aktion. Auch
im Kontinueprozeß mit seinen etwa doppelt so hohen Personalkosten wie in
der Apparatefärbung ist der Zeitaufwand für das Umstellen von Reglern
und Ventilen fast vernachlässigbar im Vergleich zum Zeitbedarf für das
Beobachten der Anlage und dem wünschenswerten Auswerten der Meßdaten
(Abb. 9).

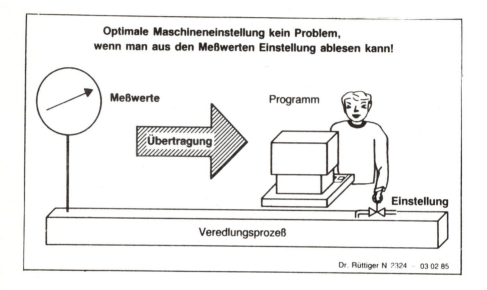

Abb. 9:   Die "zufällig" vorhanden Meßwerte müssen "stark" aufbereitet
         werden, bevor man damit die Anlage (mit einem Handgriff) nach-
         stellen kann.

Weiterhin ist zu bedenken, daß unsere Veredlungsprozesse im allgemeinen
keine ultrapräzisen Einstellungen benötigen. Es bringt sicher wesentlich
mehr, wenn für jeden Artikel die für ihn optimalen Werte auf ± 5 % erreicht werden, als wenn nicht optimale Werte einheitlich auf ± 0,5 % genau gehalten werden.

Aus dieser Sicht heraus dürfte in den meisten Fällen gelten:

1. Es ist weitaus wichtiger, die günstigen Sollwerte wenigstens annähernd
   aus Messungen und Berechnungen von Versuchen zu ermitteln, als Einstellungen mit extremer Genauigkeit vorzunehmen.

2. Das Erarbeiten der günstigsten Sollwerte erfordert weitaus mehr an hoch zu bezahlender Zeit als das Nachregulieren der Anlage auf diese Werte, selbst wenn man die Arbeitszeit dazu über fünf Jahre zusammenzählt.

3. Zweckmäßige Hilfen, um aus den abgelesenen Meßwerten sicherere und günstigerere Sollwerte für die Prozeßgrößen der einzelnen Artikel abzuleiten, sollten den Schwerpunkt für eine künftig verbesserte Prozeßführung bilden. Mit diesem Wissen kann man dann Regler installieren, die die Sollwerte ohne Arbeitsaufwand einhalten.

Nach dieser Einführung in den Problemkreis: Meßwerte und Know how für die einzuhaltenden Sollwerte wird auf die Übertragung der Meßwerte zum Computer eingegangen, um daran anschließend auf die Möglichkeiten der Computerprogramme einzugehen, uns bei der Vorgabe günstiger Prozeßgrößen zu helfen.

2. Die Meßwerterfassung mit modernen Sensoren

- Elemente der bisherigen Meßgeräte in Gegenüberstellung zu den modernen Sensor-Systemen

Man muß sich damit abfinden, daß auch Meßgeräte veralten und durch neue ersetzt werden müssen, auch wenn das Meßgerät noch gut funktioniert. Künftig braucht man Meßanordnungen, die sich in irgendeiner Form an den Computer anschließen lassen. Eine mögliche Vorstufe dazu ist das Zusammenführen der Meßsignale am zentralen Bedienstand. Auf jeden Fall soll der Mensch nicht mehr dem Meßwert nachlaufen, sondern der Meßwert soll durch Fernübertragung dorthin geführt werden, wo er bequem verarbeitet werden kann.

In Abb. 10 ist das Thermometer mit einem modernen Temperatursensor verglichen. Wir haben im bekannten Thermometer den Fühlerteil, die Kuppe mit der Alkohol- oder Quecksilberfüllung. Daran anschließend die Kapillare, die mit der extremen Durchmesserverkleinerung und ihrer Linsenwirkung die Verstärkung des Signals für die Temperatur-Ablesung vollzieht. Der Flüssigkeitsfaden vor der Skala ist der Zeiger, den wir ablesen. Den abgelesenen Wert notieren wir oder merken ihn im Kopf.

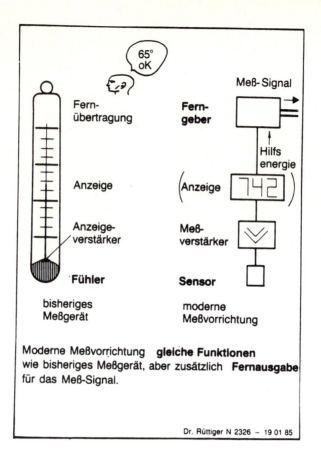

Abb. 10: Vergleich: bisheriges Meßgerät, moderne Meßvorrichtung.

Die künftig nötige Meßvorrichtung hat letztlich gleiche Funktionselemente, lediglich die Form, die dem neuen Zweck angepaßt ist, hat sich gewandelt. Ganz besonders wichtig ist dabei, daß die Meßwerte nicht mehr im Gedächtnis des Beobachters gespeichert werden, sondern über geeignete Verstärker in Signale gewandelt werden, die für eine Fernübertragung geeignet sind. Auf diese veränderten Elemente soll näher eingegangen werden.

Im Vordergrund steht der SENSOR, das Fühlerelement. In ihm wird eine physikalische Größe (z.B. Temperatur) oder eine physikalisch-chemische Größe (z.B. pH-Wert) in eine elektrische Größe direkt oder indirekt umgesetzt. In den meisten Fällen ist das Signal ein so schwacher Strom oder eine so niedrige Spannung, daß eine Verstärkung nötig ist.

Hierfür benötigt man einen Meßverstärker. Er muß sowohl bezüglich der Verstärkung als auch des Eingangswiderstandes und anderer Parameter an den Sensor angepaßt sein. Vielfach muß über den Meßverstärker auch noch eine Hilfsenergie in den Sensor eingespeist werden. SENSOR und Meßverstärker müssen somit sehr gut aufeinander abgestimmt sein, so daß man sie zweckmäßig vom gleichen Hersteller als Kombination bezieht. Im allgemeinen ist die Dokumentation über Sensoren und Meßverstärker ziemlich unvollständig, selbst für einfache Maßnahmen wie Bereichseinstellung und Nullpunktabgleich, so daß vor einer Kombination von Bausteinen aus verschiedenen Systemen, selbst vom gleichen Hersteller, gewarnt wird.

An den Meßverstärker kann ein Anzeigeelement angeschlossen werden. Manchmal ist es auch schon in den Meßverstärker integriert, so daß man keine Wahl hat es wegzulassen. Bei den hohen Stückzahlen einzelner Elektronikgeräte ist es durchaus möglich, daß der kompliziertere und an sich aufwendigere Modul billiger ist als der gerade benötigte einfache. Grundsätzlich benötigen wir einen Ferngeber. Häufig ist dieses Funktionselement in den Meßverstärker integriert. In der Veredlungsindustrie haben wir kaum explosionsgefährdete Produktionsstätten, so daß es nicht nötig ist, die Signalleitungen pneumatisch (Ex-Schutz) auszulegen. Im allgemeinen dürfen wir elektrische Signale verwenden. Sie haben den Vorteil, daß sie einfacher an einen Computer angepaßt werden können. Die wichtigsten technischen Arten der Fernsignale sind in Tabelle 4 zusammengestellt.

<u>Tabelle 4</u>: Verschiedene Arten von Fernsignalen für die Meßwertübertragung.

Analoger Strom:	0 - 20 mA, 4 - 20 mA
Analoge Spannung:	0 - 10 V, 0 - 5 V, 0 - 24 V
Auf/Zu-Schalter:	Ein-Aus oder Umschaltekontakte, Transistoren in open-collector-Schaltung (OC)
Analoger Widerstand:	Fernabfrage über Hilfsenergie
getaktetes Signal:	(ähnlich den Morsezeichen, Fernschreiberimpulse)
analoge Frequenz:	(hoher Ton = hoher Meßwert, tiefer Ton = niedriger Wert)

Analoge Signale = Signale, deren Intensität dem Meßwert proportional sind.

Diese Aufstellung zeigt, daß über den Ferngeber sehr genaue Unterlagen
vorhanden sein müssen. Während SENSOR, Meßverstärker und Ferngeber belie-
big miteinander gekoppelt sein können (vergossene Verdrahtung, Stecker,
Schraubklemmen), muß der Betriebselektriker den Anschluß des Ferngebers
an die Zentrale selbst tätigen, spätestens im Reparaturfall. Im allgemeinen sind die dazu erforderlichen Angaben der Hersteller recht gut.
Oftmals handelt es sich aber auch um mäßige Übersetzungen oder um unvoll-
ständige Hinweise. Eine gewisse Erfahrung im Umgang mit diesen Meßvorrichtungen ist ja doch in vielen Betrieben schon vorhanden und muß ausgebaut
werden. Ein geeignetes Unterrichtsmaterial oder ein "Sensor-Kit" zum Ein-
arbeiten fehlt in der Textilveredlung immer noch, trotz der beachtlichen
Förderung des Technologietransfers mit Steuergeldern.

- **Einige allgemeine Hinweise zu den vom Sensorsystem abgegebenen Fernsignalen**

Hier soll stichwortartig auf die wichtigsten Varianten hingewiesen werden.
Die Vielfalt sollte nicht abschrecken, sondern eher das Vokabular erläutern, das einem begegnen wird.

Im Vordergrund steht die Übertragungsleitung. Sie reicht vom einfachen
Klingelleitungsdraht über verdrillte Adern (Drahtpaare) bis hin zum Co-
axial-Kabel, wenn größere Strecken oder höhere Übertragungsgeschwindig-
keiten erforderlich sind. Daneben stehen als moderne Übertragungselemente
in Diskussion: die Lichtwellenleiter (Glasfaserkabel) und die drahtlosen
Übertragungen (Infrarotsender und -Empfänger, ähnlich der Fernseherfern-
bedienung).

Beim Empfänger des Meß-Signales ist der "Inhalt" der Meßnachricht wichtiger. Es kann sich um ein "rohes" Meßsignal handeln, ohne Bereichs- und Null-
punktanpassung, oder um ein "aufbereitetes" Signal, in dem sogar die nichtlineare Kennlinie des Sensors ausgeglichen ist und in dem durch einen zusätzlichen Temperaturfühler die bei Sensoren übliche Temperaturdrift kompensiert ist. Zwischen diesen beiden Extremen sind alle Übergänge üblich,
sogar Sensoren, deren Bereichseinstellung sich selbsttätig anpaßt (Auto-
ranging) oder die von der Zentrale fernumschaltbar ist.

Daneben sollte man noch wissen, auf welche Weise das Fernsignal den Meßwert repräsentiert. Dazu wurden die wesentlichsten Informationen schon in Tabelle 4 aufgezeigt. Dabei gehören die Auf/Zu-Schalter und die getakteten Signale zu der Gruppe der sogenannten digitalen Signale. Auf analoge und digitale Signale wird im folgenden näher eingegangen.

- **Analoge Fernsignale für die Repräsentation der Meßwerte**

Betrachtet man zunächst das "analoge Signal", das dem bisherigen "Meßwert" noch am ähnlichsten ist. In Abb. 11 ist ein Widerstandsthermometer (Pt 100) gezeigt. Sein elektrischer Widerstand ändert sich mit der Temperatur. Es ist an einen "Widerstandsmesser" oder "Widerstandsabfrager" angeschlossen, der im Verbund mit einem Ferngeber für eingeprägten Strom arbeitet. Der sogenannte eingeprägte Strom hat den Vorteil, daß er vom Verstärker zwangsweise aufrechterhalten wird. Auch wenn Kontakte leicht korrodieren und lange Kabel hohe Übergangswiderstände aufweisen sollten, ändert sich der Signalstrom nicht.

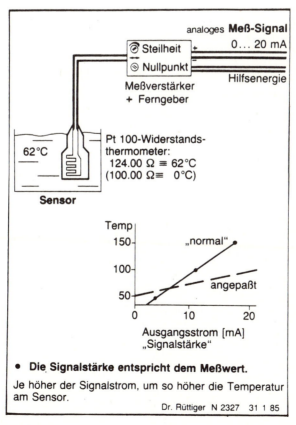

Abb. 11: Analoge Meß-Signale.

In Abb. 11 ist neben der Schaltskizze die Eichkurve gezeigt. Bereits mit einem einfachen Vielfachinstrument oder Service-Digitalvoltmeter läßt sich diese Eichkurve aufnehmen. Man temperiert den Sensor, schließt an den Verstärker die Hilfsenergie an und mißt an den Fernsignalausgängen den Strom. Die ausgezogene Linie ("normal") zeigt, daß der Verstärker offensichtlich für HT-Apparate eingestellt ist. Mit den Stellschrauben (nur mit Schraubenzieher verstellbar) kann man die Eichkurve verschieben; in diesem Beispiel den Nullpunkt (Temperaturwert bei 0 mA) und die Steilheit der Kurve. Die gestrichelte Linie zeigt die Anpassung an einen offenen Apparat, bei dem die Flottentemperatur 100 °C nicht überschreitet. Wesentlich an diesem Beispiel ist, daß der vom Ferngeber erzeugte Signalstrom um so höher ist, je höher die Temperatur wird. Strom und Temperatur verhalten sich analog zueinander, daher der Name analoge Signale.

Wichtig ist dabei aber auch noch die Einstellbarkeit. Ein Sensor kann somit bei den analogen Signalen günstig (gestrichelte Linie) oder ungünstig angepaßt sein (ausgezogene Linie). Die günstige Anpassung ist zeitaufwendig und erfolgt deshalb nur selten. Nicht abgedeckte Verstellpotentiometer verleiten hin und wieder nicht Befugte, mit einem Taschenschraubenzieher zu "probieren, ob jemand etwas merkt". Alle solchen Verstellmöglichkeiten gehören unter Verschluß. Eine gelegentliche Nachkontrolle von wenigstens zwei Eichwerten ist anzuraten (meist während der laufenden Produktion möglich).

- **Digitale Signale für die Fernübertragung von Meßdaten.**

Digitale Meßsignale sind Fernsignale, die nur zwei Zustände oder zwei Pegel haben, z.B. Strom, keinen Strom; hohe Spannung, niedrige Spannung. In Abb. 12 ist eine solche Meßanordnung gezeigt. Zunächst fällt auf, daß ein einfacher Niveaufühler zum "Meßgerät" hochstilisiert wurde. Für die Verarbeitung im Computer sind alle Signale, die einen Prozeßzustand erfassen, zunächst einmal "Meßsignale". Mit der Niveau-Sonde kann ja ein Niveau an einem Punkt gut gemessen werden. Dies ist wieder in dem "Eichkurventeil" veranschaulicht. Zunächst der rein physikalische Zusammenhang der Sensorwirkung.

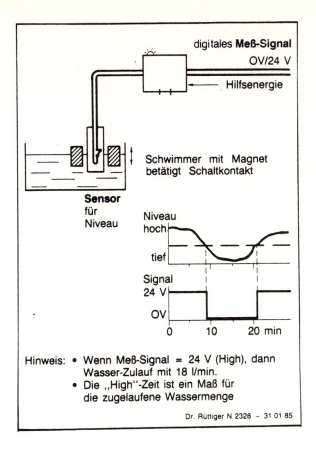

Abb. 12: Digitale Meß-Signale.

Die Hilfsenergie (24 V Gleichspannung) liegt direkt am Kontakt im Niveaufühler an. Wenn der Schwimmer mit der Flotte hochsteigt, schließt er bei 80 cm Niveauhöhe den Kontakt. Die +24 V-Spannung wird auf den Fernausgang durchgeschleift. Das Fernsignal springt von 0V auf +24V. Sinkt das Niveau, dann fällt der Schwimmer mit und öffnet den Kontakt. An der Fernleitung steht wieder 0V an. Häufig ist eine Signallampe angebracht, die den Schaltzustand des Schwimmers anzeigtz, was für die Wartung und Fehlersuche recht vorteilhaft ist.

Wozu kann das Schwimmerfernsignal nützen?

Fall 1: Klotzflottenzulauf auf Störungen überwachen.

Schwimmer taktet nicht, aber Ware läuft → Klotzflottenversorgung wird notleidend, Pumpe, Ventil oder Schwimmerschalter sind defekt.

Fall 2: Flottenauftrag über Klotzflottenzulauf überwachen.

Jedesmal wenn der Niveauschwimmer unter den Sollwert sinkt, startet er über das Fernsignal den Flottennachlauf, erreicht der Schwimmer das Sollniveau, dann wird der Flottenachlauf gestoppt. Es liegt also eine "Sensoranordnung" vor, die sich heute fast schon an jedem Färbefoulard befindet. Wertet man das Niveau-Signal in der Zentrale aus, dann ergibt sich:

Der Schwimmer ist innerhalb von 10 min genau 3,6 min geöffnet (Öffnungszeiten: 1,2; 0,8; 0,7; 0,9 min). Die Flottenpumpe fördert 18 l/min annähernd konstant in den Foulardtrog. 3,6 min von 10 min sind 36 %, 36 % von 18 l/min = 6,5 l/min. Der Flottenverbrauch am Foulard beträgt 6,5 l/min. Daraus läßt sich der Flottenauftrag ermitteln. Das Textilgut läuft mit 11,8 kg/min durch die Anlage, der Flottenauftrag ist dann in bereits sehr guter Näherung:

$$FA = \frac{6,5}{11,8} \cdot 100 = 55 \% .$$

Hier zeigt sich der Vorteil der zentralen Auswertung der Signale vom Prozeß.

Eine bereits vorhandene Meßeinrichtung mit nachgerüsteter Fernausgabe und einer Auswerteschaltung in der Zentrale sind bereits in der Lage, Auskunft über den Flottenauftrag zu geben, ohne daß dafür zusätzliche Meßeinrichtungen erforderlich sind. Die Schwächen dieser Methode sollen nicht verschwiegen werden. Der ausgewiesene Wert ist nur dann verläßlich, wenn die Geschwindigkeit des Flottenzulaufs konstant ist und wenn der Textilgutdurchsatz, der sich mit der Laufgeschwindigkeit, der Warenbreite und dem Flächengewicht ändert, richtig eingegeben wurde.

Um den Bereich der digitalen Meß-Signale zu vervollständigen, sei darauf hingewiesen, daß es häufig erheblich kompliziertere digitale Signalformen gibt, als das einfache Beispiel eines Auf/Zu-Schalters, auf die hier nicht eingegangen wird [6].

Man erkennt jetzt deutlich, daß eine wichtige Aufgabe bei der Beschaffung neuer Meßgeräte darin besteht, sicherzustellen, daß für den Betrieb verträgliche Fernsignale zur Verfügung stehen und daß keine exotischen Hilfsenergien benötigt werden. Der nächste Schritt besteht darin, die Fernsignale für den Computer "verdaulich" zu machen.

3. Das Einspeisen der Meßwert-Fernsignale in den Computer

• Die Fernsignale müssen sich an den Computer anpassen, denn der Computer kann sich nicht anpassen.

Ein Computer ist trotz aller Geschichten kein geistiges Wesen, sondern ein Schaltsystem, das mit sehr hoher Geschwindigkeit viele einfache (primitive) Funktionen ausführt.

Zu dieser Einstufung des Computers paßt auch das Bild der Anschlüsse (Abb. 13). An einen Computer dürfen direkt nur ganz einfache, genau definierte Spannungssignale (Hoch-Niedrig, z.B. +5 Volt (4.3....5.25 V) und 0 Volt (0....0.4 V), engl. High-Low, abgekürzt H, L) angeschlossen werden. Grundsätzlich müssen alle Fernsignale auf diese einfachen Computer-Eingangspegel umgesetzt werden. Der Computer kann an seinem Eingang nicht elektrisch verschiedene Fernsignale verarbeiten. Signale, die nicht "passen", erzeugen Fehler oder zerstören Bausteine.

Dieses Umsetzen der Meßwertfernsignale auf die für den Computer erforderliche Form hat eine Fachbezeichnung: INTERFACING. Die hierzu erforderlichen Schaltungen müssen hohe Anforderungen erfüllen. Auf der SENSOR-Seite müssen Spezifikation komplizierterer Bausteine eingehalten werden. Auf der anderen Seite ist zu beachten, daß insbesondere bei schnellen Übertragungen hochfrequente Signale entstehen, und daß schon kurze, nicht abgeschirmte Leitungsstücke dann als Störsender wirken. Diese Signale können von empfindlichen Verstärkerbausteinen aufgefangen werden und führen zu Fehlmeldungen an dem Computer.

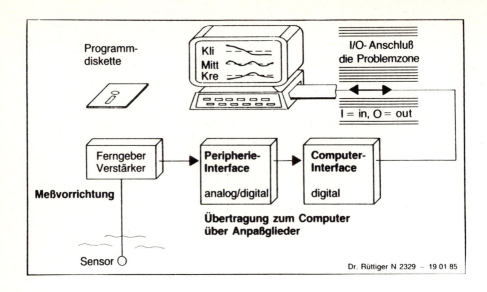

Abb. 13: Das Meß-Signal läuft über Schaltglieder und ihre Übergabepunkte (Schnittstellen) zum Computer.

- INTERFACING, ein Schlagwort für die Anpassungsprobleme.

Um dieses Gebiet sicher zu beherrschen, muß man einerseits eine gewisse Grundkenntnis von der Funktion der Sensoren haben. Je einfacher die Sensoren, um so mehr Know how muß man selbst beisteuern. Teure Sensoren haben meist schon "kultivierte" Ausgangssignale. Auf der anderen Seite ist ein spezielles Fachwissen für die Umsetzer-Bausteine und für die richtigen Anschlüsse an den Computer erforderlich [7]. Das kann sogar dazu führen, daß man einfache Anpassungsschaltungen nach Angaben fertigen läßt oder man kauft Gerätemodule, die wesentlich mehr können als das, was gerade gefordert ist und zahlt dann dafür einen entsprechend hohen Preis. Letztlich ist hier der erfahrene Berater sein Geld wert, der weiß, woher man die gerade benötigten Module bekommt. Einfache Module sind in Wartung und Austausch meistens deutlich billiger als komplizierte.

Zusätzlich zur rein elektrischen Anpassung muß auch noch die Art des Signals angepaßt werden.

Die Fernsignale von Meßfühlern, die uns z.B. Temperatur, Druck oder pH-Wert signalisieren, kommen als analoge Größen an, d.h. das Signal ist um so stärker, je höher der Meßwert. Diese analogen Signale kann der Computer in dieser Form nicht verarbeiten. Sie müssen digitalisiert werden.

Statt einer abstrakten Erklärung, was das bedeutet, sein ein anschauliches Beispiel gebracht. Die sogenante 7-Segment-Zifferanzeige, eine Digitalanzeige mit 7 Leuchtbalken. Brennen alle 7 Balken, dann haben wir die Acht: ⊟, schalten wir die beiden vorderen Balken aus, dann haben wir die Drei: ⊐ und wenn nur die beiden hinteren Balken brennen, dann erkennen wir die Eins: |. Nach diesem Prinzip kann man über die üblichen 8 Datenleitungen dem Computer mitteilen, welcher Meßwert ansteht. Die Bausteine, die aus dem analogen Meßsignale solche vom Computer aufnehmbaren Digitalsignale erzeugen, nennt man Analog-Digital-Wandler (engl. AD-Converter).

Die anderen Signale vom Prozeß, z.B. Auf-Zu-Signale von Niveaufühlern oder Grenzwertgebern, sind bereits digitale Signale, denn spätestens nach einer einfachen elektrischen Umformung stehen sie nur als hohe Spannung (high) oder niedrige Spannung (low) an. Diese Signale kann ein geeigneter Computereingang nach der elektrischen Anpassung direkt verarbeiten.

- **Meßfühler umschalten = "Multiplexen", um zu sparen.**

Eine weitere Aktion bei der Übertragung der Signale ist das Multiplexen. Dieses Fachwort steht für ein entsprechendes Umschalten der Meßdatenkanäle. So kann man 4 - 16 analoge Fernsignale nacheinander auf einen Analog/Digital-Wandler schalten. Meist steuert der Computer die Umschaltung und gewährleistet so, daß die empfangenen Daten auch dem zugehörigen Sensor zugeordnet werden. Auch digitale Signale kann man reihum durchschalten und abfragen. Dies hat den Vorteil, daß entweder weniger Drahtleitungen zum Computer laufen oder daß man mit weniger Eingängen am Computer auskommt. Der Nachteil ist dann die langsame Verarbeitung, da die Sensoren, die an einem Computerkanal hängen, nur noch einer nach dem anderen abgefragt werden können. Für die Prozesse in der Textilveredlung kommt man im allgemeinen mit den so erreichten Umschaltzeiten aus. Wenn ein gesamter Meß- und Abfragezyklus wirklich 1 min dauern sollte, dann würde das im allgemeinen für ein Alarmsignal zum Handeingriff ausreichen.

Das, was bisher behandelt wurde, die Meßgeräte am Veredlungsprozeß, das ist aus der Sicht des Computers seine Umgebung, die PERIPHERIE, ein heute häufig gebrauchter Fachausdruck.

- **Signale in den Computer einspeisen.**

Diese gewandelten und richtig angeschalteten Signale muß man dann in den Computer führen. Ein Computer, der für eine Prozeßsteuerung oder zumindest für eine intelligente Signalverarbeitung tauglich sein soll, muß über spezielle Ein- und Ausgänge verfügen. Meist bezeichnet man dabei eine Gruppe gleichartiger Eingänge als Port oder I/O-Port (Port, engl. = Tor, I/O engl. = IN/OUT = Ein/Aus). An diesen Eingangskanälen dürfen nur die oben angegebenen, genau definierten Spannungspegel (Hoch = H, niedrig = L) anstehen, die eine Mindestbelastbarkeit (Fan OUT) nicht unterschreiten dürfen.

Die hier geforderte Präzision der Signalform ist von den Sensoren oder deren Verstärker oftmals nicht einfach einzuhalten. Auf den Signalleitungen können, meist nur kurzzeitig, Spannungsstöße auftreten, die zu erheblichen Störungen führen. Man ist daher schon seit längerer Zeit dazu übergegangen, für alle Signale vom Prozeß sogenannte Optokoppler zwischenzuschalten. Dabei wird das elektrische Fernsignal in ein Lichtsignal verwandelt. Dieses Lichtsignal wird von einem Phototransistor aufgefangen, der direkt an den Computer angeschlossen ist. Durch diese Licht-Kopplung vermeidet man jegliche elektrische Störung des Computers, ohne die Sicherheit der Datenübertragung zu beeinträchtigen. Wird ein solcher Optokoppler durch falsche Beschaltung vom Prozeß her "abgeschossen", dann liegen die Kosten für einen Ersatzbaustein zwischen 2,-- DM und 20,-- DM, also kein Vergleich zu den Kosten für einen beschädigten Computer.

Auf diese Weise erhält man Signalübergabestellen, an denen genau definierte Signale örtlich kompakt anstehen. Hierfür hat sich der Ausdruck: **Schnittstellen** eingebürgert. Ihre wesentliche Funktion besteht darin, daß in Belegungslisten genau festgelegt ist, welche Signale in welcher Form anstehen müssen und daß man dann an diesen Stellen durch Signalanalyse oder Signaleinspeisung recht sicher erkennen kann, ob ein Fehler in der Peripherie oder beim Computer liegt (Abb. 14).

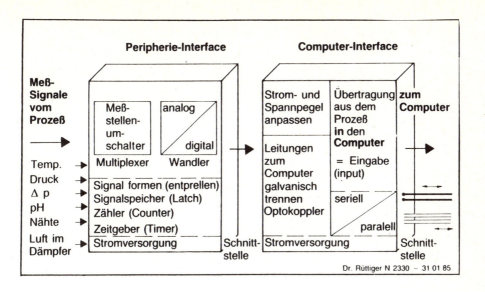

Abb. 14: INTERFACING, eine neue Technologie, macht Meß-Signale passend für den Computer.

- **Die Struktur der Signale, die in den Computer gelangen.**

Der Ausdruck Computer steht hier für die zentrale Auswerteeinheit. Diese Einheiten haben häufig weitaus bescheidenere Namen als "Computer", sie enthalten aber im allgemeinen Mikroprozessoren, sind auf ihre spezielle Aufgabe programmiert und verdienen am ehesten noch die Bezeichnung Automatisierungsbausteine.

Für die Übertragung der Signale vom Prozeß in den Computer stehen uns nun zwei recht unterschiedliche Signalstrukturen zur Verfügung:

  parallele Signale → Parallel-Eingänge beim Computer,
  serielle Signale → Serieller Eingang beim Computer.

Bei der parallelen Dateneingabe werden mehrere Computereingangskanäle (z.B. 1 Port mit 8 Kanälen) **gleichzeitig** aktiviert. Am gebräuchlichsten sind heute 8 oder 12 Kanäle. Jeder einzelne Kanal kann nur die Spannungspegel hoch (= H) oder niedrig (= L) erkennen, was für den Computer "1" oder die "0" bedeutet. Mit den 8 Kanälen ergeben sich beispielsweise folgende Bilder:

```
Kanal-Nr.     8 7 6 5  4 3 2 1

1. Meldung   │ 0 1 1 0  0 0 1 1 │   = 99, vom Computer erfaßt

2. Meldung   │ 1 0 1 1  0 1 0 1 │   = 181, vom Computer erfaßt
```

Der Datenwandler des Sensors muß die vom Prozeß gemeldete Zahl in dieser (binären) Verschlüsselung gleichzeitig auf die 8 Leitungen auflegen. Dabei ist eine 1 auf der letzten Stelle auch eine 1, aber eine 1 auf der vorletzten Stelle bedeutet = 2 und eine 1 davor bedeutet 4 in unserem dezimalen Zahlensystem. Wenn das Signalmuster korrekt ansteht, gibt es auf einem zusätzlichen Kanal ein Übernahmesignal, das dem Computer anzeigt: die Daten können jetzt übernommen werden, sie stehen korrekt auf allen 8 Kanälen an. Diese Prozedur nennt man Datenübergabe im Handshakebetrieb.

Grundsätzlich verschieden dazu arbeitet die serielle Dateneingabe. Hier wird nur ein Eingangskanal des Computers benötigt. Das bedeutet aber, daß die vollständige Information über den vom Sensor erfaßten Meßwert über diesen Kanal nacheinander (seriell) in den Computer eingespeist werden muß. Aus dem täglichen Leben kennen wir bereits solche seriellen "Datenübertragungen". Es ist die Hausklingel. Jedes Familienmitglied hat sein "Zeichen" (2 x kurz, lang kurz usw.). Obwohl mit der Klingel (Ton - kein Ton) nur ein einziger Übertragungskanal zur Verfügung steht, können wir damit verschiedene Nachrichten senden. Wesentlich ausgefeilter geschieht dies bei der Nachrichtenübertragung mit MORSE-Zeichen. Hier kann man nach festgelegten Normen mit Punkt und Strich (kurzer und langer Ton) alle Buchstaben unseres Alphabetes, die Ziffern von 0 - 9 und einige Satzzeichen übertragen. Auch unsere Postfernschreiber besitzen nur einen Übertragungskanal für den Empfang der Nachricht. Hier hat man eine sogenannte asynchrone Übertragung nach dem BAUDOT-Code. Die Übertragung ist eleganter als bei den Morsezeichen, erfordert aber, daß Sender und Empfänger in ihrer Taktgeschwindigkeit (BAUD-Rate) aufeinander abgestimmt sein müssen. Für die Computer hat sich in weiten Bereichen der ASCII-Code durchgesetzt, mit dem man auch große und kleine Buchstaben übertragen kann. Es sind spezielle Taktfolgen, die dank der internationalen Normen sehr einheitlich gehandhabt werden. Obwohl die serielle Datenübertragung wesentlich langsamer abläuft als eine parallele Dateneingabe, so hat sie ihre Vorteile in der relativ hohen Störsicherheit (längere Übertragungsleitungen) und im geringen Verdrahtungsaufwand.

Einige Möglichkeiten, Meßdaten übersichtlich in den Computer einzugeben, wurden vorgestellt. Es ist jetzt sinnvoll, diese Daten von der anderen Seite her zu betrachten, d.h. aus der "inneren Einsicht" des Computers, das sind seine Programme (Software).

4. Computerprogramme, die aus den Meß-Signalen brauchbare Informationen erzeugen

● Allgemeines zum Programmieren und zum Prozeßrechner

Bis jetzt wurde gezeigt, wie die Information vom Prozeß, die Fernsignale über die verschiedenen Umwandlungen und Anpassungen in den Computer gelangen. Jetzt muß der Computer aus den Signalen Bildschirmausgaben oder Ausdrucke erzeugen, die für uns nützlich sind, die uns genau die Information liefern, die wir zum Einstellen am Prozeß benötigen.

Für solche Aufgaben gibt es sogenannte Prozeßrechner oder Steuerungscomputer [8]. Sie sind schwerpunktmäßig darauf ausgerichtet, Daten vom Prozeß hereinzuholen, umzuwandeln und daraus wieder Steuersignale für den Prozeß zu machen. Will man Informationen für den Bedienungsmann erzeugen, z.B. aus dem Wasserzulauf in m^3/Std., dem Laufmetergewicht und der Laufgeschwindigkeit, den aktuellen Wasserverbrauch in l/kg und dessen Mittelwert für eine Partie, dann ist für den Prozeßrechner schon ein erheblicher Programmieraufwand erforderlich. Wenn man davon ausgeht, daß ja heute die Veredlungsproduktion ohne Computer läuft und der Computer nur zusätzliche Aufgaben lösen soll, dann ist für einen Einstieg in die intelligente Signalverarbeitung ein Kleincomputer ausreichend. Von der Hardware her gesehen muß dieser Kleincomputer über frei verfügbare Ein- und Ausgabekanäle verfügen. Die in der Werbung angepriesenen Ein-Ausgabe-Ausstattungen sind im allgemeinen schon belegt, z.B. zum Anschluß von Druckern, Diskettenlaufwerken oder Cassettenrekordern, sind also keine frei verfügbaren

Ein- und Ausgabekanäle. Für weit verbreitete Kleincomputer werden dann jedoch Zusatzbausteine angeboten, mit denen man Ein/Ausgabe-Kanäle nachrüsten kann.

Von der Programmierbarkeit her sollte eine höhere Programmiersprache verfügbar sein. Solche Sprachen sind z.B. BASIC oder besser Extended BASIC, PASCAL, FORTRAN, FORTH, C, ADA. Bei vielen Kleincomputern ist die Programmiersprache kein Merkmal des Computers. Man kann (fast) jede gewünschte Sprache laden. Gewarnt sei vor sogenannten "eleganten" oder problemorientierten Sprachen, die nicht weit verbreitet sind. Je verbreiteter die Sprache, um so größer ist die Aussicht, im konkreten Problemfall Hilfe zu erhalten.

Hier wird das Ziel verfolgt, Informationen über den konkreten Weg eines Meß-Signals vom Sensor bis zur Ausgabe auf dem Bildschirm zu liefern. Es gibt daneben aber den weit verbreiteten Weg, sich Prozeßrechner und zugehöriges Programm fix und fertig zu kaufen (meist ohne Änderungsmöglichkeit) und installieren zu lassen. Über diesen Weg, Sensorsignale in brauchbare Information zu wandeln, wurde bei dem Denkendorfer Technologiegespräch: "Prozeßdatenverarbeitung in der Textilindustrie". von 8 Autoren ausführlich berichtet [9]. Dabei wurde allerdings über Problemlösungen für die Textilveredlung nicht viel ausgesagt.

Einige der höheren Programmiersprachen, insbesondere die älteren, sind schwerpunktmäßig auf reine Datenverarbeitung ausgelegt, d.h. von Hand eingegebene Zahlen werden in andere Zahlen umgewandelt (sogenannte commerzielle Rechner, Buchhaltungsprogramme). Diese sind für eine Verarbeitung von Meß-Signalen nicht geeignet. Was hier benötigt wird, ist das Programmieren einer Signalverarbeitung. Dafür sind Begriffe üblich wie ON LINE (= an der Linie = direkt am Prozeß angeschlossen) und REAL TIME (= reale Zeit = der Rechner muß augenblicklich reagieren, das Programm darf nicht irgendwann abgearbeitet werden). Diese Art der Programmierung gehört normalerweise nicht zur Ausbildung eines Programmierers. Es ist ein Spezialgebiet, für das sogar gute Literatur Mangelware ist. Noch im Jahr 1981 steht im Vorwort eines Buches [10] "Prozeßverarbeitung: ... Ziel dieses Buches, die .... in der Prozeßverarbeitung notwendigen Kenntnisse zu vermitteln. Trotz mannigfaltiger Literatur über Datenverarbeitung haben sich bisher nur wenige Autoren mit diesem anwendungsnahen Spezialgebiet befaßt".

Auch für denjenigen, der bisher noch nie zu programmieren versucht hat, könnte es von Interesse sein zuzusehen, wie ein Computer aus den Meß-Signalen die für uns wichtigen Daten erarbeiten und auf dem Bildschirm ausgeben kann. Dazu soll nicht die allgemeine Beschreibung gebracht werden, die man nachlesen kann [11], sondern ein konkretes, anschauliches Beispiel aus dem Veredlungsalltag.

- **Aufgabenstellung für ein konkretes Programmbeispiel zur Auswertung des Warenlauf-Impulsgebers**

Die Auswerteaufgabe besteht darin, am Bildschirm veredlungstechnisch interessante Größen anzuzeigen, die sich aus dem Fernsignal von **einem Sensor** ableiten lassen. Erwünscht ist für die Disposition zunächst einmal der Zeitpunkt, zu dem die Partie fertig wird, wenn keine sonderlichen Störungen auftreten. Da für eine eifrige Disposition solche Zeitangaben immer zu spät liegen, soll auch noch die zu behandelnde Restmetrage der Partie angezeigt werden, damit man sich für einen dispositionsbedingten Abbruch bewußt entscheiden kann.

In Abb. 15 ist der Sensor, der altbekannte Meterzähler, mit einem Metallfühler gezeigt, in Verbindung mit der damit erzielbaren Bildschirmausgabe. Man erkennt, daß außer der Dispositionsmeldung noch recht interessante Werte angezeigt werden können. So auf der einen Seite die aktuelle Laufgeschwindigkeit mit Soll- und Istwert (40 m/min und 39 m/min) sowie die mittlere Produktionsgeschwindigkeit von nur 31 m/min. Bedingt ist dieser Produktionsabfall durch die Stillstände, über die genau Buch geführt wird. Der Rüststillstand von 23 ist "gut bis normal". Weitaus störender ist ein Stillstand dieser Partie während der Färbung von 6 min, der auf jeden Fall markiert. Es wird aber auch am Bildschirm ausgewiesen, daß auf der Anlage streckenweise erheblich zu schnell gefahren wurde, und zwar ein Abschnitt von ca. 500 m zwischen der Länge 1.346 m und 1.892 m. Diese Zone kann man sich am Schautisch einstellen und besonders prüfen, denn aller Wahrscheinlichkeit nach liegt hier eine nicht mehr tragbare Farbabweichung vor.

Bevor auf das Programm, das diese Ausgaben erzeugt, näher eingegangen wird, muß noch ein Blick auf die Impuls-Signal-Struktur geworfen werden, die vom Prozeß zum Computer gelangt.

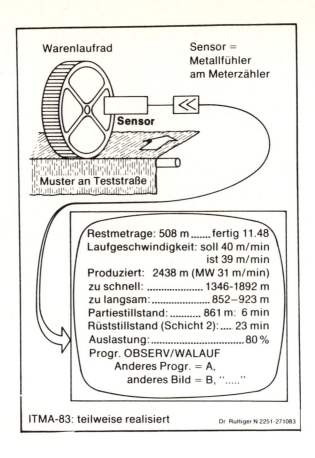

Abb. 15: Einzel-Sensor intelligent ausgewertet.

• Das Signalschema vom Warenlaufimpulsgeber

Der in Abb. 15 gezeigte Sensor, ein Meterzähler mit elektrischem Impulsausgang, ist am Wareneinlauf der Continue-Anlage angebracht. Er sendet Impulse an den Rechner, und zwar pro 0,5 m Ware einen vollen Impuls. In Abb. 16 sind solche Impulse im oberen Feld dargestellt. Gleichzeitig erhält der Rechner noch andere Signale. Eingezeichnet sind noch die Impulse einer Wasseruhr mit Taktgeber für den Flottenverbrauch und diejenigen eines Zeitgebers. Der Zeitgeber wurde hier mit einer Taktzeit von 2 min gewählt, d.h. der Hoch-Teil des Impulses ist genau 1 min lang. Es müssen nun Impulse vom Warenlauf gezählt werden, die am Rechner ankommen, solange das Zeittor von 1 min offen ist. Am Meterzählerrädchen wurde ein Metallhalbkreis angebracht. Damit zählt der Metallfühler (Sensor) nicht mehr die einzelnen Speichen des Rädchens, sondern er erzeugt pro voller Umdrehung des Rades einen vollen Impuls mit "Hochteil" und "Niedrigteil", das entspricht dann bei den größeren Rädchen genau 0,5 m Warenlänge. Halbiert man die Impulszahl, die im Zeittor von 1 min eintrifft, dann erhält man direkt den Wert für die Warenlaufgeschwindigkeit in m/min.

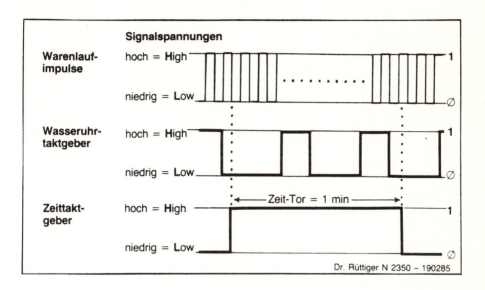

Abb. 16: Impuls-Schema von digitalen Sensoren.

• Das eigentliche Programm

Es soll hier der Versuch gemacht werden, an einem Beispiel ein Programm darzustellen. Selbst für den, der noch nie programmiert hat, lohnt sich die Mühe, diese Beispiele durchzuarbeiten. Im Gegensatz zur Praxis des Programmierens sind hier sehr reichlich Zwischenüberschriften und Kommentare eingebaut, die das Verständnis erleichtern. Vordergründig gesehen schlucken diese Kommentare Speicherplatz im Computer und erfordern Schreibarbeit durch den Programmierer. Hintergründig gesehen erlauben gute Kommentare, daß man ein Programm auf einfache Weise besser anpassen und auch auf andere Fälle übertragen kann. Der Spezialprogrammierer wird dann nicht mehr benötigt und verliert seine Arbeit. Daraus eine Folgerung für den Programmkauf: viele gut verständliche Kommentare sind ein Qualitätsmerkmal für ein Programm.

Für das Beispiel wurde die zur Zeit am weitesten verbreitete Programmiersprache: BASIC gewählt [12]. Diese Sprache war in ihrer ursprünglichen Form [13] nicht für die Prozeß-Steuerung geeignet. Seit mehreren Jahren haben sich jedoch Erweiterungen eingebürgert, über die heute fast alle Kleincomputer mit BASIC als Programmiersprache verfügen. Es handelt sich dabei um das sogenannte **Extended BASIC** (= ausgedehntes BASIC). Es verfügt über recht wirksame Ein- und Ausgabebefehle, und es erlaubt sogar, Programme im Maschinencode - das sind spezielle, schnelle Programmmodule - in die Arbeitsprogramme mit einzubeziehen. Dieser Befehlsvorrat reicht völlig aus, um für eine Prozeßführung interessante Programme zu schreiben [11].

Das hier als Beispiel gebrachte Programm enthält zunächst einmal Zwischenüberschriften, die in Sternchen eingefaßt sind. Sie dienen der Orientierung, um schnell bestimmte Module aufzufinden. Dann folgen die eigentlichen Porgrammteile, die aus den BASIC-Befehlswörtern bestehen (fett gedruckt) und den hier erforderlichen Ergänzungen, wie Variable, Ausgabetexte und Programmkommentare. Ausführliche Erläuterungen zu jeder Programmzeile sind in eckigen Klammern [ ] angefügt.

```
***********************************************************************
*  N e u e   P a r t i e d a t e n   e i n g e b e n                  *
***********************************************************************
```

INPUT "Metrage der Partie in m eingeben"; LNG

[mit dem Befehl INPUT wird 1. der Fragetext in "...." am Bildschirm ausgegeben und zusätzlich ein Fragezeichen. Dann muß man die Metrage, z.B. 3400, eintippen und die Taste RETURN oder ENTER betätigen. Der Rechner weist jetzt der Variablen LNG (für Länge) den Wert 3400 zu, also LNG = 3400].

```
***************************************************************************
* Start der Partie                                                         *
***************************************************************************
```

① **INPUT** "Start der Partie: S eingeben";A$

[Der Befehl INPUT zeigt wieder den Aufforderungstext in "...". Wird der Buchstabe S eingegeben, dann wird der Variablen A$ das S als Wert zugewiesen. Die Variablen mit einem $-Zeichen am Ende sind "Textvariable".]

IF A$ = "S" **THEN** MTG = 0: FLG = 0 **ELSE** ①

[Der Befehl IF (= wenn) ... THEN (= dann) prüft, ob das Start-S eingegeben wurde. Wenn ja (A$ = S ist korrekt), dann wird die Variable für die abgearbeitete Metrage MTG = 0 gesetzt und eine Flagge, ein Merker wird ebenfalls genullt FLG = 0. Andernfalls wurde kein S eingegeben (= engl. ELSE), das Programm springt zum Punkt ① zurück.]

```
***************************************************************************
* Peripherie abfragen   (Sensorabfrage)                                    *
***************************************************************************
```

REM Warenlaufimpuls liegt am Eingabeport EP mit der Adresse 200 an, und zwar am Bit-Nr. 3.

[REM = Remark = Bemerkung, Kommentar, ein Einschub im Programm mit Notizen für den Programmierer, der auf den Programmablauf keinen Einfluß hat].

② EP = **INP** (200)

[Mit dem Befehl INP (Adresse) erfolgt eine Abfrage eines Eingabeports der in Klammer genannten Adresse. Der bei der Abfrage ermittelte Wert wird der Variablen EP = Eingabeport zugewiesen.]

WIP = EP AND 4

[Mit der logischen Verknüpfung AND (= UND) wird aus den 8 Eingabekanälen
von Port 200 der Kanal Nr. 3 für den Warenlaufimpuls WIP herausgefiltert
(Binär 0000 0100 = 4 decimal). Der "Wert" von Kanal Nr. 3 beträgt dann 0
oder 4, je nachdem, ob der Warenlaufimpulsgeber seinen Hochwert oder
Tiefwert ausgibt, also 000 0100 oder 0000 0000.]

****
* Meterzähler-Impulse auswerten nach Stillständen....   *
****

[der Rechner muß erkennen, ob sich das Signal, das vom Warenlaufimpulsgeber kommt, ändert oder nicht. Wenn es sich über einen Zeitraum von
einigen Sekunden nicht geändert hat, dann gilt das als Stillstand]

IF WIP = 0 AND FLG = 1 THEN SKZ = 0 : FLG = 0: GOTO ②

[Mit dem Befehl IF (= wenn) ... THEN (= dann) wird geprüft, ob der Warenlaufimpulsgeber auf Null steht und (= AND) ob gleichzeitig eine Flagge
oder ein Merker = 1 steht. Die FLG = 1 stammt von der vorhergehenden Impulshälfte (Hochwert). Ist dies der Fall, dann (= THEN) handelt es sich
um den Beginn des "Tief"-Impulses (0-Impuls). Wird diese Impulsflanke
erkannt, dann war das Warenlaufrädchen vor einem Augenblick gerade noch
aktiv, d.h. es liegt noch kein Stillstand vor, aber ein Stillstand könnte ab jetzt beginnen. Der Stillstandskontrollzähler SKZ wird auf Null
gestellt und die Flagge für den "Tief"impuls wurde ebenfalls auf Null
gesetzt, der Computer springt dann zurück (GOTO) nach ② zur erneuten
Abfrage.]

IF WIP = 4 AND FLG = 0 THEN SKZ = 0 : FLG = 1: GOTO ②

[Hier haben wir die gleiche Befehlsstruktur wie vorher. Zum Unterschied
prüft hier der Rechner, ob sich der Impuls von 0 auf 1 geändert hat. Nur
bei der ersten Abfrage, die die Änderung von WIP = 0 auf WIP = 1 meldet,
steht die Flagge noch mit 0 an (FLG = 0). Wird in den nächsten Abfragen
WIP = 1 gemeldet, dann ist FLG = 1 bereits gesetzt und die Bedingung für
das Nullstellen des Stillstandskontrollzählers nicht erfüllt. Für den
Computer steht der Prozeß, solange Impulswert (0 oder 1) und Merkerwert

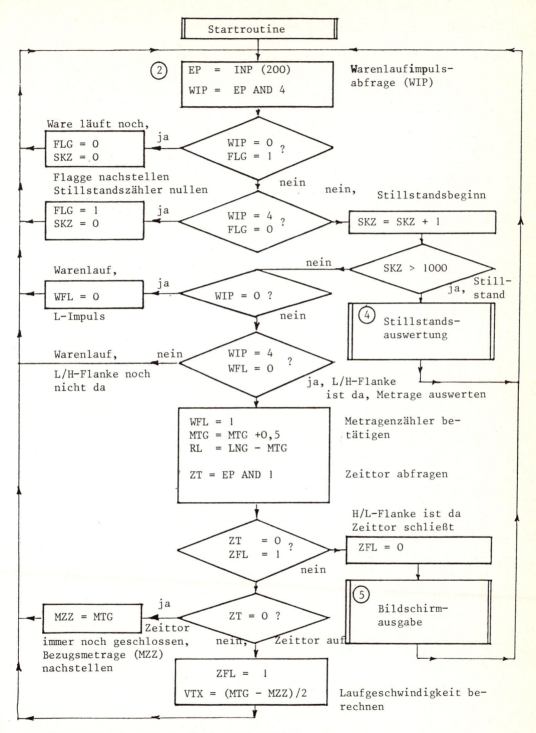

ABLAUFSCHEMA (Flowchart) für das Echtzeitprogramm.
Flankenauswertung der Warenlaufimpulse (WIP) für Warenstillstand und Metragenzähler sowie mit Zeittor (ZT) zur Erfassung der Warenlaufgeschwindigkeit (VTX) und zur Erneuerung der Bildschirmausgabe pro Zeittakt von 2 s.

(Flagge) übereinstimmen. Hier wird das Nichtübereinstimmen als "Prozeß
aktiv" erkannt. Wenn also die Hochimpulshälfte gemeldet wird und die
Flagge von der Tiefimpulshälfte noch auf Null steht (FLG = 0), nur dann
wird der Stillstandskontrollzähler genullt SKZ = 0, die Flagge dem an-
stehenden Impuls angepaßt und FLG = 1 gesetzt und weil "Prozeß noch
aktiv" im Programm zurückgesprungen nach ② (GOTO ②), um den Meter-
zählerkanal erneut abzufragen.
Dies ist eine sogenannte Impulsflankenauswertung, die typisch ist für
Prozeßrechner und ihre Real-time-Programme (Echtzeit-Programme). In
Abb. 17 ist eine Impulsflankenauswertung mit ihren Einzelfunktionen am
Beispiel des Zeittaktimpulses veranschaulicht.]

[wenn vom Rechner keine Flanke erkannt wird, dann steht eine Impulshälfte,
also hoch (H, 4) oder niedrig (L, 0) länger an. Es ist keine der beiden
vorhergehenden Entscheidungsbedingugnen erfüllt, der Rechner steigt aus
der Befehlskette nicht aus, sondern er gelangt zum nächstfolgenden Befehl, der die Stillstandskontrollzahl (SKZ) aufbaut]

SKZ = SKZ + 1

[Das Gleichheitszeichen als Symbol einer Zuweisung. Der frühere Wert des
Stillstandskontrollzählers wird um 1 erhöht. Die Variable SKZ ist der
Stillstandszähler, er enthält jetzt den um 1 vergrößerten Wert.]

IF SKZ > 1000 THEN GOTO ④

[Wieder der Entscheidungs- oder Verzweigungsbefehl IF (= wenn)...THEN
(= dann). Wenn der Stillstandskontrollzähler SKZ größer als 1000 geworden ist, dann muß ein Stillstand vorliegen, der ca. 8 s gedauert hat
(1000 x Zeit für bisherige Programmschritte). Ist dieser Stillstand erreicht, also SKZ > 1000 wahr, dann wird in einen Programmteil Nr. ④
verzweigt, in dem die Stillstandauswertung im Detail erfolgt. Andern-
falls läuft das Programm normal weiter.]

```
*************************************************************************
*   ....und   nach   Zählimpulsen                                        *
*************************************************************************
```

[der Rechner muß jetzt herausfinden, wann die Impulsflanke niedrig/hoch
 (L/H) kommt. Diese Flanke erscheint pro Laufradumdrehung nur einmal. Sie
 ist das Kriterium, um den Zählerstand für die Metrage um eins hochzutakten. In diesem Programmabschnitt erfolgt die Auswertung der niedrig/hoch-
 Flanke]

IF WIP = 0 THEN WFL = 0: GOTO ②

[Der Befehl IF (= wenn) trifft eine Entscheidung. Wenn der Impulsgeber
 den "Tiefwert" ausgibt, ist WIP = 0, wenn er den "Hochwert" ausgibt, ist
 WIP = 4. Solange also WIP noch = 0 ist, wird eine Warenlaufflagge, ein
 Merker WFL = 0 gesetzt und im Programm zurückgesprungen nach ②, um
 den Eingangskanal für den Warenlaufsensor erneut abzufragen. Erst wenn
 WIP = 4 ist, dann ist die Bedingung nicht erfüllt. Vom Warenlaufimpulsgeber steht jetzt der Hochwert an und die Auswertung kann im Programm
 weitergehen. Es handelt sich hier um eine sogenannte Abfrageschleife, in
 der der Computer auf die niedrig/hoch (Low/High)-Impulsflanke vom Warenlaufsensor wartet. In dieser Schleife wird aber der Stillstandszähler
 hochgetaktet.]

IF WIP = 4 AND WFL = 0 THEN ③ ELSE ②

[Auch hier wird eine Entscheidung getroffen. Wenn WIP = 4 ist, dann sendet der Warenlaufimpulsgeber seinen Hochimpuls, wenn dazu aber der Merker, die Warenlaufflagge aber noch auf Null steht (WFL = 0), dann ist
 der Augenblick erfaßt, bei dem der Warenlaufimpulsgeber von niedrig
 (L,0) auf hoch (H,4) umgeschaltet hat. Nur in diesem Fall darf der Computer im Programm nach ③ springen, um den Metragenzähler hochzutakten,
 in allen anderen Fällen muß er zurückspringen nach ②, um den Sensor-
 kanal weiter abzufragen.
 IF = wenn, AND = und, THEN = dann, ELSE = ansonsten]

③ WFL = 1

[jetzt wird der Merker für den Warenlauf auf 1 gesetzt, weil ja der Warenlaufimpuls seinen Hochwert erreicht hat. Damit erreicht man, daß der im
 folgenden behandelte Meterzähler nur ganz gezielt bei einer L/H-

Impulsflanke vom Warenlaufrädchen hochgetaktet wird. Bei der nächsten
Abfrage ist der Warenlaufimpuls = 4 und die Warenlaufflagge = 1, die
hier vorgeschaltete Entscheidungsbedingung ist nicht erfüllt, der Rechner kommt also gar nicht bis hierher und kann somit auch nicht in den
folgenden Abschnitt weiterkommen, um den Meterzähler hochzutakten.]

```
**********************************************************************
* M e t r a g e b e r e c h n u n g e n                              *
**********************************************************************
```

REM Metrage MTG hochzählen, ein Radumfang = ein voller Impuls mit Hoch
(= 4) und Tief (= 0) und entspricht 0,5 m Warenlänge.

MTG = MTG + 0.5

[Das Gleichheitszeichen steht für einen Zuweisungsbefehl. Dem bisherigen
Zählerstand von MTG (z.B. 265.5 m) werden 0.5 m zugezählt. Dann ist MTG
= 266 m. Dies ist wieder ein typisches Beispiel, wie eine Variable, hier
MTG, als Zähler benutzt wird, indem ihr laufend hochgezählte Werte zugewiesen werden.]

REM Dispoberechnung, Restlänge der Partie RL
RL = LNG-MTG

[Von der Partielänge LNG wird die abgearbeitete Metrage MTG abgezogen und
der Variablen RL (= Restlänge) zugewiesen, die dann direkt in den Bildschirm eingeblendet werden kann, bei LNG = 3400 und MTG = 266 ergibt
sich RL = 3134 m.]

```
**********************************************************************
* L a u f g e s c h w i n d i g k e i t   e r f a s s e n            *
**********************************************************************
```

REM Am Eingabeport 200 steht am Bit-Nr. 1 ein Zeittakt ZT an von 2 min
für einen vollen Takt (0,1).

[Hoch (H) oder 1 und niedrig (L) oder 0 stehen jeweils für 1 Minute an.]

ZT = EP **AND** 1

[Der für die Geschwindigkeitsauswertung benötigte Zeittakt steht ebenfalls am Eingabeport 200 an, und zwar am Kanal 1 (Bit-Nr. 1). In der Variablen EP ist bereits der Signalinhalt von 8 Eingabekanälen gespeichert. Durch die logische Verknüpfung AND (= UND) mit 1 (binär = 0000 0001) wird das niedrigste Bit (Nr. 1 = Kanal Nr. 1) aus diesem Signal herausgefiltert. Die Variable ZT kann dabei den Wert 0 oder 1 annehmen, der Wechsel erfolgt zu jeder vollen Minute, der gesamte Zeittakt, bestehend aus 0 und 1, dauert wie gesagt 2 Minuten.]

IF ZT = 0 **AND** ZFL = 1 **THEN** ZFL = 0 : **GOTO** ⑤

[Hier erfolgt wieder eine Flankenauswertung, und zwar die Flanke des Zeitimpulses beim Übergang von ZT = 1 auf ZT = 0 (Abb. 17, rechts oben). Die Zeitflagge als Merker steht noch auf 1 (ZFL = 1), der Zeitimpuls ist aber schon auf den Tiefwert abgefallen ZT = 0. Wenn (IF) ZT = 0 und (AND), wenn die Zeitflagge noch auf 1 steht (ZFL = 1), dann (THEN) wird die Flagge eingezogen (MFL = 0) und das Programm springt zu dem Teil: Datenausgabe, am Bildschirm Nr. ⑤.]

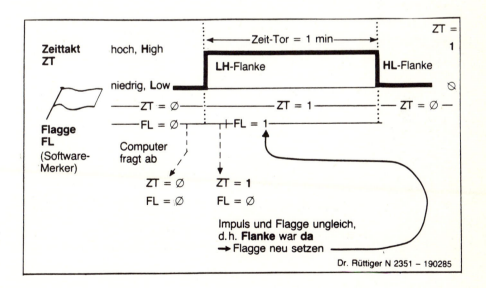

Abb. 17: Impulsflanken auswerten, typisch für Prozeßrechner.

IF ZT = 0 **THEN** MZZ = MTG: **GOTO** ②

[Abfrage des Zeittaktgebers mit IF (= wenn) ... THEN (dann). Solange der Zeitimpuls auf seinem Tiefwert steht, also immer wenn ZT = 0, dann wird ein Meterzwischenzähler MZZ auf den aktuellen Stand der abgearbeiteten Metrage gesetzt MZZ = MTG und mit dem **GOTO**-Befehl (= gehe zu) springt das Programm zur Position ② im Abschnitt: " Peripherie abfragen". Wenn das Zeitbit ZT = 1, dann ist die Bedingung ZT = 0 nicht erfüllt, die "Hochhälfte" des Zweiminutenzeitimpulses beginnt, der Programmteil nach dem THEN (= dann) wird nicht ausgeführt, das Programm schreitet zum nächsten Befehl, bei dem die "Hochhälfte" des Zeitimpulses verarbeitet wird.]

ZFL = 1 : VTX = (MTG - MZZ)/2 : **GOTO** ②

[Wenn das Programm bis hierher gekommen ist, dann muß ZT = 1 sein. Wäre ZT = 0, dann wäre in der vorhergehenden Programmzeile der Rücksprung zur Peripherieabfrage Pos. ② erfolgt. Wenn also ZT = 1 ist, dann kann der Computer als erstes die Zeitflagge auf 1 setzen (Abb. 17). Damit ist die Verwaltungsarbeit für die Flankenauswertung erledigt.

Als nächste Operation wird die Warenlaufgeschwindigkeit VTX gebildet. Die Variable für die abgearbeitete Metrage wird dauernd hochgezählt, gibt also den aktuellen Wert des Meterzählers an. Der Metragenzwischenzähler wurde in der vorhergehenden Programmzeile nur solange mit hochgezählt, wie der Zeitimpuls ZT = 0 war. Er steht somit auf dem Wert, der zu Beginn der Zählminute (des Zeittores) erreicht war. Die Differenz aus der aktuellen Metrage (MTG) und dem Zwischenzählerstand (MZZ) ist also genau die Metrage, die seit Beginn des Hochimpulsteiles vom Zeitgeber in die Anlage eingelaufen ist. Solange also das Zeittor mit ZT = 1 offen ist, wird auch MTG laufend hochgetaktet und damit wächst die Warenlaufgeschwindigkeit VTX auf ihren Endwert an, denn MZZ bleibt ja konstant. Der Rücksprung nach ② ist erforderlich, damit MTG hochgetaktet werden kann.

Dies ist das Ende des eigentlichen Programmes, spätestens ab hier erfolgt der Rücksprung in die Abfrageroutine ② . Das Programm läuft nicht mehr weiter zu anderen Befehlen.]

```
***********************************************************************
* S t i l l s t a n d a u s w e r t u n g                              *
***********************************************************************
```

④ Dieser Programmteil wird von der Stillstandserkennung aus angesprungen. Er wird nicht detailliert beschrieben. Hier wird für jeden Stillstand festgehalten:

1. die Metrage bei der sich der Stillstand ereignet hat: MS(1), MS(2), MS(3)....

2. die Dauer des Stillstandes in min: DS(1), DS(2), DS(3)....

Für den ersten Sillstand werden die beiden Variablen MS(1) und DS(1) geladen, also z.B.

   MS(1) = 35, d.h. Stillstand bei 35 m
   DS(1) = 4,8, d.h. Stillstanddauer 4,8 min

Für den zweiten Stillstand werden dann die Variable MS(2) und DS(2) geladen. Damit kann ein beliebige Anzahl von Stillständen erfaßt werden. Um zu erkennen, ob ein Stillstand zu Ende ist, wird der Warenlaufimpulsgeberkanal (WIP) laufend abgefragt. Läuft die Ware an, wird nach ② zurückgesprungen.

```
***********************************************************************
* D a t e n a u s g a b e   a u f   d e m   B i l d s c h i r m       *
***********************************************************************
```

[Dieses Unterprogramm wird vom Abschnitt "Laufgeschwindigkeit erfassen" aus angesprungen.]

⑤ PRINT AT 64 + 10, DAT $: PRINT AT 64 + 40, TIM $

[PRINT = drucke. Ein Befehl, der Daten ausgibt; in früheren Tagen auf einem Fernschreiber, heute auf den Bildschirm. Der Befehl PRINT AT mit Adresse erzeugt ein Standbild. Die Anzeige rollt nicht über den Bildschirm hinweg, sondern jede Zahl bleibt an ihrem Platz stehen.

DAT $ enthält das Datum und TIM $ die Uhrzeit, Größen, die ein gut programmierter Computer "automatisch" zur Verfügung stellt.]

PRINT AT 2 x 64 + 10, "Abgearbeitete Metrage ...."; MTG; " m"

[Die Adresse am Bildschirm besteht aus der fortlaufenden Zahl der möglichen Buchstaben. Man muß nicht unbedingt wissen, daß der 10. Anschlag in der 3. Zeile die Platz Nr. 138 hat. Bei 64 Anschlägen (Bildschirmbuchstabenplätzen) pro Zeile kann man natürlich auch die Platz Nr. als Rechenaufgabe eingeben, 3. Zeile + 10 Anschläge = 2 x 64 (2 volle Zeilen) + 10. Die Angabe der Programmbefehle läßt sich nur schwer erkennen, wie die Bildschirmausgabe wirklich aussieht. Abb. 18 vermittelt einen angenäherten Eindruck.]

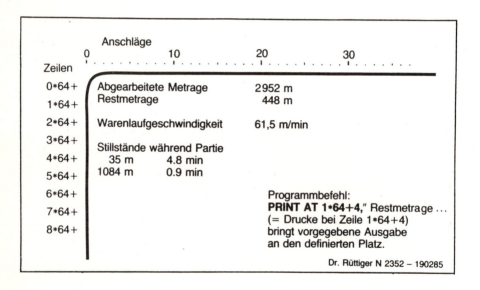

Abb. 18: Prozeßdaten am Bildschirm ausgegeben.

PRINT AT 3 x 64 + 10, "Restmetrage ="; RL; "m"

[Bei der Bildschirmausgabe kommt zuerst die Prozeßgröße in "...", dann die Variable für den aktuellen Wert dieser Größe zwischen Strichpunkten und dann, wieder in Anführungszeichen, die Maßeinheit.]

PRINT AT 5 x 64 + 10, "Warenlaufgeschwindigkeit ="; VTX;" m/min"

PRINT AT 7 x 64 + 10, "Stillstände während der Partie"

```
PRINT AT 8 x 64 + 15, MS(1) "m"

PRINT AT 8 x 64 + 40, DS(1) "min"

PRINT AT 9 x 64 + 15, MS(2) "m"

PRINT AT 9 x 64 + 40, DS(2) "min": GOTO ②
```

Dies war ein Versuch, von einem Prozeßrechnerprogramm einen Ausschnitt zu veranschaulichen. Die hier gewählten Abkürzungen für einzelne Größen (mager gedruckte Teile der Programmanweisungen) kann jeder Programmierer nach Belieben festlegen. So darf man sich nicht wundern, wenn für eine Größe, wie die Warenlaufgeschwindigkeit - hier VTX -, völlig andere Abkürzungen auftauchen.

Insgesamt gesehen sollte es einen Programmierkurs für Textilveredler geben, der mit weniger Aufwand als ein Führerscheinkurs das nötige Grundwissen vermittelt. Bis solch eine Einrichtung entsteht, muß wohl jeder Interessent über Bücher oder örtliche Kurse sich Wissen auf diesem Gebiet aneignen. Dabei muß man allerdings viel Ballast bezahlen und aufnehmen, wenn man für die Veredlung brauchbares Know how bekommen will.

5. Künftige Entwicklung

Prognosen im technischen Bereich sind sicher nicht schwieriger als im politischen Bereich, nur der Techniker hat ein besseres Gedächtnis für falsche Propheten. Die ITMA '83 in Mailand wurde als die ITMA der Mikroprozessoren tituliert. Sicher keine sehr treffende Einstufung. Zum einen ist ein Mikroprozessor im Wert zwischen DM 5,-- und DM 50,-- keine tragende Größe für eine Textilmaschine im Wert von DM 100.000,-- bis DM 1.000.000,--. Zum anderen wurden die Möglichkeiten, die diese kleinen Chips bieten, bei weitem nicht genutzt.

Es wurde auch der Ruf laut: wir brauchen neue, bessere Sensoren für unsere Veredlungsprozesse. Eine solche Forderung ist leicht aufzustellen, sie soll hier nicht direkt wiederlegt werden, denn ganz sicher fehlen uns noch einige interessante Sensoren im Textilbereich. Die Gegenfrage: Nutzen wir die heute bekannten Sensoren schon ausreichend? Läßt sich schlicht verneinen.

In diesem Beitrag sollte gezeigt werden, daß es dazwischen noch ein weites Feld gibt, das einer Beachtung wert ist: die intelligente Auswertung der Sensorsignale für eine anschauliche und nützliche Ausgabe auf dem Bildschirm.

Der Engpass, der uns am Ausnutzen der Möglichkeiten hindert, ist in dieser Ausarbeitung an verschiedenen Stellen deutlich zu Tage getreten:

1. Es fehlt an einer guten Marktübersicht über Sensoren für die Textilveredlung.

2. Zwischenverstärker, Übertragungsglieder oder Adapter, um einen günstigen Sensor an einen Computer anzuschließen, sind fast immer noch reine Glückssache.

3. Computer mit schönen Ein- und Ausgabekanälen und dem Komfort von Kleincomputern werden im Markt noch kaum angeboten.

4. Programme zur Prozeßdatenverarbeitung sind streng an den jeweiligen Computertyp gebunden. Die dazu verfügbaren, noch preiswerten Programmpakete beinhalten meist nur eine einfache Verwaltung von Taktsignalen (weniger als das, was hier im Beispiel gezeigt wurde) und einfache PID-Regler, deren Zeitverhalten elegant eingestellt werden kann. Eine individuelle Anpassung ist meistens erforderlich.

5. Das Veredlungstechnische Know how ist in Ratgebern festgehalten, computergerechte Formeln lassen sich daraus nur sehr schwer ableiten. Es fehlt die "Formelsammlung für Textilveredler".

Welche Möglichkeiten zeichnen sich ab, um diese Lücken zu füllen?

Auf der Hardwareseite, bei den Geräten, sind die Kosten relativ niedrig. Man kann also Sensoren und Verstärker im Prinzip als Unterrichtsmaterial kaufen. Teile, die durch Fehlschaltungen ausfallen, lassen sich mit recht geringem Aufwand ersetzen. Leider gilt dieses komplizierte Gebiet als "Handwerk", so daß keine Hoffnung besteht, daß es von der doch sehr umfangreich geförderten Deutschen Textilforschung aufgegriffen wird. Offensichtlich wird die TVI ihre Verbände bemühen müssen, um dem Bildungsdefizit abzuhelfen. Ein sehr eleganter Ausweg wäre es, den Maschinenbau ein gutes Maß an Sensoren liefern zu lassen. Aber auch dieser Weg ist riskant, da heute meist ein sportlicher Wettbewerb herrscht, durch "Herunterhandeln" den Hersteller zum Weglassen zu zwingen.

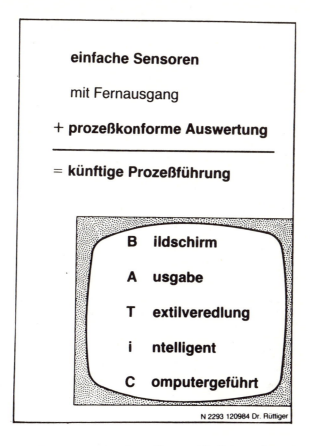

Abb. 19: Sensoren + Auswertung. Grundlagen künftiger Prozesse.

Auf der Softwareseite ist die Problematik anders gelagert. Hier kann jemand mit etwas eigenem Interesse relativ schnell die Grundlagen des Programmierens erlernen. Ein recht guter Weg dazu ist auch der örtliche Club der Computeramateure. Programmierkenntnisse allgemeiner Art sind aber für die hier erforderliche Prozeßdatenverarbeitung nicht ausreichend. Wer seine Projekte selbst realisieren will, muß mit Eigeninitiative meist im Selbststudium sein Wissen erweitern.

Ein weiterer, ganz wichtiger Faktor sind aber die verfahrenstechnischen Formeln, nach denen der Computer arbeiten sollte. Diese Formeln finden sich vereinzelt in der textilen Fachliteratur. Es ist aber ein sehr mühsamer Weg, um aus den zahlreichen "hochwissenschaftlichen" Formeln die wenigen herauszuarbeiten, die wirklich verläßlich und damit auch wissenschaftlich sind. Bei guten Referatediensten werden heute von jeder Publikation schon die Zahl der Seiten, der Abbildungen und der Literaturzitate angegeben, nicht aber die mathematischen Formeln. Auch hier steht noch eine Arbeit aus: die "Formelsammlung für Textilveredler" zu schaffen. Sicher eine sehr umfangreiche Aufgabe, deren Lösung möglicherweise nur durch eine Förderung über die Verbände zu realisieren ist.

Die stürmische Entwicklung in der Nachrichtentechnik läßt allerdings auch noch einen ganz anderen Lösungsweg realisierbar erscheinen. Ein erster Schritt in eine solche Richtung ist der textile Literaturdienst über Telefon-Datenkoppler aus einem Großcomputer in Straubing. Infolge der recht eigenwilligen (internationalen!) Programmierung erhält man auf die Anfrage: "Sensor und Textilveredlung" die Antwort: Null Literaturstellen, obwohl die Sensor-Referate, soweit erkennbar, recht vollständig abgespeichert sind. Hätte man jedoch zufällig nach: "Sensor und Färbung" gefragt, dann hätte der Computer natürlich ein Literaturzitat genannt. Immerhin, eine Datenübertragung über das Telefonnetz von Computer zu Computer die funktioniert.

In einem zweiten Schritt könnte man sich ein "Computerstudio für Textilveredlung" vorstellen, bei dem Textilgut- und Produktdaten gespeichert sind sowie verfahrenstechnische Zusammenhänge und Module für Steuerprogramme. Dort könnte man dann gegen Gebühr, ähnlich wie beim Bildschirmtext, über das Postnetz den erforderlichen Computerservice abrufen.

Bis solche Visionen Realität werden, besteht noch etwas Zeit, das Naheliegende zu tun: sich mit modernen Sensoren und einer veredlungsgerechten Auswertung der Signale vertraut machen.

Literatur

[1] Rüttiger, W.:
Zur Theorie und Anwendung der Automatisierung in der Textilveredlung.
Melliand Textilber. 53 (1972), 91-94, 215-224.

[2] Rüttiger, W. und Ehlert, I.:
     Die kritische Färbegeschwindigkeit, eine verfahrenstechnische
     Kenngröße für die zeitsparende und egale Färbung auf dem Apparat.
     textil praxis int. 27 (1972), 609-616.

[3] Kretschmer, A.:
     Die Durchströmungsrechnung als Optimierungshilfe in der Apparate-
     färberei.
     Textilveredlung 15 (1980), 50-55.

[4] Rüttiger, W.:
     Ein plausibler Mechanismus für das Enstehen von Falten in Ablage-
     Färbeaggregaten.
     Lenzinger Ber. (1978), 160-171.

[5] Rüttiger, W.:
     Prozeßgrößen und Kostenfaktoren in der Veredlung am Bildschirm
     verfolgen.
     textil praxis int. 38 (1983), 1216-1221.

[6] Nichols, E.A., Nichols, J.C. und Musson, K.R.:
     Data Communications für Microcomputers.
     McGraw-Hill Book Company, New York 1982.

[7] Lesea, A. und Zaks, R.:
     Mikroprozessor Interface Techniken.
     Hrsg. R. Nedela, Mikro-Shop Bodensee, Markdorf 1979.

[8] Diehl, W.:
     Prozeßrechnertechnik kurz und bündig.
     Vogel-Verlag, Würzburg 1975.

[9] Institut für Textiltechnik, Denkendorf:
     Prozeßdatenverarbeitung in der Textilindustrie.
     Sammelbroschüre mit 8 Einzelbeiträgen, 1982.

[10] Hultzsch, H.:
     Prozeßdatenverarbeitung.
     B.G. Teubner, Stuttgart, 1981.

[11] Link, W.:
     Messen, Steuern und Regeln mit BASIC.
     Franzis-Verlag, München 1984.

     Sacht, H.-J.:
     Programmiersprache BASIC - Schritt für Schritt.
     Humboldt-Taschenbuchverlag Jakobi KG, München 1983.

[12] Busch, R.:
     BASIC für Einsteiger.
     Franzis-Verlag, München 1982.

     Feichtinger, H.:
     Basic für Mikrocomputer,
     Franzis-Verlag, München 1980.

[13] Gottfried, B.S.:
     Theory and Problems of Programming with BASIC.
     McGraw-Hill Book Company, New York 1975.

Meßtechnische Erfassung der Eigenschaftsänderung von Cellulose in Kontinueprozessen

Adelgund Bossmann und E. Schollmeyer
Deutsches Textilforschungszentrum Nord-West e.V.,
Institut für textile Meßtechnik
Frankenring 2
D-4150 Krefeld 1

1.   Einleitung

Die on line-Erfassung der Eigenschaftsänderung von Cellulose ist eine notwendige Voraussetzung für eine Automatisierung der Prozesse, in denen diese Materialien verarbeitet werden. Dies gilt insbesondere für den textilen Bereich. Die Eigenschaften von Textilien aus Baumwollfasern lassen sich durch Behandlungen mit Natronlauge, wie das Abkochen, das Laugieren und das Mercerisieren, je nach den gewählten Verfahrensbedingungen in weiten Grenzen variieren. Diese Eigenschaftsänderungen beruhen auf der Quellwirkung der Natronlauge und den damit zusammenhängenden Strukturveränderungen.

Für eine verfahrenstechnische Betrachtung gilt es, eine Gesamtfunktion zu entwickeln [1]. Dabei stellt das Gesamtsystem, welches aus den Baumwollfasern und der wäßrigen Natronlauge besteht, ein komplexes System dar, dessen Grundfunktionen und deren Kopplungen miteinander noch nicht in ausreichendem Maße bekannt sind. In diesem Gesamtsystem ist die Baumwollfaser selbst schon als ein heterogenes, d.h. ein aus mehreren Schichten gebildetes, System anzusehen (vgl. Abbn. 1 und 2). Diese Schichten bestehen wiederum aus Fibrillenbündeln. Ihr spiraliger Aufbau und ihre gegenläufigen Drehrichtungen (vgl. Abb. 1) verhindern das Abgleiten der Fibrillenbündel gegeneinander. Das Fibrillenbündel besteht nach Abb. 2a aus Mikrofibrillen. Diese sind wiederum aus geordneten Bündeln, welche aus Kristalliten und fehlgeordneten Bereichen bestehen, zusammengesetzt (vgl. Abb. 2b). Zwischen diesen Mikrofibrillen liegen die sogenannten intermizellaren Räume, die bei der Quellung eine bedeutende Rolle spielen.

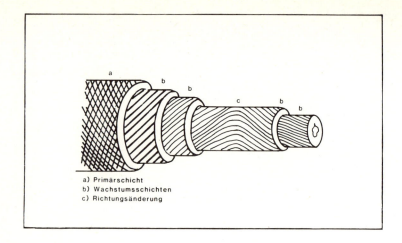

Abb. 1: Modell einer Baumwollfaser nach ORR et al. [2], mit a) Primärschicht, b) Spiralstruktur und c) Wachstumsrichtungsänderung der konzentrischen Sekundärwandungen.

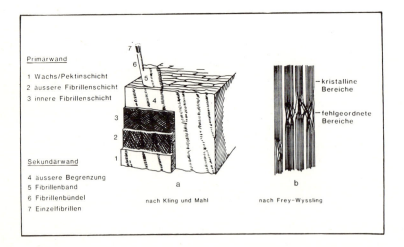

Abb. 2: Strukturmodell der Baumwollfaser:
a) Schichtaufbau der Primär- und Sekundärwandungen nach KLING und MAHL [3],
b) Mikrofibrillenfeinbau nach FREY-WYSSLING [4].

In Gegenwart von Natronlauge bildet sich in Abhängigkeit der Verfahrensbedingungen (NaOH-Konzentration und Temperatur) in der Baumwollfaser Alkalicellulose in verschiedenen Modifikationen gemäß dem Phasendiagramm in Abb. 3.

Eine Übersicht über die unterschiedlichen Verfahrensbedingungen, die zur Bildung der verschiedenen Alkalicellulosen führen, gibt Abb. 4 wieder [6].

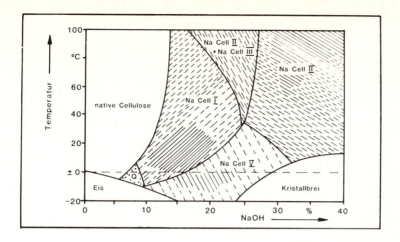

Abb. 3: Phasendiagramm nach SOBUE et al. [5].

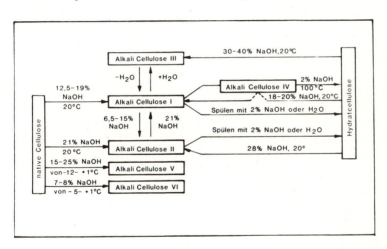

Abb. 4: Verfahrensbedingungen zur Bildung bzw. Umbildung unterschiedlicher Modifikationen der Alkalicellulosen nach NIKITIN [6].

In Übereinstimmung mit dem Phasendiagramm in Abb. 3 kann davon ausgegangen werden, daß z.B. bei 20 °C durch eine Behandlung von nativer Cellulose mit 16 - 18 %iger Natronlauge der optimale Bereich zur Bildung von Alkali-Cellulose I erreicht wird, während eine Behandlung mit einer NaOH-Konzentration oberhalb von 21 % zu der Modifikation Alkali-Cellulose II führt. Für den textilen Bereich trifft das erstere für das Laugieren und das letztere für das Mercerisieren zu.

Beim Einbringen der Faser in Form von Garnen oder Flächengebilden in die wäßrige Natronlauge sind zunächst Grenzflächenphänomene bei der Betrachtung des Gesamtsystems zu berücksichtigen. Es gilt, daß die Ausbildung des elektrischen Potentials an der Phasengrenzfläche, welches als ζ-Potential bezeichnet wird, durch die folgenden Mechanismen erklärt werden kann [7]:

- teilweise Orientierung der Wassermoleküle an der Oberfläche des Feststoffs,

- Dissoziation von an der Oberfläche fest gebundenen funktionellen Gruppen,

- selektive Adsorption einer Ionenart.

Durch diese Mechanismen wird der Verlauf des elektrischen Potentials in der Grenzschicht einer Flüssigkeit gegen den Feststoff und damit die elektrische Überführungsarbeit in der diffusen Doppelschicht bestimmt [8]. Die Einwirkung von Natronlauge bewirkt eine Herabsetzung des negativen ζ-Potentials, und dieses erreicht bei ca. 17 %igem Laugengehalt einen Grenzwert [9].

Die durch die Einwirkung von Natronlauge hervorgerufene Quellung der Baumwollfaser kann nach NEALE [10] wie folgt interpretiert werden: Die Faser wirkt als eine semipermeable Membran, in der sich aufgrund eines Donnan-Gleichgewichtes ein osmotischer Druck aufbaut. Donnan'sche osmotische Drücke entstehen immer dann, wenn die Membran für mindestens eine Ionensorte undurchlässig ist. Im vorliegenden Fall sind es die Kolloidionen.

Weiterhin sind für die Beschreibung der Grenzflächenphänomene die Einflüsse der Wasserstruktur zu berücksichtigen. Bei der Überführung eines Ions an eine Grenzfläche erfolgt eine Änderung der dielektrischen Polarisation der Wassermoleküle in unmittelbarer Nähe des Ions. Beispielsweise folgt für das Na^+-Ion bei Anwendung der BORN-Gleichung [11] eine positive Überführungsenergie, d.h. ein Ausschluß des Ions an der Phasengrenzfläche. Weiterhin ist zu berücksichtigen, daß die Wassermoleküle an der Grenzfläche orientiert vorliegen. Damit führt eine Überlappung dieses Strukturbereiches mit den Hydrathüllen der Ionen zu einer Aufhebung von Wasserstoffbrückenbindungen und zu Umorientierungen der Wassermoleküle.

Des weiteren ist die von SCHWARZKOPF et al. [12] und BRANDT et al. [13] diskutierte unterschiedliche Zugänglichkeit der Cellulose für Wasser und Lauge aus der Bulkphase in Betracht zu ziehen. Die Zugänglichkeit hängt von der Laugenkonzentration ab. Die an nativer Cellulose (Ramie) ermittelten "charakteristischen" NaOH- und Wasser-Aufnahmen sind in Abb. 5 wiedergegeben.

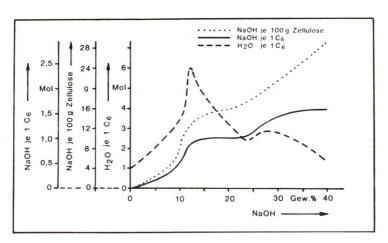

Abb. 5: Charakteristische NaOH- und Wasseraufnahme von nativer Cellulose (Ramie) nach SCHWARZKOPF et al. [12].

Dieses Verhalten der nativen Cellulose bei den verschiedenen Laugenkonzentrationen ist nicht reversibel, da in dem dargestellten Bereich die Alkali- und Wasseraufnahme von einer unter den Verfahrensbedingungen der Laugenbehandlung irreversiblen Umlagerung der natürlichen Cellulose in Hydratcellulose begleitet ist. Durch die Reaktion der Cellulose mit dem Alkali erfolgt eine physikalische Strukturänderung. Dies führt zu einer Zunahme des Faserdurchmessers (Quellung) sowie zu einer Längenkontraktion. Die mikroskopische Änderung der Faser infolge der Quellung beruht zum einen auf der interkristallinen bzw. intermicellaren und zum anderen auf der intrakristallinen bzw. intramicellaren Quellung (vgl. Abb. 6). Eine interkristalline Cellulosequellung mit der Folge einer Änderung der Dampfsorption und gewissen Änderungen in der Fibrillenanordnung setzt etwa bei einer Behandlung mit einer Laugenkonzentration von 5 % ein [15]. Die Einwirkung von Natronlauge oberhalb einer Konzentration von ca. 10 % führt zu Gitterumwandlungen der Cellulose und damit zu einer permutoiden Reaktion des Mediums mit der Fasersubstanz [15]. Durch die Behandlung mit dem quellenden Medium Natronlauge werden damit eine ganze Reihe von physikalischen Eigenschaften der Baumwolle in unterschiedlichem Ausmaße verändert, wie z.B. äußere und innere Oberfläche, Porenstruktur, Wasserstoffbrückenbindungstyp, Gittertyp, Ordnungsgrad u.a.. In welchem Maße einige der vorgenannten Größen Einfluß auf die textilen Eigenschaften nehmen können, z.B. auf das färberische Verhalten von Baumwolle nach einer Quellungsvorbehandlung, wurde u.a. von BREDERECK et al. [16] untersucht. Aus den Ergebnissen dieser Untersuchungen konnte unter der Annahme, daß die Farbstoffaufnahme bei den hydrophilen Naturfasern in erster Linie durch ein Porenmodell zu beschreiben ist, abgeleitet werden, daß zwischen der Gleichgewichtsadsorption eines Direktfarbstoffes (C.I. Direct Blue) und den Volumina eines Porendurchmesserbereiches in der Größenordnung von 20 - 60 Å eine lineare Beziehung besteht. Eine Anwendung dieses Konzepts auf die Reifegradbestimmung (Rot/Grün-Test) und die Erkennung von Laugierungsunterschieden von Baumwolle wird in [17] diskutiert.

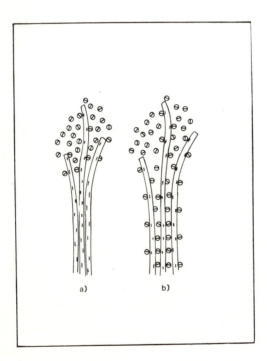

Abb. 6: Intermicellare (a) und intramicellare (b) Quellung von Cellulose nach HERMANNS [14].

Die durch die Mercerisation erzeugte höhere Farbtiefe beruht zum einen auf dem besseren Ausziehen der Farbbäder infolge der erhöhten Zugänglichkeit der Faser und zum anderen auf der verminderten Lichtstreuung. Diese Verringerung der Lichtstreuung wird mehreren Veränderlichen zugeschrieben, hierzu zählt allgemein die Änderung der Achsenverhältnisse des Faserquerschnittes; d.h. die Faser wird runder und die durch den Quellungsvorgang erzeugte Zunahme der Faserwandstärke sowie die dadurch bedingte Verringerung des Faservolumens bedingt einen Rückgang der Lichtstreuung im Faserinnern [18].

Des weiteren werden durch die Alkalibehandlung von Baumwolle aufgrund der strukturellen Veränderungen auch die mechanischen, thermomechanischen und hydromechanischen Eigenschaften des Baumwolltextils verändert [18,19]. Im allgemeinen erfolgt die Alkalibehandlung von Baumwollgeweben in Kontinueprozessen, wobei das Gewebe einem Laugierprozeß mit etwa 13 - 16 %iger (150 - 190 g/l) Natronlauge 20 - 30 s spannungslos oder beim Mercerisieren mit ca. 22 - 26 %iger (270 - 320 g/l) Natronlauge 30 - 60 s unter Konstanthaltung einer vorgegebenen Dimension behandelt und anschließend ausgewaschen wird. Speziell bei diesen Kontinueprozessen wird wegen der kurzen Prozeßzeiten in den einzelnen Verfahrensschritten kein Gleichgewichtszustand erreicht. Es besteht somit die Aufgabe, die zeitliche Änderung der Eigenschaften der Baumwollfaser unter verschiedenen Prozeßbedingungen zu untersuchen.

Durch eine verfahrenstechnische Analyse des Systems Alkalibehandlung läßt sich deren Gesamtfunktion in einzele Elementarfunktionen aufgliedern [1]:

I. Stoffmischung, d.h. Beladung der Baumwolle mit Alkali,

II. Verweilen der Reaktionsmischung und

III. Stoffaustausch, d.h. Beladung der Alkalicellulose mit Wasser oder schwachsauren Medien.

Zur Auffindung der Gesamtfunktion ist es zweckmäßig, die Elementarfunktionen in Grundfunktionen aufzugliedern: Die Herstellung der Stoffmischung (I) ist abhängig von der Alkalikonzentration [20], der Badtemperatur [21] und den Eigenschaften der Faser-Laugen-Grenzfläche [22]. Die während der Verweilstufe II erzielten Strukturveränderungen werden darüber hinaus durch die Einwirkungszeit und die Zugspannungen beeinflußt [23]. Der Entquellungsvorgang III. wird durch die Konzentrationsänderung des Alkali bestimmt, wobei die Temperatur und die Spannung als weitere Einflußgrößen anzusehen sind. Damit besteht die Aufgabe, Eigenschaften des Materials unter den Randbedingungen des Prozesses zeitlich zu verfolgen. Aussagen zum Prozeß erbringen Größen, die in einem direkten Zusammenhang mit der Quellung stehen, wie Dicken- und Längenänderung sowie Schrumpfspannung [24].

Zielsetzung der vorliegenden Untersuchungen ist es, eine analytische Darstellung des zeitlichen Quellungsverlaufes von Baumwolle unter den Randbedingungen des Alkaliprozesses, wie Laugenkonzentration, Temperatur und Spannungen, zu entwickeln. Im folgenden wird eine Vorgehensweise diskutiert, welche aus dem Vermessen der zeitabhängigen Längenänderung bzw. der zeitabhängigen Schrumpfkräfte ein einfaches Modell entwickelt und seine Anwendung für den Kontinueprozeß diskutiert.

Eine Begründung für diese phänomenologische Vorgehensweise wird darin gesehen, daß die vorab diskutierten physikalisch-chemischen Wechselwirkungen in ihrem Einfluß auf die Quellung noch nicht in ausreichendem Maße bekannt sind. Weiterhin ist zu beachten, daß im vorliegenden Fall durch Diffusion von Na^+- und OH^--Ionen sowie durch Wasser morphologische Änderungen der Baumwolle ausgelöst werden, die sich dem Diffusionsvorgang überlagern: Wenn die Geschwindigkeit der morphologischen Zustandsänderung größer ist, überlagern sich zwei irreversible Prozesse, die je nach Kopplung miteinander mehr oder weniger komplizierte Diffusionsanomalien hervorrufen können [25,26]. Damit kann man - je nachdem, welcher der beiden Prozesse den anderen steuert - zwei Sonderfälle der möglichen Kopplungen unterscheiden [26]: 1. die Diffusion steuert die morphologische Zustandsänderung und 2. die morphologische Zustandsänderung steuert den Materialtransport. Fragen dieser Art sind bislang am System Baumwolle - wäßrige NaOH-Lösung bei An- und Abwesenheit von Spannungen nicht untersucht worden.

2. <u>Bestimmung des Längenänderungsverhaltens von Baumwollgarnen in quellenden Medien</u>

2.1 Experimentelles

Für die zeitliche Verfolgung der Längenänderung von Garnen und Geweben in quellenden Medien eignet sich das turgor-mechanische Analysenverfahren (turgor = Quellungsdruck) [27]. Das Prinzip dieser Meßtechnik ist schematisch in der Abb. 7 dargestellt: Die freihängende obere Einspannvorrichtung zur Aufnahme der Meßprobe ist über eine Umlenkrolle mit dem Tauchanker eines induktiven Wegaufnehmers verbunden. Dieser Wegaufnehmer enthält ein axial angeordnetes Spulenpaar und bildet mit dem Tauchanker die Hälfte einer Wheatstone'schen Brückenschaltung mit einer Trägerfrequenz von 5 kHz. Eine Tauchankerverschiebung infolge einer Änderung der

Probenlänge l bewirkt eine proportionale lineare Verstimmung der
Wheatstone'schen Brücke. Die Meßgenauigkeit beträgt ±0,1 %. Die eindimensionale Meßgröße, Länge der Probe l, wird damit in ein elektrisches
Signal umgewandelt und über einen Meßverstärker (Trägerfrequenz-Meßverstärker) auf einen x-y-Schreiber zeitabhängig (t) übertragen. Der mit dem
quellenden Medium gefüllte Glasbehälter ist für eine Thermostatisierung
doppelwandig. Es können Temperaturen von 25 - 90 °C ±2 °C eingestellt
werden. Durch die Verwendung eines Magnetrührers werden die Konzentration
und Temperatur des Mediums über der gesamten Flüssigkeitshöhe konstant
gehalten.

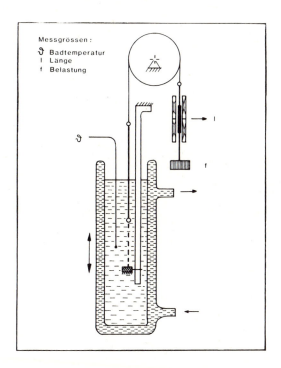

Abb. 7: Schematische Darstellung des Analysenverfahrens Längenmessung
nach VALK et al. [27].

2.2 Meßergebnisse
2.2.1 Laugierprozeß

In der Abb. 8 ist die zeitabhängige Länge l (t) eines Baumwollgarnes (Baumwollgarn gebeucht, Nm 28 (37,5 tex), einfach, 600 T/m) bei drei verschiedenen Laugenkonzentrationen und konstanter Temperatur (25 °C) bei einer Meßbelastung von $\sim$ 0,03 cN/tex und in der Abb. 9 bei konstanter Laugenkonzentration und zwei verschiedenen Temperaturen dargestellt.

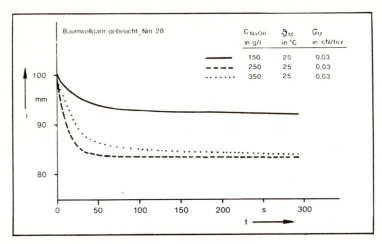

Abb. 8: Einfluß der Laugenkonzentration auf die zeitabhängige Längenänderung eines gebeuchten Baumwollgarnes.

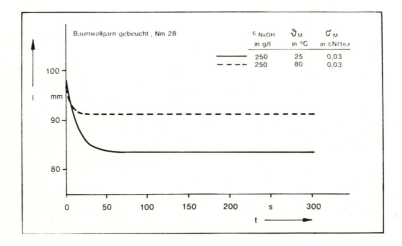

Abb. 9: Einfluß der Temperatur auf die zeitabhängige Längenänderung eines gebeuchten Baumwollgarnes.

Die in den Abbn. 8 und 9 aufgezeigten Graphen lassen zwei Grenzfälle erkennen: Für kurze Zeiten wird ein linearer Zusammenhang zwischen l und t beobachtet und für große Zeiten erreicht l einen endlichen Wert l_∞. Das Meßergebnis läßt sich somit durch einen Zusammenhang analog einer chemischen Reaktion erster Ordnung beschreiben [28]:

$$l = l_0 - (l_0 - l_\infty)(1 - e^{-k_1 t}) \ , \qquad (1)$$

mit   t   Zeit,
          l   Probenlänge,
          l_0 Probenlänge zur Zeit t = 0,
          $l_\infty = \lim\limits_{t \to \infty} l$ und
          k_1 "Geschwindigkeitskonstante" erster Ordnung.

Gl. (1) erfüllt die beiden experimentell beobachtbaren Grenzfälle:

a) Für kleine Zeiten t wird eine lineare Abnahme von l mit t beobachtet

$$l = l_0 - \alpha t \ .$$

Gl (1) geht für t = 0 in $l = l_0$ über. Nach Entwicklung der e-Funktion in eine Taylor-Reihe und Abbruch nach dem linearen Term,

$$e^{-k_1 t} = 1 - k_1 t \ ,$$

und Einsetzen dieses Andruckes in Gl. (1) errechnet sich:

$$\alpha = (l_0 - l_\infty) \cdot k_1 \ .$$

b) Für große Zeiten $t \to \infty$ folgt $l = l_\infty$.

Gl. (1) gibt damit einen Zusammenhang zwischen der Länge l und der Zeit t mit zwei freien Parametern (l_∞ und k_1) bei vorgegebener Einspannlänge l_0 wieder. Durch Digitalisierung der Meßwerte und Anwendung der Methode der kleinsten Quadrate vermittelnder unbedingter Beobachtungen lassen sich diese Größen numerisch ermitteln. In der Abb. 10 ist ein Beispiel eines digitalisierten Kurvenverlaufes sowie die numerisch ermittelte Ausgleichskurve dargestellt. Die hier dargestellten geringen Abweichungen bei der

Anpassung der Gl. (1) an die experimentellen Daten sind aufgrund einer genauen Analyse zahlreicher Untersuchungen systematisch. Es lassen sich vier Betrachtungsweisen als Ursache ansehen:

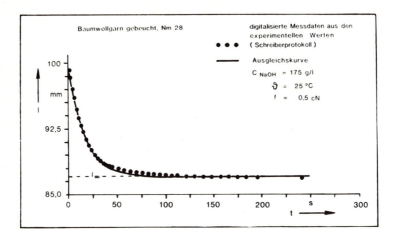

Abb. 10: Anpassung der digitalisierten Meßdaten an Gl. (1) nach der Methode der kleinsten Quadrate vermittelnder unbedingter Beobachtungen.

1. Das Gesamtsystem kann als ein zweiphasiges Diffusionssystem aufgefaßt werden. Damit muß der Übergang der Natronlauge aus dem Bad in die Baumwolle berücksichtigt werden, d.h. es geht die Zugänglichkeit des gesamten Textilgutes (Gewebe, Garn, Faser) für die Natronlauge in das Quellungsergebnis mit ein. Weiterhin ist der Einfluß der vorab diskutierten Grenzflächenphänomene auf den Quellungsverlauf weitgehend unbekannt.

2. Aus den vorangegangenen Betrachtungen folgt, daß das Verhältnis von Wasser und Lauge im Festkörper in einem Kontinueprozeß eine zeitabhängige Größe darstellt, da das Wasser vorzieht. Damit liegt eine Überlagerung von mindestens zwei (Wasser und Lauge) unterschiedlichen Diffusions-Zustandsänderungs-Kopplungen vor.

3. Während des Quellungsverlaufes wird Reaktionswärme freigesetzt, so daß sich im Innern der Faser ein veränderndes Temperaturprofil ausbildet.

4. Einkräuseln bzw. Abgleiten von Fasern im Garnverband.

Unter Berücksichtigung der vorgenannten Einflüsse auf das Meßergebnis hat
die hier gewählte Vorgehensweise einer formelmäßigen Beschreibung ihre
Berechtigung, da sie erlaubt, mit hinlänglicher Genauigkeit charakteristische Verhaltensweisen des Systems Cellulose - Lauge für einen Kontinueprozeß ableiten zu können.

Die Gl. (1) verfügt über die experimentell zugänglichen Größen l_0 und
$l(t)$ sowie über zwei freie Parameter, l_∞ und k_1. Somit beschreiben in
Gl. (1) l_∞ und k_1 die zeitliche Änderung der Länge infolge der Quellung
durch die Lauge. Diese beiden freien Parameter sind in den Abbn. 11 und
12 als Funktion der Laugenkonzentration c_{NaOH} und in den Abbn. 13 und 14
als Funktion der Temperatur ϑ aufgezeigt. Aus der Darstellung in Abb. 11
ist erkennbar, daß der Wert l_∞ bei konstanter Temperatur im Konzentrationsbereich bis etwa 200 g/l stark abnimmt, wobei mit zunehmender Temperatur
der Endquellwert zu höheren Werten (d.h. geringere Quellung) verschoben
ist. Abb. 12 zeigt, daß Konzentrationsbereiche vorliegen, in denen die
Geschwindigkeitskonstanten k_1 starke Änderungen aufweisen, während der
Endquellwert l_∞ in diesen Bereichen nahezu konstant ist. Bezogen auf
einen Kurzzeitprozeß, wie den Kontinueprozeß, ist damit der Endquellwert
l_∞ von geringer Aussage. Informationen über eine Prozeßgestaltung erbringt nur eine Betrachtung des Quellungsverlaufes nach Gl. (1).

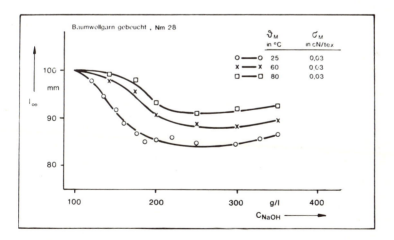

Abb. 11: Länge nach großen Zeiten eines gebeuchten Baumwollgarnes nach
einer Laugenbehandlung.

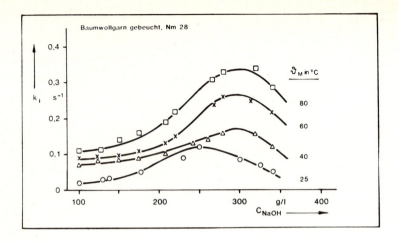

Abb. 12: "Geschwindigkeitskonstante" der Längenänderung eines gebeuchten Baumwollgarnes während einer Laugenbehandlung.

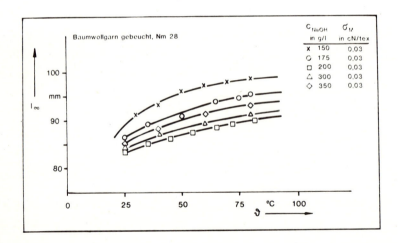

Abb. 13: Länge nach großen Zeiten eines gebeuchten Baumwollgarnes nach einer Laugenbehandlung.

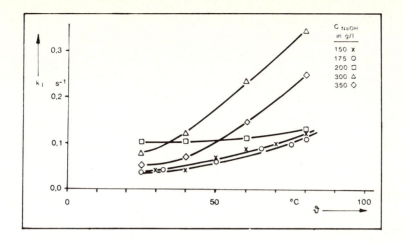

Abb. 14: "Geschwindigkeitskonstante" der Längenänderung eines gebeuchten Baumwollgarnes während einer Laugenbehandlung.

Die ermittelten Maxima von k_1 (vgl. Abb. 12) zeigen den Übergang aus dem Zustandsgebiet der Natriumcellulose I auf (vgl. Abb. 3).

Die Betrachtung der Abhängigkeit der Parameter l_∞ und k_1 von der Laugentemperatur läßt bei konstanter Laugenkonzentration geringere Endquellwerte (Zunahme von l_∞) mit steigender Temperatur erkennen (vgl. Abb. 13). Der Kurvenverlauf der Temperaturabhängigkeit von k_1 zeigt bei geringen Laugenkonzentrationen (150 - 175 g/l) eine geringe Zunahme von k_1 mit ϑ (vgl. Abb. 14). Bei höheren Laugenkonzentrationen (200 g/l) werden zwar höhere k_1-Werte, jedoch ohne eine nennenswerte Abhängigkeit von ϑ beobachtet. Bei deutlich höheren Laugenkonzentrationen nimmt die Abhängigkeit des Wertes k_1 von ϑ stark zu.

Liegt ein niedriger Konzentrationsbereich an Lauge vor, beobachtet man ein starkes Vorziehen des Wassers [12]. Dies zeigt sich nach Abb. 14 durch eine geringe Temperaturabhängigkeit von k_1. Liegt das gesamte Wasser hydratisiert vor (ab 300 g/l in Abb. 14), wird die Diffusions-Zustandsänderungs-Kopplung der Lauge dominant. Dies äußert sich durch einen Wechsel in der Temperaturabhängigkeit der "Geschwindigkeitskonstanten".

2.2.2 Mercerisier-Prozeß

Für den Mercerisierprozeß gilt es, die vorab genannten Zusammenhänge unter höheren Spannungen zu betrachten. Für geringe Spannungen (∿ 0,03 cN/tex) bleibt die Interpretation für die nahezu spannungsfreie Behandlung erhalten (σ_M = 0,03 cN/tex in Abb. 15).

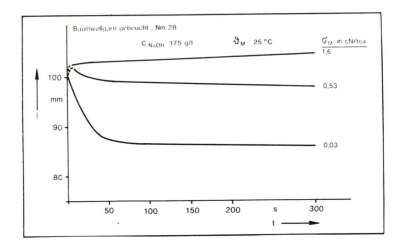

Abb. 15: Einfluß der Spannung auf die zeitabhängigge Längenänderung eines gebeuchten Baumwollgarnes.

Es läßt sich eine kritische Spannung (σ_M = 0,53 cN/tex in Abb. 15) nachweisen, bei der offensichtlich das Vorziehen des Wassers zunächst eine Längung bewirkt (vgl. Abb. 16). Die danach einsetzende Quellwirkung der Lauge ruft eine verzögerte Kontraktion hervor. Dieser kurzzeitige Längenanstieg als Teilschritt ist in Gl. (1) jedoch nicht berücksichtigt. Daher sollen sich die Berechnungen für die Ermittlung der freien Parameter l_∞ und k_1 ausschließlich auf den Teil des Kurvenverlaufes beziehen, der die Einwirkung der Laugenkonzentration widerspiegelt. Die auf diese Weise ermittelten Werte sind in die Abbn. 17 und 18 aufgenommen worden. In Spannungsbereichen, wie sie beim Mercerisieren vorliegen, erfährt l_∞ nur eine geringe Veränderung (Abb. 17) bei niedrigen Geschwindigkeitskonstanten (Abb. 18).

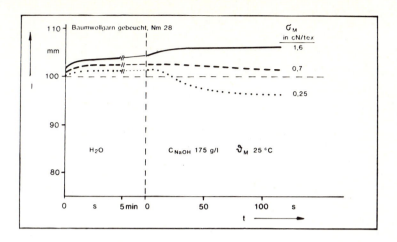

Abb. 16: Zeitabhängige Längenänderung eines gebeuchten Baumwollgarnes in Wasser und anschließend in Natronlauge bei unterschiedlichen Spannungen (zu beachten sind die unterschiedlichen Maßstäbe der Abszisse).

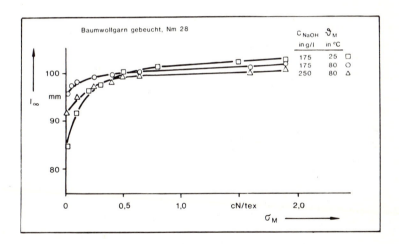

Abb. 17: Länge nach großen Zeiten eines gebeuchten Baumwollgarnes nach einer Laugenbehandlung für unterschiedliche Spannungen (zur Längenkorrektur vgl. Text).

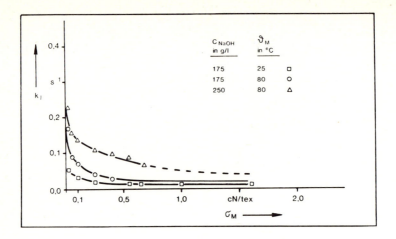

Abb. 18: "Geschwindigkeitskonstante" der Längenänderung eines gebeuchten Baumwollgarnes während einer Laugenbehandlung für unterschiedliche Spannung (zur Längenkorrektur vgl. Text).

3. Bestimmung der Schrumpfspannungen von Baumwollgarnen in quellendem Medium

3.1 Experimentelles

Eine Vorrichtung zur Registrierung von zeitabhängigen Schrumpfspannungen in wäßrigen Medien ist schematisch in Abb. 19 wiedergegeben. Die obere Einspannvorrichtung ist mit einer Kraftmeßeinrichtung verbunden. Diese muß trägheitsarm und wegarm arbeiten. Der Kraftmeßbereich ist den jeweils zu erwartenden Schrumpfkräften anzupassen. So sind für Baumwollmaterialien bei höheren NaOH-Konzentrationen Schrumpfkräfte bis zu 2 cN/tex zu erwarten [29]. Die obere Einspannvorrichtung ist so zu lagern, daß die Möglichkeit besteht, bestimmte Voreilungen - und damit bestimmte Vorspannungen - einzustellen. Dies wird durch eine feingängige Dehnvorrichtung, die Dehnungsschritte von ca. 0,1 % erlaubt, ermöglicht.

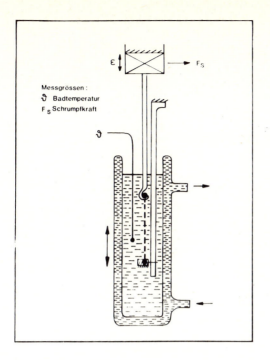

Abb. 19: Schematische Darstellung des Analysenverfahrens Schrumpfkraftmessung nach VALK et al. [27].

3.2   Meßergebnisse

Wirkt auf den zwischen zwei Festpunkten eingespannten Faden (Vorspannung = 0,05 cN/tex) ein Quellmittel ein, so entsteht in der Faser ein Quelldruck. Die aus diesem Quelldruck resultierenden Schrumpfkräfte sind als Funktion der Zeit in der Abb. 20 für zwei verschiedene Laugenkonzentrationen und -temperaturen wiedergegeben. Zur formelmäßigen Beschreibung dieses experimentellen Befundes wird Gl. (2) herangezogen:

$$f = f_\infty (1 - e^{-k_f t}) , \qquad (2)$$

mit   t   Zeit,
      f   Quellkraft,
      $f_\infty = \lim_{t \to \infty} f$ und
      k_f "Geschwindigkeitskonstante" erster Ordnung.

Damit kann auch dieses Experiment näherungsweise durch eine formelmäßige Beschreibung des Kurvenverlaufes analog einer chemischen Reaktion erster Ordnung beschrieben werden.

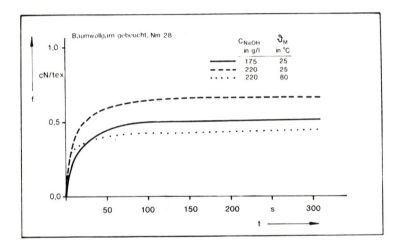

Abb. 20: Einfluß der Laugenkonzentration und Temperatur auf den zeitabhängigen Schrumpfkraftverlauf eines gebeuchten Baumwollgarnes.

Gl. (2) gibt einen Zusammenhang zwischen den experimentell zugänglichen Größen der Quellkraft f zur Zeit t mit den beiden freien Parametern f_∞ und k_f wieder.

Abb. 21 zeigt den experimentellen Kurvenverlauf (digitalisiert) zusammen mit dem Graphen, der durch eine Ausgleichsrechnung gewonnen wurde.

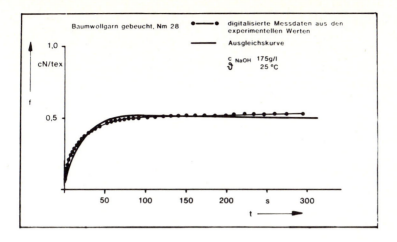

Abb. 21: Anpassung der digitalisierten Meßdaten an Gl. (2) nach der Methode der kleinsten Quadrate vermittelnder unbedingter Beobachtungen.

Auch hier gilt, daß die Abweichungen zwischen den experimentellen Werten und den berechneten systematisch sind. Damit sind die in Kapitel 2.2.1 durchgeführten Diskussionen auch auf das Mercerisieren anzuwenden. Hierbei ist zu bedenken, daß der experimentelle Kurvenverlauf bei großen Zeiten keinen endlichen Wert für f_∞ - wie in Gl. (2) gefordert - aufweist, sondern f steigt monoton mit der Zeit an.

In den Abbn. 22 und 23 sind die ermittelten Größen f_∞ und k_f als Funktion der Laugenkonzentration (c_{NaOH}) und der Temperatur der Lauge (ϑ) dargestellt. Die Werte f_∞ steigen aufgrund der Quellkräfte mit zunehmender Laugenkonzentration an. Die k_f-Werte weisen ein den k_1-Werten in Abb. 14 analoges Verhalten auf: Auch hier gilt, daß die "Geschwindigkeitskonstante" k_f bei steigenden Temperaturen deutlich zunimmt und bei höheren Konzentrationen ein von der Temperatur abhängiges Maximum aufweist und weiter stehen die Maxima mit dem Phasendiagramm in Übereinstimmung.

In den Abbn. 24 und 25 sind die freien Parameter nach Gl. (2) als Funktion der Temperatur wiedergegeben.

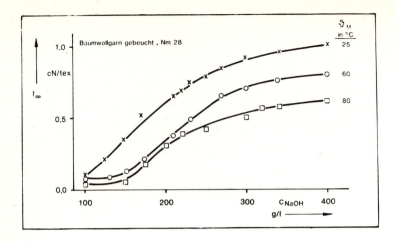

Abb. 22: Schrumpfkraft nach großen Zeit eines gebeuchten Baumwollgarnes nach einer Laugenbehandlung.

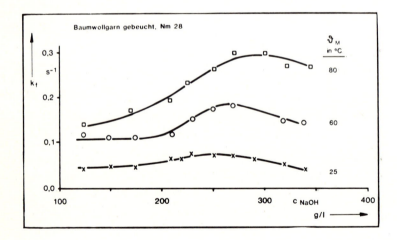

Abb. 23: "Geschwindigkeitskonstante" der Schrumpfkraftentwicklung in einem gebeuchten Baumwollgarn während einer Laugenbehandlung.

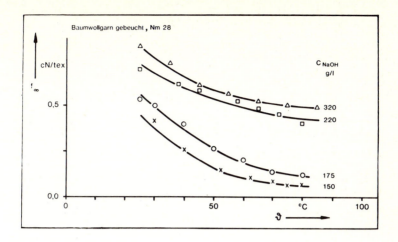

Abb. 24: Schrumpfkraft nach großen Zeiten eines gebeuchten Baumwollgarnes nach einer Laugenbehandlung.

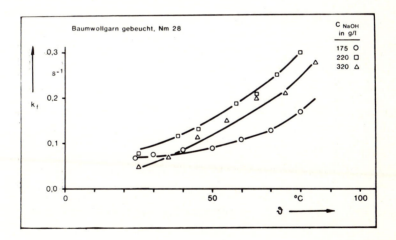

Abb. 25: "Geschwindigkeitskonstante" der Schrumpfkraftentwicklung in einem gebeuchten Baumwollgarn während einer Laugenbehandlung.

4. Zusammenfassung und Ausblick

Die Laugenbehandlung von Baumwollfasern erweist sich als ein komplexes physikalisch-chemisches System. Die langfristige Zielsetzung besteht in der Entwicklung eines physikalisch-chemisch begründeten Modells zur Beschreibung der zeitabhängigen Zustandsänderung von Baumwollgarnen bei Alkalibehandlungen. Hierzu sind Kenntnisse auf molekularer Ebene notwendig. Die nachfolgenden Ausführungen sollen die offenenen Fragen skizzenhaft wiedergeben: Für das vorliegende zweiphasige Diffusionssystem sind die Wechselwirkungen des Wassers und der Ionen mit der Grenzfläche in Betracht zu ziehen. Hierbei sind für die Beschreibung der Adsorption bzw. des Phasendurchtritts der Ionen das elektrische Potential an der Festkörper-Flüssigkeitsphasen-Grenzfläche sowie die Überlappung der an der Grenzfläche orientiert adsorbierten Wassermoleküle mit den Hydrathüllen der Ionen zu betrachten.

Für die Beschreibung der Diffusion gilt, daß durch die Diffusion von Na^+- und OH^--Ionen sowie durch das Wasser morphologische Änderungen der Baumwolle ausgelöst werden, die sich dem Diffusionsvorgang überlagern. Beim Vorziehen des Wassers bei geringen Laugenkonzentrationen ist eine Überlagerung von mindestens zwei verschiedenen Diffusions-Zustandsänderungs-Kopplungen zu berücksichtigen.

Die Quellung wurde von BARTUNEK [30] mit definierten Solvatationszuständen beschrieben. Hierzu bleibt anzumerken, daß die Hydratation eines Ions für die Beschreibung der Transportphänomene von großer Bedeutung ist [31]. So ist die Beweglichkeit eines Ions bei wäßriger Umgebung, z.B. im Kapillarsystem der Baumwolle, von den folgenden beiden Faktoren abhängig:

- Änderung der lokalen Wasserstruktur und des Gleichgewichtes der Wasserstoffbrückenbindungen durch die Gegenwart des Ions und

- dynamische Effekte durch die Bewegung des Ions. Hierdurch werden die Wassermoleküle der Bewegungsfront des Ions polarisiert, es erfolgt ein Austausch der Wassermoleküle mit denen der Hydratationssphäre. Das sich bewegende Ion hinterläßt orientierte Wasserdipole, die in der Größenordnung der dielektrischen Relaxationszeit wieder ihre ursprüngliche Struktur annehmen.

Diese Ausführungen zeigen auf, daß es beim heutigen Stand des Wissens nicht möglich ist, mit der Schrumpfkraft oder der Quellung bzw. Längenänderung ein physikalisch-chemisch begründetes Modell zu entwickeln. Daher werden in der vorliegenden Arbeit die zeitabhängigen Schrumpfkräfte bzw. Längen durch ein empirisches Modell angepaßt. Dieses Modell ist in der Lage, die Zeitabhängigkeit der Quellung oder der Quellkräfte zu beschreiben. Es kann deshalb als Grundlage zur Gestaltung eines Kontinueprozesses herangezogen werden. Für Kurzzeitprozesse dieser Art haben Endquellwerte oder Endquellkraftwerte keine Aussagefähigkeit, da sie das zeitliche Verhalten nicht wiedergeben.

Für eine Beschreibung der Alkalibehandlung von Cellulose-Fasern bei An- und Abwesenheit von äußeren Spannungen ist neben der Kenntnis der zeitabhängigen Quellung und der Quellkräfte auch eine Aufklärung der Mechanismen beim Auswaschen des Alkali notwendig. Da auch für diese Elementarfunktion die in dieser Arbeit diskutierten Gesichtspunkte weitgehend unbekannt sind, wird man auch hier zunächst auf eine phänomenologische Betrachtungsweise des Systems angewiesen sein. Damit steht für eine Aufklärung der Gesamtfunktion "Alkalibehandlung" die Erarbeitung der in dieser Arbeit diskutierten Einzelthemen im Vordergrund. Erfolgversprechend für eine solche Vorgehensweise erscheint zunächst die Vermessung der Quellkräfte, wie sie von BORCHARD et al. [32] aufgezeigt und von KOSFELD et al. [33] auf Hochpolymere angewandt wurde, sowie das Ermitteln von Tiefenprofilen des pH-Wertes mit Hilfe der photoakustischen Spektroskopie [34].

Danksagung

Wir danken dem Minister für Wissenschaft und Forschung des Landes Nordrhein-Westfalen für die institutionelle Förderung. Herrn Dr. G. Heidemann danken wir herzlich für die hilfreiche Diskussion.

Literatur

[1]   Schollmeyer, E. und Heidemann, G.:
        Verfahrenstechnische Grundlagen des Foulardierens.
        Melliand Textilber. 63 (1982), 721-728.

[2]   Orr, R.S., Burgis, A.W., Detuca, L.B. und Grant, J.N.:
        The Role of Spiral Structure in Untreated and Treated Cottons.
        Textile Res. J. 31 (1961), 302-310.

[3]   Kling, W. und Mahl, H.:
        Zur Morphologie der Baumwollfaser. IV: Zusammenfassung der experimentellen Ergebnisse zu einem neuen, verbesserten Fasermodell.
        Melliand Textilber. 33 (1952), 829-832.

[4]   Frey-Wyssling, A.:
        Science 119 (1954), 80.

[5]   Sobue, H., Kiessig, H. und Hess, K.:
        Z. physik. Chem. B 43 (1939), 309.

[6]   Nikitin, N.I.:
        The Chemistry of Cellulose and Wood.
        Academy of Sciences of the USSR Institute of Molecular Compounds 1966, S. 180.

[7]   Aichele, W., Schollmeyer, E. und Herlinger, H.:
        Elektrokinetische Untersuchungen an Fasern, 1. Theoretische Zusammenhänge.
        Makromol. Chem. 178 (1977), 2011-2024.

[8]   Schollmeyer, E. und Aichele, W.:
        Adsorptionsuntersuchungen von ionischen Farbstoffen an Polymer-Wasser-Grenzflächen mit Hilfe der ζ-Potentialmethode.
        Progr. Colloid & Polymer Sci. 65 (1978), 206-213.

[9]   Kanamaru, K.:
        Cellulose Ind. 7 (1931), 3, 15, 21.

[10]   Neale, S.M.:
        The Swelling of Cellulose, and its Affinity; Relations with Aqueous Solutions I.
        J. Textile Inst. 20 (1929), T373-T400.

[11]   Conway, B.E.:
        Ionic Hydration in Chemistry and Biophysics. Studies in Physical and Theoretical Chemistry.
        Elsevier Scientific Publishing Company, Amsterdam-Oxford-New York, Bd. 12 (1981), S. 637.

[12]   Schwarzkopf, O.:
        Zur Kenntnis der Alkalicellulose I.
        Z. Elektrochem. 38 (1932), 353-358.

[13]   Brandt, A., Kunze, J., Dautzenberg, H. und Philipp, B.:
        Neue Methode zur Bestimmung des gebundenen Natriumhydroxids und Wassers in Alkalicellulose.
        Cellulose Chem. and Technol. 16 (1982), 585-592.

[14]   Hermanns, P.H.:
        Physics and Chemistry of Cellulose Fibres (1949).

[15]   Schleicher, H. und Philipp, B.:
        Reaktivitätsbeeinflussung der Cellulose durch Aktivierung.
        Papier 34 (1980), 550-554.

[16]   Bredereck, K. und Saafan, A.:
        Faserstruktur und färberische Eigenschaften von Cellulosefasern.
        Papier 34 (1980), 568-574.

[17]   Schollmeyer, E. und Denter, U.:
       Zur Aussagefähigkeit des Rot/Grün-Testes zur Reifegradbestimmung
       von Baumwolle.
       textil praxis int. 38 (1983), 1235-1240;

       Dugal, S., Denter, U. und Schollmeyer, E.:
       Erkennung von Laugierungsunterschieden mittels Anfärbung.
       Melliand Textilber. 64 (1983), 494.

[18]   Flecken, H.:
       Technologie der Mercerisation und Mercerisiermaschinen.
       textil praxis int. 25 (1970), 305, 365, 488, 562.

[19]   Freytag, R., Meneses Guimaraes de Almeida, L.M., Donze, J.J.:
       Technologie und chemische Aspekte der Mercerisation.
       Textilveredlung 13 (1978), 486-489.

[20]   Warwicker, J.O., Jeffries, R., Colbran, R.L. und Robinson, R.N.:
       A Review of the Literature on the Effect of Caustic Soda and
       other Swelling Agents on the Fine Structure of Cotton.
       The Cotton Silk and Man-Made Fibres Research Association,
       Shirley Institute, Didsbury Manchester, Dec. 1966, S. 58-70.

[21]   Bechter, D.:
       Über die Heißmercerisation von Baumwolle.
       textil praxis int. 33 (1978), 75-80, 177-180.

[22]   Annen, O., Rouette, H.K., Rys, P. und Zollinger, H.:
       Quellung, Diffusion und chemische Reaktion im Vernetzungssystem
       Formaldehyd - Zellulose.
       I. Geschwindigkeitsbestimmende Schritte von Vernetzungsvorgängen.
       Textilveredlung 7 (1972), 528-540.

[23]   Rüttiger, W.:
       Mechanische Zustandsänderungen von Baumwolltextilien bei der
       Alkalibehandlung. Teil I.
       Melliand Textilber. 51 (1970), 1449-1465.

[24]   Bredereck, K. und Heap, S.A.:
       Behandlung von Baumwollgeweben in flüssigem Ammoniak.
       Textilveredlung 9 (1974), 251-263.

[25]   Barrer, R.M.:
       in: "Diffusion in Polymers",
       Hrsg. von Crank, J. und Perk, G.S.
       Academic Press, London-New York (1968), S. 208.

[26]   Fuhrmann, J., Driemeyer, M. und Rehage, G.:
       Nachkristallisation und Aufschmelzen, ausgelöst durch Diffusion
       von Lösungsmitteln in Hochpolymeren.
       Ber. Bunsenges. physik. Chem. 74 (1970), 842-846.

[27]   Valk, G., Kehren, M.-L. und Berndt, H.-J.:
       Turgo-mechanische Analyse - Eine Methode zur Fasercharakteri-
       sierung.
       Melliand Textilber. 57 (1976), 500.

[28]   Bechter, D. und Schollmeyer, E.:
        Neuentwicklung bei der Quellungsmessung an Textilien,
        II. Auswertung der Quellungsmessungen.
        textil praxis int. 34 (1979), 1245-1246

[29]   Denter, U., Bossmann, A., Dugal, S. und Schollmeyer, E.:
        Anwendung des Rot/Grün-Tests zur Erkennung von Spannungsunter-
        schieden bei Laugierprozessen.
        Melliand Textilber. 65 (1984), 420.

[30]   Bartunek, R.:
        Über die Viskosierung von Cellulose mit verschiedenen Alkalien.
        Papier 9 (1955), 254-262.

[31]   s. [11], S. 576.

[32]   Borchard, W., Emberger, A. und Schwarz, J.:
        A New Method to Determine Swelling Pressure.
        Angew. Makromolekulare Chem. 66 (1978), 43-49.

[33]   Kosfeld, R., Hess, M. und Hansen, D.:
        Some Investigations on Structural and Physical Properties of
        Poly-(Dimethyl-Siloxan) and Poly-(Methyl-Phenyl-Siloxan) Model-
        Networks.
        Polymer Bull. 3 (1980), 603-611.

[34]   Perkampus, H.-H.:
        Photo-Akustik-Spektroskopie an festen Stoffen.
        Naturwissenschaften 69 (1982), 162-172.

Prüfung von Textilien

Ein Vorschlag zur Ordnung von Literaturkenntnissen in Merkblättern

H.-J. Berndt,
Deutsches Textilforschungszentrum Nord-West e.V.,
Textilforschungsanstalt
Frankenring 2
D-4150 Krefeld 1

1. <u>Einführung</u>

Aus Kostengründen wird eine Artikelentwicklung zweckmäßig im Labormaßstab durchgeführt. Zur Optimierung der Verarbeitungs- und Gebrauchseigenschaften eines Textils ist es aber nicht unbedingt erforderlich, die verschiedenen in Betracht zu ziehenden Beanspruchungsarten labormäßig zu simulieren, sondern es können auch Meßtechniken der Textilprüfung herangezogen werden, deren Meßgrößen mit den zu erarbeitenden Verarbeitungs- und Gebrauchseigenschaften korrelieren. Voraussetzung für die Nutzung der Textilprüfung zur Artikelentwicklung sind daher umfassende Kenntnisse von den zu verarbeitenden Faserstoffen sowie von dem Zusammenhang zwischen den Kenngrößen eines Textils und seinen Verarbeitungs- und Gebrauchseigenschaften. Dieses Wissen kann im allgemeinen nur im Zusammenhang mit einem qualifizierten Studium auf dem Gebiet der Textiltechnik bzw. -chemie, durch langjährige praktische Tätigkeit im Bereich der Textilprüfung oder durch systematisches Studium der umfassenden Literatur zu den Themen 'Faserstoff' und 'Textilprüfung' erworben werden. Von diesen drei Möglichkeiten soll im Rahmen dieser Abhandlung nur der letzte Punkt diskutiert werden.

Während auf dem Gebiet der 'Faserstofflehre' eine relativ große Auswahl an mehr oder weniger qualifizierten Standardwerken [1-9] vorliegt, die durch die 'Faserstofftabellen' von KOCH, z.B. [10] - in denen faserstoffspezifisch die umfangreiche Fachzeitschriften-Literatur zitiert ist - ergänzt wird, liegt für den Bereich 'Textilprüfung' das ebenfalls umfangreiche Angebot an Monographien [11-26], Fachaufsätzen und Normen weniger gut geordnet vor. Es wird hier der Vorschlag unterbreitet - analog zu den 'Faserstofftabellen' von KOCH -, die in der Literatur und in Normblättern dargestellten Grundlagen und Erkenntnisse zu den einzelnen Prüfmerkmalen in einer Loseblattsammlung - in sog. 'Meßtechnischen Merkblättern' - gestrafft wiederzugebe, und die Aussagekraft der Meßgrößen für die Verarbeitung sowie den Gebrauch zu diskutieren. Dabei sollen folgende Gesichtspunkte Berücksichtigung finden:

I. Es wird die Bedeutung einer Meßgröße für die gesamte textile Verarbeitungskette und den Gebrauch aufgezeigt und die entsprechende Literatur zitiert.

II. Es werden die einzelnen Begriffe definiert. Hierbei werden entweder genormte Merkmalsbezeichnungen gewählt oder diese neu definiert, falls verschiedene Definitionen für einen Begriff existieren.

III. Es werden die praktikablen Verfahren zur Meßwerterfassung aufgeführt, wobei eine weitere Unterteilung nach folgenden Gesichtspunkten vorgenommen wird:

  a) Es werden die für eine Untersuchung erforderlichen Meßgeräte und Hilfsmittel mit Firmennachweis aufgeführt,

  b) die Versuchsdurchführung wird knapp beschrieben (ausführliche Angaben sind aus der zitierten Prüfvorschrift zu entnehmen),

  c) die anfallenden Meßgrößen bzw. die erforderlichen Konstanten werden einschließlich ihrer Dimensionen sowie

  d) die für die Auswertung erforderlichen Formeln (einschließlich der Dimensionen) angegeben.

IV. Es folgen einschlägige, meßmerkmalbezogene Kenngrößen für verschiedene Faserstoffe, welche eine Beurteilung von Meßergebnissen erleichtern sollen. Hier wird auf eigene Erfahrungswerte bzw. auf solche aus der Literatur [10,19,27] zurückgegriffen.

V. Es folgt eine Aufstellung der im Text zitierten Literatur bzw. grundlegender Arbeiten, die eine Vertiefung des Stoffes ermöglichen.

VI. Abschließend sind die zur Erfassung der einzelnen Meßgrößen maßgebenden in- und ausländischen Normen aufgeführt.

2. Übersicht der Verfahren der Textilprüfung

Eine Übersicht zu den geplanten 'Meßtechnischen Merkblättern' ist nachfolgend aufgeführt, wozu Erklärungen über die Bedeutung der einzelnen Meßmerkmale für die Verarbeitung und den Gebrauch gegeben werden.

Es liegt in der Natur der Sache, daß die von einem Autor gegebenen Informationen entsprechend seinen fachlichen Neigungen und Fähigkeiten sehr unterschiedlich im Informationsgehalt sind. Der endgültige Inhalt der 'Meßtechnischen Merkblätter' wird daher von Spezialisten für die einzelnen Prüfverfahren bearbeitet und auf eine einheitliche Form gebracht.

Im Anhang befindet sich ein Beispiel für die äußere Form der einzelnen 'Meßtechnischen Merkblätter'.

T a b e l l e 1 :

DTNW Krefeld Stand: 03/1985	Prüfung von Textilien Übersicht	Meßtechnisches Merkblatt 0
AL ...	Allgemeine Prüfungen	
FA ...	Faserstoffanalyse	
FM ...	Form und Masse (Gewicht) von Textilien	
MB ...	Reaktion von Textilien auf mechanische Beanspruchung im Normalklima	
TM ...	Reaktion von Textilien auf thermisch-mechanische Beanspruchung	
PA ...	Prüfung von Ausrüstungseffekten	
FB ...	Analyse von Faserbegleitstoffen	
SP ...	Simulation von Verarbeitungs- und Gebrauchsbeanspruchungen	

AL ... Dieser Abschnitt behandelt <u>allgemeine Prüfungen</u>, die immer wiederkehren, wie Waren- und Fehlerschau, Gesichtspunkte der Probenahme und die Grundlagen zur statistischen Auswertung von Meßergebnissen.

FA ... Die <u>Faserstoffanalyse</u> beinhaltet die qualitative und quantitative Analyse von Faserstoffen, wobei die qualitative Analyse sowohl die Beschreibung des physikalischen (Makro- und Mikrostruktur) als auch des chemischen Aufbaus umfaßt.

FM ... Durch Bestimmung der <u>Form und Masse</u> eines Textils sollen dessen geometrische Verhältnisse direkt oder indirekt beschrieben werden.

MB ... <u>Mechanische Beanspruchungen</u> (z.B. durch Zug, Druck, Biegung, Torsion) führen innerhalb eines Faserstoffes zu Verspannungen, auf die ein Textil mit mehr oder weniger starker Formänderung reagiert. Gemessen wird die Spannungs- und/oder Formänderung. Da bei Behandlungen oberhalb der Normalklimatemperatur und/oder bei erhöhter relativer Luftfeuchtigkeit, bei der sich ein Faserstoff im allgemeinen nicht im Gleichgewichtszustand befindet, auch innere Spannungen freigesetzt werden können, soll in diesem Abschnitt nur die mechanische Beanspruchung unter Normalklimabedingungen betrachtet werden.

TM ... Durch Behandlung eines Faserstoffes oberhalb der Normalklimabedingungen in gasförmigen oder flüssigen Medien werden etwaige im Material blockierte Spannungen ausgelöst, auf die ein Textil auch ohne Einwirkung äußerer Kräfte mit einer Formänderung reagiert Die Veränderung der Form oder der ausgelösten inneren Spannungen zeit- oder temperaturabhängig registriert, ist als <u>thermo-mechanische Untersuchung</u> definiert.

PA ... Unter diesem Pkt. sollen Kenngrößen ihren Standort haben, die keinen direkten Bezug zur mechanischen oder thermischen Beanspruchung des Faserstoffes haben, sondern im allgemeinen zur <u>Prüfung von Ausrüstungseffekten</u> herangezogen werden, die aber auch von Faserstoffart und vom Aufbau des Textils geprägt werden.

FB ... Alle nicht aus der Fasersubstanz bestehenden Anteile eines Textils werden als <u>Faserbegleitstoffe</u> (Baumwollschalen, Präparationen, Schlichten, Titandioxid, Farbstoff, Feuchtigkeit) bezeichnet und gesondert analysiert.

SP ... Die Prüfung von Textilien wird im allgemeinen im klimatisiertem Zustand vorgenommen, da sich feuchtigkeits- und temperaturabhängig viele Verarbeitungs- und Gebrauchseigenschaften ändern. Zur

Maximierung von Verarbeitungs- oder Gebrauchseigenschaften ist es jedoch angebracht, die Prüfung unter den der Praxis entsprechenden Randbedingungen ablaufen zu lassen. Diese Behandlung wird als 'Simulationsbeanspruchung' bezeichnet, während die eigentliche 'Merkmalsprüfung' nach einem der vorausgehend aufgeführten Prüfverfahren bestimmt werden kann. Das gesamte Verfahren wird als <u>Simulationsprüfung</u> bezeichnet.

T a b e l l e 2 :

D T N W Krefeld Stand: 03/1985	Allgemeine Prüfungen Ü b e r s i c h t	Meßtechnisches Merkblatt AL
AL 100 Waren- und Fehlerschau		
AL 110 Probenvorbereitung		
AL 120 Beleuchtung		
AL 130 Betrachtung		
AL 200 Probenahme von Textilien		
AL 210 Probenahme von Fasern		
AL 220 Probenahme von Garnen		
AL 230 Probenahme von Flächengebilden		
AL 300 faktorielle Versuchsplanung, Auswertung von Meßergebnissen		
AL 310 faktorielle Versuchsplanung		
AL 320 Auswertung von Meßergebnissen		

AL 100 In allen Stufen der Textilprüfung ist eine sachgerechte <u>Waren- oder Fehlerschau</u> erforderlich. Sie setzt u.U. eine Probenvorbereitung durch Ansprühen mit Silberbronze oder einen Abdruck in eine thermoplastische Folie voraus, wenn es gilt, lichtabsorptionsbedingte von lichtstreuungsbedingten Unregelmäßigkeiten zu unterscheiden. Die Beleuchtungsart (Auflicht, Durchlicht, UV-Licht), aber auch die Art der Betrachtung, ist für die richtige Beurteilung einer Ware von Bedeutung.

AL 200 Bei der Probenahme von Fasern, Garnen und Flächengebilden sind bestimmte Vorschriften zu treffen, um statistisch gesicherte Aussagen zu den Meßergebnissen machen zu können.

AL 300 Die faktorielle Versuchsplanung und die Auswertung von Meßergebnissen setzt die Kenntnis statistischer Regeln voraus. Die für verschiedene Prüfungen erforderlichen Auswertverfahren sollen in diesem Abschnitt diskutiert werden.

Tabelle 3:

D T N W Krefeld Stand: 03/1985	Faserstoffanalyse Ü b e r s i c h t	Meßtechnisches Merkblatt FA
FA 100 Licht- und elektronenmikroskopische Untersuchungen an Faserstoffen		
FA 110 Lichtmikroskopie		
FA 111 Probenpräparation (Längsansicht, Querschnitt, Abdruck)		
FA 112 Durchlicht-Technik		
FA 113 Auflicht-Technik		
FA 114 Phasenkontrast-Technik		
FA 115 Fluoreszenz-Technik		
FA 116 Polarisations-Technik		
FA 117 Interferenz-Technik		
FA 120 Elektronen- und Rasterelektronen-Mikroskopie		
FA 121 Probenpräparation		
FA 122 elektronenmikroskopische Untersuchungen		
FA 123 rasterelektronenmikroskopische Untersuchungen		
FA 200 Thermisches Verhalten von Faserstoffen		
FA 210 Brennverhalten		
FA 211 Brennprobe (Entflammbarkeit s. Pkt. PA 222)		
FA 220 Schmelzverhalten		
FA 221 Heiztisch-Mikroskopie (Erweichungs- und Schmelztemperatur)		
FA 222 Differential-Thermo-Analyse (Schmelzen, partielles Schmelzen von Kristalliten 'Effektivtemperatur', Erweichung, glasige Erstarrung)		
FA 230 Schrumpf- und Schrumpfkraft-Verhalten (s. Pkt. TM)		

Fortsetzung: Tabelle 3

FA 300   Quell- und Löseverhalten von Faserstoffen
FA 310   Faserstoffnachweis
FA 320   quantitative Faserstoffanalyse
FA 330   rheologisches Verhalten (Viskosität, Polymerisationsgrad)

FA 400   Sorptionsverhalten von Faserstoffen
FA 410   Sorption von Farbstoffen
FA 420   Sorption von Chemikalien
FA 421   Jod-Sorption
FA 422   Phenol-Sorption

FA 500   IR-Spektroskopie
FA 510   Durchstrahltechnik
FA 520   ATR-Technik

FA 600   Chemische Analyse von Faserstoffen
FA 610   Analyse von Faserstoffen im nichtabgebauten Zustand
FA 611   Endgruppenbestimmung
FA 620   Analyse von Faserstoffen im abgebauten Zustand
FA 621   chemische Analyse der Bausteine
FA 622   physikalische Analyse der Bausteine (z.B. Chromatographie)

FA 700   Faserstoffdichte (s. FM 431)

FA 800   Röntgenographische Untersuchung von Faserstoffen
FA 810   Röntgen-Kleinwinkelstreuung
FA 820   Röntgen-Weitwinkelstreuung

FA 900   Nachweis von Faserschädigungen
FA 910   Naturfaserstoffe
FA 920   Chemiefaserstoffe

FA 100   Im allgemeinen beginnt eine Faserstoffanalyse mit licht- oder elektronenmikroskopischen Untersuchungen. Während bei natürlichen Faserstoffen sich aufgrund des äußeren Erscheinungsbildes in den meisten Fällen eindeutige Aussagen über den Faserstofftyp machen lassen, macht diese Technik bei Chemiefasern insofern Schwierigkeiten, als spinntechnisch im Prinzip jede Faserquerschnittsform geschaffen werden kann. Mikroskopietechniken, wie z.B. Interferenzmikroskopie, liefern auch Informationen über den physikalischen Faseraufbau.

FA 200 Im Anschluß an die mikroskopischen Untersuchungen wird für die Faserstoffanalyse die Prüfung des <u>thermischen Verhaltens</u> empfohlen. Ein typischer Geruch beim Verbrennen (z.B. Horn bei Wolle) bzw. das Auftreten von Schmelztropfen (Synthesefasern) geben bereits Hinweise auf das Vorhandensein bestimmter Faserstoffe. - Das Schmelzverhalten einer Faser kann mit dem Heiztischmikroskop be-bestimmt werden, genauere Informationen erhält man jedoch aus der Differential-Thermo-Analyse (DTA). Diese Methode reagiert so empfindlich auf Wärme, daß auch das partielle Schmelzen von Kristalliten gemessen werden kann, die sich bei thermischer Vorbehandlung gebildet haben. Die Temperaturlage dieses Schmelzpeaks gibt somit bei bestimmten Chemiefasern Auskunft über die 'Effektivtemperatur' einer thermischen Vorbehandlung.

FA 300 Das unterschiedliche <u>Quell- und Löseverhalten</u> von Faserstoffen in verschiedenen Lösemitteln gibt - nach einschlägigen Analysenplänen [27,28] durchgeführt - Auskunft über den Faserstofftyp. Das unterschiedliche Löseverhalten der einzelnen Faserstoffe macht sich die quantitative Mischgespinstanalyse zunutze. - Die Bestimmung des Polymerisationsgrades von cellulosischen Fasern und löslichen Synthesefasern basiert auf Viskositätsmessungen von Faserstofflösungen ohne Kettenabbau.

FA 400 Aus kinetischen Untersuchungen der <u>Sorption</u> von Farbstoffen mit unterschiedlicher Molekülgröße bzw. unter Verwendung von Farbstoffen mit definiertem chemischen Aufbau lassen sich Aussagen über den physikalischen und chemischen Aufbau eines Faserstoffes treffen. Gleiche Wirkung zeigen bestimmte Lösemittel und Chemikalien.

FA 500 Anhand von <u>Infrarot-Spektren</u> läßt sich aus der Intensität und der Lage bestimmter Absorptionsbanden der chemische, teilweise auch der physikalische Aufbau einer Faser ableiten. Die Analyse kann ohne Zerstörung der Faser nach der Durchstrahltechnik (Infrarotmikroskopie) oder ATR-Technik (abgeschwächte Total-Reflexion) durchgeführt werden.

FA 600 Die chemische Analyse kann einmal im gelösten, jedoch intakten Zustand der Kettenmoleküle (z.B. Endgruppenbestimmung) vorgenommen werden, zum anderen können die Kettenmoleküle hydrolytisch abgebaut werden, und die Bausteine werden chemisch und/oder physikalisch weiter untersucht.

FA 700 Die Faserstoffdichte gibt u.a. Auskunft über den Kristallisationsgrad einer Faser. Damit können bei bestimmten Chemiefasern indirekt Unterschiede in der thermischen Vorbehandlung erkannt werden.

FA 800 Röntgenographische Untersuchungen lassen anhand von Beugungsbildern der Kristallstruktur Aussagen über den physikalischen Aufbau einer Faser zu.

FA 900 Bei Verdacht auf Faserschädigung können spezifische chemische Reaktionen zur Untersuchung der Art der Faserschädigung herangezogen werden.

T a b e l l e 4 :

D T N W Krefeld Stand: 03/1985	Form und Masse (Gewicht) von Textilien Ü b e r s i c h t	Meßtechnisches Merkblatt FM

FM 100	äußeres Erscheinungsbild von Textilien
FM 110	äußeres Erscheinungsbild von Fasern
FM 111	Intensität und Geometrie der Faserkräuselung
FM 112	Querschnittsform von Fasern
FM 113	Beschaffenheit der Faseroberfläche (Schuppenstruktur von Wollen und anderen Tierhaaren, Windungszahl von Baumwolle, Deformationen bei texturierten Filamenten, Porendurchmesser, Glanz)
FM 120	äußeres Erscheinungsbild von Garnen und Zwirnen
FM 121	Aufbau von Garnen und Zwirnen
FM 122	Anzahl und Geometrie der Garn- und Zwirndrehungen
FM 123	Intensität und Geometrie der Kräuselung texturierter Garne

Fortsetzung: <u>Tabelle 4</u>

FM 124	Anzahl und Länge von luftverwirbelten Stellen im Garn
FM 125	Querschnittsform von Garnen und Faserverteilung
FM 126	Beschaffenheit der Garnoberfläche (Haarigkeit, Dickstelleneffekte, Deformationen, Glanz)
FM 130	äußeres Erscheinungsbild von Flächengebilden
FM 131	Aufbau von Flächengebilden (Bindung)
FM 132	Querschnittsform von Flächengebilden (Längen- und Masseneinarbeitung)
FM 133	Dichte von Flächengebilden (Faden- bzw. Maschendichte, Cover-Faktor, Zwischenraumvolumen)
FM 134	Beschaffenheit der Gewebeoberfläche (Haarigkeit, Deformationen, Rauhigkeit, Pollage, Glanz)
FM 200	Dimensionen von Textilien
FM 210	Länge von Textilien
FM 211	Länge von Fasern
FM 212	Länge von Garnen und Zwirnen
FM 213	Länge von Flächengebilden
FM 220	Breite von Flächengebilden
FM 230	Dicke und Querschnittsfläche von Textilien
FM 231	Dicke und Querschnittsfläche von Fasern und Faserbändern
FM 232	Dicke und Querschnittsfläche von Garnen und Zwirnen
FM 233	Dicke und Querschnittsfläche von Flächengebilden
FM 240	Volumen von Textilien
FM 241	Volumen von Fasern
FM 242	Volumen von Garnen und Zwirnen
FM 243	Volumen von Flächengebilden
FM 250	Veränderung der Dimensionen nach einer vom Normalklima abweichenden Simulationsbeanspruchung Vorbehandlung nach <u>SP</u>
FM 251	Längenänderung von Fasern
FM 252	Längenänderung von Garnen und Zwirnen
FM 253	Maßänderung von Flächengebilden
FM 300	Masse (Gewicht) von Textilien
FM 310	Masse von Fasern und Faserbändern
FM 320	Masse von Garnen und Zwirnen
FM 330	Masse von Flächengebilden

Fortsetzung: <u>Tabelle 4</u>

FM 400		dimensionen- und massebezogene Kenngrößen von Textilien
FM 410		längen- und massebezogene Kenngrößen von Textilien
FM 411		Feinheit von Fasern und Faserbändern
FM 412		Feinheit von Garnen und Zwirnen
FM 413		Laufmeter-Gewicht bzw. Flächengewicht von Flächengebilden
FM 420		flächen- und massebezogene Kenngrößen von Textilien
FM 421		spez. Oberfläche von Fasern
FM 422		spez. Oberfläche von Garnen
FM 423		spez. Oberfläche von Flächengebilden
FM 430		volumen- und massebezogene Kenngrößen von Textilien
FM 431		spez. Gewicht (Dichte) von Faserstoffen
FM 432		spez. Volumen von Fasern und Faserbändern
FM 433		spez. Volumen von Garnen und Zwirnen
FM 434		spez. Volumen von Flächengebilden

FM 100 Das <u>äußere Erscheinungsbild von Textilien</u> ist sowohl für die Warenoptik als auch für verschiedene Verarbeitungs- und Gebrauchseigenschaften von Bedeutung:

FM 110 Bereits das <u>äußere Erscheinungsbild von Fasern</u> bestimmt den späteren Warencharakter, obwohl dieses nur durch einen relativ hohen

FM 111 mikroskopischen Aufwand erfaßt werden kann. Die <u>Intensität und Geometrie der Faserkräuselung</u> beeinflußt die Verspinnbarkeit. Die Veränderung nach einer Simulationsbeanspruchung nach Pkt. <u>SP</u> gibt Auskunft über die Kräuselentwicklung und Kräuselbeständigkeit in

FM 112 der Veredlung. Die <u>Querschnittsform</u> ist u.a. für die Warenoptik, das bekleidungsphysiologische Verhalten und das Anschmutzvermögen eines Textils von Bedeutung und beeinflußt das Biegeverhalten ei-

FM 113 ner Faser und damit den Warengriff. Die <u>Beschaffenheit der Faseroberfläche</u> gibt bei natürlichen Faserstoffen Auskunft über den Fasertyp (z.B. Unterscheidung von Tierhaaren aufgrund der Schuppendicke und -größe) oder Reife- und Quellgrad von Baumwolle (Windungszahl). Bei Synthesefasern lassen sich z.B. aus der Deformation der Faseroberfläche Aussagen über die Intensität von Textu-

rierprozessen treffen. Diese Untersuchungen werden im allgemeinen
mikroskopisch vorgenommen. Das Porenvolumen und die Oberflächenglätte
werden durch Porositätsmessungen erfaßt. Darüber hinaus sind
optische Meßmethoden geeignet, mit denen die geometrischen Verhätnisse
durch Lichtreflexion (Laser-Technik) oder Lichttransmission
(Mikroskop-Photometer) meßtechnich erfaßt werden.

FM 120 Das äußere Erscheinungsbild von Garnen und Zwirnen steht unmittelbar
im Zusammenhang mit den meisten Verarbeitungs- und Ge-
FM 121 brauchseigenschaften. - Der Aufbau des Garns aus unterschiedlichen
Garnkomponenten kann interessante optische Effekte in Flächengebilden
bewirken er kann aber auch entscheidend für die Zuordnung
von Garnfehlern in den Spinnerei- oder Zwirnereibereich
FM 122 sein. - Die Anzahl der Garn- und Zwirndrehungen bestimmt die Kompaktheit
eines Garnes und damit auch den Charakter von Flächengebilden.
Gleiche Garngeometrie bei abweichender Garnfeinheit läßt
sich über den Drehungsbeiwert berechnen. Drehungsunterschiede von
Garnen innerhalb eines Flächengebildes führen zu unterschiedlicher
Garnentwicklung in der Veredlung und können eine abweichende
Farbstoffaufnahme aufgrund unterschiedlicher Durchströmung hervor-
FM 123 rufen. Geringe Abweichungen in der Intensität und Geometrie der
Kräuselung texturierter Garne können zur Ringligkeit von Maschenwaren
bzw. zur Streifigkeit von Webwaren führen. Abweichungen von
Lieferung zu Lieferung können den gesamten Warencharakter völlig
verändern. In der Textilprüfung nimmt daher die Untersuchung der
Garnkräuselung einen breiten Raum ein, wobei zur Beurteilung des
Verhaltens der Ware in der Veredlung der Kräuselprüfung meistens
eine thermische Behandlung nach Pkt. SP vorausgeschickt wird.
FM 124 Die Anzahl und Länge der geschlossenen Garnstellen in luftverwirbelten
Garnen beeinflussen die Warenoptik von Geweben und den Öffnungsgrad
des Pols in Tufting-Teppichen. Für diese Garne sind eine
Reihe von Prüfverfahren entwickelt worden, mit welchen die verwir-
FM 125 belten Stellen am laufenden Faden erfaßt werden können. Die Querschnittsform
von Garnen sowie die Faserverteilung über den Garnquerschnitt
beeinflussen die Optik eines Flächengebildes. Die mikroskopische
Erfassung der Faserverteilung kann eine Hilfe zur Unterscheidung
FM 126 verschiedener Spinneinstellungen sein. - Die Beschaffenheit
der Garnoberfläche wird im allgemeinen auch auf die Ober-

fläche des Flächengebildes übertragen. Die Haarigkeit eines Garnes kann somit schon entscheidend für ein Aneinanderhaften von Stoffen sein. Der Grad der Deformation des Garnes beim Texturieren bestimmt die Strukturentwicklung von Geweben in der Veredlung und beeinflußt damit auch die Warenoptik. Durch Messung der Geometrie und Häufigkeit gewollter Dickstelleneffekte im Garn sollen Bilderungen in der Fertigware frühzeitig erkannt werden. Die Regelmäßigkeit der Lage der Fasern im Garn bestimmt dessen Glanz.

FM 130 Das äußere Erscheinungsbild eines Flächengebildes bestimmt direkt
FM 131 die Qualität eines Artikels und wird in erster Linie durch die Bindung einer Ware geprägt. Die Bindung bestimmt bei gleichbleibender Fadendichte die Kompaktheit eines Flächengebildes, was Auswirkung auf die Durchströmbarkeit in der Veredlung, das Schiebeverhalten
FM 132 und den Warengriff hat. - Zur Charakterisierung der Arbeitsweise von Web-, Strick- und Wirkmaschinen kann die eingearbeitete Länge oder Masse des Garnmaterials je Einheit der Abmessung des Stückes herangezogen werden. Die Intensität der Einarbeitung der Garne im
FM 133 im Gewebe bestimmt dessen Scher- und Schiebeverhalen. Die Fadendichte von Geweben bzw. die Maschendichte von Maschenwaren sind Merkmale, die im gesamten Verarbeitungsprozeß nicht 'verlorengehen'. Diese Kennwerte erlauben, Veränderungen in der Geometrie eines Flächengebildes nachzuvollziehen. Die eigentliche Gewebedichte wird außer von der Fadendichte auch von der Bindung und von der Garnfeinheit bestimmt. Indirekt können Durchströmungsmessungen zur Beurteilung der Dichte eines Flächengebildes und des Zwischenraum-
FM 134 faktors herangezogen werden. - Die Beschaffenheit der Gewebeoberfläche bestimmt in erster Linie die Warenoptik. Hierbei spielen die Haarigkeit, etwaige Deformationen durch Kalandern oder Abdrücke vom eigenen Gewebe (Moire), die Rauhigkeit (s. MB 830) der Warenoberfläche und die Pollage eine bedeutende Rolle.

FM 200 Dieser Abschnitt umfaßt die meßtechnisch direkt bestimmbaren Dimensionen eines Textils, die zu dessen Charakterisierung direkt oder in Verbindung mit anderen Meßgrößen herangezogen werden. Die
FM 210 Länge von Textilien spielt in erster Line bei Spinnfasern eine
FM 211 Rolle, wobei im allgemeinen die Faserlängenverteilung angegeben wird. Sie bestimmt die Verspinnbarkeit, kann bei einer Schadensuntersuchung aber auch ein Charakteristikum für die Zugehörigkeit

des Materials zu einer Grundgesamtheit sein. Die Faserlänge wird einzeln oder als endengeordneter Stapel untersucht. Letzterer wird wird entweder durch Wiegen verschiedener Längenklassen oder optisch/elektronisch durch indirekte Messung der Masse über die Stapel-

FM 212 länge charakterisiert. - Die <u>Länge von Garnen</u> hat nur in Verbindung mit der Charakterisierung einer Garnaufmachungseinheit (z.B. Spule) oder bei der Messung von eingearbeiteten Garnlängen in Flächengebilden Bedeutung. Die Meßbelastung hat hierbei große Bedeutung und sollte nicht nur an bestehende Normen sondern auch auf die in praxi anzutreffenden Materialspannungen abgestimmt sein. -

FM 213 Die <u>Länge von Flächengebilden</u> läßt sich im allgemeinen nur schwer bestimmen, da die verschiedenen Flächengebilde mehr oder weniger dehnungsempfindlich sind. Das spannungslose Messen der Stücklänge auf Tischen ist eine unbefriedigende Lösung. Elastische Maschenwaren werden daher nur nach Gewicht gehandelt.

FM 220 Die <u>Breite eines Flächengebildes</u> gewinnt in der zunehmend automatisierten Konfektion immer mehr an Bedeutung und ist nicht nur im spannungslosen Zustand, sondern auch während der Ausübung einer Längsspannung zu registrieren.

FM 230 Die <u>Dicke</u> eines Textils ist mit zunehmender Voluminosität des Ar-
FM 231 tikels meßtechnisch schwerer zu erfassen. - Die <u>Dicke von Fasern</u> ist nur bei Vorhandensein runder Faserquerschnitte charakteristisch für die Faserfeinheit. Bei unrunden und profilierten Faserquerschnitten muß die Faserquerschnittsfläche bestimmt werden. - Die

FM 232 <u>Dicke eines Garnes</u> hat nur bei Bezug auf die Summe der im Garnquerschnitt enthaltenen Faserquerschnitte Bedeutung. Zugspannungen füh-
FM 233 ren zu einer Veränderung der Dicke. Die <u>Dicke von Flächengebilden</u> ist für die Berechnung des spez. Volumens erforderlich. Veränderungen der Warendicke im Verlaufe der Verarbeitung beeinflussen die Warenoptik und den Warengriff.

FM 240 Die Bestimmung des <u>Volumens von Textilien</u> hat praktisch nur unter Einbeziehung der Hohlräume für die Beurteilung der Voluminosität (= spez. Volumen) Bedeutung. Für die Dichtebestimmung eines Faserstoffes (s. <u>FM 431</u>) empfiehlt sich die Messung in Flüssigkeiten mit definierter Dichte. Das Volumen kann bei bekannter Dichte auch aus der Feinheit berechnet werden.

FM 250 Zur Bestimmung der Stabilität von Textilien gegenüber bestimmten Verarbeitungs- und Gebrauchsbehandlungen werden im allgemeinen Dimensionsveränderungen nach einer vom Normalklima abweichenden Simulationsbeanspruchung nach Pkt. SP (= Restschrumpf) gemessen. Die Prüfung setzt sich folglich aus zwei getrennten Untersuchungsschritten - einer Simulationsbeanspruchung und der Merkmalsprüfung vor und nach der Beanspruchung - zusammen und gehört somit nicht zu den unter Pkt. TM aufgeführten thermisch-mechanischen Untersuchungstechniken, bei denen die Meßwerterfassung während einer vom Normalklima abweichenden Behandlung erfolgt. Bei Maschenwaren empfiehlt sich die Messung der affinen Verformung.

FM 300 Die Bestimmung der Masse (Gewicht) von Textilien hat nur für quantitative Untersuchungen (z.B. Handelsgewichtsbestimmung, Mischgespinstanalyse) und im Handel von Garnmaterialien oder zugempfindlicher Maschenware Bedeutung.

FM 400 Im allgemeinen wird das Gewicht von Texilien auf bestimmte Dimensionen der Meßprobe (Länge, Fläche, Volumen) bezogen. So wird zur

FM 410 Charakterisierung der Feinheit von Fasern und Garnen die Masse in g pro 1000 m Probenlänge (= tex) berechnet. Die Masse pro Längeneinheit kann auch indirekt optoelektrisch oder kapazitiv erfaßt werden, was für die Messung der Gleichmäßigkeit der Feinheit über eine größere Garnlänge Bedeutung hat. Flächengebilde werden entweder als Laufmeter-Gewicht (g/m) oder Flächengewicht (g/m) gehandelt.

FM 420 Die spez. Oberfläche von Textilien, d.h. die Gesamtfaseroberfläche pro Masseneinheit, hat für die Beurteilung des bekleidungsphysiologischen Verhaltens, der Überprüfung des Abschälgrades beim Alkalisieren oder zur Berechnung der Färbekinetik im Bereich der Grenzfläche zwischen Flotte und Faser Bedeutung. Sie wird mikroskopisch aus dem Faserquerschnittsumfang und den Gesamtfaserlängen abgeleitet oder indirekt über das Oberflächenpotential der Faser erfaßt.

FM 430 Masse- und volumenbezogene Kenngrößen von Textilien sind das spez.
FM 431 Gewicht und das spez. Volumen. Das spezifische Gewicht (= Dichte) wird im allgemeinen auf das reine Faservolumen bezogen. Die Dichte verändert sich durch Kristallisation und kann somit zur Beurtei-

lung von thermischen Behandlungsprozessen herangezogen werden. Die Faserstoffdichte kann u.a. nach der Schwebe- oder der Gradientenmethode in Flüssigkeiten mit definiertem spez. Gewicht gemessen werden. Aus dem Gesamtvolumen eines Textils, bezogen auf sein Gewicht, läßt sich das spez. Volumen berechnen, welches für das bekleidungsphysiologische Verhalten des Textils, aber auch für seine Durchströmbarkeit in der Veredlung relevant ist. Bei Fasern berechnet man dieses aus deren Projektion. Bei Garnen kann es durch Wicklung unter konstanter Spannung in eine Nut-Scheibe mit konstantem Volumen und anschließendem Wiegen des Inhaltes bestimmt werden. Bei Flächengebilden kann das spez. Volumen aus dem Flächengewicht und der Warendicke abgeleitet werden.

FM 432/
FM 434

Tabelle 5:

D T N W Krefeld Stand: 03/1985	Reaktion von Textilien auf mech. Beanspruchung im Normalklima Übersicht	Meßtechnisches Merkblatt MB
MB 100	eindimensionale Zugbeanspruchung von Textilien	
MB 110	stat. Zugversuch an Textilien	
MB 111	Zugversuch an Fasern	
MB 112	Zugversuch an Garnen	
MB 113	Zugversuch an Flächengebilden	
MB 120	Zugelastizitätsversuch an Textilien	
MB 121	Zugelastizitätsversuch an Fasern	
MB 122	Zugelastizitätsversuch an Garnen	
MB 123	Zugelastizitätsversuch an Flächengebilden	
MB 130	Relaxationsversuch an Textilien	
MB 131	Relaxationsversuch an Fasern	
MB 132	Relaxationsversuch an Garnen	
MB 133	Relaxationsversuch an Flächengebilden	
MB 140	Kriechversuch an Textilien	
MB 141	Kriechversuch an Fasern	
MB 142	Kriechversuch an Garnen	
MB 143	Kriechversuch an Flächengebilden	

Fortsetzung: Tabelle 5

MB 150	Wechselzugversuch an Textilien
MB 151	Wechselzugversuch an Fasern
MB 152	Wechselzugversuch an Garnen
MB 153	Wechselzugversuch an Flächengebilden
MB 160	Dehnkraftprüfung am laufenden Faden
MB 161	Dehnkraftprüfung am laufenden Faden bei konstanter Dehnung
MB 170	Scherbeanspruchung von Geweben (Zugbeanspruchung in Diagonalrichtung der Fadensysteme)
MB 200	zweidimensionale Zugbeanspruchung von Flächengebilden
MB 300	dreidimensionale Zugbeanspruchung von Flächengebilden
MB 310	stat. Wölbversuch an Flächengebilden
MB 311	Wölb- und Berstversuch an Flächengebilden
MB 312	Durchstoßversuch an Flächengebilden
MB 313	Ellenbogentest an Flächengebilden
MB 320	Wölbelastizitätsversuch an Flächengebilden
MB 400	Querbeanspruchung von Fasern und Garnen
MB 410	Querbeanspruchung von Fasern
MB 411	Knoten-, Schlingenzugversuch an Fasern
MB 420	Querbeanspruchung von Garnen
MB 421	Knoten-, Schlingenzugversuch an Garnen
MB 430	Querbeanspruchung der Garne im Flächengebilde
MB 431	Weiterreißversuch an Flächengebilden
MB 432	Durchreißversuch an Flächengebilden
MB 500	Druckbeanspruchung von Textilien
MB 510	stat. Druckversuch an Textilien
MB 511	stat. Druckversuch an Fasern und Faserbändern
MB 512	stat. Druckversuch an Garnen und Garnkollektiven
MB 513	stat. Druckversuch an Flächengebilden
MB 520	Druckelastizitätsversuch an Textilien
MB 521	Druckelastizitätsversuch an Fasern und Faserbändern (Bauschelastizität)
MB 522	Druckelastizitätsversuch an Garnen und Garnkollektiven

Fortsetzung: Tabelle 5

MB 523	Druckelastizitätsversuch an Flächengebilden
MB 530	Wechseldruckversuch an Textilien
MB 531	Wechseldruckversuch an Fasern und Faserbändern
MB 532	Wechseldruckversuch an Garnen und Garnkollektiven
MB 533	Wechseldruckversuch an Flächengebilden
MB 600	Biegebeanspruchung von Textilien
MB 610	stat. Biegeversuch an Textilien unter Eigenbelastung der Meßprobe
MB 611	stat. Biegeversuch an Fasern (Eigenbelastung)
MB 612	stat. Biegeversuch an Garnen (Eigenbelastung)
MB 613	stat. Biegeversuch an Flächengebilden (Eigenbelastung)
MB 620	stat. Biegeversuch an Textilien unter Zwangsbelastung der Meßprobe
MB 621	stat. Biegeversuch an Fasern (Zwangsbelastung)
MB 622	stat. Biegeversuch an Garnen (Zwangsbelastung)
MB 623	stat. Biegeversuch an Flächengebilden (Zwangsbelastung)
MB 630	Biegeelastizitätsversuch an Textilien
MB 631	Biegeelastizitätsversuch an Fasern
MB 632	Biegeelastizitätsversuch an Garnen
MB 633	Biegeelastizitätsversuch an Flächengebilden (Knittererholung)
MB 640	Wechselbiegeversuch an Textilien
MB 641	Wechselbiegeversuch an Fasern
MB 642	Wechselbiegeversuch an Garnen
MB 643	Wechselbiegeversuch an Flächengebilden
MB 700	Torsionsbeanspruchung von Textilien
MB 710	stat. Torsionsversuch an Textilien
MB 711	stat. Torsionsversuch an Fasern
MB 712	stat. Torsionsversuch an Garnen
MB 713	stat. Torsionsversuch an Flächengebilden
MB 720	Torsionselastizitätsversuch an Textilien
MB 721	Torsionselastizitätsversuch an Fasern
MB 722	Torsionselastizitätsversuch an Garnen
MB 723	Torsionselastizitätsversuch an Flächengebilden

Fortsetzung: <u>Tabelle 5</u>

```
MB 730      Wechseltorsionsversuch an Textilien
MB 731        Wechseltorsionsversuch an Fasern
MB 732        Wechseltorsionsversuch an Garnen
MB 733        Wechseltorsionsversuch an Flächengebilden
MB 800      Reibbeanspruchung von Textilien
MB 810        Reibversuch an Fasern und Faserverbänden
MB 811          Faser-Festkörper-Reibung (Glättemessung, Scheuerversuch)
MB 812          Faser-an-Faser-Reibung (Glättemessung, Haftkraftversuch
                an Faserbändern)
MB 820        Reibversuch an Garnen
MB 821          Faden-Festkörper-Reibung (Glättemessung, Scheuerversuch)
MB 822          Faden-an-Faden-Reibung (Glättemessung, Schiebeverhalten
                von Geweben)
MB 830        Reibversuch an Flächengebilden
MB 831          Stoff-Festkörper-Reibung (Glättemessung, Scheuerversuch,
                Pillversuch)
MB 832          Stoff-auf-Stoff-Reibung (Glättemessung, Scheuerversuch,
                Pillversuch)
```

MB ...   In den unter normalen Klimabedingungen ablaufenden Verarbeitungsprozessen sowie im Gebrauch sind Fasern - in ihrer ursprünglichen Form oder in Garnen und Flächengebilden eingearbeitet - statischen und dynamischen Zug-, Druck-, Biege- und Torsionsbeanspruchungen ausgesetzt, wobei sich diese Beanspruchungsarten überlagern und zu mehr oder weniger starken Veränderungen der Fasersubstanz oder der äußeren Form führen, die bis zur Faserschädigung reichen. Durch Simulierung dieser Beanspruchungen im Labor und Messung der Reaktionen des Faserstoffes auf die Beanspruchung soll eine Optimierung der Verarbeitungs- und Gebrauchseigenschaften erreicht werden.

MB 100   Die <u>eindimensionale Zugbeansprchung</u> soll die Verformbarkeit von Fasern und Garnen in Richtung der Faser- bzw. Garnachse sowie in Längs- und Querrichtung eines Flächengebildes erfassen. Bei Flächengebilden - vor allem bei Maschenwaren - verfälscht die Querkontraktion das Meßergebnis.

MB 110 Bei dem <u>statischen Zugversuch</u> an Fasern, Garnen und Flächengebilden wird die Meßprobe mit konstanter Verformungsgeschwindigkeit gedehnt. Die Zugkraft wird in Abhängigkeit von der prozentualen Probenlängung registriert. Im allgemeinen werden die Daten im Bereich des Bruches (Höchstzugkraft und Höchstzugkraftdehnung) registriert, Größen also, die in der Verarbeitung und im Gebrauch nur in Extremfällen auftreten. Sinnvoller ist es, die KL-Diagramme in dem für die Verarbeitung relevanten viskoelastischen Bereich hinsichtlich des Kurvenanstiegs auszuwerten. Belastungen in praxi, die über die Grenze des elastischen Bereiches hinausgehen, verursachen eine bleibende Verformung des Materials. Im allgemeinen werden Fasern, Garne und Flächengebilde in verschiedenen Zugprüfgeräten, die an das Spannungsverhalten der Materialien angepaßt sind, untersucht. Faserprüfungen werden zweckmäßig in Verbindung mit einem Feinheitsmeßgerät durchgeführt, wodurch die Festigkeitswerte feinheitsbezogen registriert werden können.

MB 120 Der <u>Zugelastizitätsversuch</u> wird zur Beurteilung des elastischen Verhaltens von Textilien herangezogen. Je nach der Beanspruchungsart im Verarbeitungsprozeß und im Gebrauch wird mit konstanter oberster Dehnungs- oder Kraftbegrenzung gearbeitet. Die Anzahl der Prüfzyklen und die Verformungsgeschwindigkeit sind ebenfalls auf die Bedingungen des späteren Einsatzes abzustimmen. Gemessen wird zu Beginn des 2. und folgenden Zyklus die bleibende Dehnung, die dann auf die maximale Dehnung bezogen wird.

MB 130 Bei einem <u>Relaxationsversuch</u> wird zeitabhängig die Kraftänderung bei einer konstanten Längung des Materials untersucht. Die Untersuchung liefert Informationen über das Verhalten von Textilien bei Dauerstandsbeanspruchung. Die Prüfung wird aber auch für Faserstrukturuntersuchungen herangezogen, da sich mit diesem Meßverfahren das viskoelastische Verhalten eines Materials beschreiben läßt. Je nach dem Orientierungsgrad und Vernetzungszustand der nichtkristallinen Bereiche einer Faser nimmt die Relaxationsspannung mehr oder weniger schnell ab. Nach Einstellung der Ausgangslänge zeigt ein gut geordnetes Material elastische Nachwirkung in Form eines erneuten Spannungsanstieges.

MB 140 Bei einem <u>Kriechversuch</u> wird zeitabhängig die Längenänderung bei konstanter Kraft bestimmt. Je nach dem Ordnungszustand eines Materials wird es sich zeitabhängig mehr oder weniger stark längen. Die Prüfung hat vor allem für technische Textilien (z.B. für Förderbänder mit kraftschlüssiger Nachspannung) Bedeutung.

MB 150 <u>Wechselzugversuche</u> werden mit bestimmter Frequenz zwischen zwei Dehnungsstufen durchgeführt. Bedeutung hat dieses Prüfverfahren für Materialien, die starken dynamischen Beanspruchungen ausgesetzt sind (z.B. Reifencord, Harnischkordeln).

MB 160 Bei <u>Dehnkraftprüfungen am laufenden Faden</u> wird ein Fadenmaterial mit konstanter Vorspannung zwischen zwei unterschiedlich schnell laufenden Galettenpaaren konstant gedehnt. Die Dehnkraft wird in Abhängigkeit von der Lauflänge registriert. Die Meßergebnisse geben Auskunft über die Gleichmäßigkeit eines Fadenmaterials hinsichtlich eines frei wählbaren Punktes im KL-Diagramm. Periodisch wiederkehrende Kraftänderungen geben Auskunft über Unregelmäßigkeiten bei der Garnherstellung oder bei der Klimatisierung von Garnkörpern.

MB 170 Zur Simulierung einer <u>Scherbeanspruchung</u> von Geweben wird die Zugprüfung in Diagonalrichtung der Ware durchgeführt. Der Versuch gibt z.B. Auskunft über die Eignung eines Stoffes zu Sonnenröcken, wenn die Prüfung winkelabhängig durchgeführt wird und die KL-Diagramme hinsichtlich der Dehnung bei einer konstanten Kraft, die dem Gewicht eines rocklangen, 5 cm breiten Stoffstreifens entspricht, ausgewertet werden. Unterschiedliches Längen wird zu einem 'Zipfeln' des daraus hergestellten Rockes führen. Unterschiedliche Scherkräfte in den beiden Diagonalrichtungen zeigen bei Transportbändern an, daß sie zum Schräglaufen neigen.

MB 200 Bei einer <u>zweidimensionalen Zugbeanspruchung</u> wird das zu untersuchende Flächengebilde gleichzeitig in die beiden Warenvorzugsrichtungen gedehnt, wodurch eine Querkontraktion des Materials vermieden wird. Die Prüfung hat z.B. Bedeutung für die Beurteilung des Dehnverhaltens von Siebgeweben beim Einspannen in Siebdruckrahmen.

MB 300   Bei der <u>dreidimensionalen Zugbeanspruchung</u> von Flächengebilden wird der allseitig eingespannte Stoff durch Luftdruck über eine Gummimembrane aufgewölbt, bis ein Bersten eintritt. Die dehnungsarme Richtung eines Stoffes bestimmt die Berstfestigkeit. Durch Angleichen des Dehnverhaltens in Längs- und Querrichtung eines Stoffes kann somit optimale Berstfestigkeit erzeugt werden. Analog zum Zugversuch kann der Wölbdruck in Abhängigkeit von der Wölbhöhe registriert werden. Die Steilheit des Kurvenzuges gibt Auskunft über den Tragekomfort eines Flächengebildes. Besteht die Möglichkeit der Registrierung eines Wölbkraft-Wölbhöhen-Diagramms, dann kann entsprechend der Zugelastizität die Wölbelastizität ermittelt werden, die Aussagen über die Ausbeulneigung eines Stoffes erlaubt. Der Ellenbogentest stellt eine vereinfachte Form der Wölbelastizitätsprüfung dar.

MB 400   Die Versprödung eines Faserstoffes macht sich bei einer <u>Querbeanspruchung</u> bemerkbar, da bei Faserstoffen im allgemeinen die Querfestigkeit geringer als die Längsfestigkeit ist. - Die Querfestigkeit von <u>Fasern</u> und <u>Garnen</u> läßt sich durch Knoten- oder Schlingenzugversuche bestimmen. - Bei <u>Geweben</u> wird nach Einschneiden des Stoffes die Weiterreißkraft bestimmt. Die Weiterreißkraft ist gering, wenn sich der jeweils durchzureißende Faden nicht in Zugrichtung ausrichten kann. Dieses ist bei Geweben mit zunehmender Fadendichte oder durch verklebende Beschichtungen gegeben.

MB 500   Eine <u>Druckbeanspruchung</u> soll das Verhalten von Textilien bei quetschend wirkenden Verarbeitungsmaschinen (z.B. Kalandern) oder das Verhalten im Gebrauch (Stuhlbeintest) simulieren. Bedeutender als der statische Druckversuch ist der Druckelasizitätsversuch oder die Wechseldruckbeanspruchung. - Bei <u>Fasern</u> und <u>Garnen</u> wird durch Zusammenpressen von Faser- oder Garnbündeln die Komprimierbarkeit und Bauschelastizität geprüft. - Bei <u>Flächengebilden</u> haben diese Prüfungen vor allem bei Teppichen zur Beurteilung der Wiedererholung von plattgedrücktem Pol Bedeutung. Gemessen wird die Dickenänderung eines Flächengebildes bei unterschiedlicher Meßbelastung und die zeitabhängige Wiedererholung nach Entlastung.

MB 600 Die Biegebeanspruchung wird zur Überprüfung der Flexibilität eines Materials beim Tragen oder zur Überprüfung der Anfälligkeit hinsichtlich Knittern durchgeführt. - An Fasern bestimmt, geben die Meßergebnisse Auskunft über deren Steifheit und somit über die Verspinnbarkeit eines Faserstoffes. - Bei Garnen durchgeführt, zeigt diese Prüfung z.B. die Eignung für Strickartikel an. - Aus Biegeversuchen an Flächengebilden werden Hinweise über den Warenfall und den Tragekomfort geliefert. Die Belastung von Falten und die Überprüfung der Wiedererholung (Biegeelastizität) zeigt das Knittererholungsvermögen an.

MB 700 Torsionsversuche liefern Hinweise über die Verarbeitbarkeit von Fasern und Garnen bei der Garn- und Zwirnherstellung und über den zum Drehen erforderlichen Energieaufwand. - Auch bei Flächengebilden erlaubt der Torsionsversuch Aussagen über die Flexibilität eines Materials. - Gemessen wird das zum Drehen des Materials aufzuwendende Drehmoment. Wechseltorsionsversuche simulieren Ermüdungserscheinungen von hochgedrehten Garnen beim Lagern. Ein Spannungsabbau beim Lagern hochgedrehter Garne führt zu einer geringeren Kreppentwicklung in der Ausrüstung.

MB 800 Die Reibbeanspruchung von Textilien umfaßt sowohl die Glättemessung als auch die Verschleißprüfung durch Scheuern und Pillen. Man unterscheidet zwischen Textil-Festkörper- und Textil-an-Textil-Reibung. Bei der Textil-Festkörper-Reibung ist z.B. bei Glättemessungen die Oberflächenbeschaffenheit des Festkörpers auf die der Leitorgane für Textilen abzustimmen. Für die Verschleißprüfung werden dagegen mehr oder weniger rauhe Körper (z.B. Schleifpapiere unterschiedlicher Körnung) gewählt. Die Textil-an-Textil-Reibung soll das Verhalten in der Verarbeitung (z.B. Verstreckbarkeit von Faserverbänden) und im Gebrauch (z.B. Schieben von Garnen im Gewebe) simulieren. Zur Beurteilung des Pillverhaltens wird die Reibbeanspruchung von Fasern durch ein Knicken ergänzt, bei Flächengebilden durch Stauchen. Eine Bürstbeanspruchung zur Simulierung des Shadings von Teppichen gehört ebenfalls zu den Reibbeanspruchungen.

Tabelle 6:

D T N W Krefeld Stand: 03/1985	Reaktion von Textilien auf thermisch-mechanische Beanspruchung Ü b e r s i c h t	Meßtechnisches Merkblatt TM

TM 100	thermisches Längenänderungs-(Schrumpf-)Verhalten von Textilien
TM 110	zeitabhängiges Schrumpf-Verhalten von Textilien
TM 111	zeitabhängiges Schrumpf-Verhalten von Fasern
TM 112	zeitabhängiges Schrumpf-Verhalten von Garnen
TM 113	zeitabhängiges Schrumpf-Verhalten von Flächengebilden
TM 120	temperaturabhängiges Schrumpf-Verhalten von Textilien
TM 121	temperaturabhängiges Schrumpf-Verhalten von Fasern
TM 122	temperaturabhängiges Schrumpf-Verhalten von Garnen
TM 123	temperaturabhängiges Schrumpf-Verhalten von Flächengebilden
TM 130	lauflängenabhängiges Schrumpf-Verhalten von Garnen
TM 131	Schrumpf-Verhalten am laufenden Faden
TM 200	thermisches Kraftänderungs-(Schrumpfkraft-)Verhalten von Textilien
TM 210	zeitabhängiges Schrumpfkraft-Verhalten von Textilien
TM 211	zeitabhängiges Schrumpfkraft-Verhalten von Fasern
TM 212	zeitabhängiges Schrumpfkraft-Verhalten von Garnen
TM 213	zeitabhängiges Schrumpfkraft-Verhalten von Flächengebilden (einachsig)
TM 214	zeitabhängiges Schrumpfkraft-Verhalten von Flächengebilden (zweiachsig)
TM 220	temperaturabhängiges Schrumpfkraft-Verhalten von Textilien
TM 221	temperaturabhängiges Schrumpfkraft-Verhalten von Fasern
TM 222	temperaturabhängiges Schrumpfkraft-Verhalten von Garnen
TM 223	temperaturabhängiges Schrumpfkraft-Verhalten von Flächengebilden (einachsig)
TM 224	temperaturabhängiges Schrumpfkraft-Verhalten von Flächengebilden (zweiachsig)
TM 230	Gleichgewichtsschrumpfkraft von Textilien
TM 231	Gleichgewichtsschrumpfkraft von Fasern

Fortsetzung: **Tabelle 6**

TM 232	Gleichgewichtsschrumpfkraft von Garnen
TM 233	Gleichgewichtsschrumpfkraft von Flächengebilden
TM 240	lauflängenabhängiges Schrumpfkraft-Verhalten von Garnen
TM 241	Schrumpfkraft-Verhalten am laufen Faden
TM 300	thermisches Kraft-Längenänderungs-Verhalten von Textilien
TM 310	thermisches Kraft-Längenänderungs-Verhalten von Fasern
TM 320	thermisches Kraft-Längenänderungs-Verhalten von Garnen
TM 330	thermisches Kraft-Längenänderungs-Verhalten von Flächenbilden (einachsig)
TM 340	thermisches Kraft-Längenänderungs-Verhalten von Flächenbilden (zweiachsig)
TM 400	thermisches Wechselzug-Verhalten von Textilien
TM 410	thermisches Wechselzug-Verhalten von Fasern
TM 420	thermisches Wechselzug-Verhalten von Garnen
TM 430	thermisches Wechselzug-Verhalten von Flächengebilden
TM 500	thermisches Druck-Verhalten von Textilien
TM 510	thermisches Druck-Verhalten von Fasern und Faserbändern
TM 520	thermisches Druck-Verhalten von Garnen und Garnkollektiven
TM 530	thermisches Druck-Verhalten von Flächengebilden
TM 600	thermisches Wechseldruck-Verhalten von Textilien
TM 700	thermisches Biege-Verhalten von Textilien
TM 710	thermisches Biege-Verhalten von Fasern
TM 720	thermisches Biege-Verhalten von Garnen
TM 730	thermisches Biege-Verhalten von Flächengebilden
TM 800	thermisches Wechselbiege-Verhalten von Textilien
TM 900	thermisches Torsions-Verhalten von Textilien
TM 910	thermisches Torsions-Verhalten von Fasern
TM 920	thermisches Torsions-Verhalten von Garnen
TM 930	thermisches Torsions-Verhalten von Flächengebilden
TM 1000	thermisches Wechseltorsions-Verhalten von Textilien

TM ...   Mit Hilfe von <u>thermisch-mechanischen Analysentechniken</u> kann das Verhalten von Textilen in allen denjenigen Stufen der Verarbeitung und des Gebrauchs simuliert werden, in denen thermische oder hydrothermische Behandlungen erfolgen. Darüber hinaus können mit diesen Techniken Zustandsänderungen erfaßt werden, die mit der Temperatur- und Spannungsführung unmittelbar im Zusammenhang stehen. Die Erfassung der thermisch-mechanischen Vorgeschichte basiert darauf, daß die in vorausgegangenen Prozessen unter bestimmten Bedingungen blockierten Spannungen wieder ausgelöst werden, wenn die Energie der Spannungsblockierung überschritten wird.

TM 100   Das <u>thermische Längenänderungs-Verhalten</u> von Textilien wird im allgemeinen als <u>Schrumpf</u> bezeichnet. Damit sich die bei Raumtemperatur anfallenden Längenänderungen und die Schrumpfwerte addieren lassen, wird der Schrumpf immer als negative Längenänderung ($-\varepsilon_S$) angegeben. Je nach Höhe der Belastung während einer Schrumpfmessung kann auch eine Längung der Meßprobe vorliegen; dann ist ε_S positiv. Bei Faserstoffen mit reversiblem temperatur- und/oder feuchtigkeitsabhängigen Längenänderungsverhalten (z.B. Wolle, Polyamid) ist zwischen dem Schrumpf während des Meßvorganges (ε_S) und dem Restschrumpf nach Abkühlen unter der Meßbelastung und Klimatisieren ($\varepsilon_{S,R}$) zu unterscheiden. Das Schrumpfverhalten eines Textils kann zeit-, temperatur- oder quellungsabhängig registriert werden. Die Untersuchung in quellend wirkenden Medien ist als 'turgor-mechanische Analyse' definiert. Zeitabhängige thermische Längenänderungsmessungen liefern Informationen über die Aufheizphase. In flüssigen Medien kann darüber hinaus der Abschluß der Diffusionsphase erfaßt werden.

TM 110   Die <u>zeitabhängige Schrumpfmessung</u> liefert Informationen über die Zeitdauer des Einstellens eines Gleichgewichtszustandes in der Faser. Sie gibt damit Hinweise auf eine optimale Behandlungsdauer einer Wärmebehandlung hinsichtlich maximalem Abbau der im Material blockierten Spannungen.

TM 120   Die <u>temperaturabhängige Schrumpfmessung</u>, bei vorgesehener Behandlungsspannung eines zu betrachtenden thermischen Prozesses durchgeführt, gibt Auskunft über die bei verschiedenen Behandlungstemperaturen zu erwartenden Längenänderungen. Außerdem liefert die

Untersuchung Informationen über die im Material blockierten Spannungen, wenn die Meßbelastung so weit erhöht wird, daß über einen engen Meßtemperaturbereich Längenkonstanz vorliegt. Dieses besagt, daß in diesem Temperaturbereich die inneren Spannungen des Materials mit den von außen aufgebrachten Spannungen im Gleichgewicht stehen. Die Ableitung von temperaturabhängig registrierten Schrumpfdiagrammen führt zu einem Kurvenverlauf mit Extrema und Wendepunkten, deren Meßtemperaturlage mit der thermischen Stabilität des physikalischen Netzwerkes des Materials - und damit mit der Effektivtemperatur der Vorbehandlung (s. Pkt. FA 222) - im Zusammenhang stehen.

TM 130 Das <u>lauflängenabhängige Schrumpf-Verhalten</u> von Spulenmaterial, bei bestimmten Temperaturen, Geschwindigkeiten und Meßbelastungen am laufenden Faden durchgeführt, zeigt die Gleichmäßigkeit des Materials in einem Punkt seines Temperatur-Schrumpf-Diagrammes an. Das Prüfverfahren kann auch für eine kontinuierliche Kräuselentwicklung zur Bestimmung von Kräuselkennwerten texturierter Garne (s. Pkt. FM 250) herangezogen werden. Apparativ werden an das Meßverfahren hohe Anforderungen gestellt, da Schrumpfschwankungen fortlaufend durch eine Veränderung der Geschwindigkeitsdifferenz zwischen Liefer- und Abzugsgalette kompensiert werden müssen.

TM 200 Das <u>thermische Kraftänderungs-Verhalten</u> von Textilien wird allgemein als <u>Schrumpfkraft</u> bezeichnet. Die Schrumpfkraft wird zeit- oder temperaturabhängig bei konstanter Einspannlänge registriert und wird durch die den Schrumpf eines Materials bewirkenden Rückstellkräfte hervorgerufen. Das Schrumpfkraftverhalten wird daher von der Orientierung und der physikalischen Vernetzung der Kettenmoleküle in den nichtkristallinen Bereichen geprägt. Bei Faserstoffen mit reversiblem Längenänderungsverhalten (z.B. Wolle, Polyamid) werden die Schrumpfkräfte durch Spannungen überlagert, die auf eine Verkürzung des Materials beim Trocknen und Abkühlen zurückzuführen sind. Während bei der Messung von Fasern nur die in der Fasersubstanz blockierten Spannungen erfaßt werden, werden bei Garnen und Flächengebilden entsprechend der geometrischen Lage der Fasern im Garn bzw. Flächengebilde nur resultierende Kräfte der Faserschrumpfkraft - reduziert um die zwischen den Fasern wirkenden Reibkräfte - gemessen. Bei Flächengebilden können die Schrumpfkräfte ein- oder zweiachsig gemessen werden.

TM 210   Zeitabhängige Schrumpfkraftmessungen liefern Informationen über die zu einem bestimmten Zeitpunkt einer thermischen Behandlung freigesetzten inneren Spannungen, wobei die Spannung bzw. Längenänderung bei Meßbeginn auf die des zu betrachtenden Behandlungsprozesses abgestimmt sein müssen. Der Meßvorgang ist als ein Relaxationsversuch bei einer vom Normalklima abweichenden Behandlung anzusehen. Gegenüber einem Relaxationsversuch bei Raumtemperatur folgt die Schrumpfkraftmessung jedoch anderen Gesetzmäßigkeiten, da eine zunehmende Verweildauer mit einer Erhöhung der Meßtemperatur gleichzusetzen ist. Die Spannung bei Meßbeginn entspricht der im Material blockierten Spannung, wenn unmittelbar nach Abschluß des Aufheiz- und/oder Quellprozesses ein Spannungsgleichgewicht vorliegt. Für verschiedene Meßtemperaturen kann dieses Spannungsgleichgewicht unterschiedlich hoch sein.

TM 220   Die temperaturabhängige Schrumpfkraftmessung simuliert das Aufheizen eines Textils unter konstanter Länge, jedoch mit einer relativ geringen, nicht der Praxis entsprechenden Aufheizgeschwindigkeit. Da aber ein langsames Aufheizen ein längeres Verweilen bedeutet, was einer höheren Behandlungstemperatur gleichzusetzen ist, ist eine temperaturabhängig registrierte Schrumpfkraftkurve - gegenüber einer zeitabhängig aufgezeichneten - nur graduell zu höheren Meßtemperaturen verschoben und damit für Vergleichszwecke durchaus geeignet. Die Messung bietet den Vorteil, über den gesamten Temperaturbereich bis zum Schmelzen oder Zersetzen der Faser Informationen über die jeweils freigesetzten Spannungen zu liefern. Aufgrund dieser 'Vielpunktmessung' ist das temperaturabhängige Schrumpfkraft-Verhalten als Fingerabdruck einer bestimmten Faserstruktur anzusehen. Die effektiv im Material blockierten Spannungen sind jedoch nur in jenen Temperaturbereichen direkt aus den Meßwerten zu entnehmen, in denen für eine enge Temperaturspanne ein Spannungsgleichgewicht vorliegt. Bei Faserstoffen, die während einer thermischen Behandlung einer reversiblen Längenänderung unterliegen, werden die im Material freigesetzten Spannungen von den durch reversible Längenänderung hervorgerufenen Spannungen überlagert.

TM 230   Mit der Gleichgewichtsschrumpfkraft-Messung werden temperaturabhängig die im Material blockierten Spannungen erfaßt. Der Meßvorgang setzt sich aus einer Folge von Relaxationsversuchen bei sukzessiv steigender Temperatur zusammen, wobei bei jedem Temperaturschritt von ca. 2 bis 3 K die Ausgangslänge positiv oder negativ verändert wird, bis ein Spannungsgleichgewicht vorliegt. Gegenüber der ausschließlich temperaturabhängig registrierten Schrumpfkraftmessung hat die Gleichgewichtsschrumpfkraft-Messung den Vorteil, daß temperatur- oder feuchtigkeitsabhängige reversible Längenänderungen eines Faserstoffes das Meßergebnis nicht beeinflussen.

TM 240 Die lauflängenabhängige Schrumpfkraft-Messung - bei Garnen mit konstanter Voreilung und Temperatur am laufenden Faden bebestimmt - liefert Informationen über die Gleichmäßigkeit der im Material bei einer bestimmten Temperatur blockierten inneren Spannungen. Gegenüber der Schrumpf-Messung am laufenden Faden hat dieses Meßverfahren apparativ den Vorteil, daß während des Meßvorganges die Geschwindigkeitsdifferenz zwischen Liefer- und Abzugswerk konstant bleibt, d.h. Liefer- und Abzugsgaletten mit solchen der Voreilung entsprechenden Durchmessern können auf einer Achse sitzen.

TM 300 Das thermische Kraft-Längenänderungs-Verhalten entspricht einer Kraft-Längenänderungs-Messung während einer vom Normalklima abweichenden thermischen Behandlung. Da oberhalb der Einfriertemperatur eines Materials auch Schrumpf vorliegen kann, reicht bei dieser Messung die Längenänderungsskala auch in den negativen Bereich hinein. Aus einem bei bestimmter Temperatur aufgenommenen KL-Diagramm können somit bei der Spannung = 0 der Schrumpf und bei der Längenänderung = 0 die Schrumpfkraft sowie alle anderen spannungsabhängigen Längenänderungswerte oder längenabhängigen Schrumpfkräfte entnommen werden. Bei Fasern mit unterschiedlicher Vorgeschichte können aus dem thermischen Kraft-Längenänderungs-Verhalten die Voreilungen zur Erzielung einer Ware mit gleichhohen blockierten inneren Spannungen abgeleitet werden. Gleichhohe blockierte innere Spannungen gewährleisten gleiche mechanische Eigenschaften eines Materials. Ein KL-Diagramm, aus Schrumpfkraftmessungen am laufenden Faden bei verschiedenen Voreilungen abgeleitet, hat den Vorzug, daß jeder Punkt auf den KL-Kurven der gleichen Verweildauer entspricht.

TM 400 Der <u>thermische Wechselzug-Versuch</u> wird zur Simulierung einer dynamischen Dauerstandbeanspruchung von Textilien unter Temperatureinwirkung (z.B. Walken von Reifencord) herangezogen. Registriert wird das Relaxations-Verhalten bei bestimmter Temperatur und Spannung bei Meßbeginn in Abhängigkeit von der Belastungszyklenzahl und der Zyklenfrequenz. Bei der thermischen Wechselzugprüfung wird an einem Ende der eingespannten Probe eine sinusförmig veränderliche Deformation aufgebracht. Am anderen Ende der temperierten Meßprobe wird eine sinusförmig sich ändernde Spannung registriert, die je nach Materialzustand zur aufgebrachten Spannung phasenverschoben ist. Aus diesem sog. 'mechanischen Verlustwinkel' zwischen Spannung und Verformung werden der 'Verlustmodul' und der 'Speichermodul' abgeleitet, aus denen auf bestimmte Strukturzustände einer Faser geschlossen wird.

TM 500/ <u>Thermische Druck- und Wechseldruckversuche</u> sollen die Widerstands-
TM 600 fähigkeit von Textilien gegenüber Druckbeanspruchungen während thermischer Behandlungen verdeutlichen. Die Prüfung spielt vor allem bei der Untersuchung der Bauschelastizität von gekräuselten Fasern in Garnen und Flächengebilden eine Rolle (z.B. Dauerdruckbeanspruchung von Papierfilzen beim Abquetschen).

TM 700/ Der <u>thermische Biege- und Wechselbiegeversuch</u> soll das Verhal-
TM 800 ten eines Materials beim Biegen oder wiederholtem Biegen (z.B. Erzeugung von Waschfalten) charakterisieren.

TM 900/ Der <u>thermische Torsions- bzw. Wechseltorsionsversuch</u> wird eben-
TM 1000 falls bei Faserstrukturuntersuchungen angewandt. Der Versuch liefert auch Hinweise über das Kringel- oder Kreppverhalten von hochgedrehten Garnen in Abhängigkeit von der Temperatur und der Fadenbelastung.

Tabelle 7:

D T N W Krefeld	Prüfung von Ausrüstungseffekten	Meßtechnisches Merkblatt
Stand: 03/1985	Ü b e r s i c h t	PA

PA 100	Bestimmung der Wasseraufnahme und der -abgabe von Textilien
PA 110	Bestimmung des Wasserrückhaltevermögens
PA 120	Bestimmung der Benetzbarkeit und des Saugvermögens
PA 130	Bestimmung der Trocknungsgeschwindigkeit
PA 200	Bestimmung des thermischen Verhaltens von Textilien
PA 210	Bestimmung der Wärmeleitfähigkeit
PA 220	Bestimmung der thermischen Stabilität
PA 221	Bestimmung der thermischen Stabilität gegenüber Hitzeeinwirkung unterhalb der Schmelz-/Zersetzungstemperatur eines Faserstoffes (Alterungsversuch)
PA 222	Bestimmung des Brennverhaltens
PA 300	Bestimmung der Dichtigkeit von Textilien
PA 310	Bestimmung der Dichtigkeit gegenüber gasförmigen Medien
PA 311	Bestimmung der Luftdurchlässigkeit
PA 312	Bestimmung der Gasdurchlässigkeit
PA 313	Bestimmung der Wasserdampfdurchlässigkeit
PA 320	Bestimmung der Dichtigkeit gegenüber flüssigen Medien
PA 321	Bestimmung der Wasserdichtigkeit
PA 322	Bestimmung der wasserabweisenden Eigenschaften
PA 323	Bestimmung des Durchströmungswiderstandes von Garnwickeln und Flächengebilden
PA 330	Bestimmung der Dichtigkeit gegenüber festen Stoffen
PA 331	Bestimmung der Daunen-, Feder- und Füllfaserdichtigkeit
PA 332	Bestimmung des Staubrückhaltevermögens von Filterstoffen
PA 400	Bestimmung der Haftfestigkeit von Verbundstoffen
PA 410	Bestimmung der Haftfestigkeit von Beschichtungen
PA 420	Bestimmung der Haftfestigkeit von Kaschierungen
PA 500	Bestimmung des elektrostatischen Verhaltens von Textilien
PA 510	Bestimmung des Oberflaechen- und Durchgangswiderstandes
PA 520	Bestimmung der Aufladbarkeit

Fortsetzung: Tabelle 7

PA 600   Bestimmung des Pflegeverhaltens von Ausrüstungen
PA 610   Bestimmung der Waschbeständigkeit von Ausrüstungen
PA 620   Bestimmung der Reinigungsbeständigkeit von Ausrüstungen
PA 630   Bestimmung des Anschmutzvermögens

PA ...   In diesem Kapitel sind diejenigen Untersuchungsmethoden zusammengefaßt, die nicht unmittelbar die Form und Masse (FM), die mechanische (MB) und thermische Beanspruchung (TM) eines Textil betreffen, sondern mehr die Prüfung von Verarbeitungs- und Ausrüstungseffekten beinhalten. Hierbei ist jedoch zu berücksichtigen, daß auch die Eigenschaften des unverarbeiteten und unausgerüsteten Textils in das Untersuchungsergebnis eingehen bzw. diese Textilien mit in die 'sonstigen Prüfverfahren' einbezogen werden.

PA 100   Dieses Kapitel umfaßt die Untersuchung der Wasseraufnahme bzw. Wasserabgabe von Textilien, welche sowohl von dem hydrophilen bzw. hydrophoben Charakter des Faserstoffes und der Ausrüstung als auch von dem konstruktionsbedingten Kapillarsystem des Tex-

PA 110   tils bestimmt werden. - Das Wasserrückhaltevermögen, mit dem man z.B. das Quellverhalten von cellulosischen Fasern nach einer Kunstharzausrüstung charakterisieren kann, wird gravimetrisch nach definiertem Benetzen und Abschleudern bestimmt. - Die Unter-

PA 120   suchung der Benetzbarkeit und des Saugvermögens hat z.B. bei der Prüfung von Verbandstoffen große Bedeutung und kann zur Charakterisierung der Gleichmäßigkeit einer Vorbehandlung hinsichtlich Entfernung von die Farbgebung beeinflussenden Faserbegleitstoffen herangezogen werden. Für die Prüfung stehen eine Reihe relativ einfacher Untersuchungsmethoden, wie die Tropfen- und Steighöhenmethode, zur Verfügung. Es ist jedoch sinnvoll, die Prüfung der Benetzbarkeit mit der Anfärbung von eventuell vorhandenen hydrophoben Substanzen zu verbinden (Foulardierverfahren).

PA 130   Zur Ermittlung der Trocknungsgeschwindigkeit, die für die Optimierung von Trocknungs- und Fixierprozessen Bedeutung hat, kann eine Wägung im Heißluftstrom vorgenommen werden. Zur genaueren

Untersuchung des Trocknungsverlaufes sind jedoch relativ komplizierte, schwingungsfrei arbeitende Meßvorrichtungen erforderlich.

PA 200   Die Bestimmung des <u>thermischen Verhaltens</u> von Textilien bein-
PA 210   haltet die Messung der <u>Wärmeleitfähigkeit</u> - die u.a. zur Beurteilung des bekleidungsphysiologischen Verhaltens von Stoffen sowie Berechnung von Wärmebehandlungsprozessen herangezogen wird - und
PA 220   die Messung der <u>Widerstandsfähigkeit</u> eines Textils <u>gegenüber der Einwirkung erhöhter Temperaturen</u>. Die Untersuchungen unter-
PA 221   halb der Schmelztemperatur dienen z.B. zur Beurteilung der <u>thermischen Belastbarkeit</u> von Textilien, die langzeitig erhöhten Temperaturen (z.B. Filter in Abgasanlagen) ausgesetzt sind. Die Wirkung dieser Behandlungen wird im allgemeinen durch Ermittlung des Festigkeitsverlustes nach dieser 'Alterung' untersucht. - Die Be-
PA 222   stimmung des <u>Brennverhaltens</u> dient zur Überprüfung von Sicherheitsvorschriften hinsichtlich des Brandschutzes. Untersucht werden die Entflammbarkeit, die Brenn- und Glimmdauer sowie das Ausmaß der Zerstörung nach definierter Beflammung.

PA 300   Die Bestimmung der <u>Dichtigkeit</u> von Textilien hat sowohl für das bekleidungsphysiologische Verhalten eines Stoffes als auch zur Beurteilung der Filterwirkung von technischen Textilien Bedeutung und muß daher differenziert betrachtet werden. Die Überprüfung
PA 310   der Dichtigkeit gegenüber <u>gasförmigen Medien</u> zeigt die wenigsten Probleme, vorausgesetzt, die Druckverhältnisse des Gases
PA 320   werden genau beachtet. - Die Bestimmung der Dichtigkeit gegenüber <u>flüssigen Medien</u> betrifft im allgemeinen nur Wasser. Sie schließt die Untersuchung der wasserabweisenden Eigenschaften ein, bei der auch die beim Beregnen durchtretende Wassermenge ermittelt wird.
PA 323   Die Druckverhältnisse beim zwangsweisen <u>Durchströmen</u> von Textilien liefern z.B. Hinweise über die Geschwindigkeit des Flottenaustausches beim Foulardieren.
PA 330   Die Prüfung der Dichtigkeit von Flächengebilden gegenüber <u>festen Stoffen</u> kann nicht allein aus der Durchlässigkeit von gasförmigen oder flüssigen Medien geschlossen werden, vielmehr müssen dabei auch die geometrischen Verhältnisse des Textils und des Festkör-
PA 331   pers berücksichtigt werden. - Die Prüfung der Dichtigkeit gegenüber <u>Füllmaterial</u> gewinnt vor allem in letzter Zeit durch den

PA 332 Einsatz feiner Füllfasern Bedeutung. Bei dieser Prüfung muß jedoch berücksichtigt werden, daß auch bei großen Poren im Stoff durch die Art der Konstruktion des sog. Umhüllvlieses ein Durchtreten von Füllfasern behindert werden kann. - Auch bei der Beurteilung von <u>Filtern</u> kann aus einer guten Luftdichtigkeit des Filterstoffes nicht ohne weiteres auf die Qualität des Filters geschlossen werden. Eine gute Filterwirkung kann u.U. zu einem Druckaufbau vor dem Flächengebilde und damit zu einer Überdehnung oder Verschieben von Fadensystemen führen, wodurch die Filterwirkung wieder nachläßt.

PA 400 Bei der Bestimmung der <u>Haftfestigkeit von Verbundstoffen</u> werden weniger die textilen Eigenschaften des Materials als vielmehr der Ausrüstungseffekt hinsichtlich der Beanspruchbarkeit überprüft. Bei der Überprüfung der Haftfestigkeit sollten daher die in der Verarbeitung und im Gebrauch herrschenden Umweltbedingungen berücksichtigt werden. So kann z.B. beim Dämpfen von frontfixierten Wollstoffen die Haftung verlorengehen, wenn zum einen der Kleber thermoplastisch wird und zum anderen das Material sich feuchtigkeitsbedingt längt.

PA 500 Die Bestimmung des <u>elektrostatischen Verhaltens</u> von Textilien
PA 510 wird im allgemeinen durch Messung des <u>Oberflächenwiderstandes</u> überprüft, wobei auch Klimata mit geringer relativer Luftfeuchte berücksichtigt werden sollen, um auch das Verhalten eines Textils in trockenen Jahreszeiten zu erfassen. Darüber hinaus spielt auch das Warengewicht des Prüflings eine Rolle. Mit zunehmendem Warengewicht wird ein Aneinanderkleben von Stoffen behindert, wenn die flächenbezogene Ladungsdichte vom Stoffgewicht überwunden wird.
PA 520 Die Prüfung der <u>Aufladbarkeit</u> setzt dagegen einen erhöhten meßtechnischen Aufwand voraus, um eine Reibung des Textils unter definierten Bedingungen zu erzielen.

PA 600 Die Bestimmung des Pflegeverhaltens soll sich in diesem Kapitel nur auf die Prüfung der Beständigkeit von Ausrüstungen sowie auf das Anschmutzverhalten beschränken. Die Veränderung der Form wird unter dem Pkt. <u>FM</u> (Maßänderung) und unter Pkt. <u>MB</u> (Knittern) behandelt.

Tabelle 8:

D T N W Krefeld Stand: 03/1985	Analyse von Faserbegleitstoffen Übersicht	Meßtechnisches Merkblatt FB

FB 100	Untersuchung von Farbstoffen und Textilhilfsmitteln vor dem Produktauftrag
FB 110	Untersuchungen an Farbstoffen
FB 120	Untersuchungen an Textilhilfsmitteln und Chemikalien
FB 130	Untersuchungen an Schlichtflotten
FB 140	Untersuchungen an Vorbehandlungsflotten
FB 150	Untersuchungen an Farbflotten
FB 160	Untersuchungen an Druckpasten
FB 170	Untersuchungen an Ausrüstungsflotten
FB 180	Untersuchungen an Beschichtungspasten
FB 200	Analyse von Faserbegleitstoffen auf und in Textilien
FB 210	Bestimmung des Feuchtegehalts von Faserstoffen
FB 211	Handelsgewichtsbestimmung
FB 220	qualitative und quantitative Bestimmung von natürlichen Faserbegleitstoffen
FB 221	Bestimmung von Faserbegleitstoffen in Naturfaserstoffen (Staub, Samenschalen, Wachs, Wollfett, Bast)
FB 222	Bestimmung von Faserbegleitstoffen in Chemiefasern (Oligomere, Mattierungsmittel, Inhibitoren)
FB 230	qualitative und quantitative Bestimmung von Avivagen, Präparationen und Schlichten
FB 231	Bestimmung von Avivagen und Präparationen
FB 232	Bestimmung von Schlichten
FB 240	qualitative und quantitative Bestimmung von Farbstoffen
FB 241	qualitative Farbstoffbestimmung
FB 242	quantitative Farbstoffbestimmung
FB 243	Farbmetrik
FB 244	Echtheit von Färbungen und Drucken
FB 250	qualitative und quantitative Bestimmung von Chemikalien und Textilhilfsmitteln

Fortsetzung: <u>Tabelle 8</u>

```
FB 251      qualitative Bestimmung von Chemikalien und
            Textilhilfsmitteln
FB 252      quantitative Bestimmung von Chemikalien und
            Textilhilfsmitteln
FB 253      pH-Wert-Bestimmung
FB 260   qualitative und quantitative Bestimmung von Ausrüstungen
FB 261      qualitative Bestimmung von Ausrüstungen
FB 262      quantitative Bestimmung von Ausrüstungen
FB 270   qualitative und quantitative Bestimmung von Beschichtungen
FB 271      qualitative Bestimmung von Beschichtungen
FB 272      quantitative Bestimmung von Beschichtungen
FB 300   Fleckenanalyse
FB 400   Nachweis von Geruchsstoffen
```

FB ... Es ist zwischen der Untersuchung von Farbstoffen und Textilhilfsmitteln vor deren Aufbringung auf das Textil und der Analyse von bereits auf einem Textil befindlichen natürlichen und faserfremden Faserbegleitstoffen zu unterscheiden. Bei den natürlichen Faserbegleitstoffen handelt es sich um solche Produkte, die in Naturfaserstoffen enthalten sind (z.B. Staub, Baumwollwachse, Samenschalen, Wollfette, Seidenbast) oder bei der Chemiefaserherstellung entstanden (z.B. Oligomere) bzw. zugesetzt (z.B. Mattierungsmittel, Inhibitoren wie Antioxidantien und Lichtstabilisatoren) werden. Die auf dem Textil sich befindlichen faserfremden Faserbegleitstoffe stellen Produkte dar, die während der Verarbeitung und Veredlung auf das Textil aufgebracht werden. Die faserfremden Faserbegleitstoffe werden getrennt nach Präparationen und Schlichten, Farbstoffen, Textilhilfsmitteln und Veredlungschemikalien, Ausrüstungen sowie Beschichtungen untersucht.

FB 100 Die Untersuchung von <u>Faserbegleitstoffen vor deren Aufbringung auf das Textil</u> schließt die Analyse von Farbstoffen und Textilhilfsmitteln sowie die Prüfung der Beschaffenheit von Behandlungsflotten (z.B. Gehalt an aktivem Sauerstoff in Bleichflotten) und pastösen Auftragsprodukten (z.B. Viskositätsverhalten von Druck- und Beschichtungspasten) ein.

FB 200 Zu den Faserbegleitstoffen gehören alle Substanzen in und auf einer Faser, die nicht dem chemischen Aufbau des Polymeren entsprechen oder keine unmittelbare Bedeutung für den physikalischen und chemischen Aufbau einer Faser haben. Hierbei ist zwischen natürlichen Faserbegleitstoffen aus der Fasererzeugung und faserfremden Faserbegleitstoffen, die während der Verarbeitung und Veredlung auf das Textil aufgebracht werden, zu unterscheiden.

FB 210 Faserstoffe können je nach Intensität von Trockenprozessen oder den klimatischen Bedingungen beim Lagern einen Feuchtegehalt aufweisen, der nicht dem gesetzlich festgelegten Feuchtigkeitszuschlag entspricht. Durch die sog. Handelsgewichtsbestimmung wird unter Berücksichtigung des Verpackungsgewichtes von bereits im Handel befindlichen Garnlieferungen der Feuchtegehalt des ofentrockenen Spulenmaterials und auf Basis des Trockengewichtes und der gesetzlich festgelegten Feuchtigkeitszuschläge das Handelsgewicht und die Differenz zu der in Rechnung gestellten Materialmenge ermittelt.

FB 220
FB 221 Die natürlichen Faserbegleitstoffe von den Natur- und Chemiefaserstoffen werden getrennt betrachtet. - Die natürlichen Faserbegleitstoffe der Naturfasern (Baumwollsamenschalen, Kletten, Seidenbast usw.) werden im allgemeinen durch mechanische Reinigung beim Spinnen oder veredlungstechnisch durch Abkochen (Baumwolle), Karbonisieren (Wolle) oder Entbasten (Seide) sowie durch Waschen und Bleichen entfernt. Zur Charakterisierung der Rohware oder des Reinigungseffektes ist es erforderlich, Faserbegleitstoffe qualitativ und quantitativ zu erfassen. -

FB 222 Zu den natürlichen Faserbegleitstoffen von Chemiefasern gehören Oligomere), die bei der Faserherstellung entstehen und bei nachfolgenden thermischen Behandlungen aus der Faser austreten können und zur Verunreinigung von Behandlungsmaschinen und der Ware führen. Die qualitative - vor allem aber die quantitative - Analyse dieser Stoffe zeigt an, ob eine Modifizierung des Ausrüstungsverfahrens zur Verhinderung von Oligomerenabscheidung angewendet werden. Titandioxid dient als Mattierungsmittel bei der Herstellung von Chemiefasern. Der Grad der Mattierung beeinflußt sowohl die Lichtabsorption und -streuung als auch die Laufeigenschaften der daraus hergestellten Garne. Hier spielen folglich mehr die quantitative Analyse durch Veraschen des Faserstoffes und die Bestimmung des Gewichtes des Rückstandes eine Rolle. - <u>Inhibitoren</u> sind Spinnzusätze, welche z.B. eine Schädigung durch Oxidation oder Licht verhindern sollen. Als vorbeugende Maßnahme gegen Faserschädigung ist eine entsprechende Analyse der Inhibitoren anzusehen.

FB 230 <u>Avivagen</u>, <u>Präparationen</u> und <u>Schlichten</u> werden zur Verbesserung des Verarbeitungsverhaltens von Fasern, Garnen und Flächengebilden aufgebracht. Vor der Entfernung empfiehlt sich eine qualitative Bestimmung, um die Auswaschrezeptur zu optimieren. Zur Beurteilung des Handelsgewichtes und des Reinigungsgrades einer Ware wird eine quantitative Bestimmung durch Extraktion oder Entschlichten vorgenommen.

FB 240 Vorrangige Eigenschaften von Textilien sind Gleichmäßigkeit der <u>Farbstoffaufnahme</u> und die Echtheit von Färbungen und Drucken. Die qualitative und quantitative Farbstoffanalyse nimmt daher in der Texilprüfung einen breiten Raum ein. Für die qualitative Farbstoffstoffanalyse sind einschlägige Analysengänge zur Identifizierung von Farbstoffen vorhanden, und Methoden zur Bestimmung der Farbechtheit von Färbungen und Drucken sind fast ausnahmslos in DIN-Normen verankert. Bei der quantitativen Farbstoffbestimmung dominiert die <u>Farbmetrik</u>.

FB 250 Die Analyse von <u>Chemikalien</u> und <u>Textilhilfsmitteln</u> schließt die Bestimmung von Veredlungschemikalien (z.B. Säuren und Basen, in Fasern retendierte Lösemittel) ein. Als quantitative Analyse von Säuren und Basen ist auch die pH-Messung nach der Extrapolationsmethode anzusehen.

FB 260 Die qualitative und quantitative Analyse von <u>Ausrüstungen</u> erfordert einen speziellen Analysengang, da im allgemeinen eine Summe von Ausrüstungsmitteln aufgebracht sein können.

FB 270 Die qualitative und quantitative Analyse von <u>Beschichtungen</u> muß berücksichtigen, daß eine Beschichtung aus verschiedenen Schichten mit unterschiedlicher Zusammensetzung bestehen kann und daß das Endprodukt durch Vernetzung oder Polymerisation eventuell erst auf dem Textil erzeugt wurde.

FB 300 Die <u>Fleckenanalyse</u> soll als Spezialgebiet der Analyse von Faserbegleitstoffen betrachtet werden, da Flecken auf der Anwesenheit von Faserbegleitstoffen beruhen können, die entweder noch vorhanden sind oder bereits entfernt wurden und nur lichtabsorptionsbzw. lichtstreuungsbedingte Abweichungen hinterlassen haben.

FB 400 Der <u>Nachweis von Geruchsstoffen</u> ist insofern schwierig, als er Analysentechniken zur Erfassung flüchtiger Stoffe (z.B. Gaschromatographie) bedarf.

<u>T a b e l l e 9</u> :

D T N W Krefeld Stand: 03/1985	Simulation von Verarbeitungs- und Gebrauchsbeanspruchungen Ü b e r s i c h t	Meßtechnisches Merkblatt SP

SP 100	Messung des Verhaltens von Polymeren bzw. Filamenten bei der Filamentgarn- und Faserherstellung (Primärspinnerei)
SP 110	Verhalten von Spinnmassen beim Spinnen bzw. Extrudieren
SP 120	Verhalten von Filamenten beim Verstrecken
SP 130	Verhalten von Filamenten beim Schneiden bzw. Reißen
SP 200	Messung des Verhaltens von Fasern bei der Garnherstellung (Sekundärspinnerei)
SP 210	Verhalten beim mechanischen Reinigen (Öffnen usw.)
SP 220	Verhalten beim chemischen Reinigen (Karbonisieren usw.)
SP 230	Verhalten von Fasern beim Kardieren
SP 240	Verhalten von Faserbändern beim Verstrecken
SP 250	Verhalten von Fasern beim Ringspinnen
SP 260	Verhalten von Fasern beim Rotorspinnen
SP 270	Verhalten von Fasern beim Umspinnen
SP 280	Verhalten von Fasern bei sonstigen Spinnverfahren
SP 300	Messung des Verhaltens von Garnen beim Überführen in andere Fadenformen (Fachen, Zwirnen, Umwinden, Texturieren)
SP 310	Verhalten von Garnen beim Fachen
SP 320	Verhalten von Garnen beim Zwirnen (Ring-, DD-Zwirnen und sonstigen Zwirnverfahren)
SP 330	Verhalten von Garnen beim Umwinden
SP 340	Verhalten von Garnen beim Texturieren (klass. Falschdraht-, Strecktexturier-, Stauchkammer-, Kantenzieh-, Zahnradkräusel-, Strickkräusel- und Verwirbelungsverfahren)
SP 400	Messung des Verhaltens von Fäden und Fadenscharen beim Überführen in andere Aufmachungseinheiten (Spulen, Zetteln, Schären, Assemblieren/Bäumen)

Fortsetzung: Tabelle 9

SP 410	Verhalten von Fäden beim Spulen
SP 420	Verhalten von Fäden und Fadenscharen beim Zetteln
SP 430	Verhalten von Fäden und Fadenscharen beim Schären
SP 440	Verhalten von Fäden und Fadenscharen beim Assemblieren/Bäumen.
SP 500	Messung des Verhaltens von Fäden und Fadenscharen beim Stabilisieren (Setten)
SP 510	Verhalten von Fäden beim spannungs- bzw. längenkonstanten diskontinuierlichen Setten (Heißluft, Dampf)
SP 520	Verhalten von Fäden beim spannungs- bzw. längenkonstanten kontinuierlichen Setten (Heißluft, Dampf)
SP 600	Messung des Verhaltens von Fasern, Fäden, Fadenscharen und Spulenkörpern beim Avivieren, Präparieren, Wachsen und Schlichten
SP 610	Verhalten von Fasern beim Avivieren
SP 620	Verhalten von Fäden beim Präparieren
SP 630	Verhalten von Fäden und Fadenscharen beim Wachsen
SP 640	Verhalten von Fadenscharen beim Schlichten
SP 650	Verhalten von Spulenkörpern beim Avivieren
SP 700	Messung des Verhaltens von Fasern, Fäden und Fadenscharen bei der Flächengebildeherstellung
SP 710	Verhalten von Fäden und Fadenscharen beim Bandweben
SP 720	Verhalten von Fäden und Fadenscharen beim Breitweben
SP 730	Verhalten von Fäden beim Flechten und Klöppeln
SP 740	Verhalten von Fäden beim Stricken
SP 750	Verhalten von Fäden und Fadenscharen beim Wirken
SP 760	Verhalten von Fasern und Fäden bei der Filzherstellung
SP 770	Verhalten von Fasern und Fäden bei der Vliesherstellung
SP 780	Verhalten von Fasern, Fäden und Fadenscharen bei der Herstellung von Nähverbundstoffen
SP 790	Verhalten von Fäden beim Tuften
SP 800	Messung des Verhaltens von Fasern und Faserbändern in der Veredlung
SP 810	Verhalten von Fasern beim Waschen
SP 820	Verhalten von Fasern beim Färben
SP 830	Verhalten von Fasern beim Bedrucken

Fortsetzung: Tabelle 9

SP 840	Verhalten von Fasern beim Avivieren (s. SP 610)
SP 850	Verhalten von Fasern beim Trocknen
SP 900	Messung des Verhaltens von Garnen bei der Veredlung von Garnsträngen und Garnspulen
SP 910	Verhalten von Garnsträngen und Garnspulen bei der Naßvorbehandlung (Waschen, Abkochen, Mercerisieren, Bleichen)
SP 920	Verhalten von Garnsträngen und Garnspulen beim Färben
SP 930	Verhalten von Garnsträngen und Garnspulen beim Avivieren
SP 940	Verhalten von Garnsträngen und Garnspulen beim Entwässern und Trocknen
SP 1000	Messung des Verhaltens von Flächengebilden in der Veredlung
SP 1010	Verhalten von Flächengebilden in der Naßvorbehandlung (Waschen, Entschlichten, Abkochen, Bleichen, Mercerisieren, Strukturentwicklung)
SP 1020	Verhalten von Flächengebilden in der Trockenvorbehandlung (Sengen, Entwässern, Trocknen, Fixieren)
SP 1030	Verhalten von Flächengebilden bei diskontinuierlicher Farbgebung (Haspelkufe, Jet, Jigger, Baum)
SP 1040	Verhalten von Flächengebilden bei kontinuierlicher Farbgebung (Foulard, Farbstoffentwicklung, Reinigung)
SP 1050	Verhalten von Flächengebilden beim Thermosolieren
SP 1060	Verhalten von Flächengebilden beim Bedrucken (Druck, Farbstoffixierung, Reinigung)
SP 1070	Verhalten von Flächengebilden beim Thermoumdruck
SP 1080	Verhalten von Flächengebilden bei der Trockenausrüstung (Kalandern, Scheren, Rauhen etc.)
SP 1090	Verhalten von Flächengebilden bei der Naßausrüstung (Kunstharzausrüstung, Hydrophobierung, Beschichten etc.)
SP 1100	Messung des Verhaltens von Flächengebilden und Nähmaterial in der Konfektion
SP 1110	Verhalten von Flächengebilden beim Legen und Stapeln
SP 1120	Verhalten von Flächengebilden beim Zuschneiden und Stanzen
SP 1130	Verhalten von Flächengebilden beim Nähen
SP 1140	Verhalten von Flächengebilden beim Sticken
SP 1150	Verhalten von Flächengebilden beim Bügeln und Pressen (s. SP 1230)
SP 1160	Verhalten von Flächengebilden beim Plissieren

Fortsetzung: Tabelle 9

```
SP 1200 Messung des Verhaltens von Textilien in der Pflege
SP 1210    Verhalten von Textilien beim Waschen
SP 1220    Verhalten von Textilien beim Trocknen und Tumbeln
SP 1230    Verhalten von Textilien beim Reinigen
SP 1240    Verhalten von Textilien beim Bügeln, Pressen und Mangeln

SP 1300 Messung des Verhaltens von Bekleidungstextilien im Gebrauch
SP 1310    Verhalten von Unterwäsche und Miederwaren im Gebrauch
SP 1320    Verhalten von Hemden, Blusen und Kleidern im Gebrauch
SP 1330    Verhalten von Oberbekleidung im Gebrauch
SP 1340    Verhalten von Regenbekleidung im Gebrauch
SP 1350    Verhalten von Arbeitskleidung im Gebrauch
SP 1360    Verhalten von Sport- und Badebekleidung im Gebrauch
SP 1370    Verhalten von Strickwaren und Strümpfen im Gebrauch

SP 1400 Messung des Verhaltens von Heimtextilen im Gebrauch
SP 1410    Verhalten von Gardinen und Textiltapeten im Gebrauch
SP 1420    Verhalten von Möbelstoffen im Gebrauch
SP 1430    Verhalten von Teppichen im Gebrauch
SP 1440    Verhalten von Tisch- und Bettwäsche im Gebrauch

SP 1500 Messung des Verhaltens von Technischen Textilien im Gebrauch
SP 1510    Verhalten von Transportbändern im Gebrauch
SP 1520    Verhalten von Segeln, Bautenschutzmaterialien, Bedachungen,
           Sonnen- und Windschutzvorrichtungen im Gebrauch
SP 1530    Verhalten von Transportbehältern und Silos im Gebrauch
SP 1540    Verhalten von Autoinnenausstattungen im Gebrauch
SP 1550    Verhalten von Filtern und Siebdruckschablonen im Gebrauch
SP 1560    Verhalten von Geotextilien im Gebrauch

SP 1600 Messung des Verhaltens von Textilien beim Lagern
SP 1610    Verhalten von Textilien beim Lagern im Normalklima
SP 1620    Verhalten von Textilien beim Lagern in Kälte
SP 1630    Verhalten von Textilien beim Lagern in Wärme
SP 1640    Verhalten von Textilien beim Lagern unter sonstigen Umwelt-
           bedingungen (Licht, Luft, Abgas, Wasser, Erdreich)
```

SP ... Mit einer <u>Simulationsprüfung</u> wird versucht, ein bestimmtes Verarbeitungs- oder Gebrauchsverhalten von Textilien meßtechnisch zu erfassen. Die Prüfung setzt sich aus der 'Simulationsbeanspruchung' und der 'Merkmalsprüfung' zusammen. - Mit der <u>Simulationsbeanspruchung</u> wird eine Verarbeitungs- oder Gebrauchseigenschaft so wirklichkeitsnah wie möglich nachgeahmt. Als Simulationsbeanspruchung kann die Verarbeitungs- oder Gebrauchsbeanspruchung auch direkt herangezogen werden. - Die <u>Merkmalsprüfung</u> wird entweder <u>vor und nach</u> oder <u>während</u> der Verarbeitungs- oder Gebrauchsbeanspruchung bzw. entsprechender Simulationsbeanspruchung vorgenommen. Im ersten Fall spricht man von einer 'Beständigkeitsprüfung' im zweiten Fall von einer 'Verhaltensprüfung'. Bei der vor und nach einer Beanspruchung angewandten <u>Beständigkeitsprüfung</u> wird im allgemeinen die Veränderung der Mikro- bzw. Makrostruktur des Textils einmal mit Hilfe der unter Pkt. <u>FA</u> bzw. <u>FM</u> aufgeführten Prüfverfahren bestimmt. - Bei der während einer Beanspruchung durchgeführten <u>Verhaltensprüfung</u> werden Prüfverfahren herangezogen, mit denen die Reaktion des Textils auf mechanische (Pkt. <u>MB</u>), thermische und chemische (Pkt. <u>TM</u>) Beanspruchung untersucht wird. Darüber hinaus kommen die unter Pkt. <u>PA</u> zusammengefaßten Prüfververfahren in Frage, die weniger eine Beanspruchung der Faser als mehr die der Ausrüstung beinhalten. Neben diesen - meistens eindeutigen physikalischen und chemischen Gesetzmäßigkeiten folgenden Prüfverfahren - können auch mehrere Meßmerkmale einer Eigenschaft in komplexer Form erfaßt werden. - Ein unter Pkt. <u>MB</u>, <u>TM</u> und <u>PA</u> aufgeführtes Prüfverfahren kann durchaus schon ein Simulationsprüfverfahren darstellen, wenn die dominaten Merkmale einer Eigenschaft damit erfaßt werden.

Unter dem Pkt. <u>SP</u> werden die Besonderheiten der 'Simulationsbeanspruchung' ausführlich diskutiert, während hinsichtlich der 'Merkmalsprüfung' - die sich vom Prinzip her in den verschiedenen Simulationsprüfvefahren wiederholen kann - nur Querverweise zu den anderen 'Meßtechnischen Merkblättern' gegeben werden. Nachfolgend werden beispielhaft Hinweise auf einige, bereits bekannte Simulationsprüfverfahren gegeben.

SP 100   Innerhalb des Primärspinnprozesses kann der Zustand der Spinnschmelze/-lösung durch Viskositätsmessung (FA 330) oder Messung der Druckänderung (analog zu PA 323) fortlaufend verfolgt werden. Das Verhalten im Spinnschacht sowie beim Verstreckprozeß wird durch kontinuierliche Spannungsmessungen (MB 160) simuliert. Die Gleichmäßigkeit des Faserprofils läßt sich durch Reflexionsmessungen mit Hilfe der Lasertechnik (FM 113) kontinuierlich erfassen. Der Präparationsmittelauftrag kann durch radiometrische Meßverfahren nach Zugabe von radioaktiven Tracern (FB 231) oder über Reibungsmessungen (MB 821) verfolgt werden.

SP 200   Der Reinheitsgrad von natürlichen Faserstoffen kann über spezielle Staubabscheidung und -messung (FB 221) erfaßt werden. Das Auflöseverhalten von Fasern auf Karden kann über das Drehmoment von Auflösewalzen gemessen werden. Die Gleichmäßigkeit des Faserflors und der Faserbänder kann optisch durch Lichttransmissionsmessung, elektrisch auf kapazitivem oder induktivem Wege oder mittels ß-Strahler verfolgt werden (FM 411). Das Verstreckverhalten kann durch Haftfestigkeitsprüfungen (MB 812) simuliert werden. Das Ring-Spinnen kann durch Messung der Ballonspannung (MB 160) oder optisch durch Erfassen der Ballongeometrie charakterisiert werden. Das (OE-Spinnen) kann durch optische Untersuchungen im Faserleitkanal mit Hilfe einer Array-Kamera verfolgt werden.

SP 300   Das Verhalten von Garnen beim Überführen in andere Fadenformen wird allgemein durch Fadenspannungsmessungen (MB 160) verfolgt. Für das Ringzwirnen gilt das unter SP 200 Gesagte. Der Ballon kann beim DD-Zwirnen ebenfalls optisch erfaßt werden. Die Berührung des Fadenballons mit begrenzenden Flächen verursacht deren Erwärmung und wird durch Temperaturmessungen mit Strahlungspyrometern gemessen. Die Spannungsführung - indirekt auch die Temperaturführung - eines Texturierprozesses wird über Fadenspannungsmessungen (TM 241) kontrolliert, die Drehungshöhe mit Hilfe einer Klinge oder durch Messung des thermischen Torsionsverhaltens (TM 920). Die Qualität luftverwirbelter Garne kann durch Interlacing-Messungen am laufenden Faden erfaßt werden (FM 124).

SP 400   Auch bei der Verarbeitung von Fadenscharen hängt der Warenausfall entscheidend von der Gleichmäßigkeit der Fadenspannungen (MB 160) ab. Mittels spezieller Meßeinrichtung kann die Fadenspannung nacheinander von allen Fäden einer Fadenschar erfaßt werden.

SP 500   Ein Setten von Garnkörpern ist mit einer Veränderung des spezifischen Volumens verbunden, welches sich mittels Durchströmungsmessungen (FM 433) charakterisieren läßt. Bei kontinuierlichem Setten kann die Spannung über das Durchhängen des Fadens aufgrund seines Eigengewichtes erfaßt werden. Simulieren läßt sich das Verhalten in verschiedenen Medien durch Schrumpf- (TM 100) bzw. Schrumpfkraftmessungen (TM 200).

SP 600   Das Präparieren und Wachsen von Fäden und Fadenscharen kann radiometrisch anhand des Zusatzes von radioaktiven Substanzen (FB 231) verfolgt werden. Innerhalb von Schlichtmaschinen wird die Gesamtfadenspannung über Tänzerwalzen gemessen und geregelt (MB 160). Durch Schrumpf- (TM 100) oder Schrumpfkraftmessungen (TM 200) läßt sich das Verhalten simulieren. Das Abschmier- bzw. Klebeverhalten einer Schlichte kann durch Messung des Adhäsionsverhalten (FB 240) erfaßt werden.

SP 700   Das Verhalten von Garnen beim Weben und bei der Maschenbildung wird über Fadenspannungsmessungen (MB 160) verfolgt. Ein abweichender Reibwert der Schußgarne kann indirekt auch durch Messung der Veränderung der Schützenfluggeschwindigkeit erfaßt werden. Bei der Nadelfilzherstellung können Nadeleinstichkräfte, die sich mit zunehmendem Vernadelungseffekt verändern, gemessen werden. Beim Tuften kann über die Messung der Fadenspannung (MB 160) hinter den Zuführschläuchen die Gleichmäßigkeit des Prozesses kontrolliert werden.

SP 800   Das Verhalten von Fasern in der Veredlung hinsichtlich ihrer Voluminosität kann über Füllstandmessungen oder Messung der Zusammendrückbarkeit (FM 432) erfaßt werden. Der Trocknungsverlauf kann über Feuchtigkeitsmessungen der Abluft (PA 130) kontrolliert werden.

SP 900   Das Verhalten der Garne bei der Strang- oder Spulenveredlung sowie bei der kontinuierlichen Fadenveredlung kann durch Schrumpf- (TM 100) oder Schrumpfkraftmessungen (TM 200) an Garnen in den entsprechenden Behandlungsmedien bestimmt werden. Die Behandlung von Spulen in Flotten kann über Durchströmungsmessungen simuliert werden (FM 433).

SP 1000   Das Verhalten von Flächengebilden in der Veredlung hinsichtlich
der makroskopischen Veränderung kann durch Erfassung der Dicke
(FM 233) und des Flächengewichtes über ß-Strahler (FM 413), Messung der affinen Verformung (FM 253) und Zählung der Faden- bzw.
Maschendichte (FM 133) bestimmt werden. Das Verhalten hinsichtlich der Dimensionsänderung oder Veränderung der Faserstruktur
kann durch Messung des Schrumpfes (TM 100) und der Schrumpfkraft
(TM 200) simuliert werden. Die Veränderung des Volumens von Warenwickeln beim Färben kann durch Messung des Durchströmungswiderstandes (FM 434) erfaßt werden. Trockenvorgänge werden über die
Messung der Oberflächentemperatur oder durch Abluftfeuchtemessung (PA 130) erfaßt. Die Veränderung der Oberflächengeometrie
kann über Glanzmessungen (FM 134) oder Rauhigkeitsuntersuchungen
(MB 830) verdeutlicht werden. Die Farbgebung durch Färben und
Drucken kann farbmetrisch (FB 243) durch Messung der Flotte oder
der Ware kontrolliert werden.

SP 1100   Das Verhalten der Stoffe in der Konfektion beim Legen kann durch
Messung der Oberflächenglätte (MB 830) und des Scherverhaltens
(MB 170) des Flächengebildes bestimmt werden. Das Zuschneiden und
Stanzen kann über die Messung der Messertemperatur optimiert werden.
den. Nähvorgänge lassen sich durch Messung der Transportgeschwindigkeit einzelner Stofflagen sowie durch Erfassung der Nadeleinstichkräfte steuern. Die Verformbarkeit beim Bügeln und Plissieren können durch thermo-mechanische Untersuchungen (TM 700) verdeutlicht werden.

SP 1200   Das Verhalten von Textilien bei der Pflege kann durch Bestimmung
der Maßänderung (FM 253) und der Farbechteheit (FB 244) unter
Pflegebedingung ermittelt werden. Für die Beschreibung von Trockenvorgängen kann die Feuchtemessung (PA 130) herangezogen werden. Bügel- und Mangelprozesse lassen sich durch thermomechanische Messungen (TM 600, TM 500) verfolgen.

SP 1300/ Die meisten Prüfverfahren sind zur Charakterisierung des Verhal-
SP 1400/ tens von Bekleidungs-, Heim- und Technischen Textilien im Gebrauch
SP 1500   geschaffen worden. An dieser Stelle müssen die 'Meßtechnischen
Merkblätter' nach einem systematischen Schema, welches die Anforderungsprofile für verschiedene Artikel berücksichtigt, noch ergänzt
werden.

SP 1600 Das Messen des Verhaltens von Textilien beim <u>Lagern im Normalkli-</u>
<u>ma</u> schließt in erster Linie die unter Pkt. <u>MB</u> aufgeführten Prüf-
verfahren ein. Für die Messung in Kälte und Wärme in verschiedenen Medien kommen prinzipiell die thermo-mechanischen Analysen
unter Pkt. <u>TM</u> in Frage.

<u>Stichwortverzeichnis zu 'Simulationsprüfverfahren'</u>

A
Abkochen, Flächengebilde . SP1010
Abkochen, Garn . . . . . . SP 910
Assemblieren, Fadenschar . SP 440
Avivieren, Faser . . . . . SP 610
Avivieren, Garn . . . . . . SP 930
Avivieren, Spulenkörper . . SP 650

B
Bäumen, Fadenschar . . . . SP 440
Bandweben . . . . SP 710
Baum-Färbung SP1030
Bedrucken, Faser . . . . . SP 830
Bedrucken, Flächengebilde . SP1060
Bedrucken, Garn . . . . . . SP 920
Beschichten SP1090
Bleichen, Flächengebilde . SP1010
Bleichen, Garn . . . . . . SP 910
Breitweben . . . . SP 720
Bügeln, Konfektion/Pflege . SP1240

D
DD-Zwirnen . . . . SP 320
Drucken, Faser . . . . . . SP 830
Drucken, Flächengebilde . . SP1060
Drucken, Garn . . . . SP 920

E
Entschlichten, Flächengeb. SP1010
Entwässern, Faser . . . . SP 850
Entwässern, Flächengebilde SP1020
Entwässern, Garn . . . . . SP 940
Extrudieren . . . . SP 110

F
Fachen, Garn . . . . SP 310
Färben, disk. (Flächeng.) . SP1030
Färben, kont. (Flächeng.) . SP1040
Färben, Faser . . . . SP 820
Färben, Garn . . . . SP 920
Falschdraht-Texturieren . . SP 340
Farbstoff-Fixierung (Druck) SP1060
Farbstoff-Fixierung (Färb.) SP1040
Faser-Veredlung . . . . . . SP 800
Filamentgarnherstellung . . SP 100

Filzherstellung . . . . . . SP 760
Fixieren, Flächengebilde . SP1020
Fixieren, Garn . . . . . . SP 500
Flächengebildeherstellung . SP 700
Flechten . . . . SP 730
Foulardieren, Klotzen . . . SP1040

G
Gebrauchsverh., Bekleidung SP1300
Gebrauchsverh., Heimtextil SP1400
Gebrauchsverh., Techn. Tex. SP1500

H
Haspelkufen-Färbung SP1030
Hochveredlung SP1090
Hydrophobierung SP1090

J
Jet-Färbung SP1030
Jigger-Färbung SP1030

K
Kalandern SP1080
Karbonisieren . . . . SP 220
Kardieren (Spinnen) . . . . SP 230
Klöppeln . . . . SP 730
Konfektion SP1100
Kunstharzausrüstung SP1090

L
Lagern im Normalklima . . . SP1610
Lagern in Kälte SP1620
Lagern in Wärme SP1630
Lagern, sonst. Umweltbed. . SP1640
Lagern, Verhalten SP1600
Legen, Stoffbahnen (Konf.) SP1110
Luft-Texturieren . . . . . SP 340

M
Mangeln, Pflege SP1240
Mercerisieren, Flächengeb. SP1010
Mercerisieren, Garn . . . . SP 910

N
Nachreinigung, Drucken . . SP1060

Nachreinigung, Färben . . .	SP1050
Nähen	SP1130
Nähverbundstoffherstellung	SP 780
Naßausrüstung, Flächengeb.	SP1090
Naßvorbehandlung, Flächeng.	SP1010

O

Öffnen (Spinnen)	SP 210

P

Pflegebehandlungen	SP1200
Plissieren	SP1160
Präparieren, Garn	SP 620
Pressen, Konfektion/Pflege	SP1240
Primärspinnerei	SP 100

R

Rauhen	SP1080
Reinigen, chem. (Pflege) .	SP1230
Reinigen, mech. (Spinnen) .	SP 210
Reißen von Filamentgarn .	SP 130
Ringspinnen	SP 250
Ringzwirnen	SP 320
Rohwollwäsche	SP 220
Rotorspinnen	SP 260

S

Schären	SP 430
Scheren	SP1080
Schlichten, Fadenschar . .	SP 640
Schneiden, Filamentgarn . .	SP 130
Sekundärspinnerei	SP 200
Sengen, Flächengebilde . .	SP1020
Sengen, Garn	SP 910
Setten, disk. (Garn) . . .	SP 510
Setten, kont. (Garn) . . .	SP 520
Spinnbad/Spinnlösung . . .	SP 110
Spinnen (Chemiefasern) . .	SP 110
Spinnen (Spinnfaserverarb.)	SP 200
Spinnfaserherstellung . . .	SP 100
Spinnverfahren, sonstige .	SP 280
Spulen	SP 410
Stabilisieren (Garn) . . .	SP 500
Stanzen, Konfektion	SP1120
Stauchkammer-Texturieren .	SP 340

Sticken	SP1140
Streck-Texturieren	SP 340
Stricken, Rund-/Flach- . .	SP 740
Strickkräusel-Verfahren . .	SP 340
Strukturentwicklung, Fläche	SP1010

T

Teppichausrüstung	SP1080
Texturieren	SP 340
Thermosolieren	SP1050
Thermoumdruck	SP1070
Trockenausrüstung, Fläche .	SP1080
Trocknen, Faser	SP 840
Trocknen, Flächengebilde .	SP1020
Trocknen, Garn	SP 940
Trocknen, Tumbeln (Pflege)	SP1220
Tuften, Teppiche	SP 790

U

Umspinnen	SP 270
Umwinden	SP 330

V

Veredlung, Faser	SP 800
Veredlung, Flächengebilde .	SP1000
Veredlung, Garn	SP 900
Verstrecken (Chemiefasern)	SP 120
Verstrecken, Faserband . .	SP 240
Verwirbelungs-Verfahren . .	SP 340
Vliesherstellung	SP 770

W

Wachsen, Garn/Fadenschar .	SP 630
Waschen, Faser	SP 810
Waschen, Flächengebilde . .	SP1010
Waschen, Garn	SP 910
Waschen, Pflege	SP1210
Wirken	SP 750

Z

Zetteln	SP 420
Zuschneiden, Konfektion . .	SP1120
Zwirnen	SP 320
Zwirnverfahren, sonstige .	SP 320

Stichwortverzeichnis zu 'Prüfung von Textilien' (ausschließlich SP)

A
Abdruck auf Folie . . . . . AL 110
Alterungsversuch . . . . . PA 221
Anschmutzvermögen . . . . . PA 530
Ansprühversuch, Bronce . . AL 110
ATR-Technik, IR-Spektr. . . FA 520
Aufbau, Flächengebilde . . FM 131
Aufbau, Garn . . . . FM 121
Aufladbarkeit . . . . PA 520
Auflicht-Mikroskopie . . . FA 113
Ausrüst.-Best., qual. . . . FB 261
Ausrüst.-Bestimmung, quant. FB 262
Ausrüstungseffekte, Prüfung PA ...
Ausrüstungsflotten-Analyse FB 170
Auswertung, Meßergebnisse . AL 320
Avivage-Bestimmung. . . . . FB 231

B
Baumwollwachs, Best. . . . FB 221
Bauschelastizität . . . . MB 521
Bekleidungsphysiologie . . PA ...
Beleuchtung, Warenschau . . AL 120
Benetzbarkeit . . . . PA 120
Berstversuch . . . . MB 311
Beschichtung, Best., qual. FB 271
Beschichtung, Best., quant. FB 272
Beschichtungspaste, Analyse FB 180
Betrachtung, Warenschau . . AL 130
Biegebeanspruchung . . . . MB 600
Biegeelastizitätsversuch . MB 630
Biegeverhalten . . . . . . FM 112
Biegeverhalten, thermisch . TM 700
Biegeversuch, statisch . . MB 620
Bindung, Flächengebilde . . FM 131
Breite, Flächengebilde . . FM 220
Brennprobe, Faseranalyse. . FA 210
Brennverhalten . . . . . . PA 222

C
Chemikalien-Analyse, Orig. FB 120
Chemikalien-Best., qual. . FB 251
Chemikalien-Best., quant. . FB 252
Chemische Analyse, Faser . FA 600
Chromatographie . . . . . . FA 622
Cover-Faktor, Gewebe . . . FM 133

D
Daunendichtigkeit . . . . . PA 331
Deformation, Faser . . . . FM 113
Deformationen, Garn . . . . FM 126
Deformationshäufigkeit . . FM 113
Dehnkraftprüfung lfd. Faden MB 161
Dichtigkeit . . . . PA 300
Dicke, Faser/Faserband . . FM 231
Dicke, Flächengebilde . . . FM 233
Dicke, Garn . . . . FM 232
Dickstellen, Garn . . . . . FM 126
Differential-Thermo-Analyse FA 222
Dimensionen, Textilien . . FM 200
Dimensionsänderung, hygrale TM 100
DP-Grad . . . . FA 330
Drehung, Garn/Zwirn . . . . FM 122
Drehungen, Anzahl . . . . . FM 122
Drehungsbeiwert . . . . . . FM 122
Druckbeanspruch, Textilien MB 500
Druckelastizität, Textilien MB 520
Druckpasten-Analyuyse . . . FB 160
Druckverhalten, thermisch . TM 500
Druckversuch, statisch . . MB 510
DSC . . . . FA 222
DTA . . . . FA 222
Durchgangswiderstand . . . PA 510
Durchlicht, Warenschau . . AL 120
Durchlicht-Mikroskopie . . FA 112
Durchreißversuch, Fläche . MB 432
Durchstoßversuch . . . . . MB 312
Durchstrahltechn., IR-Spek. FA 510
Durchströmungswiderstand . PA 323

E
Echtheit, Färbung/Druck . . FB 244
Effektivtemperatur, DTA . . FA 222
Elektronen-Mikroskopie . . FA 122
Elektrostatik . . . . PA 500
Ellenbogentest . . . . . . MB 313
Endgruppenbestimmung . . . FA 611
Entflammbarkeit . . . . . . PA 222
Erscheinungsbild, äußeres . FM 100
Erstarrung, glasige . . . . FA 222
Erweichungstemperatur . . . FA 221

F
Faden-an-Faden-Reibung . . MB 822
Faden-Festkörper-Reibung . MB 821
Fadendichte, Gewebe . . . . FM 133
Färbeflotte, Analyse . . . FB 150
Farbmetrik . . . . FB 243
Farbstoff-Analyse, Original FB 110
Farbstoffbestimmung, qual. FB 241
Farbstoffbestimmung, quant. FB 242
Faser-an-Faser-Reibung . . MB 812
Faser-Festkörper-Reibung . MB 811
Faserbegleitstoffe, natürl. FB 220
Faserbegleitstoffe, Analyse FB ...

Faserbegleitstoffe, Chemief	FB 222	Kraft-Längenänderung, ther.	TM 300
Faserkräuselung	FM 111	Kraftänderung, thermisch	TM 200
Faseroberfläche	FM 113	Kräuselbeständigkeit	FM 111
Faserschädigung, Nachweis	FA 900	Kräuselentwicklung	FM 111
Faserstoff-Dichte	FM 431	Kräuselung, Faser	FM 111
Faserstoffanalyse	FA ...	Kräuselung, text. Garn	FM 123
Faserstoffanalyse, quant.	FA 320	Kriechversuch (Zugvers.)	MB 140
Faserstoffnachweis, chem.	FA 310	Kristallisationsgrad	FA 431
Faserverteilung, Garn	FM 125		
Federndichtigkeit	PA 331	**L**	
Fehlerschau	AL 100	Länge, Textilien	FM 210
Feinheit, Faser/Faserband	FM 411	Längeneinarbeitung, Fläche	FM 132
Feinheit, Garn	FM 412	Längenänderung, irrevers.	TM 100
Feuchtegehalt	FB 210	Längenänderung, reversibel	TM 100
Flächengewicht	FM 413	Längenänderung, thermisch	TM 100
Fleckenanalyse	FB 300	Längenänderung, Textilien	FM 250
Fluoreszenz-Mikroskopie	FA 115	Laser, Oberflächenbesch.	FM 113
Folienabdruck	AL 110	Laufmeter-Gewicht, Fläche	FM 413
Form und Masse, Textilien	FM ...	Lichtmikroskopie	FA 110
Füllfaserdichtigkeit	PA 331	Löseverhalten, Faser	FA 300
		Luftdurchlässigkeit	PA 311
G		Luftverwirblung, Garn	FM 124
Garnlängenverhältnis	FM 132		
Gasdurchlässigkeit	PA 312	**M**	
Geruchsstoffe, Nachweis	FB 400	Maschendichte, Maschenware	FM 133
Gewicht (Masse), Textilien	FM 300	Maßänderung, Flächengebilde	FM 253
Glättemessung	MB 800	Masse (Gewicht), Textilien	FM 300
Glanz, Faser	FM 113	Masseneinarbeitung, Fläche	FM 132
Glanz, Flächengebilde	FM 134	Mattierungsmittel, Best.	FB 222
Glanz, Garn	FM 126	Mikroskop-Photometer	FM 113
Gleichgewichtsschrumpfkraft	TM 230	Mischgespinstanalyse	FA 320
H		**O**	
Haarigkeit, Flächengebilde	FM 134	Oberfläche, Faser	FM 113
Haarigkeit, Garn	FM 126	Oberfläche, Flächengebilde	FM 134
Haftfestigkeit, Verbundst.	PA 400	Oberfläche, Garn	FM 126
Haftkraft, Faserband	MB 812	Oberflächenwiderstnd	PA 510
Handelsgewichtsbestimmung	FB 211	Öffnungslänge	FM 122
Heiztisch-Mikroskopie	FA 221	Oligomeren-Bestimmung	FB 222
I		**P**	
Infrarot-Spektroskopie	FA 500	Pflegeverhalten, Ausrüstung	PA 600
Inhibitoren, Best.	FB 222	PH-Wert, Best.	FB 253
Interferenz-Mikroskopie	FA 117	Phasenkontrast-Mikroskopie	FA 114
Interlacings	FM 124	Phenol-Sorption, Faser	FA 422
IR-Spektroskopie	FA 500	Pillversuch	MB 830
		Polarisation-Mikroskopie	FA 116
J		Pollage	FM 134
Jod-Sorption, Faser	FA 421	Polymerisationsgrad	FA 330
		Porendurchmesser, Faser	FM 113
K		Präparation, Best.	FB 231
Knittererholungsvermögen	MB 600	Probenahme	AL 200
Knittern	MB 600	Probenvorbereitung	AL 110
Knotenzugversuch, Garn	MB 421	Prüfungen, allgemeine	AL ...

Q

Quellgrad . . . . FM 113
Quellverhalten, Faseranal. FA 300
Quellverhalten, Wasser . . PA 110
Querbeanspruchung, Textil. MB 400
Querschnittsfläche, Textil FM 230
Querschnittsform, Faser . . FM 112
Querschnittsform, Fläche . FM 132
Querschnittsform, Garne . . FM 125

R

Rasterelektronen-Mikrosk. . FA 123
Rauhigkeit, Flächengebilde FM 134
Reaktion mech. Beanspruch. MB ...
Reaktion therm.-mech. Bean. TM ...
REM . . . . FA 123
Restschrumpf, Fasern . . . FM 251
Restschrumpf, Flächengeb. . FM 253
Restschrumpf, Garne/Zwirne FM 252
Rheologie, Faserstoff . . . FA 330
Röntgen-Kleinwinkelstreuung FA 810
Röntgen-Weitwinkelstreuung FA 820
Röntgenographie . . . . . . FA 800

S

Samenschalen, Best. . . . . FB 221
Saugvermögen . . . . PA 120
Scherversuch, Gewebe . . . MB 170
Scheuerversuch, Textilien . MB 800
Schiebeverhalten, Gewebe . MB 822
Schlichte, Best. . . . . . FB 232
Schlichteflotten-Analyse . FB 130
Schlingenzugversuch, Garn MB 421
Schmelzen, partielles . . . FA 222
Schmelztemperatur, mikrosk. FA 221
Schmelztemperatur, DTA. . . FA 222
Schmelzverhalten, Faser . . FA 220
Schrumpf, lfd. Faden . . . TM 131
Schrumpf, temperaturabh. . TM 120
Schrumpf, zeitabhängig . . TM 110
Schrumpfkraft, lfd. Faden . TM 241
Schrumpfkraft, temperatura. TM 220
Schrumpfkraft, zeitabhängig TM 210
Schrumpfkraft, zweiachsig . TM 214
Schuppenstruktur, Wolle . . FM 113
Seidenbast, Best. . . . . . FB 221
Simulationsprüfverfahren . SP ...
Sorption von Chemikalien . FA 420
Sorption von Farbstoffen . FA 410
Spez. Gewicht (Dichte) . . FM 431
Spez. Oberfläche, Textilien FM 420
Spez. Volumen, Textilien . FM 430
Stabilität, thermische . . PA 220
Staub, Best. . . . . FB 221

Staubrückhaltevermögen . . PA 332
Steighöhenmethdoe . . . . . PA 120
Stoff-auf-Stoff-Reibung . . MB 832
Stoff-Festkörper-Reibung . MB 831

T

Textilhilfsmittel-Analyse . FB 120
Thermisches Verhalten . . . PA 200
Thermisches Verhalten . . . FA 200
Torsionsbeanspruchung . . . MB 700
Torsionselastizitätsversuch MB 720
Torsionsverhalten, therm. . TM 900
Torsionsversuch, statisch . MB 710
Total-Reflexion, abgeschw. FA 520
Trockengeschwindigkeit . . PA 130
Tropfenmethode . . . . . . PA 120
Turgor-mechanische Analyse TM 100

U

UV-Licht, Warenschau. . . . AL 120

V

Verbrennen, qual. Analyse . FA 211
Verformung, affine . . . . FM 250
Verschleißprüfung, Textil. MB 800
Versuchsplanung, faktoriell AL 310
Viskosität, Faserlösung . . FA 330
Volumen, Textilien . . . . FM 240
Vorbehandlungsflotten-Anal. FB 140

W

Wärmeleitfähigkeit . . . . PA 210
Warenfall . . . . MB 600
Warengriff . . . . FM 112
Warenoptik . . . . FM 100
Warenschau . . . . AL 100
Waschbeständigkeit, Ausrüs. PA 610
Wasserabgabe . . . . PA 100
Wasserabweisende Eigensch. PA 322
Wasseraufnahme . . . . . . PA 100
Wasserdampfdurchlässigkeit PA 313
Wasserdichtigkeit . . . . . PA 321
Wasserrückhaltevermögen . . PA 110
Wechselbiegeverh., therm. TM 800
Wechselbiegeversuch . . . . MB 640
Wechseldruckverh., therm. TM 600
Wechseldruckversuch . . . . MB 530
Wechseltorsionsverh., ther. TM 1000
Wechseltorsionsversuch . . MB 730
Wechselzugverhalten, therm. TM 400
Wechselzugversuch . . . . . MB 150
Weiterreißversuch, Fläche . MB 431
Windungszahl, Baumwolle . . FM 113
Wölbelastizitätsversuch . . MB 320

Wölbversuch, statisch . . . MB 310
Wollfett, Best. . . . . . . FB 221

Z
Zugelastizitätsversuch . . MB 120

Zugversuch, diagonal . . . MB 170
Zugversuch, eindimensional MB 100
Zugversuch, statisch . . . MB 110
Zugversuch, zweidimensional MB 200
Zwischenraumvolumen . . . . FM 133

Danksagung

Herrn Dr. Gerhard Heidemann danke ich für die fördernden Diskussionsbeiträge.

Literatur

[1] HEARLE, J.W.S. und PETERS, R.H.:
"Fibre Structure."
The Textile Institute/Butterworths, Manchester/London (1963)

[2] MARK, H.F., ATLAS, S.M. und CERNIA, E.:
"Man-Made Fibers - Science and Technology."
Band 1 - 3
Interscience Publishers, New York/London/Sydney (1967)

[3] GÖTZE, K.:
"Chemiefasern nach dem Viskoseverfahren."
Band 1 und 2
Springer-Verlag, Berlin/Heidelberg/New York (1967), 3. Aufl.

[4] MONCRIEFF, R.W.:
"Man-Made Fibres."
Heywood Books, London (1970), 5. Aufl.

[5] AUTORENKOLLEKTIV:
"Textiltechnik."
Herausgeber: P. Böttcher
VEB Fachbuchverlag, Leipzig (1970)

[6] AUTORENKOLLEKTIV:
"Faserstofflehre "
VEB Fachbuchverlag, Leipzig (1972), 2. Aufl.

[7] HAUDEK, H.W. und VITI, E.:
"Textilfasern."
Melliand Textilberichte, Heidelberg (1980)

[8] von FALKAI, B. (Herausgeber):
"Synthesefasern."
Verlag Chemie, Weinheim/Deerfield Beach,Florida/Basel (1981)

[9] WAGNER, E.:
"Die textilen Rohstoffe."
Dr. Spohr-Verlag/Deutscher Fachverlag, Frankfurt (1981), 6. Aufl.

[10] KOCH, P.-A.:
"Faserstoff-Tabellen: Polyamidfasern."
Chemiefasern/Textilind. $\underline{25/77}$ (1975), 1013, 1093

[11] NOPITSCH, M.:
"Textile Untersuchungen."
Konradin Verlag, Stuttgart (1951)

[12] MEREDITH, R. und HEARLE, J.W.S.:
"Physical Methods of Investigating Textiles."
Textile Book Publishers, New York (1959)

[13] SOMMER, H. und WINKLER, F. (Herausgeber):
"Die Prüfung der Textilien."
Band 5 des Werkes "Handbuch der Werkstoffprüfung."
Springer-Verlag, Berlin/Göttingen/Heidelberg (1960), 2. Aufl.

[14] KOCH, P.-A.:
"Rezeptbuch für Faserstoff-Laboratorien."
Springer-Verlag, Berlin/Göttingen/Heidelberg (1960)

[15] N.N.:
"Chemisch-technische Untersuchungsmethoden für die Textilindustrie."
Firmenschrift Fa. Merck AG, Darmstadt
Verlag Chemie, Weinheim (1961), 2. Aufl.

[16] BOOTH, J.E.:
"Principles of Textile Testing."
Chemical Publishing, New York (1961)

[17] MORTON, W.E. und HEARLE, J.W.S.:
"Physical Properties of Textile Fibres."
The Textile Institute/Butterworths, Manchester/London (1962)

[18] WEGNER, W.:
"Textilprüfung."
Deutsche Verlagsanstalt, Stuttgart (1965)

[19] WAGNER, E.:
"Mechanisch-technologische Textilprüfungen."
Dr. Spohr-Verlag, Wuppertal (1966)

[20] KLEINHEINS, S.:
"Textile Prüfungen an Spinnfaserprodukten."
Firmenschrift ENKA (ehem. Glanzstoff AG), Wuppertal (1969)

[21] KOCH, P.-A.:
"Mikroskopie der Faserstoffe."
Dr. Spohr-Verlag, Stuttgart (1972), 8. Aufl.

[22] DÖCKE, W.:
"Prüfen von Textilien."
BAND I: 'Chemisch-analytische Prüfverfahren.'
VEB Fachbuchverlag, Leipzig (1972), 2. Aufl.

[23] Autorenkollektiv:
"Prüfen von Textilien."
Band II: 'Mikrountersuchungen.
VEB Fachbuchverlag, Leipzig (1972), 2. Aufl.

[24] LATZKE, P.M. und HESSE, R.:
"Textilien, Prüfen - Untersuchen - Auswerten."
Schiele & Schön, Berlin (1974)

[25] HIMMELREICH, W., OTTO, F. und POSPISCHIL, E.:
"Prüfmethoden für die Labors der Textilindustrie."
VEB Fachbuchverlag, Leipzig (1975), 3. Aufl.

[26] STRATMANN, M.:
"Erkennen und Identifizieren der Faserstoffe."
Deutscher Fachverlag, Frankfurt (1976)

[27] KOCH, P.-A. und STRATMANN, M.:
"Löslichkeitsverhalten der Faserstoffe in ausgewählten Lösungsmitteln."
Arbeitsblätter Textile Prüfungen, Blatt 3
Dr. Spohr-Verlag, Wuppertal

[28] STRATMANN, M.:
"Untersuchungsschema zur qualitativen chemischen Analyse der Textilfasern."
Arbeitsblätter Textile Prüfungen, Blatt 4
Dr. Spohr-Verlag, Wuppertal

Anhang

1. Meßtechnisches Merkblatt FM 211 A bis D:

    "Länge von Fasern."

2. Meßtechnisches Merkblatt TM 100/200/300:

    "Thermo-mechanische Analyse;
     Schrumpf und Schrumpfkraft: Definitionen."

| D T N W Krefeld
Stand: 02/1985 | Länge von Fasern | Meßtechnisches
Merkblatt
FM 211 A bis D |

FM 211 A DIN 53 808-T1: Längenbestimmung durch Einzelfasermessung der gestreckten Faser

FM 211 B Längenmessung von relativ kurzen Fasern in "Vaseline"

FM 211 C DIN 53 806: Bestimmung der Faserlänge von Baumwolle nach dem Kammstapelverfahren

FM 211 D Messung der Faserlängenverteilung durch Abtasten einer auf einer Grundlinie geordneten Faserprobe auf elektrischem Wege

1. Bedeutung

Die Faserlänge ist für den technischen Spinnwert mitbestimmend, und zwar sowohl hinsichtlich der Höhe der möglichen Ausspinnung (Garnfeinheit) als auch der erzielbaren Garnfestigkeit und Gleichmäßigkeit der Feinheit. Zur Kennzeichnung von Spinnfasern sind Angaben über die Durchschnittslänge und die Häufigkeitsverteilung der Faserlängen erforderlich, aus denen der die Garnqualität bestimmende Kurzfaseranteil sowie der die Einstellung von Streckwerken erschwerende Langfaseranteil hervorgeht. Es ist zwischen der gestreckten und der gekräuselten Faserlänge zu unterscheiden, wobei letztere mit einer von Null abweichenden, definierten Meßspannung registriert werden soll. Je nach der Herkunft der Naturfasern bzw. dem Schneid- oder Reißprozeß bei der Filamentgarnverarbeitung folgt die Faserlängenverteilung verschiedenen Gesetzmäßigkeiten, so daß diese zur Charakterisierung unterschiedlicher Grundgesamtheiten herangezogen werden kann. Bei Fasermischungen aus Natur- und Chemiefasern muß die Längenverteilung der Chemiefasern auf die der Naturfasern abgestimmt sein.

2. Begriffe

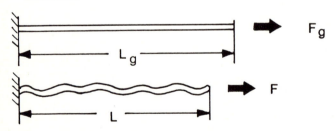

L_g = Länge einer Faser im völlig gestreckten Zustand (durch die Kraft F_g gestreckt)

L = gekräuselte Länge bei einer definierten Kraft F

Sachbearbeiter: H.-J. Berndt, Textilforschungsanstalt im DTNW Krefeld

3. Meßwerterfassung und Auswertung

<u>V e r f a h r e n   A</u>   (DIN 53 808-T1)
Best. der Faserlänge durch Einzelmessung der gestreckten Faser.

a) <u>Meßwerterfassung</u>

   <u>Meßgeräte</u>
   Samtplatte, Belastungsgewicht, Pinzette, Maßstab.

   <u>Versuchsdurchführung</u>
   Die zu messende Faser wird mit einer Pinzette am Faserende gegriffen und unter einem samtbezogenen Klötzchen von definiertem Gewicht gezogen (s. <u>Bild 1</u>). Sobald das Faserende das Klötzchen passiert hat, wird die Position der Pinzettenspitze am Maßstab notiert.

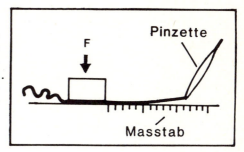

b) <u>Meßgröße</u>
   L_g = Länge der gestreckten Faser in mm

c) <u>Auswertung</u>
   <u>Stapelschaulinie</u> (Faserzahlschaulinie):

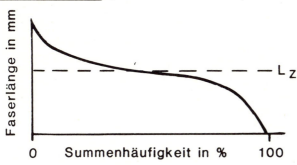

L_Z = mittlere Faserlänge in mm

<u>Häufigkeitsverteilung</u>:

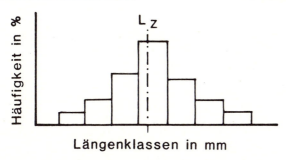

L_Z = mittlere Faserlänge in mm

Verfahren B
Best. der Faserlänge von relativ kurzen Fasern.

a) Meßwerterfassung

Meßgeräte
Glasplatte(n), "Vaseline"-Creme, Pinzette, Stechzirkel, Maßstab.

Versuchsdurchführung
Eine Glasplatte wird mit "Vaseline"-Creme eingerieben. Mehrere der zu messenden Fasern werden einzeln in die Creme gedrückt und mit einer Pinzette hindurchgezogen, bis sie eine gesteckte Form annehmen. Die Längen werden mit einem Stechzirkel abgegriffen oder die Glasplatte wird durch eine zweite abgedeckt und die Längen werden mit einem Maßstab erfaßt. Feine Fasern und solche mit wenig Kontrast zum umgebenden Creme müssen vorher kalt angefärbt werden (z.B. mit "Neocarmin").

b) Meßgröße und Auswertung (wie Verfahren A)

Verfahren C (DIN 53 806)
Best. der Faserlänge von Baumwolle nach dem Kammstapelverfahren.

a) Meßwerterfassung

Meßgeräte
Stapelsortierapparat nach JOHANNSEN-ZWEIGLE (oder Stapelsortiermaschine von SCHLUMBERGER), Feinwaage.

Versuchsdurchführung
Der zuerst genannte Apparat besteht aus zwei Nadelfeldern mit definiertem Abstand der Kämme, welche jeweils einer Klassenbreite der Gesamtlänge entsprechen. Eine bestimmte Fasermasse wird so in ein Feld eingelegt, daß die Enden eine gemeinsame Grundlinie bilden. Bei den längsten Fasern beginnend werden die Fasern in das zweite Feld umgelegt. Danach werden - wieder bei den längsten Fasern beginnend - die gesamten Fasern zwischen den einzelnen Nadelkämmen herausgezogen und getrennt gewogen.

b) Meßgröße und Konstante

G_i = Gewicht der Fasern innerhalb der Längenklasse L_i in mg

L_i = Längenklassen in mm

c) Auswertung

mittlere fasergewichtsbezogene Faserlänge

$$\boxed{L_G = \frac{\Sigma (G_i \cdot L_i)}{\Sigma G_i}} \quad \text{in mm}$$

mittlere faserzahlbezogene Faserlänge

$$\boxed{L_Z = \frac{\Sigma G_i}{\Sigma (G_i : L_i)}} \quad \text{in mm}$$

Fasergewichts- und Faserzahl-Schaulinie:

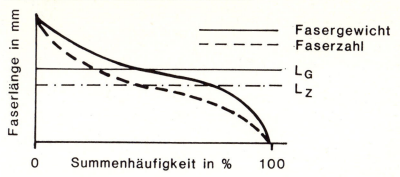

Verfahren D
Indirekte Messung der Faserlängenverteilung durch Abtasten einer auf einer Grundlinie geordneten Faserprobe auf elektrischem Wege (photoelektrisch: Lichttransmission, Lichtreflexion; kapazitiv).

a) Meßwerterfassung

Meßgeräte
Digital-Fibrograph (Fa. Spinlab), WIRA-Diagramm-Maschine (Fa. Newmark) oder Almeter (Fa. Peyer).

Versuchsdurchführung
Eine Faserprobe wird von Hand oder automatisch endengeordnet und in die Meßapparatur eingesetzt. Die Fasermasse wird über die gesamte Faserbartbreite über einen in Faserlängsrichtung bewegten Meßspalt photoelektrisch oder kapazitiv erfaßt. Fehlende Masse zeigt Faserenden an.

b) Meßgröße und Auswertung
Es wird automatisch die Faserlängenverteilung ausgegeben. Kurzfasern werden nicht exakt erfaßt.

4. Kenngrößen

Faserstoff	Länge in mm
Baumwolle	
kurzstaplige	10 - 25
mittelstaplige	26 - 32
langstaplige	34 - 42
hochstaplige	- 50
Schafwolle	
fein	60 - 100
mittel	100 - 140
grob	120 - 250
Grannenhaar	100 - 400
Chemiefasern	
B-Type	30 - 40
W-Type	60 - 100

5. Literatur

(1) AUTORENKOLLEKTIV:
"Die Prüfung der Textilien."
Band 5 des Werkes "Handbuch der Werkstoffprüfung."
Herausgeber: H. Sommer und F. Winkler
Springer-Verlag, Berlin/Göttingen/Heidelberg (1960), 2. Aufl., S. 326

(2) WEGENER, W.:
"Textilprüfung."
Deutsche Verlagsanstalt, Stuttgart (1965), S. 302

(3) WAGNER, E.:
"Mechanisch-technologische Textilprüfungen."
Dr. Spohr-Verlag, Wuppertal (1966), 8. Aufl., S. 54

(4) LATZKE, P.M. und HESSE, R.:
"Textilien, Prüfen - Untersuchen - Auswerten."
Schiele & Schön, Berlin (1974), S. 106

6. DIN-Normen (Prüfung von Textilien)

a) DIN 53 805:
Längenbestimmung von Spinnfasern Begriffe und allgemeine Grundlagen.

b) DIN 53 806:
Bestimmung der Faserlänge von Baumwolle nach dem Kammstapelverfahren.

c) DIN 53 806-T1 (Entwurf):
Bestimmung der gekräuselten Länge von Spinnfasern Kammstapelverfahren.

d) DIN 53 808-T1:
Längenbestimmung an Spinnfasern Einzelfasermeßverfahren.

D T N W Krefeld Stand: 12/1984	Thermisch-mechanische Analyse Schrumpf und Schrumpfkraft D e f i n i t i o n e n	Meßtechnisches Merkblatt TM 100/200/300

0. Einleitung

0.1 Thermisch-mechanisches Verhalten von textilen Fäden

Das thermisch-mechanische Verhalten von Fäden umfaßt das Kraft- und/oder Längenänderungsverhalten bei diskontinuierlicher (stationärer) bzw. kontinuierlicher (ambulanter) Behandlung der Meßproben in einem gasförmigen oder flüssigen Medium bei Temperaturen oberhalb der Normalklimabedingungen und die aus einer Messung abgeleiteten Größen.

Das thermische Kraftänderungs-Verhalten wird als Schrumpfkraft (F_S) und das thermische Längenänderungs-Verhalten als Schrumpf (ε_S) bezeichnet. F_S und ε_S werden zeit-, temperatur- bzw. lauflängenabhängig registriert.

0.2 Thermisch-mechanische Analysengeräte

Die Reproduzierbarkeit von thermisch-mechanischen Analysen wird in erster Linie von der Temperierung des Probenmaterials während der Meßwerterfassung bestimmt:

Eine Heizvorrichtung muß daher einen gleichmäßigen Wärmeübergang über die gesamte Meßprobenlänge sowohl bei isothermer, zeitabhängiger Behandlung als auch beim Aufheizen mit konstanter Heizrate ermöglichen, da z.B. bei der Schrumpfmessung alle Bereiche der Meßprobe das Ergebnis mitbestimmen.

Die Einspannvorrichtung für die Meßprobe darf bei der thermischen Behandlung selbst keine Längenänderung erfahren. Sie muß so dimensioniert sein, daß der Wärmeübergang zur Meßprobe durch Wärmestrahlung bzw. -ableitung nicht beeinträchtigt wird. Die Probenlänge muß daher so gewählt werden, daß der weniger gute Wärmeübergang im Bereich der Einspannklemmen das Meßergebnis nicht beeinflußt.

Sachbearbeiter: H.-J. Berndt, Textilforschungsanstalt im DTNW Krefeld

0.21 Vorrichtung zur Messung des thermischen Längenänderungs-(Schrumpf-)
Verhaltens von Fadenabschnitten in gasförmigen Medien (s. Bild 0.21)

Die Meßprobe wird zwischen einer festen (1) und einer beweglichen (2) Klemme, die mit einem elektronisch arbeitenden Wegaufnehmer (3) verbunden ist, eingespannt. Der Ofen (4) kann für ein isothermes Arbeiten vorgeheizt über die Meßprobe gefahren oder zur Aufnahme des temperaturabhängigen Schrumpfverhaltens mit einer definierten Heizrate $\dot{\vartheta}$ aufgeheizt werden. Die Meßbelastung F_K (5) ist variabel; für eine kontinuierliche Schrumpfmessung ist eine Mindestmeßbelastung immer erforderlich. Bei temperaturabhängiger Schrumpfmessung wird die Ofentemperatur ϑ sowie der entsprechende Schrumpf ε_S mit einem XY-Schreiber registriert.

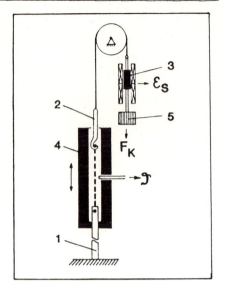

Bild 0.21: Schema einer Vorrichtung zur Schrumpfmessung an Fadenabschnitten in gasförmigen Medien.

0.22 Vorrichtung zur Messung des thermischen Kraftänderungs-(Schrumpfkraft-)Verhaltens von Fadenabschnitten in gasförmigen Medien (s. Bild 0.22)

Die Meßprobe wird zwischen einem Fixpunkt (1) und einem elektronisch arbeitenden Kraftaufnehmer (2) eingespannt. Die Vorspannung F_V bei Meßbeginn kann z.B. durch Veränderung der Stellung des Meßwertaufnehmers (3) vorgenommen werden. Im Verlauf der Messung bleibt die Probenlänge ε_K konstant. Die Temperierung (4) erfolgt in der gleichen Weise wie bei der Schrumpfmessung. Bei temperaturabhängiger Schrumpfkraftmessung wird der Zusammenhang zwischen Ofentemperatur ϑ und der Schrumpfkraft F_S mit einem XY-Schreiber registriert.

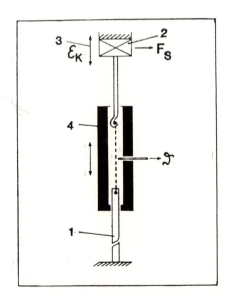

Bild 0.22: Schema einer Vorrichtung zur Schrumpfkraftmessung an Fadenabschnitten in gasförmigen Medien.

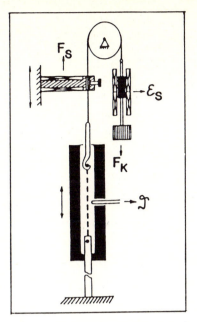

0.23 Vorrichtung zur Messung des thermischen Kraft-Längenänderungs-(Schrumpfkraft-Schrumpf-)Verhaltens von Fadenabschnitten in gasförmigen Medien

Durch Kombination von Längenänderungs- und Kraftmessung (s. Bild 0.23) lassen sich Kraft-Längenänderungs-(F_S-ε_S-)Diagramme bei konstanter Temperatur aufnehmen.

Bild 0.23: Schema einer Vorrichtung zur Messung des Kraft-Längenänderungs-Verhaltens von Fadenabschnitten in gasförmigen Medien.

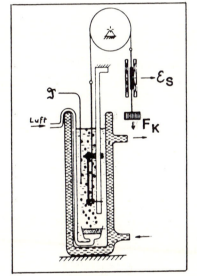

0.24 Vorrichtung zur Messung des Längenänderungs-(Schrumpf-)Verhaltens in flüssigen Medien (s. Bild 0.24)

Diese Schrumpfmessung erfolgt analog zur Schrumpfmessung in gasförmigen Medien. Die Reibung im Meßsystem und in der Meßprobe kann durch Einblasen von Luft reduziert werden.

Bild 0.24: Schema einer Vorrichtung zur Schrumpfmessung an Fadenabschnitten in flüssigen Medien.

0.25 Vorrichtung zur Messung des Längenänderungs-(Schrumpf-)Verhaltens am laufenden Faden in gasförmigen Medien (s. Bild 0.25)

Der Faden läuft mit einer konstanten, sich selbst regelnden Vorspannung in die Meßzone ein, wird durch eine Heizvorrichtung mit konstanter Temperatur ϑ_K über eine Tänzerrolle geführt, welche die Meßbelastung F_K aufgibt. Die Tänzerrolle sorgt gleichzeitig für konstante Fadenlänge in der Meßzone, indem die Geschwindigkeit der Abzugswalze geregelt wird. Die Geschwindigkeitsdifferenz zwischen Liefer- und Abzugswalze ist proportional der thermischen Längenänderung und wird fortlaufend registriert.

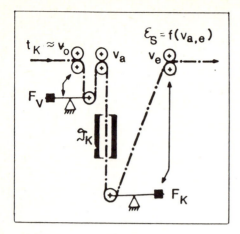 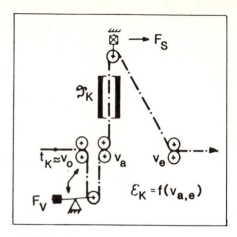

Bild 0.25: Schema einer Vorrichtung zur Schrumpfmessung am laufenden Faden in gasförmigen Medien.

Bild 0.26: Schema einer Vorrichtung zur Schrumpfkraftmessung am laufenden Faden in gasförmigen Medien.

0.26 <u>Vorrichtung zur Messung des Kraftänderungs-(Schrumpfkraft-)Verhaltens am laufenden Faden in gasförmigen Medien (s. Bild 0.26)</u>

Das Fadenmaterial wird mit konstanter Vorspannung in die Meßzone mit konstanter Voreilung ε_K - durch das Drehzahlverhältnis von Liefer- und Abzugswerk festgelegt - eingeführt. Der Faden durchläuft die Temperiereinrichtung und wird über einen mit Rolle versehenen Meßanker einer elektronisch arbeitenden Kraftmeßeinrichtung gelenkt. Die Kraftänderung F_S wird fortlaufend registriert.

0.3 <u>Regeln für die bildliche Darstellung</u>

Die bildliche Darstellung erfolgt nach DIN 461, wobei die Formelzeichen für die Größen wie folgt zu verwenden sind:

- Die <u>Abszisse</u> enthält die <u>unabhängigen</u> Variablen (Veränderlichen).
  Skalenbezeichnung für <u>kontinuierlich</u> veränderte Größen: ϑ, t, L, ε.
  Skalenbezeichnung für Diagramme, die aus kontinuierlich registrierten Diagrammen abgeleitet werden: ϑ_M, t_M, ε_M, $\dot{\vartheta}_M$, F_{VM}, $\dot{\varepsilon}_M$.

- Die <u>Ordinate</u> enthält die <u>abhängigen</u> Variablen (Veränderlichen).
  Skalenbezeichnung für Diagramme, die aus kontinuierlich registrierten Diagrammen abgeleitet werden:

  F_{St}, $F_{S\vartheta}$, F_{SL}, $F_{S\varepsilon}$, ε_{St}, $\varepsilon_{S\vartheta}$, ε_{SL}.

- Als <u>Parameter</u> gelten die Konstanten

  ϑ_K, t_K, F_K, ε_K bzw. F_{VK}, $\dot{\vartheta}_K$, $\dot{\varepsilon}_K$.

0.4 Kurzbezeichnung für Diagramme

Aufgrund der in Abschnitt 0.3 vorgegeben Abszissen- und Ordinatengrößen kommen für die kontinuierliche Registrierung die sieben in Tabelle 0.41, Spalte 1 aufgeführten $\mathcal{E}_S$- und F_S-Diagramme in Frage. Aus diesen Diagrammen und den in Spalte 3 aufgeführten Konstanten lassen sich maximal 30 weitere, in Spalte 2 aufgeführte Diagramme ableiten.

Werden $F_S...$-Diagramme aus $\mathcal{E}_S$-Messungen bzw. $\mathcal{E}_S...$-Diagramme aus F_S-Messungen abgeleitet, dann wird hinter den ersten Buchstaben über den Index "S" ein Stern gesetzt: $F_S^*...$ bzw. $\mathcal{E}_S^*...$.

Tabelle 0.41: Schrumpf- und Schrumpfkraftmessung. Kurzbezeichnung von Originaldiagrammen und der daraus ableitbaren Diagramme sowie darstellbare Parameter.

Original-Diagramme	Kurzbezeichnungen aus Original-Diagrammen ableitbare Diagramme	darstellbare Parameter	siehe lfd. Nr. B = Bild
$\mathcal{E}_S t$ - Diagramm		ϑ_K, F_K	1.1.1 B
	$\mathcal{E}_{St}\vartheta_M$ - Diagramm	F_K, t_K	1.1.7 B
	$F_{St}^*\vartheta_M$ - Diagramm	$\mathcal{E}_K$, t_K	3.1.4
	$F_{St}^*\mathcal{E}_M$ - Diagramm	ϑ_K, t_K	3.1.11
	$F_{St}^* t_M$ - Diagramm	$\mathcal{E}_K$, ϑ_K	3.1.2
$\mathcal{E}_S\vartheta$ - Diagramm		$\dot{\vartheta}_K$, F_K	1.1.3 B
	$\mathcal{E}_{S\vartheta}\dot{\vartheta}_M$ - Diagramm	F_K, ϑ_K	
	$F_{S\vartheta}^*\mathcal{E}_M$ - Diagramm	ϑ_K, $\dot{\vartheta}_K$	3.1.12
	$F_{S\vartheta}^*\vartheta_M$ - Diagramm	$\mathcal{E}_K$, $\dot{\vartheta}_K$	3.1.5
	$F_{S\vartheta}^*\dot{\vartheta}_M$ - Diagramm	$\mathcal{E}_K$, ϑ_K	
$\mathcal{E}_S L$ - Diagramm		$t_K(v_K, l_H), \vartheta_K, F_K$	2.1.1 B
	$\mathcal{E}_{SL} t_M$ - Diagramm	ϑ_K, F_K	2.1.2 B
	$\mathcal{E}_{SL}\vartheta_M$ - Diagramm	F_K, t_k	2.1.4 B
	$F_{SL}^*\mathcal{E}_M$ - Diagramm	ϑ_K, t_K	4.1.7
	$F_{SL}^* t_M$ - Diagramm	$\mathcal{E}_K$, ϑ_K	4.1.3
	$F_{SL}^*\vartheta_M$ - Diagramm	$\mathcal{E}_K$, t_K	4.1.5

Fortsetzung: Tabelle 0.41

Original-Diagramme	Kurzbezeichnungen aus Original-Diagrammen ableitbare Diagramme	darstellbare Parameter	siehe lfd. Nr. B = Bild
$F_S t$ – Diagramm		$\vartheta_K, \varepsilon_K$ bzw. F_V	3.1.1 B
	$F_{St}\vartheta_M$ – Diagramm	t_K, ε_K bzw. F_V	3.1.6
	$F_{St}\varepsilon_M$ – Diagramm	t_K, ϑ_K	3.1.1o
	$\varepsilon_{St}^*\vartheta_M$ – Diagramm	F_K, t_K	1.1.4
	$\varepsilon_{St}^* t_M$ – Diagramm	F_K, ϑ_K	1.1.2
$F_S\dot\vartheta$ – Diagramm		$\dot\vartheta_K, \varepsilon_K$ bzw. F_v	3.1.3 B
	$F_{S\dot\vartheta}\dot\vartheta_M$ – Diagramm	$\vartheta_K, \varepsilon_K$ bzw. F_v	
	$F_{S\dot\vartheta}\varepsilon_M$ – Diagramm	$\vartheta_K, \dot\vartheta_K$	3.1.9
	$\varepsilon_{S\dot\vartheta}^*\vartheta_M$ – Diagramm	$F_K, \dot\vartheta_K$	1.1.5
	$\varepsilon_{S\dot\vartheta}^*\dot\vartheta_M$ – Diagramm	F_K, ϑ_K	
$F_S\varepsilon$ – Diagramm		$\dot\varepsilon_K, \vartheta_K$	3.1.8 B
	$F_{S\varepsilon}\dot\varepsilon_M$ – Diagramm	$\varepsilon_K, \vartheta_K$	
	$F_{S\varepsilon}\vartheta_M$ – Diagramm	$\varepsilon_K, \dot\varepsilon_K$	3.1.7
	$\varepsilon_{S\varepsilon}^*\vartheta_M$ – Diagramm	$F_K, \dot\varepsilon_K$	1.1.6
	$\varepsilon_{S\varepsilon}^*\dot\varepsilon_M$ – Diagramm	F_K, ϑ_K	
$F_S L$ – Diagramm		$t_K(v_K, l_H), \vartheta_K, \varepsilon_K$	4.1.1 B
	$F_{SL} t_M$ – Diagramm	$\varepsilon_K, \vartheta_K$	4.1.2 B
	$F_{SL}\vartheta_M$ – Diagramm	ε_K, t_K	4.1.4 B
	$F_{SL}\varepsilon_M$ – Diagramm	ϑ_K, t_K	4.1.6 B
	$\varepsilon_{SL}^* t_M$ – Diagramm	F_K, ϑ_K	2.1.3
	$\varepsilon_{SL}^*\vartheta_M$ – Diagramm	F_K, t_K	2.1.5

Ordnet man die abgeleiteten Diagramme den sieben kontinuierlich registrierten Diagrammen entsprechend Tabelle O.42 zu, dann erkennt man, daß diese funktionellen Zusammenhänge mit fast jedem diskontinuierlich (stationär) und kontinuierlich (ambulant) arbeitenden thermo-mechanischen Analysengerät ermittelt werden können, wobei jedoch mit gewissen Abweichungen zwischen den nach verschiedenen Prinzipien gewonnenen Meßwerten gerechnet werden muß.

Tabelle O.42: Schrumpf- und Schrumpfkraftmessung. Kurzbezeichnung von Originaldiagrammen und abgeleiteten Diagrammen, Angaben über die Herkunft der Diagramme.

darzustellender Zusammenhang	Kurzbezeichnungen		siehe lfd. Nr. B = Bild
	darstellbare Diagrammform	Herkunft der Meßdaten	
Schrumpf-Zeit-Verhalten	$\varepsilon_S t$ - Diagramm	Original	1.1.1 B
	$\varepsilon_{St}^* t_M$ - Diagramm	$F_S t$ - Diagramm	1.1.2
	$\varepsilon_{SL} t_M$ - Diagramm	$\varepsilon_S L$ - Diagramm	2.1.2 B
	$\varepsilon_{SL}^* t_M$ - Diagramm	$F_S L$ - Diagramm	2.1.3
Schrumpf-Temperatur-Verhalten	$\varepsilon_S \vartheta$ - Diagramm	Original	1.1.3 B
	$\varepsilon_{St} \vartheta_M$ - Diagramm	$\varepsilon_S t$ - Diagramm	1.1.7 B
	$\varepsilon_{St}^* \vartheta_M$ - Diagramm	$F_S t$ - Diagramm	1.1.4
	$\varepsilon_{S\vartheta}^* \vartheta_M$ - Diagramm	$F_S \vartheta$ - Diagramm	1.1.5
	$\varepsilon_{S\varepsilon}^* \vartheta_M$ - Diagramm	$F_S \varepsilon$ - Diagramm	1.1.6
	$\varepsilon_{SL} \vartheta_M$ - Diagramm	$\varepsilon_S L$ - Diagramm	2.1.4 B
	$\varepsilon_{SL}^* \vartheta_M$ - Diagramm	$F_S L$ - Diagramm	2.1.5
Schrumpf-Lauflängen-Verhalten	$\varepsilon_S L$ - Diagramm	Original	2.1.1 B
Schrumpf-Heizraten-Verhalten	$\varepsilon_{S\vartheta} \dot{\vartheta}_M$ - Diagramm	$\varepsilon_S \vartheta$ - Diagramm	
	$\varepsilon_{S\vartheta}^* \dot{\vartheta}_M$ - Diagramm	$F_S \vartheta$ - Diagramm	
Schrumpf-Verformungsgeschwindigkeits-Verhalten	$\varepsilon_{S\varepsilon}^* \dot{\varepsilon}_M$ - Diagramm	$F_S \varepsilon$ - Diagramm	

Fortsetzung:　Tabelle 0.42

darzustellender Zusammenhang	Kurzbezeichnungen		siehe lfd. Nr. B = Bild
	darstellbare Diagrammform	Herkunft der Meßdaten	
Schrumpfkraft-Zeit-Verhalten	$F_S t$ – Diagramm	Original	3.1.1 B
	$F_{St}^{*} t_M$ – Diagramm	$\varepsilon_S t$ – Diagramm	3.1.2
	$F_{SL} t_M$ – Diagramm	$F_S L$ – Diagramm	4.1.2 B
	$F_{SL}^{*} t_M$ – Diagramm	$\varepsilon_S L$ – Diagramm	4.1.3
Schrumpfkraft-Temperatur-Verhalten	$F_S \vartheta$ – Diagramm	Original	3.1.3 B
	$F_{St} \vartheta_M$ – Diagramm	$F_S t$ – Diagramm	3.1.6 B
	$F_{St}^{*} \vartheta_M$ – Diagramm	$\varepsilon_S t$ – Diagramm	3.1.4
	$F_{S\vartheta}^{*} \vartheta_M$ – Diagramm	$\varepsilon_S \vartheta$ – Diagramm	3.1.5
	$F_{S\varepsilon}^{*} \vartheta_M$ – Diagramm	$F_S \varepsilon$ – Diagramm	3.1.7
	$F_{SL} \vartheta_M$ – Diagramm	$F_S L$ – Diagramm	4.1.4 B
	$F_{SL}^{*} \vartheta_M$ – Diagramm	$\varepsilon_S L$ – Diagramm	4.1.5
Schrumpfkraft-Längenänderungs-Verhalten	$F_S \varepsilon$ – Diagramm	Original	3.1.8 B
	$F_{St} \varepsilon_M$ – Diagramm	$F_S t$ – Diagramm	3.1.10
	$F_{S\vartheta} \varepsilon_M$ – Diagramm	$F_S \vartheta$ – Diagramm	3.1.9
	$F_{St}^{*} \varepsilon_M$ – Diagramm	$\varepsilon_S t$ – Diagramm	3.1.11
	$F_{S\vartheta}^{*} \varepsilon_M$ – Diagramm	$\varepsilon_S \vartheta$ – Diagramm	3.1.12
	$F_{SL} \varepsilon_M$ – Diagramm	$F_S L$ – Diagramm	4.1.6
	$F_{SL}^{*} \varepsilon_M$ – Diagramm	$\varepsilon_S L$ – Diagramm	4.1.7
Schrumpfkraft-Lauflängen-Verhalten	$F_S L$ – Diagramm	Original	4.1.1 B
Schrumpfkraft-Heizraten-Verhalten	$F_{S\vartheta} \dot{\vartheta}_M$ – Diagramm	$F_S \vartheta$ – Diagramm	
	$F_{S\vartheta}^{*} \dot{\vartheta}_M$ – Diagramm	$\varepsilon_S \vartheta$ – Diagramm	
Schrumpfkraft-Verformungsgeschwindigkeits-Verhalten	$F_{S\varepsilon} \dot{\varepsilon}_M$ – Diagramm	$F_S \varepsilon$ – Diagramm	

0.5 Kurzbezeichnung für abgeleitete Meßgrößen

Die Kurzbezeichnung für definierte, aus den Diagrammen nach Abschnitt 0.4 entnommenen Meßwerten setzt sich aus den vorgeschriebenen Formelzeichen und den Werten der Konstanten zusammen.

Das Formelzeichen für einen, auf einen bestimmten Abszissenwert bezogenen F_S- bzw. $\mathcal{E}_S$-Wert besteht aus:

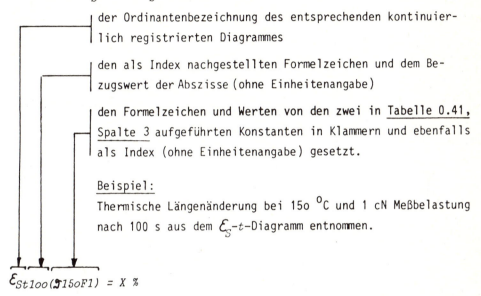

der Ordinantenbezeichnung des entsprechenden kontinuierlich registrierten Diagrammes

den als Index nachgestellten Formelzeichen und dem Bezugswert der Abszisse (ohne Einheitenangabe)

den Formelzeichen und Werten von den zwei in <u>Tabelle 0.41, Spalte 3</u> aufgeführten Konstanten in Klammern und ebenfalls als Index (ohne Einheitenangabe) gesetzt.

<u>Beispiel:</u>
Thermische Längenänderung bei 150 °C und 1 cN Meßbelastung nach 100 s aus dem $\mathcal{E}_S$-t-Diagramm entnommen.

$$\mathcal{E}_{St100(\vartheta 150F1)} = X \; \%$$

Wird der Meßwert aus einem abgeleiteten Diagramm entnommen, dann ist die Schreibweise für die Kurzbezeichnung des F_S- bzw. $\mathcal{E}_S$-Wertes so abzufassen, als wäre er direkt aus dem Original-Diagramm entnommen worden. Über den ersten Index S wird in diesem Fall ein Apostroph gesetzt.

<u>Beispiel:</u>
Aus einem abgeleiteten $\mathcal{E}_{St}$-ϑ_M-Diagramm wird ein extrapolierter Schrumpfwert - der auf eine Behandlungstemperatur bezogen ist, die im $\mathcal{E}_S$-t-Diagramm als ϑ_K nicht berücksichtigt wurde - bei den Parametern F_K und t_K entnommen. Die Schreibweise lautet daher nicht

$$\mathcal{E}_{St\vartheta\ldots(F\ldots t\ldots)}$$

sondern $\mathcal{E}'_{St\ldots(\vartheta\ldots F\ldots)}$.

Stammen die Größen für $F_S\ldots$ aus $\mathcal{E}_S$-Messungen und $\mathcal{E}_S\ldots$ aus F_S-Messungen, dann wird dem ersten Buchstaben ein * über Index "S" nachgestellt: $F^*_{St\ldots}$ bzw. $\mathcal{E}^*_{St\ldots}$.

1. Schrumpf-Verhalten

<u>Tabelle 1.1</u>: Schrumpf-Verhalten diskontinuierlich an Garnen bestimmt. Darstellung in Diagrammform.

lfd. Nr.	Kurzbezeichnung	Bedeutung
1.1.1	$\varepsilon_S t$- Diagramm	<u>Schrumpf-Zeit-Diagramm</u>: Schrumpf zeitabhängig unter Konstanthaltung von ϑ_K, F_K (bzw. f_k) registriert. Bild 1.1.1
1.1.2	$\varepsilon_{St}^* t_M$-Diagramm	<u>Schrumpf-Temperatur-Diagramm</u>: Schrumpf aus $F_S t$-Diagrammen (<u>3.1.1</u>) abgeleitet.
1.1.3	$\varepsilon_S \vartheta$- Diagramm	<u>Schrumpf-Temperatur-Diagramm</u>: Schrumpf temperaturabhängig unter Konstanthaltung von $\dot{\vartheta}_K$ und F_K (bzw. f_K) registriert. Bild 1.1.3
1.1.4	$\varepsilon_{St}^* \vartheta_M$-Diagramm	<u>Schrumpf-Temperatur-Diagramm</u>: Schrumpf aus $F_S t$-Diagrammen (<u>3.1.1</u>) abgeleitet.
1.1.5	$\varepsilon_{S\vartheta}^* \vartheta_M$-Diagramm	<u>Schrumpf-Temperatur-Diagramm</u>: Schrumpf aus $F_S \vartheta$-Diagrammen (<u>3.1.3</u>) abgeleitet.

Fortsetzung: Tabelle 1.1

lfd. Nr.	Kurzbezeichnung	Bedeutung
1.1.6	$\varepsilon_{S\varepsilon}^{*}\vartheta_{M}$-Diagramm	Schrumpf-Temperatur-Diagramm: Schrumpf aus $F_S\varepsilon$-Diagrammen (3.1.8) abgeleitet.
1.1.7	$\varepsilon_{St}\vartheta_{M}$-Diagramm	Schrumpf-Temperatur-Diagramm: Schrumpf aus $\varepsilon_S t$-Diagrammen (1.1.1) abgeleitet. Bild 1.1.7

Tabelle 1.2: Schrumpf-Verhalten diskontinuierlich an Garnen bestimmt. Unabhängige variable Größen.

lfd. Nr.	Kurzbezeichnung	Bedeutung	SI-Einheit
1.2.1	T_t	Garnfeinheit	tex (g/km)
1.2.2	F_V	Vorspannkraft	cN (N, daN)
1.2.3	f_V	feinheitsbezogene Vorspannkraft	cN/tex
1.2.4	L_o	Einspannlänge unter F_V (bzw. f_V)	mm
1.2.5	t	Behandlungsdauer (Skala)	s, min, h
1.2.6	t_M	Zeitpunkt der Meßwerterfassung	s, min, h
1.2.7	ϑ	Temperatur (Skala)	°C

Fortsetzung: Tabelle 1.2

lfd. Nr.	Kurzbe-zeichnung	Bedeutung	SI-Einheit
1.2.8	ϑ_o	Temperatur vor Meßbeginn	°C
1.2.9	$\vartheta_{K,M}$	Behandlungstemperatur bei Meßwerterfassung	°C
1.2.10	$\dot{\vartheta}_H, \dot{\vartheta}_K$	Heizrate, Kühlrate	°C/min
1.2.11	F_K	Belastung während der Meßwerterfassung	cN (N, daN)
1.2.12	f_K	feinheitsbezogene Belastung während der Meßwerterfassung	cN/tex

Tabelle 1.3: Schrumpf-Verhalten diskontinuierlich an Garnen bestimmt. Abhängige variable Größen.

Anmerkung: Die Indexwerte für die unabhängigen variablen Größen t_M, $\vartheta_M, \dot{\vartheta}$ und F_M bzw. f_M werden in s, °C, °C/min und cN (bzw. cN/tex) ohne Einheitenangabe anstelle der Punkte der jeweiligen $\mathcal{E}_S$-Formelzeichen hinzugefügt. Werden andere SI-Einheiten als oben angegeben gewählt, so sind diese Einheiten den Zahlenwerten anzufügen.

lfd. Nr.	Kurzbe-zeichnung	Bedeutung	SI-Einheit
1.3.1	$\mathcal{E}_S$	Schrumpf während einer thermischen Behandlung ($-\mathcal{E}_S$ = Schrumpf, $+\mathcal{E}_S$ = Längung).	%
1.3.2	$\mathcal{E}_{St}$	Schrumpfwert aus $\mathcal{E}_S$-t-Diagrammen entnommen.	%
1.3.3	$\mathcal{E}_{St...}$ ($\vartheta...F..$)	Schrumpfwert aus dem $\mathcal{E}_S$-t-Diagramm nach Abschnitt 1.1.1 bei t_M und den Parametern ϑ_K sowie F_K (bzw. f_K) entnommen.	%

Fortsetzung: Tabelle 1.3

lfd. Nr.	Kurzbezeichnung	Bedeutung	SI-Einheit
1.3.4	$\mathcal{E}'_{St...}$ ($\vartheta...F..$)	<u>Schrumpfwert</u> aus $\mathcal{E}_{St}$-Diagrammen abgeleitet.	%
1.3.5	$\mathcal{E}^*_{St...}$ ($\vartheta...F..$)	<u>Schrumpfwert</u> aus F_{St}-Diagrammen abgeleitet.	%
1.3.6	$\mathcal{E}_{S\vartheta...}$ ($F...F..$)	<u>Schrumpfwert</u> aus $\mathcal{E}_S\vartheta$-Diagrammen abgeleitet.	%
1.3.7	$\mathcal{E}_{SE}$	<u>Endschrumpf</u>, entspricht $\mathcal{E}_{St}$ im $\mathcal{E}_S$-t-Diagramm nach <u>Abschnitt 1.1.1</u> bei einer t, bei der innerhalb eines Meßintervalls von 1 min (Heißluft) bzw. 5 min (Wasser) die Schrumpfkraftänderung maximal ... % (relativ) beträgt.	%
1.3.8	$\mathcal{E}_{SM}$	<u>Maximalschrumpf</u>, entspricht maximalem -$\mathcal{E}_{S\vartheta}$ im $\mathcal{E}_S$-ϑ-Diagramm nach <u>Abschnitt 1.1.3</u>	%
1.3.9	$\mathcal{E}_{SRL}$	<u>Restlänge</u>, entspricht $\mathcal{E}_{St}$ im $\mathcal{E}_S$-t-Diagramm nach <u>Abschnitt 1.1.1</u> bzw. $\mathcal{E}_{S\vartheta}$ im $\mathcal{E}_S$-ϑ-Diagramm nach <u>Abschnitt 1.1.3</u> nach Abkühlung unter F_K (bzw. f_K) auf ϑ_o (bezogen auf L_o)	%
1.3.10	$\mathcal{E}_{SR}$	<u>Restschrumpf</u>, entspricht $\mathcal{E}_{St}$ im $\mathcal{E}_S$-t-Diagramm nach <u>Abschnitt 1.1.1</u> bzw. $\mathcal{E}_{S\vartheta}$ im $\mathcal{E}_S$-ϑ-Diagramm nach <u>Abschnitt 1.1.3</u> nach Abkühlung der Meßprobe unter F_K (bzw. f_K) auf ϑ_o und Aufbringung der F_v (bzw. f_v) [bezogen auf L_o].	%

2. Schrumpf-Verhalten

<u>Tabelle 2.1</u>: Schrumpf-Verhalten am laufenden Faden bestimmt. Darstellung in Diagrammform.

lfd. Nr.	Kurzbezeichnung	Bedeutung
2.1.1	ε_S-L-Diagramm	<u>Schrumpf-Lauflängen-Diagramm</u>: kontinuierlich unter Konstanthaltung von v_K sowie l_h (und damit t_K), ϑ_K und F_K (bzw. f_K) registriert. Bild 2.1.1
2.1.2	ε_{SL}-t_M-Diagramm	<u>Schrumpf-Zeit-Diagramm</u>: aus ε_{SL}-Werten in ε_S-L-Diagrammen nach <u>Abschnitt 2.1.1</u> abgeleitet, welche unter Variation von v_K und Konstanthaltung von ϑ_K sowie F_K (bzw. f_K) registriert wurden. Bild 2.1.2
2.1.3	ε_{SL}^{*}-t_M-Diagramm	<u>Schrumpf-Zeit-Diagramm</u> aus F_{SL}-Werten in F_S-L-Diagrammen nach <u>Abschnitt 4.1.1</u> abgeleitet, welche unter Variation von v_K sowie ε_K und Konstanthaltung von ϑ_K registriert wurden.

Fortsetzung: <u>Tabelle 2.1</u>

lfd. Nr.	Kurzbezeichnung	Bedeutung
2.1.4	ε_{SL}-ϑ_M-Diagramm	<u>Schrumpf-Temperatur-Diagramm</u> aus ε_{SL}-Werten in ε_{SL}-L-Diagrammen nach Abschnitt 2.1.1 abgeleitet, welche unter Variation von ϑ_K und Konstanthaltung von v_K sowie F_K (bzw. f_K) registriert wurden. Bild 2.1.4
2.1.5	ε^*_{SL}-ϑ_M-Diagramm	<u>Schrumpf-Temperatur-Diagramm</u> aus F_{SL}-Werten in F_S-L-Diagrammen nach Abschnitt 4.1.1 abgeleitet, welche unter Variation von ϑ_K sowie ε_K und Konstanthaltung von v_K registriert wurden.

Tabelle 2.2: Schrumpf-Verhalten kontinuierlich an Garnen bestimmt.
Unabhängige variable Größen.

lfd. Nr.	Kurzbezeichnung	Bedeutung	SI-Einheit
2.2.1	Tt	Garnfeinheit	tex (g/km)
2.2.2	F_V	Vorspannkraft	cN (N, daN)
2.2.3	f_V	feinheitsbezogene Vorspannkraft	cN/tex
2.2.4	L	Lauflänge des Garns (Skala)	m
2.2.5	L_o	Gelieferte Länge	m
2.2.6	L_e	Abgezogene Länge	m
2.2.7	l_H	Länge der Heizeinrichtung mit konstantem Temperaturprofil	mm
2.2.8	v	Fadengeschwindigkeit	m/min
2.2.9	v_a	Geschwindigkeit des in die Meßeinrichtung einlaufenden Fadens	m/min
2.2.10	v_e	Geschwindigkeit des aus der Meßeinrichtung auslaufenden Fadens	m/min
2.2.11	$v_{K,M}$	Geschwindigkeit des Fadens $v_M = \frac{v_a + v_e}{2}$ während des Meßvorganges	m/min
2.2.12	$t_{K,M}$	Behandlungsdauer des Fadens $t_M = \frac{l_H}{v_M}$ in der Heizzone	s (min, h)
2.2.13	ϑ_o	Temperatur vor Meßbeginn	°C
2.2.14	$\vartheta_{K,M}$	Behandlungstemperatur bei Meßwerterfassung	°C
2.2.15	F_K	Belastung während der Meßwerterfassung	cN (N, daN)
2.2.16	f_K	feinheitsbezogene Belastung während der Meßwerterfassung	cN/tex
2.2.17	F_A	Belastung nach Verlassen der Meßeinrichtung	cN (N, daN)
2.2.18	f_A	feinheitsbezogene Belastung nach Verlassen der Meßeinrichtung	cN/tex

Tabelle 2.3: Schrumpf-Verhalten kontinuierlich an Garnen bestimmt. Abhängige variable Größen.

Anmerkung: Die Indexwerte für die unabhängigen variablen Größen $t_{M,K}$ (aus v_K, l_H), $\vartheta_{M,K}$ und F_K (bzw. f_K) werden in °C und cN (bzw. cN/tex) ohne Einheitenangabe anstelle der Punkte den jeweiligen $\mathcal{E}_{SL}$-Formelzeichen hinzugefügt. Werden andere SI-Einheiten als oben angegeben gewählt, so sind diesen Einheiten den Zahlenwerten anzufügen.

lfd. Nr.	Kurzbe-zeichnung	Bedeutung	SI-Einheit
2.3.1	$\mathcal{E}_S$ $-\mathcal{E}_S$ $+\mathcal{E}_S$	<u>Schrumpf</u> während einer thermischen Behandlung (Skala)· Schrumpf Längung	%
2.3.2	$\mathcal{E}_{Smax}$	<u>Maximaler</u> Schrumpf-($-\mathcal{E}_S$-)Wert im $\mathcal{E}_S$-L-Diagramm nach <u>Abschnitt 2.1.1</u>.	%
2.3.3	$\mathcal{E}_{Smin}$	<u>Minimaler</u> $-\mathcal{E}_S$-Wert im $\mathcal{E}_S$-L-Diagramm nach <u>Abschnitt 2.1.1</u>.	%
2.3.4	$\mathcal{E}_{SL}$	Über Lauflänge L gemittelter $\mathcal{E}_{S\mathcal{E}}$-Werte aus $\mathcal{E}_S$-L-Diagramm nach <u>Abschnitt 2.1.1</u> abgeleitet.	%
2.3.5	$\mathcal{E}_{SLt\ldots}$ $(\vartheta\ldots F\ldots)$	Über L gemittelter $\mathcal{E}_S$-Wert aus dem $\mathcal{E}_S$-L-Diagramm nach <u>Abschnitt 2.1.1</u> bei den konstanten t_K, ϑ_K und F_K entnommen.	%
2.3.6	$\mathcal{E}'_{SLt\ldots}$ $(\vartheta\ldots F\ldots)$	Schrumpfwerte bei bestimmten unabhängigen variablen Größen, die – da im registrierten $\mathcal{E}_S$-L-Diagramm nicht gemessen – erst durch Extrapolation in einem abgeleiteten $\mathcal{E}_{SL}$-Diagramm ermittelt werden können.	%
2.3.7	$\mathcal{E}^*_{SLt\ldots}$ $(\vartheta\ldots F\ldots)$	Schrumpfwerte, die aus F_S-L-Diagrammen abgeleitet werden.	%

3. Schrumpfkraft-Verhalten

Tabelle 3.1: Schrumpfkraft-Verhalten am stationären Faden bestimmt. Darstellung in Diagrammform.

lfd. Nr.	Kurzbezeichnung	Bedeutung
3.1.1	F_S-t-Diagramm	Schrumpfkraft-Zeit-Diagramm kontinuierlich unter Konstanthaltung von ϑ_K, $F_{VK}(f_V)$ bzw. ε_K registriert. Bild 3.1.1
3.1.2	F_{St}^{*}-t_M-Diagramm	Schrumpfkraft-Zeit-Diagramm aus ε_S-t-Diagrammen abgeleitet.
3.1.3	F_S-ϑ-Diagramm	Schrumpfkraft-Temperatur-Diagramm kontinuierlich unter Konstanthaltung von $\dot{\vartheta}_K$, $F_V(f_V)$ bzw. ε_K, registriert. Bild 3.1.3
3.1.4	F_{St}^{*}-ϑ_M-Diagramm	Schrumpfkraft-Temperatur-Diagramm aus ε_S-t-Diagrammen abgeleitet.
3.1.5	$F_{S\vartheta}^{*}$-ϑ_M-Diagramm	Schrumpfkraft-Temperatur-Diagramm aus ε_S-ϑ-Diagrammen abgeleitet.

Fortsetzung: Tabelle 3.1

lfd. Nr.	Kurzbezeichnung	Bedeutung
3.1.6	F_{St}-ϑ_M-Diagramm	Schrumpfkraft-Temperatur-Diagramm bei t_M aus F_S-t-Diagrammen (s. Abschnitt 3.1.1) abgeleitet, welche unter Variation von ϑ_K und Konstanthaltung von F_V (f_V) bzw. ε_K registriert werden. Bild 3.1.6
3.1.7	$F_{S\varepsilon}$-ϑ_M-Diagramm	Schrumpfkraft-Tamperatur-Diagramm aus F_S-ε-Diagrammen abgeleitet.
3.1.8	F_S-ε-Diagramm	Schrumpfkraft-Längenänderungs-Diagramm kontinuierlich unter Konstanthaltung von $\dot{\varepsilon}_K$ und ϑ_K registriert. Das F_S-ε-Diagramm kann durch kontinuierliches Dehnen $\dot{\varepsilon}$ der zunächst ausgeschrumpften Meßprobe (Bild 3.1.8 A), durch kontinuierliches Schrumpfen - der kaltgedehnten Meßprobe (Bild 3.1.8 B) sowie durch Kombination von Dehnen +ε und Schrumpfen -ε nach längenkonstanter Schrumpfkraftentwicklung (Bild 3.1.8 C) registriert werden. Bild 3.1.8

Fortsetzung: Tabelle 3.1

lfd. Nr.	Kurzbezeichnung	Bedeutung
		Bild 3.1.8 A Bild 3.1.8 B Bild 3.1.8 C
3.1.9	$F_{S\vartheta}$-ε_M-Diagramm	Schrumpfkraft-Längenänderungs-Diagramm aus F_S-ϑ-Diagrammen abgeleitet.
3.1.10	F_{St}-ε_M-Diagramm	Schrumpfkraft-Längenänderungsdiagramm zur Zeit t_K a) aus F_S-t-Diagrammen (s. Abschnitt 3.1.1) abgeleitet, welche unter Variation von ε_K, und Konstanthaltung von ϑ_K oder
3.1.11	$F^\star_{St}$-ε_M-Diagramm	b) aus ε_S-t-Diagrammen (s. Abschnitt 1.1.1) abgeleitet, welche unter Variation von F_K (f_K) und Konstanthaltung von ϑ_K registriert wurden.
3.1.12	$F^\star_{S\vartheta}$-ε_M-Diagramm	Schrumpfkraft-Längenänderungs-Diagramm aus ε_S-ϑ-Diagrammen abgeleitet.

Tabelle 3.2: Schrumpfkraft-Verhalten diskontinuierlich an Garnen bestimmt. Unabhängige variable Größen.

lfd. Nr.	Kurzbezeichnung	Bedeutung	SI-Einheit
3.2.1	T_t	Garnfeinheit	tex
3.2.2	F_V	Vorspannkraft	cN (N, daN)
3.2.3	f_V	feinheitsbezogene Vorspannkraft	cN/tex
3.2.4	L_O	Einspannlänge unter F_V bzw. f_V	mm
3.2.5	t	Behandlungsdauer (Skala)	s (min, h)
3.2.6	t_M	Zeitpunkt der Meßwerterfassung	s (min, h)
3.2.7	ϑ	Temperatur (Skala)	°C
3.2.8	ϑ_O	Temperatur vor Meßbeginn	°C
3.2.9	$\vartheta_{K,M}$	Behandlungstemperatur bei Meßwerterfassung	°C
3.2.10	$\dot{\vartheta}_H, \dot{\vartheta}_K$	Heizrate, Kühlrate	°C/min
3.2.11	ε $+\varepsilon$ $-\varepsilon$	Längenänderung (Skala) Dehnung Voreilung	%
3.2.12	$\varepsilon_{K,M}$	Längenänderung während der Meßwerterfassung	%
3.2.13	$+\dot{\varepsilon}$	Dehngeschwindigkeit	mm/min
3.2.14	$-\dot{\varepsilon}$	Voreilungsgeschwindigkeit (Schrumpfgeschwindigkeit)	mm/min

Tabelle 3.3: Schrumpfkraft-Verhalten diskontinuierlich an Garnen bestimmt. Abhängige variable Größen.

Anmerkung: Die Indexwerte für die unabhängigen variablen Größen $t_{M,K}$, $\vartheta_{M,K}$, $\dot{\vartheta}_K$, ε_{MK} (bzw. F_V, f_V) und $\dot{\varepsilon}_K$, werden in s, °C, °C/min, % (bzw. cN oder cN/tex) und mm/min ohne Einheitenangabe hinzugefügt. Werden andere SI-Einheiten als oben angegeben gewählt, so sind diese Einheiten den Zahlenwerten hinzuzufügen.

lfd. Nr	Kurzbe-zeichnung	Bedeutung	SI-Einheit
3.3.1	F_S	Schrumpfkraft während einer thermischen Behandlung (Skala)	cN (N, daN)
3.3.2	F_{St}	Schrumpfkraft-Wert aus dem F_S-t-Diagramm abgeleitet.	cN (N, daN)
3.3.3	$F_{St...}$ $(\vartheta...F_V...)$ $F_{St...}$ $(\vartheta...\varepsilon...)$	Schrumpfkraft-Wert aus dem F_S-t-Diagramm (s. Abschnitt 3.1.1) bei t_K und den Parametern ϑ_K sowie F_V (f_V) oder ε_K entnommen.	cN (N, daN)
3.3.4	$F'_{St...}$ $(\vartheta...\varepsilon...)$	Schrumpfkraft-Werte aus abgeleiteten F_{St}-Diagrammen entnommen.	cN (N, daN)
3.3.5	$F^*_{St...}$ $(\vartheta...\varepsilon...)$	Schrumpfkraft-Werte aus ε_{St}-Diagrammen entnommen.	cN (N, daN)
3.3.6	$F_{S\vartheta...}$ $(\dot{\vartheta}...F_V...)$ $F_{S\vartheta...}$ $(\dot{\vartheta}...\varepsilon...)$	Schrumpfkraft-Wert aus dem F_S-ϑ-Diagramm nach Abschnitt 3.1.3 bei ϑ_K sowie den Parametern $\dot{\vartheta}_K$ und F_V (f_V) oder ε_K entnommen.	cN (N, daN)
3.3.7	F_{SM}	Maximalschrumpfkraft entspricht dem maximalen Schrumpfkraft-Wert im F_S-ϑ-Diagramm (s. Abschnitt 3.1.3).	cN (N, daN)

Fortsetzung: Tabelle 3.3

lfd. Nr.	Kurzbe-zeichnung	Bedeutung	SI-Einheit
3.3.8	F_{SE}	<u>Endschrumpfkraft</u>, entspricht F_{St} im F_S-t-Diagramm (s. <u>Abschnitt 3.1.1</u>) bei einer t_M, bei der innerhalb eines Meßintervalls von 1 min (Heißluft) bzw. 5 min (Wasser) die Schrumpfkraftänderung maximal 1 % beträgt.	cN (N, daN)
3.3.9	F_{SR}	<u>Restschrumpfkraft</u>, entspricht der Schrumpfkraft F_S im F_S-ϑ-Diagramm (<u>Abschnitt 3.1.1</u>) bzw. F_S- -Diagramm (<u>Abschnitt 3.1.3</u>) nach Abkühlen der Meßprobe unter konstanter Länge auf Ausgangstemperatur ϑ_o.	cN (N, daN)
3.3.10	$F_{S\varepsilon}...$ ($\vartheta...\dot{\varepsilon}...$)	Schrumpfkraft-Wert im F_S-ε-Diagramm nach <u>Abschnitt 3.1.8</u> bei ε_M und den Parametern ϑ_M und $\dot{\varepsilon}$.	cN (N, daN)
3.3.11	F_{SH}	<u>Höchstschrumpfkraft</u>, entspricht maximalen Schrumpfkraft-Werten im F_S-ε-Diagramm nach <u>Abschnitt 3.1.8</u>.	cN (N, daN)
3.3.12	ε_{SH}	<u>Höchstschrumpfkraft-Dehnung</u>, entspricht der Dehnung im F_S-ε-Diagramm nach <u>Abschnitt 3.1.8</u> nach Erreichen der F_{SH}.	%
3.3.13	f_S	Feinheitsbezogene Schrumpfkraft	cN/tex
3.3.14	$f_S...$	Feinheitsbezogene Schrumpfkraft jeglicher Art.	cN/tex

4. Schrumpfkraft-Verhalten

Tabelle 4.1: Schrumpfkraft-Verhalten am kontinuierlich bewegten Faden bestimmt.
Darstellung in Diagrammform.

lfd. Nr.	Kurzbezeichnung	Bedeutung
4.1.1	F_S-L-Diagramm	**Schrumpfkraft-Lauflängen-Diagramm** kontinuierlich unter Konstanthaltung von v_K sowie l_H (und damit t_K), ϑ_K und ε_K (bzw. f_v) registriert. Bild 4.1.1
4.1.2	F_{SL}-t_M-Diagramm	**Schrumpfkraft-Zeit-Diagramm** aus F_{SL}-Werten in F_S-L-Diagrammen nach Abschnitt 4.1.1 abgeleitet, welche unter Variation von v_K und Konstanthaltung von ϑ_K sowie ε_K (bzw. f_v) registriert werden. Bild 4.1.2

Fortsetzung: Tabelle 4.1

lfd. Nr.	Kurzbezeichnung	Bedeutung
4.1.3	$F_{SL}^{\star}-t_M$-Diagramm	<u>Schrumpfkraft-Zeit-Diagramm</u> aus $\mathcal{E}_{SL}$-Werten in $\mathcal{E}_S$-L-Diagrammen nach <u>Abschnitt 2.1.1</u> abgeleitet, welche unter Variation von v_K sowie F_K und Konstanthaltung von ϑ_K registriert werden.
4.1.4	$F_{SL}-\vartheta_M$-Diagramm	<u>Schrumpfkraft-Temperatur-Diagramm</u> aus F_{SL}-Werten in F_S-L-Diagrammen nach <u>Abschnitt 4.1.1</u> abgeleitet, welche unter Variation von ϑ_K und Konstanthaltung von v_K sowie $\mathcal{E}_K$ registriert werden. Bild 4.1.4
4.1.5	$F_{SL}^{\star}-\vartheta_M$-Diagramm	<u>Schrumpfkraft-Temperatur-Diagramm</u> aus $\mathcal{E}_{SL}$-Werten in $\mathcal{E}_S$-L-Diagrammen nach <u>Abschnitt 2.1.1</u> abgeleitet, welche unter Variation von ϑ_K sowie F_K (bzw. f_K) und Konstanthaltung von v_K registriert werden.
4.1.6	$F_{SL}-\mathcal{E}_M$-Diagramm	<u>Schrumpfkraft-Längenänderungs-Diagramm</u> aus F_{SL}-Werten in F_S-L-Diagrammen nach <u>Abschnitt 4.1.1</u> abgeleitet, welche unter Variation von $\mathcal{E}_K$ und Konstanthaltung von v_K und ϑ_K registriert werden.

Fortsetzung: Tabelle 4.1

lfd. Nr.	Kurzbezeichnung	Bedeutung
		(Diagramm: F_{SL} über ε_M, $t_M = \text{konst}$, Kurven ϑ_{M_2} und ϑ_{M_1}) Bild 4.1.6
4.1.7	F^*_{SL}-ε_M-Diagramm	<u>Schrumpfkraft-Längenänderungs-Diagramm</u> aus ε_{SL}-Werten in ε_S-L-Diagrammen nach Abschnitt 2.1.1 abgeleitet, welche unter Variation von F_K und Konstanthaltung von v_K und ϑ_K registriert werden.

Tabelle 4.2: Schrumpfkraft-Verhalten kontinuierlich an Garnen bestimmt. Unabhängige variable Größen.

lfd. Nr.	Kurzbezeichnung	Bedeutung	SI-Einheit
4.2.1	T_t	Garnfeinheit	tex (g/km)
4.2.2	F_v	Vorspannkraft	cN (N, daN)
4.2.3	f_v	Feinheitsbezogene Vorspannkraft	cN/tex
4.2.4	L	Lauflänge des Garns (Skala)	m
4.2.5	L_o	Gelieferte Länge	m
4.2.6	L_e	Abgezogene Länge	m
4.2.7	l_H	Länge der Heizeinrichtung mit konstantem Temperaturprofil	mm
4.2.8	v	Fadengeschwindigkeit	m/min
4.2.9	v_a	Geschwindigkeit des in die Meßeinrichtung einlaufenden Fadens	m/min
4.2.1o	v_e	Geschwindigkeit des aus der Meßeinrichtung auslaufenden Fadens	m/min
4.2.11	$v_{K,M}$	Geschwindigkeit des Fadens während des Meßvorganges $v_M = \dfrac{v_a + v_e}{2}$	m/min
4.2.12	$t_{K,M}$	Behandlungsdauer des Fadens in der Heizzone $t_M = \dfrac{l_H}{v_M}$	s (min, h)
4.2.13	ϑ_o	Temperatur vor Meßbeginn	°C
4.2.14	$\vartheta_{K,M}$	Behandlungstemperatur bei Meßwerterfassung	°C
4.2.15	$\varepsilon_{K,M}$	Längenänderung der Meßwerterfassung	%
4.2.16	F_A	Belastung nach Verlassen der Meßeinrichtung	cN (N, daN)

Tabelle 4.3: Schrumpfkraft-Verhalten kontinuierlich an Garnen bestimmt. Abhängige variable Größen.

Anmerkung: Die Indexwerte für die unabhängigen Variablen $t_{M,K}$ (aus v_K und l_H), $\mathfrak{I}_{M,K}$ und F_K (bzw. f_K) werden in s, °C und cN (bzw. cN/tex) ohne Einheitenangabe anstelle der Punkte den jeweiligen F_{SL}-Formelzeichen hinzugefügt. Werden andere SI-Einheiten als oben angegeben gewählt, so sind diese Einheiten den Zahlenwerten anzufügen.

lfd. Nr	Kurzbezeichnung	Bedeutung	SI-Einheit
4.3.1	F_S	Schrumpfkraft während einer thermischen Behandlung (Skala).	cN (N, daN)
4.3.2	F_{Smax}	Maximaler F_S-Wert im F_S-L-Diagramm nach <u>Abschnitt 4.1.1</u>.	cN (N, daN)
4.3.3	F_{Smin}	Minimaler F_S-Wert im F_S-L-Diagramm nach <u>Abschnitt 4.1.1</u>.	cN (N, daN)
4.3.4	F_{SL}	Über die Lauflänge L gemittelter F_S-Wert aus dem F_S-L-Diagramm nach <u>Abschnitt 4.1.1</u>.	cN (N, daN)
4.3.5	$F_{SLt...}$ ($\mathfrak{I}...\mathcal{E}...$)	Über die Lauflänge L gemittelter F_S-Wert aus dem F_S-L-Diagramm nach <u>Abschnitt 4.1.1</u> bei den Konstanten t_K, $\mathfrak{I}_K$ und $\mathcal{E}_K$ entnommen.	cN (N, daN)
4.3.6	$F'_{SLt...}$ ($\mathfrak{I}...\mathcal{E}...$)	Schrumpfkraft-Werte bei bestimmten unabhängigen variablen Größen, die – da im kontinuierlich registrierten F_S-L-Diagramm nicht gemessen – erst durch Extrapolation in einem abgeleiteten F_{SL}-Diagramm ermittelt werden können.	cN (N, daN)
4.3.7	$F^*_{SLt...}$ ($\mathfrak{I}...\mathcal{E}...$)	Wie <u>Abschnitt 4.3.6</u>, jedoch ist die Ableitung aus $\mathcal{E}_S$-L-Diagrammen vorgenommen worden.	cN (N, daN)

5. Literatur

[1] VALK, G., BERNDT, H.-J. und HEIDEMANN, G.:
"Neue Ergebnisse zur Fixierung von Polyesterfasern."
Chemiefasern 21 (1971), 386

[2] BERNDT, H.-J. und HEIDEMANN, G.:
"Fehlerursachen und Erkennungsmethoden von Farbstreifigkeit in Polyester-Material."
Dtsch. Färberkalender 76 (1972), 408

[3] BERNDT, H.-J.:
"Universelles Meßgerät zur Charakterisierung der thermisch-mechanischen Vorgeschichte von Synthesefasern und -fäden."
Melliand Textilber. 53 (1972), 1271

[4] HEIDEMANN, G. und BERNDT, H.-J.:
"Materialspezifische Fixierung, ein Beispiel aus der Praxis."
Melliand Textilber. 54 (1973), 546

[5] HEIDEMANN, G. und BERNDT, H.-J.:
"Die substrat- und prozeß-spezifischen Größen der Fixierung von Synthesefasern, eine Analyse am Beispiel der Thermofixierung von Polyesterfasern."
Chemiefasern/Textilind. 24/76 (1974), 46
Tinctoria 70 (1973), 418

[6] HEIDEMANN, G. und BERNDT, H.-J.:
"Verhalten von Polyesterfasern in thermischen Folgeprozessen."
Lenzinger Ber. 36 (1974), 102

[7] BERNDT, H.-J. und HEIDEMANN, G.:
"Charakterisierung der Fixierung von Polyestergarnen durch Schrumpfkraftmessungen."
Melliand Textilber. 55 (1974), 548

[8] BERNDT, H.-J.:
"Zweiachsige Schrumpfkraftmessung zur Ermittlung optimaler Fixierparameter in Spannrahmen."
Melliand Textilber. 55 (1974), 643

[9] HEIDEMANN, G. und BERNDT, H.-J.:
"Trocknungsbedingungen beeinflussen Fabrikationseigenschaften von PES-Ketten - Ein Beispiel aus der Praxis des Schlichtens."
Melliand Textilber. 55 (1974), 814

[10] VALK, G., HEIDEMANN, G., BERNDT, H.-J. und BOSSMANN, A.:
"Einflußgrößen für die Makrostrukturentwicklung und die thermische Stabilität texturierter Polyesterfäden."
Lenzinger Ber. 38 (1975), 172

[11] BERNDT, H.-J.:
"Schrumpfkraftmessungen am laufenden Faden."
Melliand Textilber. 56 (1975), 493

[12] BERNDT, H.-J.:
"Thermomechanischer Analysator Thermofil, System 'Textilforschung Krefeld'."
Melliand Textilber. 56 (1975), 928

[13] HEIDEMANN, G. und BERNDT, H.-J.:
"Effektivtemperatur und Effektivspannung, zwei Meßgrößen zur absoluten Bestimmung des Fixierzustandes von Synthesefasern."
Melliand Textilber. 57 (1976), 485

[14] VALK, G., KEHREN, M.-L. und BERNDT, H.-J.:
"Turgo-mechanische Analyse. - Eine Methode zur Fasercharakterisierung."
Melliand Textilber. 57 (1976), 500

[15] HEIDEMANN, G. und BERNDT, H.-J.:
"Ursache borkigen Warenausfalls von PES-Kleiderstoffen. - Ein Beispiel aus der Praxis der Vorbehandlung."
Melliand Textilber. 57 (1976), 660

[16] HEIDEMANN, G. und BERNDT, H.-J.:
"Textilveredlung beginnt in der Weberei."
Textil-Praxis 31 (1976), 992

[17] BERNDT, H.-J. und HEIDEMANN, G.:
"Thermomechanische Ermittlung von Spannungen und Temperaturen der thermischen Vorbehandlung von PES-Fäden."
Melliand Textilber. 58 (1977), 83

[18] HEIDEMANN, G. und BERNDT, H.-J.:
"Moderne thermische Prüfverfahren für Texturgarne."
Chemiefasern/Textilind. 27/79 (1977), 134

[19] VALK, G., HEIDEMANN, G. und BERNDT, H.-J.:
"Nutzen der verfahrenstechnischen Forschung, erläutert am Problem der Faltenbildung."
Melliand Textilber. 58 (1977), 575

[20] VALK, G., MANUTSCHEHRI, H. und BERNDT, H.-J.:
"Reversibles Längenänderungsverhalten und Dimensionsstabilität von Polyamid 6.6-Multifilamentgarnen."
Melliand Textilber. 59 (1978), 171

[21] VALK, G., STEIN, W., BERNDT, H.-J., BOSSMANN, A. und KAPUR, D.:
"Beziehungen zwischen Garneigenschaften, Gewebekonstruktion und Veredlung."
Forsch.-Ber. Land Nordrhein-Westfalen Nr. 2831,
Westdeutscher Verlag, Opladen (1979)

[22] BERNDT, H.-J.:
"Parameter der Konstruktion von Flächengebilden, welche die automatisierte Veredlung beeinflussen."
VDI-Berichte Nr. 321, VDI-Verlag, Düsseldorf (1979), 105
Melliand Textilber. 61 (1980), 326

[23] BERNDT, H.-J., JELLINEK, G. und VALK, G.:
"Restschrumpf von Geweben aus Polyester-Texturgarn."
Melliand Textilber. 60 (1979), 706

[24] BERNDT, H.-J., HEIDEMANN, G. und BOSSMANN, A.:
"Bestimmung der Effektivtemperatur von thermischen Verfahrensschritten in der Textilveredlung durch Schrumpfmessung an PES-Testfäden."
Melliand Textilber. 60 (1979), 883

[25] VALK, G., BERNDT, H.-J., MANUTSCHEHRI, H. und BOSSMANN, A.:
"Strukturelle Veränderungen von Polyamidfasern bei thermischen und mechanischen Behandlungen."
Forsch.-Ber. Land Nordrhein-Westfalen Nr. 2893,
Westdeutscher Verlag, Opladen (1979)

[26] BERNDT, H.-J. und HEIDEMANN, G.:
"Beschreibung des inneren Spannungszustands von Polyester-Faserstoffen durch Messung der Gleichgewichtsschrumpfkraft."
Colloid & Polymer Sci. 258 (1980), 612

[27] VALK, G., BERNDT, H.-J., ROTH-WALRAF, H.-A. und BOSSMANN, A.:
"Zur Problematik der hydrothermischen Behandlung von Polyester in verschiedenen Veredlungsstufen."
Forsch.-Ber. Land Nordrhein-Westfalen Nr. 2968,
Westdeutscher Verlag, Opladen (1980)

[28] BERNDT, H.-J. und HEIDEMANN, G.:
"Equilibrium Shrinkage-Force Measurement. - A Method Describing the State of Order of PET-Fibres."
'Thermal Analysis', Proceedings of the Sixth International
Conference on Thermal Analysis Bayreuth, July 6-12, 1980
Birkhäuser Verlag, Basel (1980), 345

[29] BERNDT, H.-J. und FROEHLICH, W.:
"Abbau blockierter Spannungen in PES-Geweben beim Weben."
Melliand Textilber. 62 (1981), 694

[30] HEIDEMANN, G. und BERNDT, H.-J.:
"Praktische Erfahrungen bei Prozeßkontrolle thermischer Behandlungen und Beurteilung fixierter Ware aus PES und PES-Mischungen."
Chemiefasern/Textilind. 31/83 (1981), 866

[31] HEIDEMANN, G., BERNDT, H.-J. und BOSSMANN, A.:
"Verhalten von texturierten Polyamidgarnen und daraus hergestellten Flächengebilden in Folgeprozessen."
DTNW-Mitteilung Nr. 1 (1981)

[32] BERNDT, H.-J., FRÖHLICH, W. und HEIDEMANN, G.:
"Prüfung von texturierten Polyestergarnen - ein Methodenvergleich."
Melliand Textilber. 63 (1982), 279, 344, 434

[33] BERNDT, H.-J.:
"Thermomechanische Analyse in der Textilprüfung. - Methodik und Anwendung."
Textil-Praxis 38 (1983), 1241 39 (1984), 46

Moderne Meßverfahren bei der Entwicklung von Textilmaschinen

H. Slaghuis,
W. Schlafhorst & Co.
Postfach 2 05
D-4050 Mönchengladbach 1

1.   Einleitung

Bei der heutigen rasanten technischen Entwicklung mit steigenden Ansprüchen an die Qualität und die Produktionsgeschwindigkeit können auch im Textilmaschinenbau nur Unternehmen, die eine moderne Meßtechnik zur Neu- und Weiterentwicklung anwenden, im internationalen Wettbewerb bestehen. Denn bei jedem System technischer Art stößt man irgendwann an Grenzen, die nur mit Hilfe der Meßtechnik zu beseitigen sind und nicht mit der berühmten "Peilung über den Daumen".

SCHLAFHORST verfügt über eine bereits vor Jahrzehnten gegründete und ständig dem neuesten Stand angepaßte Meßtechnik, die der Vielzahl zum Teil simultan zu erfassenden Größen, den Anforderungen an Empfindlichkeit und Genauigkeit sowie der Forderung nach schneller Auswertbarkeit gerecht wird.

Eine große Auswahl von Meßwertgebern steht neben Meßverstärkern für die verschiedensten Meßprobleme zur Verfügung. Die notwendige Datenspeicherung übernehmen, je nach Signalfrequenz, Tintenschreiber, XY-Schreiber, Thermoschreiber oder UV-Schreiber.

Ein mehrkanaliges Magnetbandgerät wird für das Zwischenspeichern von Meßdaten eingesetzt.

Zur Datenreduzierung bei der Messung von seltenen Ereignissen benützen wir Transienten-Rekorder, wobei nur bestimmte triggerbare Ereignisse zwischengespeichert und anschließend mit entsprechender Zeitdehnung auf Tintenschreiber ausgegeben werden. Selbst hochfrequente Signale werden hierbei amplitudengetreu mit dem relativ langsamen Schreiber dargestellt.

Eine schnelle Erledigung vieler Aufgaben erreichen wir durch Speichern und Auswerten der Versuchsergebnisse mit Rechnern.

Mit dem Fourier-Analysator (Hewlett & Packard) besitzt SCHLAFHORST ein besonders komfortables, rechnergesteuertes Meßsystem, z.B. zur schnellen Erfassung des dynamischen Verhaltens eines schwingenden Maschinensystems mit Darstellung der Resonanzkurve, wobei die Schwingamplitude, bezogen auf die Anregungskraft, über der Frequenz aufgetragen ist, aus der die statische und dynamische Nachgiebigkeit zu ersehen sind (Abb. 1).

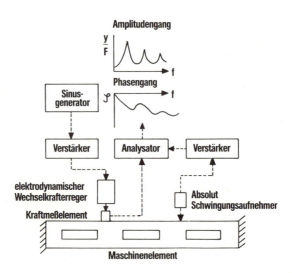

Abb. 1

Außer zu schwingungstechnischen Untersuchungen haben wir den mit einem freiprogrammierbaren Rechner ausgestatteten Fourier-Analysator bei vielseitigen Aufgaben eingesetzt, z.B.:

- Untersuchungen zur Verbesserung der Auflösegüte von Auflösewalzen.

- Allgemeine Auswertung von Fadenzugkraftmessungen mit Berechnung von Mittelwert, Streuung und Variationskoeffizient.

- Erstellung von Fadenzugkraftsummenkurven bei Fadenführungselementen der Kreuzspulmaschine oder der Ringspinnmaschine und bei Fadenzugkraftuntersuchungen an Spinnturbinen. Bei den Summenkurven sind die Meßsignale jeweils einem Auflösewalzen- oder Rotorumfang bzw. einer Fadenführungsperiode zugeordnet, was eine genaue Analyse des Meßsignals erlaubt.

Die Reihe der Meßgeräte wird fortgesetzt mit Schallpegel- und Schallanalyse-Meßgeräten für unsere Aktivitäten auf dem Gebiet der Lärmbekämpfung, wobei die Untersuchungen in einem schallharten Raum durchgeführt werden können.

In weiteren Bemühungen um humane Arbeitsplätze unterstützen uns Feinstaubmeßgeräte bei der Reduzierung der Staub- und Flug-Entwicklung an Textilmaschinen.

Besondere Beachtung verdient das als Ergänzung zu unserem Spinntechnikum eingerichtete große Textillabor mit allen für eine Qualitätssicherung wichtigen Prüfgeräten zur Faser-, Faden- und Gewebe-Untersuchung.

Die keinen Anspruch auf Vollständigkeit erhebende Aufzählung der Meßmittel und -aufgaben sei mit der Erwähnung des Elektronen-Rastermikroskops, das uns unter anderem bei der Entwicklung des Spleißers zur Herstellung knotenloser Fadenverbindungen, speziell zur Untersuchung von gespleißten Fäden, gute Dienste leistete, sowie der Hochgeschwindigkeitskamera zur Zeitlupendarstellung von dem Auge normalerweise verschlossenen schnellen Bewegungsabläufen, beendet.

Neben einem guten Meßgerätepark wird Wert darauf gelegt, daß der Meßtechniker zur korrekten Interpretation der Zusammenhänge zwischen Meßsignal und Arbeitsvorgang der Maschine über das meßtechnische Wissen hinaus Kenntnisse in der Textiltechnik und im Maschinenbau besitzt.

Im folgenden sollen an einigen aus der Praxis herausgegriffenen Beispielen technische, technologische und meßtechnische Probleme näher besprochen werden.

2.   Meßtechnisches Beispiel aus dem Bereich der Spulerei
2.1   <u>Untersuchungen an Fadenbremsen</u>

Die Fadenbremse soll unter anderem folgende Anforderungen erfüllen:

- Dämpfung der beim Abzug von einem Vorlagekörper entstehenden Zugkraftschwankungen.

- Geringe Erhöhung des Niveaus der mittleren Eingangszugkraft.
- Vermeidung von Faserschädigungen bzw. Faseraufschiebungen.
- Unempfindlichkeit gegen Verschmutzung.
- Großer Einsatzbereich hinsichtlich Material und Garnfeinheit.
- Exakte Einstellbarkeit und Reproduzierbarkeit.

Zur Verwirklichung dieser Parameter wurden umfangreiche Untersuchungen unter Einsatz hochwertiger Fadenspannungsmeßgeräte, Oszillographen, Rechner sowie der High-Speed-Kamera durchgeführt.

Es soll hier näher auf die Problematik der Fadenzugkraftuntersuchungen eingegangen werden.

Eine herkömmliche Methode zur Erfassung eines statistischen Wertes, wie den Mittelwert der Fadenzugkraft, ist die Erfassung und Aufzeichnung mit einem Meß- und Registriersystem niedriger Eigenfrequenz. Da der Mittelwert über der Zeit häufig Schwankungen unterworfen ist, ist eine visuelle Auswertung dieses Signals mit Ungenauigkeit behaftet.

Um bei Vergleichsmessungen auch geringe Unterschiede noch sicher nachzuweisen, bieten sich heute Rechner zur exakten Auswertung an. Mit Hilfe des Rechners lassen sich auch gleichzeitig die zur Beurteilung des Spannersystems heranzuziehenden Fadenzugkraftspitzen und -einbrüche auswerten, die mit einem Meßsystem hoher Eigenfrequenz erfaßt werden. Der Rechner bildet aus den Zugkraftschwankungen die Amplitudenverteilung (ein Histogramm, Abb. 2) und berechnet in anschließenden statistischen Operationen den Mittelwert, die Streuung und den Variationskoeffizienten der Aplitudenverteilung.

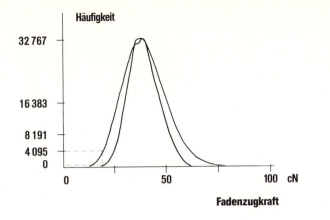

Abb. 2

Die Charakterisierung der Signale durch ihre Amplitudenverteilung ist jedoch mit einem Informationsverlust verbunden, denn rasch ändernde Signale können ebenso wie zeitlich langsam variierende Signale dieselbe Amplitudenverteilung mit dem gleichen Mittelwert und der gleichen Standardabweichung aufweisen. Deshalb ist bei einem Vergleich zur Aufdeckung von Unterschieden stets das Zeitsignal mit heranzuziehen (vgl. Abb. 3 und 4), letztere Abb. enthält Schwankungen höherer Frequenz, höhere Zugkraftspitzen und mehr Zugkrafteinbrüche bei gleichem Mittelwert).

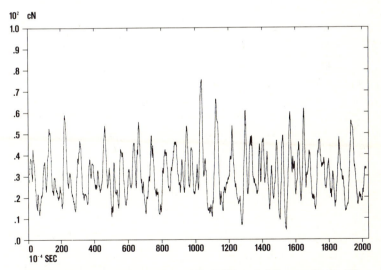

Fadenzugkraftsignal bei der Bremse B, 1000 m min^{-1}, Baumwolle Nm 34

Abb. 3

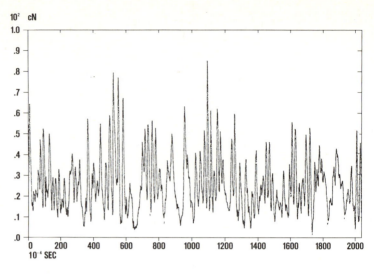

Fadenzugkraftsignal bei der Bremse A, 1000 m min^{-1}, Baumwolle Nm 34

Abb. 4

Das im Rechner abgespeicherte Zeitsignal kann über einen Plotter ausgegeben werden.

Zur exakten Registrierung von Zeitsignalen setzen wir auch Transienten-Rekorder ein, wobei das Signal mit kleiner Zeitrate in den Transienten-Rekorder eingelesen und anschließend mit großer Zeitrate auf einen "langsamen" Schreiber ausgegeben wird.

Die Amplitudenverteilung ist ein erstes Charakteristikum des stochastischen Signalverlaufs. Der Fourier-Analysator bietet weitere Untersuchungsmöglichkeiten, die eine Aussage über die inneren Gesetzmäßigkeiten von Signalen erlauben und Aufschluß über die innerstrukturellen Zusammenhänge des untersuchten Fadenbremssystems geben, z.B. ob eine Ähnlichkeit zwischen dem Ein- und Ausgangszugkraftsignal besteht, hervorgerufen durch das Lagenspiel des Spinnkopses, oder ob der Spanner selbst durch Teller- oder Spannkufenschwingungen Störungen hervorruft.

Der Fourier-Analysator untersucht hierbei die im stochastischen Ein- und Ausgangssignal der Fadenbremse enthaltenen Frequenzen (Abb. 5) und vergleicht die von diesen Signalen gebildeten Leistungsspektren durch Bildung des Kreuzleistungsspektrums (Abb. 6a). Hierin sind nur die mit dem Eingangssignal im Zusammenhang stehenden Frequenzen enthalten.

Mittels der Kohärenz-Funktion wird der Grad der Übereinstimmung des Ein- und Ausgangssignals festgestellt. Mit dem Eingangssignal in keinem Zusammenhang stehende Störanteile werden durch eine erheblich von 1 abweichende und gegen 0 gehende Kohärenz angezeigt (Abb. 6c).

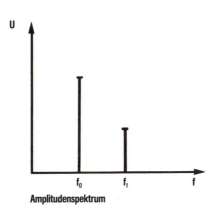
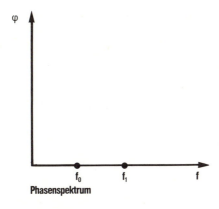

Abb. 5

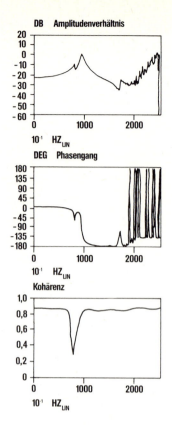

Abb. 6a - 6c

3. Beispiele technologischer und meßtechnischer Probleme aus dem Bereich der Rotorspinnmaschine AUTOCORO

Bei der Entwicklung dieser nach dem neuen technologischen Verfahren (Open-End) arbeitenden Spinnmaschine AUTOCORO wurden Grundlagenforschungen an vielen Aggregaten der Maschine durchgeführt, die dazu beitrugen, diese Maschine zu dem heute international anerkannten Qualitätsbegriff werden zu lassen.

3.1 Fasergeschwindigkeitsmessungen

Zur Erreichung einer optimalen Garnqualität ist beispielsweise die Kenntnis der tatsächlichen Fasergeschwindigkeit am Austritt des Faserleitkanals von Bedeutung, da ein bestimmtes Verhältnis zwischen Faser und Rotorumfangsgeschwindigkeit bei der Faserablage in der Rotorrille einzuhalten ist.

Wir haben die unterdruckabhängige Fasergeschwindigkeit mit folgender Versuchsanordnung ermittelt:

Unmittelbar vor der Mündung des Faserleitkanals und in bestimmtem Abstand dazu wurde je eine kleine Querbohrung am Faserleitkanal angebracht, die an der Durchtrittsstelle zum Faserleitkanal durch genau passende Sub-Miniatur-Dioden und -Fototransistoren verschlossen wurde, so daß die Form und die Wandung des Faserleitkanals nicht verändert wurden.

Die geschwindigkeitsbestimmende Zeitdifferenz der Faserabschattung an den beiden Lichtempfängern wurde mit Hilfe des Fourier-Analysators ermittelt, wobei eine Vereinzelung der Fasern bei dem angewendeten Korrelationsverfahren nicht erforderlich war (das Gerät mißt die Zeitverschiebung zweier ähnlicher Signale).

Durch weitere im Schwenkgehäuse oberhalb der Auflösewalze und am Eingang des Faserleitkanals angeordnete Lichtschranken wurde die für die Streckung und Parallelisierung der Einzelfasern bedeutungsvolle Zunahme der Fasergeschwindigkeit untersucht. Die Kenntnis der Geschwindigkeit der in den Faserleitkanal einströmenden Fasern ist wichtig, da es bei falscher Abstimmung zwischen dem am Abzugsröhrchen eingestellten Unterdruck im Schwenkgehäuse und der Auflösewalzenumfangsgeschwindigkeit zu Stauchung mit Desorientierung der Fasern kommen kann. Aufgrund dieser Verhältnisse ist eine obere Grenze bei der Auflösewalzendrehzahl gegeben.

3.2 Untersuchung der Auflösegüte von Auflösewalzen

Ein weiterer Parameter zur Erzielung optimaler Garnwerte ist die Qualität der Auflösewalze, die das von der Karde oder der Strecke gelieferte Faserband in Einzelfasern aufzulösen hat.

Zur Überprüfung der Auflösewalzenfunktion wurde nach einem eine rasche Beurteilung ermöglichenden Meßverfahren gesucht, da der Weg über den Spinnvorgang und Prüfung der Garnparameter (Festigkeit, Gleichmäßigkeit, Dehnung usw.) langwierig und wegen der Vielzahl der hierbei möglichen Einflüsse nicht eindeutig ist.

Es wurde folgende Methode entwickelt und erprobt:

Die durch die aufgelösten Fasern an zwei in der gleichen Ebene, jedoch um 90° versetzt angeordneten Lichtschranken hervorgerufene Abschattung wird gemessen, wobei das Signal dem Fasermassenstrom proportional ist. Einem Auflösewalzenumfang entsprechende Ausschnitte des gemessenen Fasersignals, gestartet durch einen optischen Trigger auf der Auflösewalze, wurden in den Fourier-Analysator eingelesen (Versuchsaufbau siehe Abb. 7).

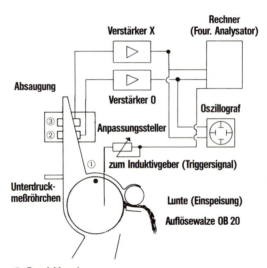

Abb. 7

Zur Auswertung wurden viele solcher einem Auflösewalzenumfang zugeordneter Fasersignal-Ausschnitte aufaddiert.

Wie die Abb. 8 zeigt, sind mit diesem Verfahren gut reproduzierbare charakteristische Fasersummenkurven zu erzielen.

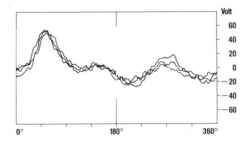

Abb. 8

Daß die Fasersummenkurve direkt dem Auflösewalzenumfang zuzuordnen ist, geht daraus hervor, daß sich die Fasersummenkurve um 90° verschiebt, wenn man den Triggerpunkt an der Auflösewalze um 90° versetzt (Abb. 9).

Versuch Nr. 6, 7 und 8			
Material:	Baumwolle	Streckenband:	Nm 0,3
Mittl. Stapellänge:	30 mm		
Auflösewalze:	OB 20/B	Einspeisung:	1,37 g/min
Drehzahl:	5859 min^{-1}	Unterdruck MP 4:	320 mm WS
Versuchs-Box		Verstärker:	x
Overload Voltage:	0,5 V	Verstärkerstufe:	6

Fasersignal-Summe über eine Auflösewalzenumdrehung dargestellt und optisch getriggert:

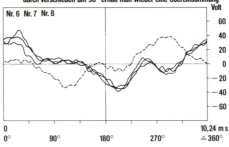

Bei Versuch Nr. 8: Trigger um 90° versetzt bei gestrichelter Kurve; durch Verschieben um 90° erhält man wieder eine Übereinstimmung

Abb. 9

Ein Versuch mit einer optimierten Auflösewalze zeigt, daß die Schwankungsbreite der Summenkurve kleiner, die Auflösegüte besser wird (Abb. 10).

Mit der beschriebenen Bildung der Fasersummenkurven erhält man ein Maß für die mittlere Faserungleichmäßigkeit, bezogen auf einen Auflösewalzenumfang.

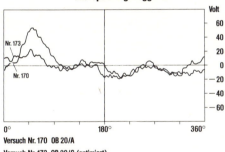

Abb. 10

4. Untersuchung des dynamischen Verhaltens von Maschinen

Auf dem Gebiet des Textilmaschinenbaus sind neben den bisher beschriebenen technologischen aber auch die maschinenspezifischen Belange bei einer Neu- bzw. Weiterentwicklung zu untersuchen. Denn das dynamische Verhalten von Maschineneinheiten läßt sich in der Regel im Konstruktionsstadium nur schwer vorausberechnen. Deshalb sind auch heute noch entsprechende Untersuchungen an der fertiggestellten Maschine erforderlich, um notwendige und gezielte Verbesserungsmaßnahmen durchführen zu können.

4.1 Schwingungsmessungen an mechanischen Strukturen

Alle im Kraftfluß einer Maschine liegenden Bauteile, wie Gestelle, Hebel, Wellen, Räder, Riemen usw., werden durch statische und dynamische Kräfte verformt, wobei sie mehr oder weniger zu Schwingungen angeregt werden können. Als besonders kritisch ist der Anregungsfall zu betrachten, bei dem ein oder mehrere Maschinenelemente in ihrer Eigenfrequenz angeregt werden.

Diese Schwingungen können die Qualität des mit der Maschine herzustellenden Produkts beeinträchtigen und zum frühzeitigen Verschleiß der Maschinenelemente führen.

Zur Untersuchung der Schwingungen und der Schwingungsursachen setzen wir vorwiegend den Fourier-Analysator ein, wobei als Signalgeber Subminiatur-Beschleunigungsaufnehmer oder die nahezu masselosen Dehnungsmeßstreifen verwendet werden.

Durch Drehmomentmessungen, die vorwiegend mittels geringen Platzbedarf beanspruchenden Dehnungsmeßstreifen an einem geeigneten Wellenstück oder Hebel durchgeführt werden, untersuchen wir die Leichtgängigkeit von Automatikgetrieben, z.B. beim Kreuzspulenwechsler oder beim Anspinnwagen; ein kontinuierlicher, geringe Beschleunigungen aufweisender Arbeitsvorgang ist für eine exakte Ausführung der gedachten Funktion und zur Vermeidung von Dauerbrüchen erforderlich.

Auch zur Dimensionierung einer Rutschkupplung, die mit einer gewissen Sicherheit die beim normalen Arbeitsvorgang auftretenden Momente übertragen, bei einer Blockierung aber die Arbeitselemente des Wechslers oder des Anspinnwagens vor Schaden bewahren soll, ist eine Drehmomentenmessung unter Praxisbedingungen unerläßlich.

5. <u>Schlußwort</u>

Damit sind aus der Fülle langjähriger Messungen einige typische Beispiele genannt.

In der ferneren Zukunft wird durch den Einsatz immer besserer Meßmittel das Messen und Auswerten noch effektiver werden. Mikroprozessoren und Peripheri-Bausteine wurden erfunden und führen jetzt mit ihrer Anwendung zu technischen Neuerungen. Zu den besseren Prozessoren wünschen wir uns aber auch die passenden Programme.

Textiltechnische Kriterien für die Bedeutung von Karden- und Streckenregulierungen

B. Wulfhorst und W. Friebel
Schubert und Salzer AG
Friedrich-Ebert-Straße 84
D-8070 Ingolstadt

1. Einleitung

Für die Schwankungen der Bandnummer in der Spinnerei gibt es verschiedene Ursachen. GRUNDER [1] nennt hierfür die Ungleichmäßigkeit der Kardenvorlage, Verzugsstörungen im Streckprozeß, periodische Schwankungen durch defekte Rotationsteile der Maschinen, falsche Verzüge, fehlende Bänder in der Streckenvorlage und Kämmperioden. Es ist außerordentlich wichtig, solche Schwankungen der Bandnummer durch Doublierung und Bandregulierung soweit zu verringern, daß die Nummernschwankungen des Garnes keine Störungen in der Fertigware verursachen. In der Regel reicht die Doublierung nicht aus, um die Schwankungen der Bandnummer zu beseitigen. Es muß zusätzlich eine Bandregulierung an der Karde oder vorzugsweise an der Strecke eingeschaltet werden.

Für die Vergleichmäßigung von Faserbändern werden Reguliersysteme an Karden und Strecken eingesetzt, die nach dem Steuer- oder Regelprinzip arbeiten. Bei der Weiterentwicklung der Steuersysteme wurden in jüngster Zeit besondere Erfolge erzielt. In der vorliegenden Arbeit wird das neue INGOLSTADT-Reguliersystem vorgestellt. Anschließend folgen Empfehlungen über die Einordnung der Karden- und Streckenreguliersysteme in der Kurzstapelspinnerei.

Die Methoden der Textilprüfung für die Band- und Garnuntersuchung werden daraufhin überprüft, inwieweit sie zur Beurteilung der Wirksamkeit von Reguliersystemen herangezogen werden können. Abschließend folgen Beispiele aus der Praxis, mit denen die durch das neue Regulierkonzept erzielbaren Verbesserungen anhand ausgewählter Untersuchungsmethoden bewiesen werden.

2. Reguliersysteme
2.1 Steuerung und Regelung

Der Wirkungsablauf von Steuer- und Regelsystemen läßt sich anhand der schematischen Darstellungen in den Abb. 1 und 2 erläutern [2]. Nach dem in Abb. 1 gezeigten Wirkschema für die Steuerung erfolgt die Messung der unbeeinflußten Größe am Eingang der Strecke. Das Meßergebnis bewirkt über das Steuergerät den Eingriff am Stellort. Aufgrund der Steuerkette ist der Eingriff ohne Einfluß auf die zu Beginn gemessene Größe.

Das Blockschema in Abb. 2 charakterisiert die Wirkungsweise der Regelung. Der Meßort befindet sich am Ausgang der Regelstrecke, während der Stellort am Eingang angeordnet ist. Der Regelkreis wird durch mehrere Glieder gebildet, die an dem geschlossenen Wirkungsablauf der Regelung teilnehmen. Das Meßergebnis bestimmt den Eingriff innerhalb der Regelstrecke, wobei das Ergebnis des Eingriffes am Ausgang bereits überprüft wird.

Die Schwankungen der Bandnummer haben unterschiedliche Wellenlängen. Beispielsweise wirken sich die Ungleichmäßigkeiten der Kardenvorlage in langwelligen Schwankungen aus, während Kämmperioden kurze Wellenlängen ergeben. Die verschiedenen Reguliersysteme unterscheiden sich in ihrer längenabhängigen Wirksamkeit. Langzeit-Regulierungen können aufgrund ihrer Konzeption nur Masse-Schwankungen ab ca. 25 m Bandlängen beeinflussen [1], wie es in der Längenvariationskurve der Abb. 3 eingetragen ist. Die Regulierung zur Beseitigung von mittellangen Schwankungen ist ab etwa 2,5 m wirksam. Die Kurzzeit-Regulierung erfaßt das gesamte Spektrum der Längenvariationskurve ab 3 cm. Die angegebenen Bandlängen sind ausgangsseitig zu verstehen. Kurzzeitregulierungen mit einer extrem kurzen Korrekturlänge arbeiten nach dem Steuerprinzip. Regelsysteme sind für die Vergleichmäßigung von Faserbändern im Bereich mittel- und langwelliger Schwankungen wirksam.

2.2   Karde KU 12 und Regulierstrecke RSB 51

In Abb. 4 ist die Karde KU 12 mit dem Steuersystem und in Abb. 5 mit dem Regelsystem UCC-L der Fa. ZELLWEGER schematisch dargestellt [3]. Das INGOLSTADT-Regelprinzip ist in Abb. 6 noch besser verdeutlicht. Die Regulierung setzt bereits ein, wenn sich das zu regulierende Bandstück noch in der Verzugszone zwischen Abtast- und Verzugswalzen befindet. Von den beiden Abtastwalzen ist eine beweglich gelagert und steht unter Federdruck. Je nach Bandstärkenschwankung ändert sich der Achsabstand der beiden Walzen. Die Größe dieses Hubes wird berührungslos gemessen und in eine der Bandmasse proportionale elektrische Spannung umgewandelt. Aus diesem Meßwert wird ein Sollwert für die benötigte Drehzahl des Regelmotors gewonnen. Weicht die tatsächliche Drehzahl vom vorgegebenen Wert ab, verzögert oder beschleunigt der Regelmotor solange, bis Übereinstimmung erreicht ist. Bei einer Liefergeschwindigkeit von 150 m/min dauert es beispielsweise 0,05 s, bis eine Massenschwankung von 10 % ausgeglichen ist; das heißt, es wird eine Korrekturlänge von 12,5 cm erreicht.

Bei der Regulierung nach dem Regelprinzip in Abb. 5 wird das Signal des Meßgebers über Signalwandler und Regelmotor auf die Speisewalze gegeben. Dieser geschlossene Regelkreis kann lediglich einer langfristigen Nummernkonstanthaltung dienen.

Die Frage des optimalen Meßorgans wird in Fachkreisen häufig diskutiert. Wir haben uns bereits vor langer Zeit für die mechanische Abtastung entschieden. Dieses Mßeorgan wird nicht nur für die Regulierung der Karde KU 12, sondern auch für unsere Regulierstrecke RSB 51 eingesetzt. FRITSCHI, MANDL und MEILE [4] haben kürzlich den Einfluß der mechanischen Abtastung und der pneumatischen Trichter auf die Messung selbst untersucht. Anhand einer Regressionsanalyse wurde festgestellt, daß die mechanische Abtastung der beste Kompromiß zwischen spinnereitechnischen und meßtechnischen Anforderungen ist.

In Abb. 7 ist die Regulierstrecke RSB 51 und in Abb. 8 das Streckwerk schematisch dargestellt [3]. Das moderne 3 über 3-Zylinderstreckwerk läßt sich auf Faserlängen bis 80 mm einstellen. Damit können Baumwolle, Chemiefasern, kurze Wolle, Mischungen und Sekundärrohstoffe verarbeitet werden. Im Hauptverzugsfeld werden die Fasern durch einen Druckstab geführt und kontrolliert.

Am Eingang der Maschine wird die Stärke der einlaufenden Faserbänder mittels mechanischer Abtastung kontinuierlich erfaßt (Abb. 9). Die Meßwerte werden in elektrische Signale umgewandelt. Die Signale werden dazu benutzt, den Verzug im Hauptverzugsfeld zu steuern. Dadurch werden die Bandschwankungen ausreguliert. Das Ergebnis ist ein Band mit sehr guter Gleichmäßigkeit auf kurze und mittlere Längen und mit ebenso guter Nummernhaltung auf große Längen. Hierzu gilt als Anmerkung, daß grundsätzlich jede Kurzzeit-Regulierung von ihrer systembedingten Korrekturlänge an aufwärts alle mittellangen und langzeitigen Einflüsse erfaßt und ausreguliert.

Bei der INGOLSTADT-Streckenregulierung durchlaufen die Vorlagebänder ein Tastwalzenpaar. Eine der beiden Walzen ist beweglich gelagert und wird durch die Schwankungen der Bänder mehr oder weniger stark ausgelenkt. Die Auslenkbewegungen werden von einem Signalwandler in elektrische Spannungswerte (Meßspannung) umgewandelt. Die Meßspannung wird einem elektronischen Gedächtnis zugeführt. Dieses sorgt in Verbindung mit einem von der Nutwalze angetriebenen Impulsgeber dafür, daß die Verzugsänderung genau in dem Augenblick erfolgt, in dem sich das abweichende Bandstück im Hauptverzugsfeld befindet.

Das elektronische Gedächtnis gibt die Meßspannung mit definierter zeitlicher Verzögerung an die Sollwertstufe weiter. Diese erhält außerdem von einem Leittacho die Leitspannung, die ein Maß für die Drehzahl der Lieferwalze ist. In der Sollwertstufe wird elektronisch der Quotient aus Leitspannung und Meßspannung = Sollspannung gebildet und die Sollspannung an das Steuergerät weitergeleitet.

Im Steuergerät findet ein Soll/Istwert-Vergleich statt, der dazu benutzt wird, dem Regelmotor eine ganz bestimmte, der gewünschten Verzugsänderung entsprechende Drehzahl zu erteilen.

Die neue INGOLSTADT-Streckenregulierung zeichnet sich durch besonders kurze Korrekturlängen aus. Unter Korrekturlänge ist die ausgangsseitige Bandlänge zu verstehen, die sich bis zur vollkommenen Ausregulierung einer eingangsseitig sprunghaft vorgegebenen Masseschwankung ergibt. Die Korrekturlänge ist keine absolute Größe. Sie ist von folgenden Einflüssen abhängig:

- von der Massenträgheit der zu beschleunigenden bzw. zu verzögernden Teile einer Regulierstrecke, was man als konstruktionsbedingte Maschinenkonstante ansprechen kann;

- von der gewählten Liefergeschwindigkeit;

- von der Höhe des gewählten Verzuges, der sich im Spinnplan als Folge der Anzahl der doublierten Bänder ergibt;

- von der vorgegebenen Änderungsgröße der Massenschwankungen im Querschnitt;

- von der Änderungsrichtung der Querschnittsschwankungen, d.h. es ist nicht gleich, ob eine zu hohe oder eine zu niedrige Bandmasse reguliert werden muß. Hierbei ergeben die zu beschleunigenden bzw. zu verzögernden Massen der Maschinenteile, die an der Regulierung beteiligt sind, in den verschiedenen Drehzahlbereichen unterschiedliche Reaktionsmomente, die die Korrekturlänge verschieden beeinflussen (s. Abb. 10).

Bei plötzlicher Änderung der Vorlageschwankungen in Höhe einer Bandstärke ergeben sich bei 7,34-fachem Verzug und 8-facher Doublierung aus den in Abb. 10 dargestellten Werten die in Abb. 11 angegebenen Bereiche mit folgenden Korrekturlängen:

3,4 bis 5,4 cm bei Liefergeschwindigkeit 250 m/min,
5,8 bis 11,1 cm bei Liefergeschwindigkeit 350 m/min und
11,7 bis 23,3 cm bei Liefergeschwindigkeit 500 m/min.

2.3 Einordnung der Regulierung in der Kurzstapel-Spinnerei

WEGENER und BECHLENBERG [2] haben bereits 1959/1960 festgestellt,

"daß der Einsatz von Vergleichmäßigungseinrichtungen unmittelbar vor der Drehungserteilung auf der Spinnmaschine den größten Vorteil bezüglich der erreichbaren Garnvergleichmäßigung erbringen würde. Dieses Ziel läßt sich heute aus wirtschaftlichen Gründen noch nicht realisieren. Ein Teilabschnitt dieses Entwicklungszieles ist jedoch dadurch zu bewältigen, daß die Vergleichmäßigungseinrichtung möglichst spät im Spinnprozeß eingeschaltet wird."

Das neue Regulierkonzept mit der extrem kurzen Korrekturlänge läßt uns dieser Zielsetzung heute wesentlich näherkommen. Demnach sollte möglichst in der letzten Streckpassage reguliert werden. Alle vorher vorhandenen Bandschwankungen werden in der letzten Passage ausgeglichen. Die Doublierung hat vor der Regulierung bereits die Bandschwankungen soweit reduziert, daß weniger Regulierarbeit erforderlich ist. Ein wesentlicher Vorteil besteht darin, daß alle fehlerhaften Bandanleger - auch die der letzten Streckpassage - durch die Regulierung ausgeglichen werden.

Mit den Abbildungen 12 bis 16 wird erläutert, an welcher Stelle im Spinnprozeß wir die Einordnung des Reguliersystems empfehlen. In der Kardier-Ringspinnerei mit Flockenmischung wird bis auf wenige Ausnahmen mit einem 2-Passagen-Streckensortiment gearbeitet. Eine gleichmäßige Kardenvorlage vorausgesetzt, sollte die Regulierstrecke mit Kurzzeitregulierung in der 2. Passage angeordnet sein (Abb. 12). In der Rotorspinnerei (Abb. 13) ist ein 2-Passagen-Sortiment für Rotorgarne feiner als Nm 24 zu empfehlen. Bei Rotorgarnen gröber als Nm 24 genügt ein 1-Streckensortiment, wobei diese Streckpassage reguliert werden sollte. Ist bei Verarbeitung von Kämmling, Deckelstrips und Sekundär-Rohstoffen kein Streckprozeß möglich, so ist die Kurzzeitregulierung der Karde erforderlich (Fall 3 in Abb. 13).

Bei der Streckenmischung ist ein reguliertes Kardenband nach Abb. 14 erforderlich, um eine hohe Mischungsgenauigkeit zu erreichen. Nach der Mischstrecke folgen 1 oder 2 Streckpassagen. 2 Passagen ergeben eine bessere Durchmischung als 1 Streckpassage. Vorzugsweise sollte in der letzten Streckpassage eine Kurzzeitregulierung eingeschaltet werden. Diese Bedingungen bei der Verarbeitung von kardierter Baumwolle in der Streckenmischung gelten analog bei der Verarbeitung von gekämmter Baumwolle in der Streckenmischung nach Abb. 15. Für qualitativ hochwertige, streckengemischte, gekämmte Garne - besonders im feinen Nummernbereich - ist der Einsatz einer Kurzzeitkardenregulierung für den Baumwollanteil zu empfehlen, da nur so eine sehr gleichmäßige Kämmaschinenvorlage erreicht wird. Hierdurch ist eine konstante Auskämmung erreichbar, was für hohe und konstante Reißwerte der Garne nützlich ist.

Die bisher verwendeten Reguliersysteme waren nicht in der Lage, die relativ kurzen Lötungsperioden der Kämmaschine in einer Streckpassage einwandfrei und sicher auszuregulieren. Die Wellenlänge der Lötung liegt bei 2-Kannenablage zwischen 15 und 17 cm und bei 1-Kannenablage zwischen 30 und 40 cm. Die neue INGOLSTADT-Streckenregulierung ist in der Lage, eingangsseitige Bandschwankungen im Längenbereich von 2 bis 3 cm auszuregulieren.

Somit haben wir die Voraussetzung erfüllt, mit nur einer Streckpassage nach der Kämmerei auszukommen (Abb. 16). Damit ist auch das nachteilige Abspleißen von Randfasern beim Einlauf in den Flyer nahezu völlig verschwunden, was bei Einsatz von 2 Streckpassagen nach dem Kämmen wegen der damit verbundenen Überparallelisierung der Bänder relativ oft zu beobachten ist.

3. Untersuchung von Bändern und Garnen
3.1 Gleichmäßigkeitsprüfung

Bei der Gleichmäßigkeitsprüfung von Karden- und Streckenbändern, Vorgarnen und Garnen werden die Schwankungen der Fasermasse pro Längeneinheit ermittelt und analysiert. Die Ungleichmäßigkeit wird durch den Variationskoeffizient CV angegeben, der als Quotient aus Standardabweichung s und Mittelwert $\bar{x}$ wie folgt definiert ist:

$$CV = \frac{s}{\bar{x}} \cdot 100\ \% \ .$$

Für die Messung der Massenvariation wird heute weltweit die Uster-Gleichmäßigkeitsprüfanlage eingesetzt. Beim Normaltest bezieht sich der Variationskoeffizient auf eine Länge von ca. 1 cm. Über das gesamte Spektrum der Ungleichmäßigkeit gibt jedoch nur die Längenvariationskurve Auskunft. In Abb. 17 ist eine Längenvariationskurve wiedergegeben, wobei die Werte für 1 cm Länge aus dem Normaltest stammen. Die Variationskoeffizienten aus dem Normaltest haben Aussagekraft im Vergleich mit vorhandenen Erfahrungswerten (z.B. mit USTER-Statistics) [11]. Beispielsweise geben die Garnwerte Anhaltspunkte für das zu erwartende Warenbild. Um jedoch Rückschlüsse auf die Wirksamkeit von Reguliersystemen ziehen zu können, sollte für Bänder eine Bezugslänge von 1, 3 oder 5 m und für Garne eine Bezugslänge von 100 m gewählt werden. In der Weise ermittelte Variationskoeffizienten sind wichtige Indikatoren für die Wirksamkeit der Faserband-Vergleichmäßigung.

Als kritische Grenze für die Streifigkeit in Geweben und Maschenware gilt ganz allgemein ein Variationskoeffizient für 100 m Garnproben von $CV_{100\ m}$ = 2,5 % [7]. Der tatsächliche Wert sollte aus Sicherheitsgründen darunter liegen. Je niedriger der Variationskoeffizient, desto besser hat das Reguliersystem gewirkt und desto besser ist das Aussehen der Web- und Maschenwaren.

Die Optimierung der Einstellungen an der Strecke ist Voraussetzung für eine einwandfreie Arbeitsweise. Dabei dient der Bändertest zur Bestimmung der korrekten Regulierarbeit bei verschiedenen Vorlagegewichten. Beim Bändertest wird gegenüber der Normaldoublierung am Streckwerkseinlauf jeweils ein Band entnommen bzw. hinzugefügt. Weicht das Gewicht des Ausgabebandes in beiden Fällen nicht mehr als 0,3 % vom Sollgewicht ab, so ist die Regelverstärkung ausreichend genau eingestellt.

In Abb. 18 ist das Ergebnis eines Bändertestes wiedergegeben. Hier ist eine korrekte Einstellung der Regulierung vorhanden. Das zusätzliche bzw. fehlende Band ist voll ausreguliert worden. Der Variationskoeffizient $CV_{5\,m}$ = 0,272 % ist trotz Vorlage unterschiedlicher Bandanzahl hervorragend. Der Bändertest gilt einzig und allein der Überprüfung der Regulierung. Im Betriebszustand sollte ein fehlendes Band aus technologischen Gründen nicht ausreguliert werden. In diesem Falle muß man die Strecke abstellen, um den Fehler beseitigen zu können.

Das Spektrogramm dient der Analyse von Masseschwankungen [6,8]. Hiermit ist eine weitere Methode gegeben, um die Arbeitsweise einer Strecke überprüfen zu können. Die Masseschwankungen werden nach verschiedenen Wellenlängen sortiert und in Form von treppenartigen Kurven aufgezeichnet. Die meisten Schwankungen liegen im Bereich von 2,5 bis 3-facher Stapellänge. In diesem Bereich weist das Diagramm einen Hügel auf, wie aus Abb. 19 oben hervorgeht. Zufällige Schwankungen werden von periodischen Schwankungen getrennt und gesondert aufgezeichnet. Aus dem Spektrogramm lassen sich Fehler vorgeschalteter Maschinen entnehmen. Beispielsweise ist in der Abb. 19 unten das Spektrogramm eines Rotorgarnes wiedergegeben. Hier sind Verzugswellen mit Wellenlängen im Bereich von 3 bis 10 m erkennbar. Die Division dieser Verzugswellen durch den Verzug von 125-fach läßt erkennen, daß diese starken Verzugswellen durch die Strecke bedingt sein müssen. Mit dieser Methode lassen sich aus Spektrogrammen wertvolle Schlüsse über fehlerhaft arbeitende Maschinen ziehen.

Ein weiteres Beispiel aus der Praxis wird mit den Abb. 20 und 21 wiedergegeben. In beiden Abbildungen ist oben das Spektrogramm und unten das dazugehörende Ungleichmäßigkeitsdiagramm aufgezeichnet. Aus dem Spektrogramm in Abb. 20 geht hervor, daß der Regeleinsatz nicht optimal eingestellt ist; er kommt zu spät. Dadurch ergibt sich im Bereich der Wellenlänge von 30 bis 70 cm eine ausgeprägte Verzugswelle. Durch korrekte Einstellung des Regeleinsatzes wurde dann in dem Versuch das Spektrogramm in Abb. 21 erreicht.

Bei der Prüfung der Bandgleichmäßigkeit ist insbesondere auf die Bereitstellung der Proben zu achten. Entweder muß das Band unmittelbar nach der Probenahme oder sonst erst nach ausreichender Klimatisierung dem Gleichmäßigkeitsprüfgerät vorgelegt werden. Vor allem bei den stark hygroskopischen Naturfasern tritt bei unterschiedlich langer Bereitstellung des zu prüfenden Bandes eine Durchfeuchtung der Bandsäule von außen nach innen ein, die erst nach einer bestimmten Zeit abgeschlossen ist. Wird nun das Band während der Durchfeuchtung geprüft, so kann dies in Anbetracht des kapazitiven Meßverfahrens zu Fehlschlüssen führen. Beispielsweise wurde eine Streckenband zunächst unmittelbar nach der Entnahme von der Maschine geprüft. Das Spektrogramm war einwandfrei. Der Variationskoeffizient betrug CV (USTER) = 3,68 %. Nach 5 Stunden wurde das Band derselben Kanne noch einmal geprüft; die Kanne stand solange in der Ringspinnerei. Hierbei wurde ein Variationskoeffizient von CV (USTER) = 6,34 % festgestellt.

Spektrogramm und Ungleichmäßigkeitsdiagramm sind in Abb. 22 dargestellt. Die beiden extremen Perioden mit der Wellenlänge von 45 und 90 cm entsprechen der halben und ganzen Ablagelänge des Schlauchrades bei einer Umdrehung. Hierbei handelt es sich eindeutig um Feuchtigkeitseffekte. Solche Einflüsse sind bei der Messung zu beachten, weil das Ergebnis sonst zu völlig falschen Schlüssen führen kann.

3.2   Garnfehleranalyse

Die im Garn häufig auftretenden Unregelmäßigkeiten werden als Imperfektionen bezeichnet. Die Länge von Dick- und Dünnstellen liegt im Bereich der 1,5-fachen Stapellänge. Dickstellen werden bis zu einer Querschnittszunahme von +100 % und Dünnstellen bis zu einer Querschnittsabnahme von -60 % erfaßt. Nissen werden auf eine Länge von 1 mm und eine Querschnittszunahme von +200 % bezogen. Fehler, die den o.g. Bereich überschreiten, werden als seltene Garnfehler bezeichnet. Die Imperfektionen werden mit der Gleichmäßigkeitsprüfanlage von ZELLWEGER AG gemessen [8,9]. Die Analyse seltener Garnfehler erfolgt mit dem Classimat von ZELLWEGER AG [5,10]. Imperfektionen und Garnfehler sind außerordentlich wichtige Kriterien zur Beurteilung der Garnreinheit. Sie haben jedoch keine große Bedeutung zur Beurteilung von Reguliersystemen.

3.3 Garnfestigkeitsprüfung

Die Festigkeit und Dehnung eines Garnes (feinheitsbezogene Höchstzugkraft und Höchstzugkraftdehnung) sind wichtige Kriterien für das Laufverhalten der Garne in der Weiterverarbeitung. Je höher der Mittelwert der Festigkeit, der Variationskoeffizient der Festigkeit und das Arbeitsvermögen der Garne, desto besser ist das Laufverhalten der Garne in Weberei und Strickerei. Die Gleichmäßigkeit von Karden- und Streckenbändern wirkt sich insbesondere auf den Variationskoeffizienten von Garnfestigkeit und -dehnung aus. Somit kann der Variationskoeffizient von Festigkeit und Dehnung auch als Indikator für die Wirksamkeit der Regulierung herangezogen werden. Dem Variationskoeffizienten der Fasermasse ist jedoch eine höhere Bedeutung bei der Beurteilung beizumessen.

4. Beispiele aus der Praxis
4.1 Kardenregulierung

Beispiel 1 (Abb. 23):

Die Kardenregulierung sollte eingesetzt werden in der Rotorspinnerei bei Direktverarbeitung des Kardenbandes auf der Rotorspinnmaschine sowie bei streckengemischten Bändern, um eine hohe Mischungskonstanz zu erreichen. In Abb. 23 ist die hervorragende Gleichmäßigkeit des Kardenbandes durch die Kurzzeitregulierung erkennbar. Die Variationskoeffizienten betragen bei der Sortierlänge von 3 m $CV_{3\,m}$ = 0,63 % und bei einer Sortierlänge von 1 m $CV_{1\,m}$ = 0,88 %. Die totale Streubreite von 4 % wird nicht überschritten. Bei dem Vergleichsversuch unter sonst gleichen Bedingungen mit einer Langzeitregulierung wurde ein Variationskoeffizient von $CV_{3\,m}$ = 3,6 % bei einer totalen Streubreite von 16 % festgestellt. Eine Langzeitregulierung dient demzufolge lediglich der langzeitigen Nummernkonstanthaltung.

4.2 Streckenregulierung

Beispiel 2 (Abb. 24):

In Abb. 24 ist das Sortierdiagramm der Streckenbänder und der Garne aufgetragen. Der Messung liegen 10 Kannen mit je 10 x 5 m zugrunde. Die Garnsortierung erfolgte an 35 Spulen mit je 100 x 100 m, die aus den genannten 10 Kannen hergestellt wurde. Der Variationskoeffizient $CV_{100\ m}$ = 1,15 % ist hervorragend. Laut USTER-Statistics werden folgende Werte erwartet [11]:

- $CV_{100\ m}$ = 1,1 % für 5 % sämtlicher Garne,

- $CV_{100\ m}$ = 1,3 % für 10 % sämtlicher Garne,

- $CV_{100\ m}$ = 2,4 % für 50 % sämtlicher Garne.

Der in Abb. 24 angegebene Variationskoeffizient des Rotorgarnes Nm 40 muß, verglichen mit den USTER-Statistics, auch deshalb als sehr gut angesehen werden, weil in dem vorliegenden Fall nur eine Streckpassage eingesetzt wurde. Für ein Rotorgarn der Nummer Nm 40 würden wir zwei Streckpassagen empfehlen.

Beispiel 3 (Abb. 25 und 26):

In den Abbildungen 25 und 26 wird die neue Regulierstrecke RSB 51 mit einem anderen modernen Streckensystem verglichen. In Abb. 25 ist der Variationskoeffizient für eine Sortierung von 5 m bei RSB 51 wesentlich besser als bei dem anderen Produkt. In Abb. 26 sind die Auswirkungen der Streckenregulierung auf den Variationskoeffizienten des Garnes erkennbar. Die Sortierlänge ist wiederum 100 m. Mit beiden Regulierstrecken wurden jeweils 216 volle Spinnkannen hergestellt und daraus 216 Rotorgarnspulen hergestellt. Die angegebenen $CV_{100\ m}$-Werte resultieren aus je einer Sortierung je Spule. Beim Einsatz der RSB 51 beträgt der Variationskoeffizient $CV_{100\ m}$ = 1,29 % und ist somit deutlich niedriger als bei Einsatz einer anderen Regulierstrecke.

Beispiel 4 (Abb. 27):

In Abb. 28 ist der Garnvariationskoeffizient in Abhängigkeit von der Zeit aufgetragen. In dieser Kämmspinnerei (Baumwollgarn gekämmt Nm 50) waren 1983 zwei Streckpassagen eingesetzt. In der 35. Woche 1983 wurde als zweite Passage eine neue RSB 51 eingesetzt. Der Variationskoeffizient des Garnes wurde dadurch auf $CV_{100\,m} = 1,35\,\%$ reduziert. Anschließend wurde nur noch mit einer Streckpassage RSB 51 gefahren. Dieses System läuft bereits seit einem Jahr. Der Variationskoeffizient beträgt im Schnitt $CV_{100\,m} = 1,18\,\%$, ermittelt über einen Zeitraum von 38 Wochen. Im Vergleich mit praxisüblichen Werten in der Kämmspinnerei muß dieser Wert als hervorragend bezeichnet werden. Auch bei einem Vergleich mit den USTER-Statistics und anderen uns aus der Literatur bekannt gewordenen Werten sind die von uns in einem Langzeitversuch festgestellten Variationskoeffizienten vorzüglich, wie aus folgender Tabelle hervorgeht:

Langzeitversuch mit RSB 51 s. Abb. 28	aus der Literatur bekannte Werte		
	Uster News Bulletin Nr. 30 [1], Fig. 19	Literatur Abb. 22 [12]	Uster Statistics Uster News Bulletin Nr. 31 [11]
bester Einzelwert $CV_{100\,m} = 0,7\,\%$	bester Einzelwert $CV_{100\,m} = 1,50\,\%$	bester Einzelwert $CV_{100\,m} = 1,60\,\%$	$CV_{100\,m} = 1,1\,\%$ für 5 % sämtlicher Garne
Mittelwert über 38 Wochen	Mittelwert über 33 Wochen (8 Monate)		$CV_{100\,m} = 1,3\,\%$ für 10 % sämtlicher Garne
$CV_{100\,m} = 1,18\,\%$	$CV_{100\,m} = 2,13\,\%$		$CV_{100\,m} = 2,2\,\%$ für 50 % sämtlicher Garne

Mit diesem Versuch wurde über einen längeren Zeitraum der Vorteil einer Streckpassage RSB 51 nach der Kämmaschine bewiesen. In Abb. 29 sind die weiteren textiltechnologischen Daten des gekämmten Garnes aufgeführt. Hier sind die Werte vom Beginn des Versuches (6. - 11. Woche 1983) und bei Beendigung des Versuches (15. - 25. Woche 1984) aufgetragen. Es ist festzustellen, daß sich durch die Reduzierung der Streckpassagenzahl nicht nur der Variationskoeffizient, sondern auch andere Garnwerte verbessert haben.

5. Zusammenfassung

Für die Vergleichmäßigung von Faserbändern werden Reguliersysteme an Karden und Strecken eingesetzt. Bei der Weiterentwicklung der Steuersysteme wurden in jüngster Zeit besondere Erfolge erzielt. In der vorliegenden Arbeit wurde zunächst das neue INGOLSTADT-Reguliersystem vorgestellt. Auf der Basis dieses Systems ergeben sich neue Empfehlungen für die Einordnung der Regulierung in der Kurzstapelspinnerei.

Das wichtigste Kriterium für die Beurteilung von Karden- und Streckenregulierungen ist der Variationskoeffizient aus der Gleichmäßigkeitsprüfung. Für die Messung der Massenvariation wird heute weltweit die USTER-Gleichmäßigkeitsprüfanlage eingesetzt. Beim Normaltest bezieht sich der Variationskoeffizient auf eine Länge von 1 cm. Über das gesamte Spektrum der Ungleichmäßigkeit gibt jedoch nur die Längenvariationskurve Auskunft. Je niedriger der Variationskoeffizient der Bänder und Garne, desto besser hat das Reguliersystem gewirkt und desto besser ist das Aussehen der Web- und Maschenware.

Als weitere Methode zur Beurteilung des Reguliersystems kann das Spektrogramm herangezogen werden. Die Masseschwankungen der Bänder und Garne werden nach verschiedenen Wellenlängen aussortiert und in Form von treppenartigen Kurven aufgezeichnet. Ausgeprägte Verzugswellen können mit Hilfe des Spektrogramms der entsprechenden Wellenlänge zugeordnet werden. Aus der Wellenlänge lassen sich dann Rückschlüsse auf die Störstelle ziehen.

Garnfehleranalysen und Garnfestigkeitsprüfungen sind wichtig zur Beurteilung der Garne. Die Garnfehleranalyse hat jedoch keine große Aussagekraft in bezug auf die Wirksamkeit der Reguliersysteme. Unter den Ergebnissen der Garnfestigkeitsprüfung kann lediglich der Variationskoeffizient der Festigkeit zur Beurteilung der Reguliersysteme herangezogen werden.

Im letzten Teil dieser Arbeit werden die genannten textiltechnologischen Untersuchungsmethoden benutzt, um die Wirksamkeit von Karden- und Streckenregulierungen an einigen Beispielen aus der Praxis beurteilen zu können. Hierbei konnte der Vorteil des neuen INGOLSTADT-Regulierkonzeptes eindeutig nachgewiesen werden. Beispielsweise beträgt der Variationskoeffizient des regulierten Streckenbandes bei einer Sortierung von 5 m $CV_{5\,m}$ = 0,3 %. In einem Langzeitversuch über 38 Wochen in einer Kämmspinnerei mit nur einer Passage Regulierstrecke nach der Kämmaschine beträgt der beste Einzelwert des Garn-Variationskoeffizienten über 100 m Sortierlänge $CV_{100\,m}$ = 0,7 %. Der Mittelwert über 38 Wochen beträgt $CV_{100\,m}$ = 1,18 %.

6. Literatur

[1] Grunder, W.:
Reguliersystem an Karde und Strecke aus technologischer Sicht.
Uster News Bulletin Nr. 30, Juni 1982.

[2] Wegener, W. und Bechenberg, H.:
Regelanlage zum Vergleichmäßigen von Faserbändern.
Textil Praxis 14(1959), H. 1-12; 15 (1960), H. 1-4.

[3] Friebel, W. und Wulfhorst, B.:
Neues Regulierkonzept für die Kurzstapelspinnerei.
Melliand Textilber. 66 (1985), 91-96.

[4] Fritschi, H., Mandl, G. und Meile, H.P.:
Kardenregulierung - Wirkung und Aufbau.
Melliand Textilber. 65 (1984), 577-580.

[5] Uster News Bulletin Nr. 22, Dezember (1974).

[6] Uster News Bulletin Nr. 24, Oktober (1976).

[7] Uster News Bulletin Nr. 25, November (1977).

[8] Uster News Bulletin Nr. 26, November (1979).

[9] Uster News Bulletin Nr. 28, Juni (1980).

[10] Uster News Bulletin Nr. 29, August (1981).

[11] Uster Statistics 1982 in
Uster News Bulletin Nr. 31, Dezember (1982).

[12] Herdtle, W.:
Einfluß der Streckenregulierung auf den Garnausfall gekämmter Ringgarne.
Vortrag 2. Spinnereivorwerk-Kolloquium am 20.06.1984 in Eningen.

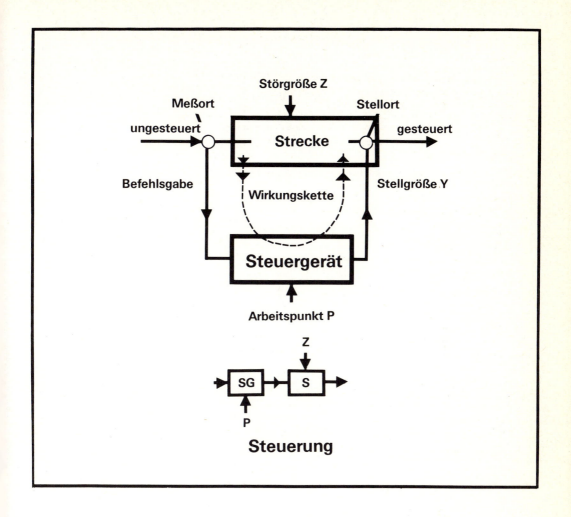

Abb. 1: Wirkungskette einer Regulierstrecke nach dem Steuerprinzip [2].

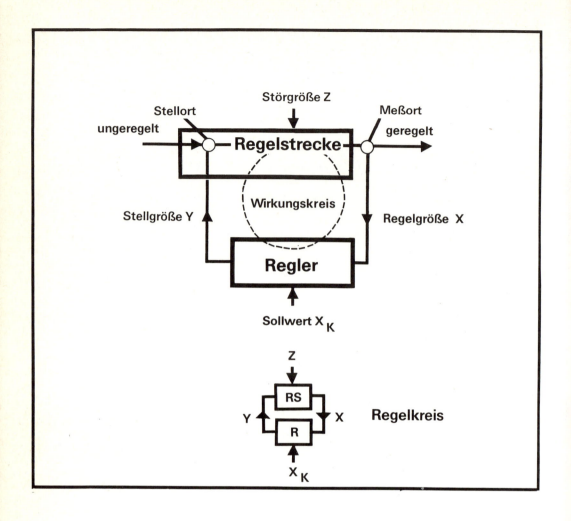

Abb. 2: Wirkungskreis einer Regulierstrecke nach dem Regelprinzip (Regelstrecke) [2].

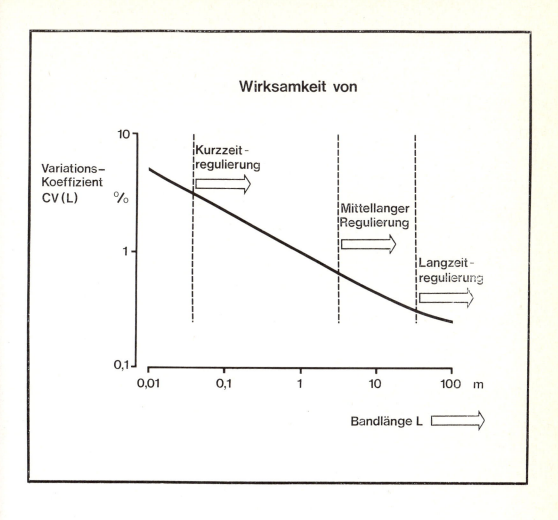

Abb. 3: Längenvariationskurve von Bändern mit Angabe der längenabhängigen Wirksamkeit von unterschiedlichen Reguliersystemen.

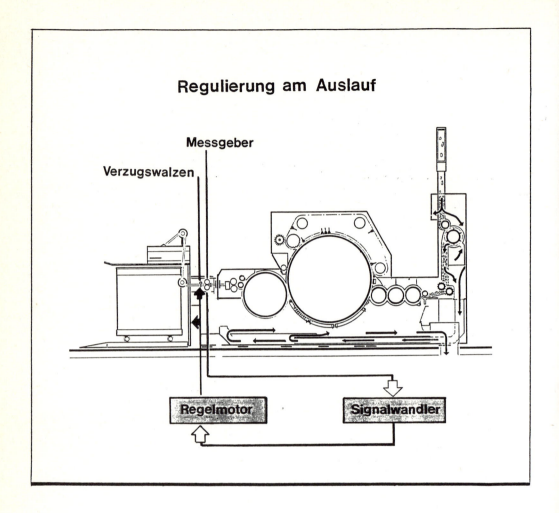

Abb. 4: INGOLSTADT-Reguliersystem nach dem Steuerprinzip an Karde KU 12.

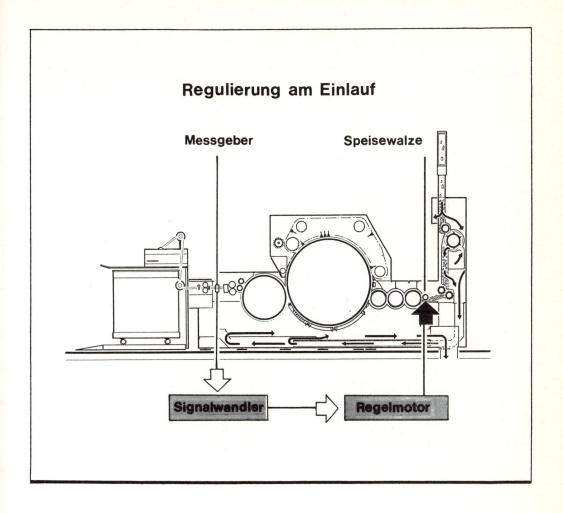

Abb. 5: Reguliersystem UCC/L von ZELLWEGER AG für eine Karde nach dem Regelprinzip.

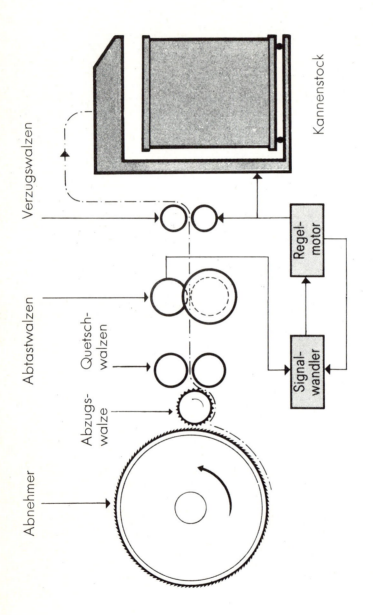

Abb. 6: Schematische Darstellung des INGOLSTADT-Regulierprinzips an KU 12 (s. Abb. 4).

363

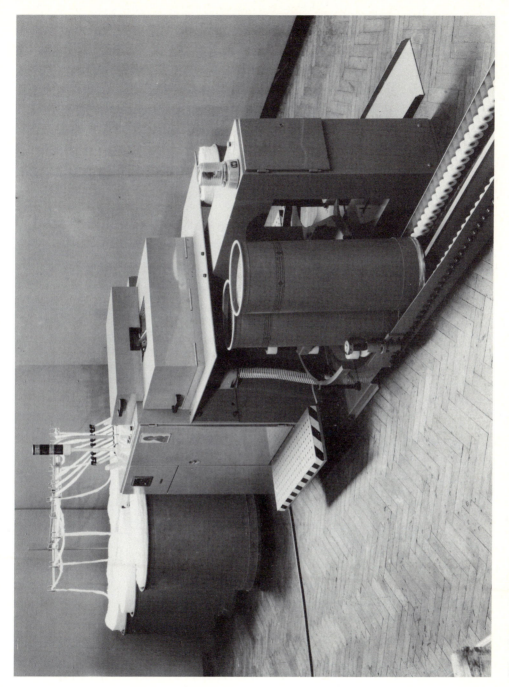

Abb. 7: INGOLSTADT-Regulierstrecke RSB 51.

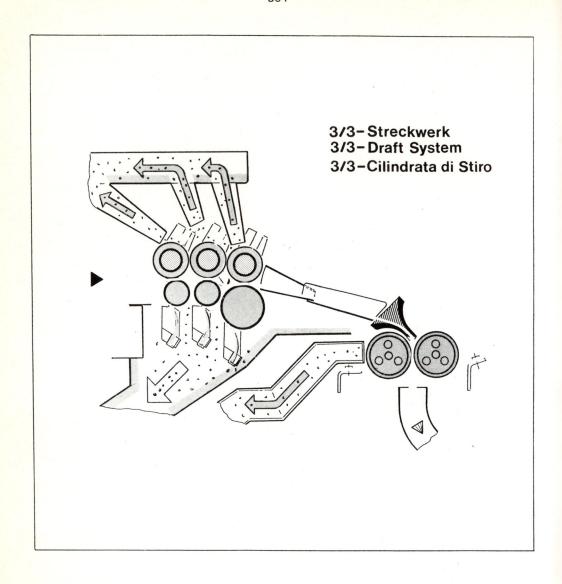

Abb. 8: Schematische Darstellung des 3 über 3-Streckwerkes der Regulierstrecke RSB 51.

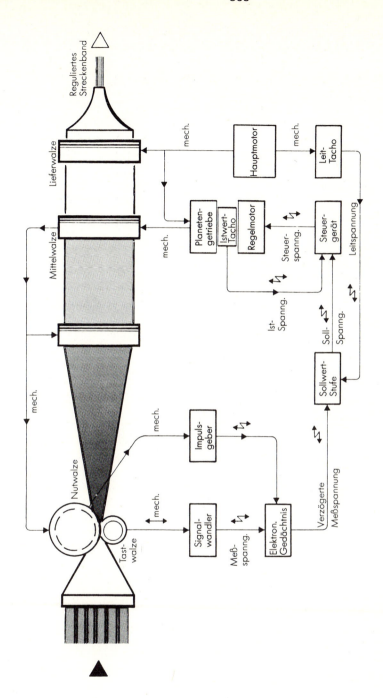

Abb. 9: Schematische Darstellung des INGOLDSTADT-Reguliersystems nach dem Prinzip der Steuerung für die Regulierstrecke RSB 51.

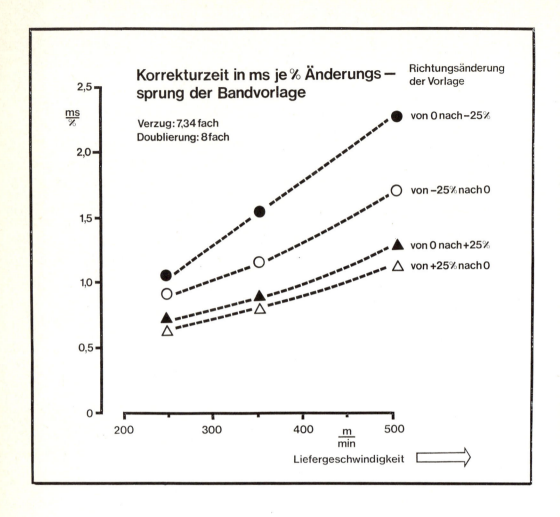

Abb. 10: Auf der Regulierstrecke RSB 51 gemessene Korrekturzeit in ms je % Änderungssprung der Bandvorlage.

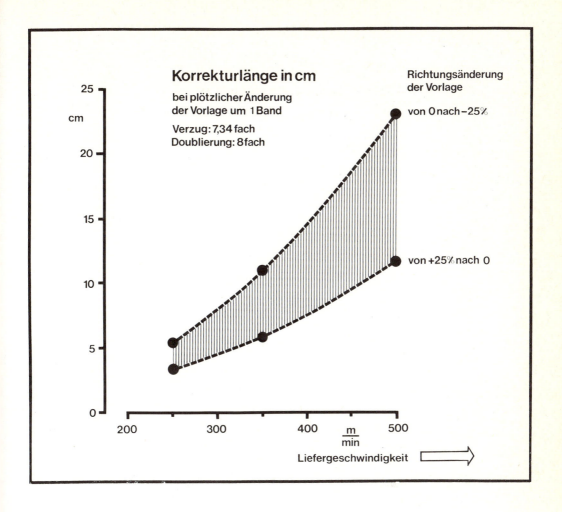

Abb. 11: Ausgangsseitige Korrekturlänge des regulierten Streckenbandes von RSB 51 bei plötzlicher Änderung der Vorlage um ein Band.

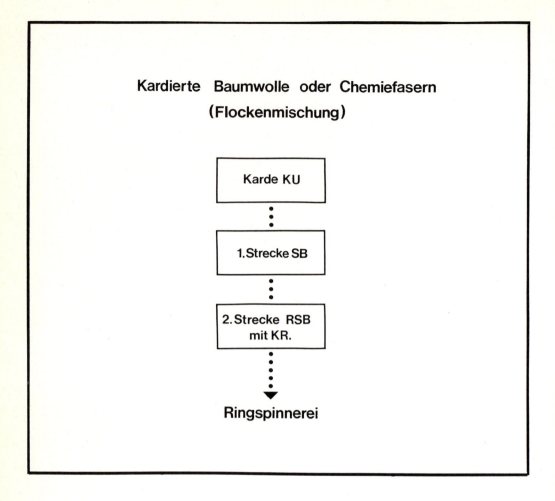

Abb. 12: Kurzzeitregulierung KR in der zweiten Streckpassage einer Ringspinnerei für kardierte Baumwolle oder Chemiefasern.

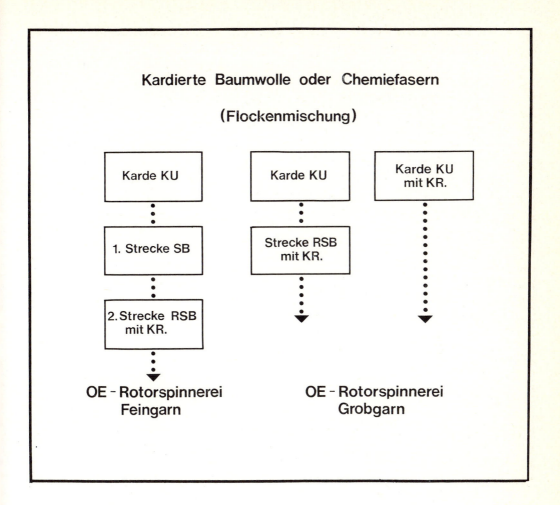

Abb. 13: Kurzzeitregulierung KR in der letzten Streckpassage einer OE-Spinnerei oder in der Karde KU 12 bei direkter Vorlage der Kardenbänder auf der OE-Rotorspinnmaschine.

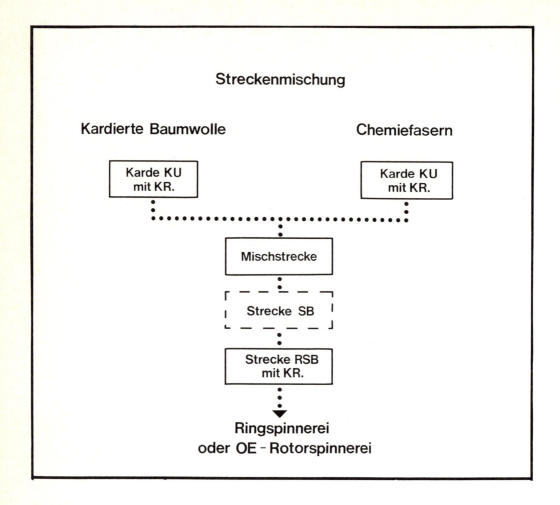

Abb. 14: Einordnung der Kurzzeitregulierung KR bei Streckenmischung.

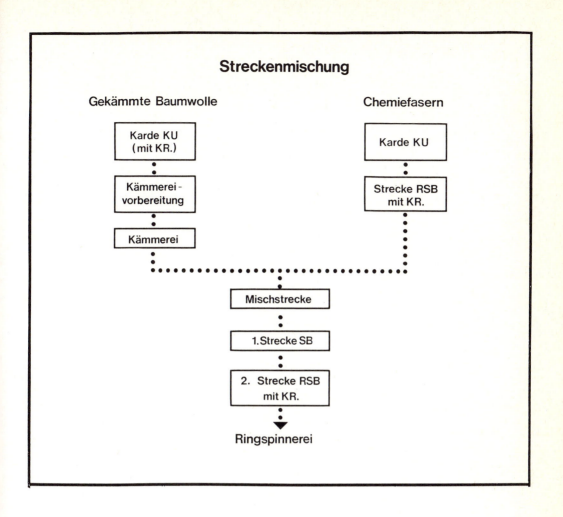

Abb. 15: Einordnung der Kurzzeitregulierung KR bei Streckenmischung mit gekämmten Bändern und Chemiefasern.

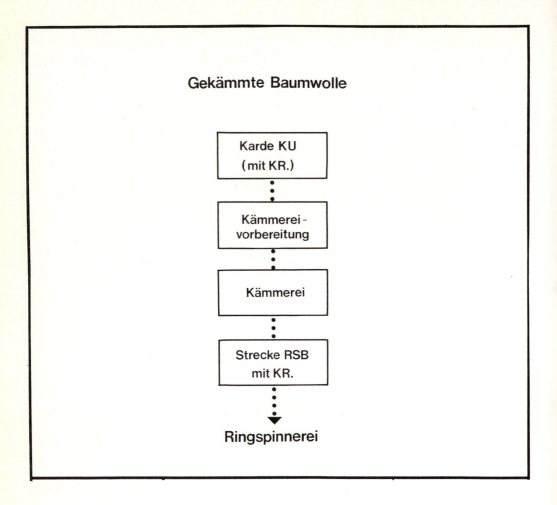

Abb. 16: Einsatz von nur einer Streckpassage mit Kurzzeitregulierung KR nach der Kämmerei.

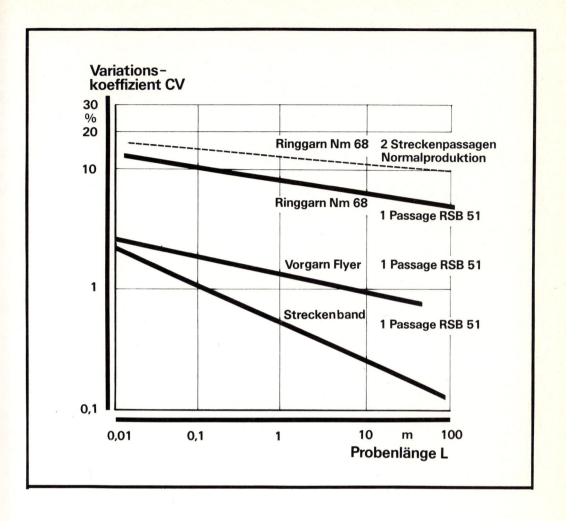

Abb. 17: Längenvariationskurven von Streckenband (RSB 51) von Flyerlunte und von Ringgarn bei Verwendung von nur einer Streckpassage nach der Kämmerei im Vergleich zu der Längenvariationskurve des Garnes aus der Normalproduktion mit zwei Streckpassagen nach der Kämmerei (Baumwollgarn, gekämmt, Nm 68).

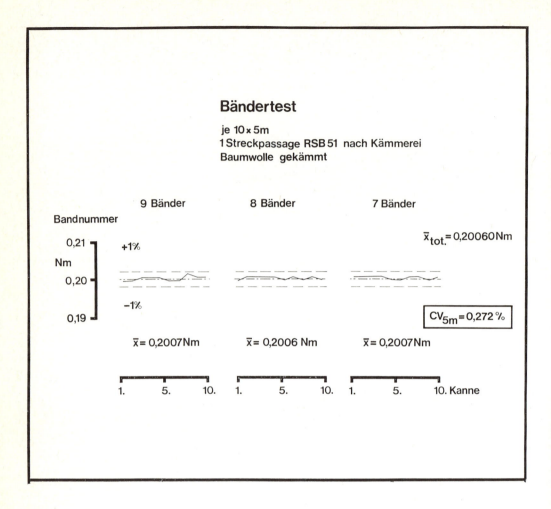

Abb. 18: Bändertest einer Regulierstrecke RSB 51 nach der Kämmmaschine; bei Vorlage von 8 Bändern werden zeitweilig 9 oder 7 Bänder vorgelegt.

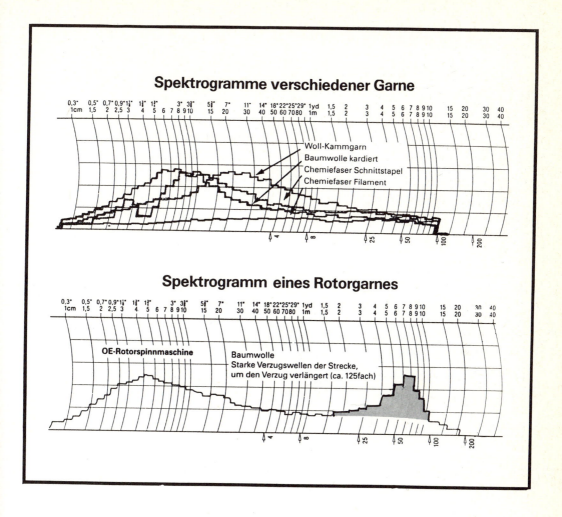

Abb. 19: Spektrogramme verschiedener Garne aus Uster News Bulletin Nr. 26 [8].

Spektrogramme verschiedener Spinnfasergarne und eines Chemiefaser-Filamentgarnes (oben).

Spektrogramm eines OE-Rotorgarnes mit starken Verzugswellen der Strecke (unten).

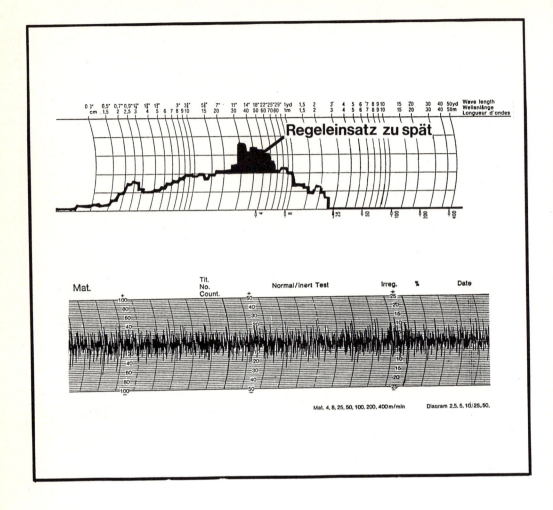

Abb. 20: Spektrogramm (oben) und Ungleichmäßigkeitsdiagramm (unten) eines Streckenbandes von RSB 51; Regeleinsatz ist zu spät, wodurch sich ausgeprägte Periode ergibt.

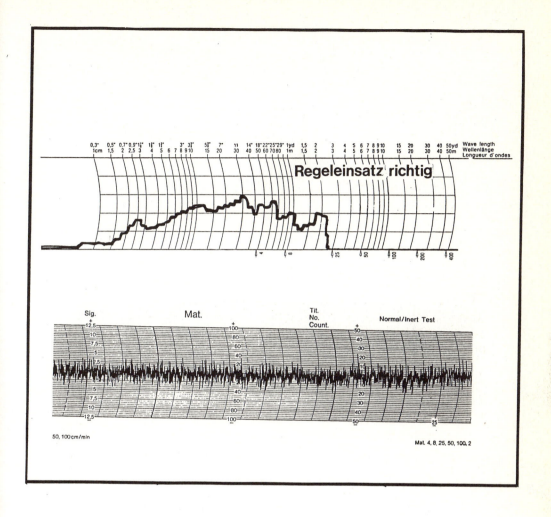

Abb. 21: Spektrogramm (oben) und Ungleichmäßigkeitsdiagramm (unten) eines Streckenbandes von RSB 51 mit richtig eingestelltem Regeleinsatz.

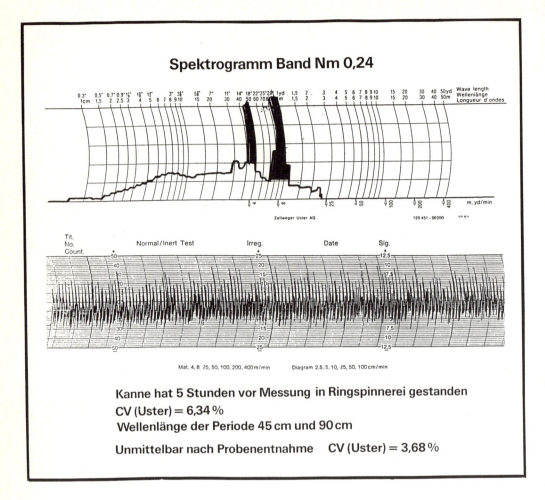

Abb. 22: Spektrogramm (oben) und Ungleichmäßigkeitsdiagramm (unten) eines Streckenbandes von RSB 51; Prüfung erfolgte 5 Stunden nach Probenahme; Feuchtigkeitsschwankungen des Bandes ergeben als Meßfehler ausgeprägte Verzugswellen des Bandes.

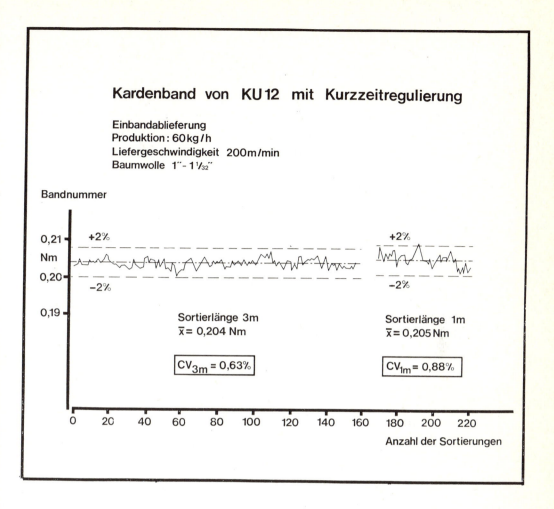

Abb. 23: Variationskoeffizienten CV_{3m} und CV_{1m} bei Kardenbandsortierungen.

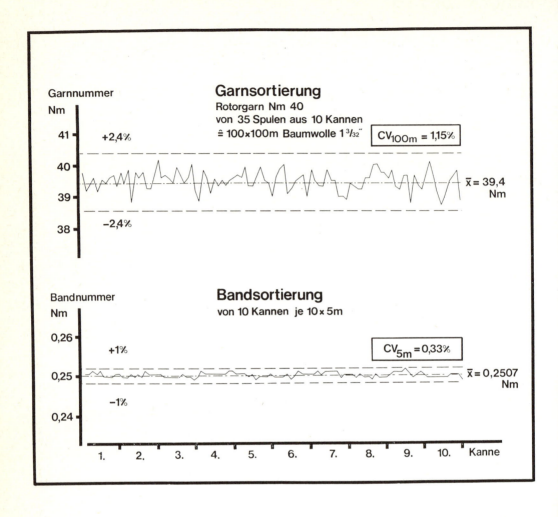

Abb. 24: Band- und Garnsortierung in der Rotorspinnerei.

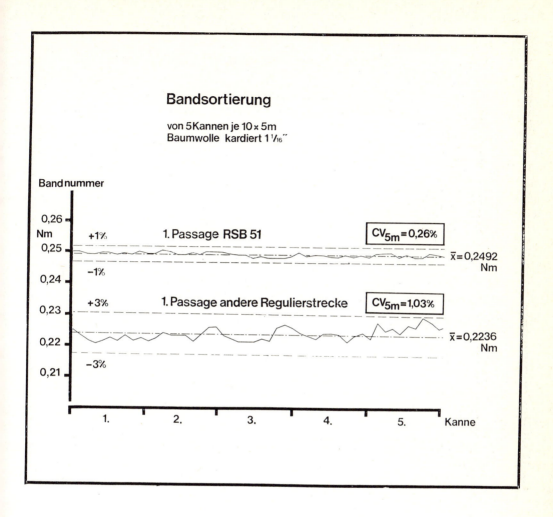

Abb. 25: Bandsortierung bei Einsatz unterschiedlicher Regulierstrecken.

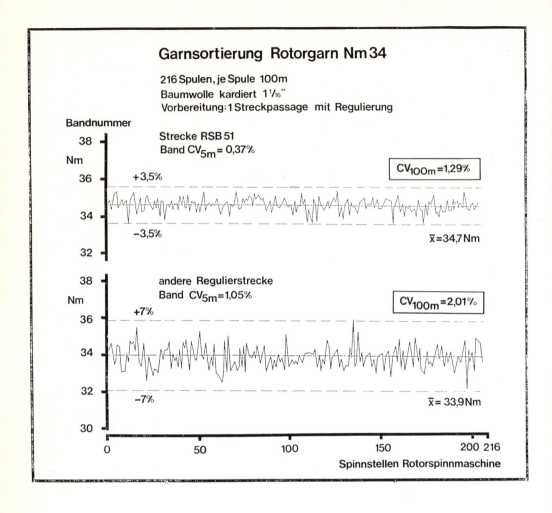

Abb. 26: Garnsortierung von Rotorgarn nach Einsatz unterschiedlicher Regulierstrecken (s. Abb. 25).

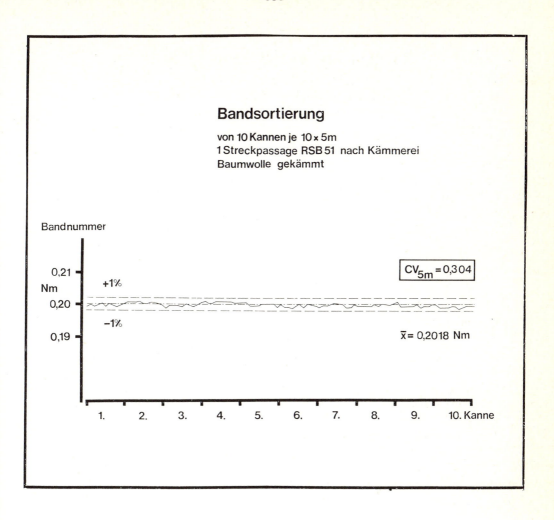

Abb. 27: Bandsortierung nach Verwendung von nur einer Passage Regulierstrecke nach der Kämmerei.

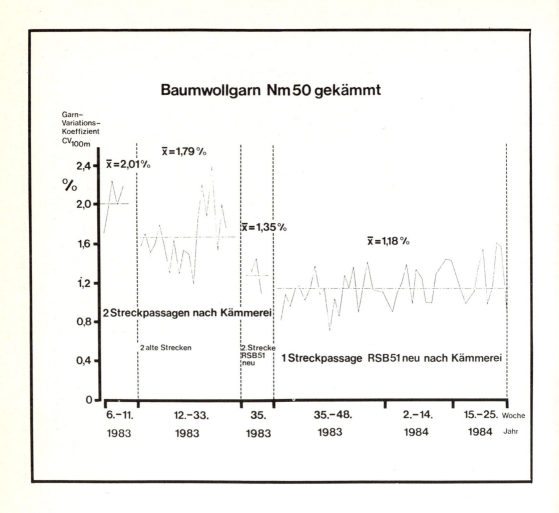

Abb. 28: Garnsortierung in einer Kämmspinnerei; Langzeitversuch über 38 Wochen.

Baumwollgarn Nm 50 gekämmt

		6.–11. Woche 1983 2 Streckpassagen davon 1. Passage Regulierstrecke	15.–25. Woche 1984 1 Streckpassage RSB 51 mit Regulierung
CV_{100m}	[%]	2,01	1,18
CV (Uster)	[%]	13,8	13,1
Feinheitsbez. Höchstzugkraft	$\left[\frac{cN}{tex}\right]$	13,7	14,3
Höchstzugkraft-dehnung	[%]	6,2	6,2
Dickstellen	je 1000 m	135	87
Dünnstellen	je 1000 m	3	1
Nissen	je 1000 m	148	153
Classimat Fehler	je 10 km	1,53	1,52

Abb. 29: Textiltechnologische Garndaten eines gekämmten Baumwollgarnes aus einem Langzeitversuch über 38 Wochen (s. Abb. 28).

Nutzung von Ergebnissen der Textilprüfung zur Optimierung der Verarbeitungs- und Gebrauchseigenschaften von Textilien

H.-J. Berndt,
Deutsches Textilforschungszentrum Nord-West e.V.,
Textilforschungsanstalt
Frankenring 2
D-4150 Krefeld 1

1. Einführung und Definitionen

Textilien unterliegen während der Verarbeitung und des Gebrauchs mechanischen, thermischen und chemischen Beanspruchungen, auf die das Produkt mit einer Zustandsänderung reagiert. Die vielfältigen Reaktionen eines Textils auf diese Beanspruchungen werden als Verarbeitungs- bzw. Gebrauchseigenschaften bezeichnet.

In der <u>Verarbeitung</u> werden irreversible Zustandsänderungen angestrebt, um Zwischenprodukten oder Fertigwaren bestimmte Eigenschaften zu verleihen (z.B. Formstabilität durch Fixieren). Die Beanspruchung des Textils muß jedoch so dosiert werden, daß andere Verarbeitungseigenschaften (z.B. die Sublimierechtheit von Färbungen) berücksichtigt werden. Durch die Beanspruchungen im <u>Gebrauch</u> sollen dagegen nur reversible Zustandsänderungen erfolgen.

Die <u>Textilprüfung</u> hat die Aufgabe, die Verarbeitungs- und Gebrauchseigenschaften zu beschreiben und - falls sie den Anforderungen nicht genügen - Wege zu deren Optimierung aufzuzeigen.

Eine <u>Optimierung</u> von Verarbeitungs- und Gebrauchseigenschaften setzt voraus, daß

- die Eigenschaften in <u>Anforderungsprofilen</u> eindeutig definiert und quantifiziert sind,

- geeignete <u>Prüfverfahren</u> zur Charakterisierung der Eigenschaften bzw. Simulierung der Beanspruchung und

- die für eine Eigenschaft <u>dominanten Elemente</u> bekannt sind.

1.1 Verarbeitungs- und Gebrauchseigenschaften in Anforderungsprofilen für Textilien

1.1.1 Gebrauchseigenschaften

Unter einer Gebrauchseigenschaft eines Textils versteht man das Verhalten eines Fertigproduktes bei einer der Verwendung und der Pflege entsprechenden Beanspruchung. Für Textilien werden je nach Verwendungszweck Gebrauchseigenschaften verlangt, die artikelspezifisch in sog. 'Anforderungsprofilen' zusammengefaßt sind. Die verschiedenen Artikel werden hinsichtlich des Verwendungszweckes im allgemeinen in folgende Gruppen eingeteilt:

- Bekleidungstextilien,

- Heimtextilien und

- Technische Textilien.

Die Anforderungen an Textilien sind nach <u>ästhetischen</u> und <u>funktionellen</u> Eigenschaften zu unterscheiden:

a) <u>ästhetische Eigenschaften</u>

- <u>Aussehen</u> (z.B. Gleichmäßigkeit der Färbung, Bolder),

- <u>Griff</u> (z.B. Steifheit, Glätte, Warenfall) und

- <u>Geruch</u> (z.B. Hilfsmittel und Reaktionsprodukte der Veredlung).

b) <u>funktionelle Eigenschaften</u>

- Beständigkeit des <u>Textils</u> gegenüber <u>Formänderung</u> (z.B. Ausbeulen von Bekleidung, Längen von Vorhängen, Schräglaufen von Förderbändern),

- Beständigkeit des <u>Textils</u> gegenüber <u>Zerstörung</u> (z.B. Kantenbeschädigung von Säumen, Lichtschädigung bei Vorhängen, Bruch von Sicherheitsgurten) und

- Beständigkeit von <u>Färbungen/Drucken</u> und <u>Ausrüstungen</u> gegenüber <u>Veränderungen</u> (z.B. Ausbluten von Färbungen im Regen, Lichtechtheit von Möbelstoffen, Wasserdichtheit von Zeltstoffen).

1.1.2 <u>Verarbeitungseigenschaften</u>

Unter einer Verarbeitungseigenschaft ist das Verhalten von textilen Rohstoffen und textiltechnisch bzw. textilchemisch veredelten Zwischenprodukten in den verschiedenen Stufen der textilen Verarbeitungskette von der Fasererzeugung bis zur Konfektion zu verstehen. Da an jede Prozeßstufe hinsichtlich des Verarbeitungsverhaltens andere Anforderungen gestellt werden, werden die Verarbeitungseigenschaften im allgemeinen nach der Verarbeitbarkeit in der jeweiligen Verarbeitungsstufe oder einer Verarbeitungsmaschine benannt:

Prozeßstufe	Verarbeitungseigenschaft	Beispiele für Eigenschaftsabweichungen
Garnherstellung:	Verspinnbarkeit von Fasern	Wickeln von Fasern um Walzen
	Fixierbarkeit von Garnen	Kringeln durch unberuhigten Drall
Flächenherstellung:	Verstrickbarkeit von Garnen	Blockierung von Nadeln durch haariges Garn
	Verwebbarkeit von Garnen	elektrostatische Aufladung von Fadenscharen beim Schären
Veredlung:	Auswaschbarkeit von Schlichten	Reservierungen
Konfektion:	Vernähbarkeit von Stoffen	Maschensprengschäden
	Zuschneidbarkeit von Stoffen	Verkleben von Schnittkanten
	Plissierbarkeit von Stoffen	mangelnde Faltenstabilität

Als Verarbeitbarkeit ist aber auch die Beständigkeit von Konstruktions- oder Veredlungseffekten von Zwischenprodukten zu verstehen, z.B.:

Prozeßstufe	Verarbeitungseigenschaft
Flächenherstellung:	Erhaltung von Dickstellen in Effektgarnen
Veredlung:	Erhaltung der Kräuselstruktur bei Fixierprozessen, Überfärbe- und Dekaturechtheit von Färbungen
Konfektion:	Bügel- und Plissierechtheit von Färbungen

Zu den Verarbeitungseigenschaften zählt das Nichterreichen eines vorgegebenen Anforderungsprofils (z.B.: Breite nicht einstellbar, Echtheiten nicht erreichbar).

Ferner ist als Verarbeitungseigenschaft die Reproduzierbarkeit von praktizierten Rezepturen anzusehen.

1.1.3 Anforderungsprofile

Bei der Entwicklung eines Artikels werden die erforderlichen Gebrauchseigenschaften in sog. 'Anforderungsprofilen' aufgelistet, in denen zunächst die Bedeutung der einzelnen Eigenschaften entsprechend dem Verwendungszweck des Artikels gewichtet wird. Eine derartige Gliederung ist in dem in Bild 1 aufgeführten Anforderungsprofil für einen Futterstoff wiedergegeben, welches in Anlehnung an [1] aufgestellt wurde. Da das Endprodukt im vorliegenden Fall ein unkonfektioniertes Flächengebilde darstellt, sind in dem Anforderungsprofil auch die für die Konfektion in Frage kommenden Verarbeitungseigenschaften aufgeführt.

In einer zweiten Entwicklungsstufe werden die für einen Artikel gewünschten Mindestanforderungen festgelegt. In Bild 2 sind Mindestanforderungen wiedergegeben, die von einem Versandhaus für verschiedene Textilien aufgestellt wurden [2]. Bei Bekleidungstextilien orientiert man sich dabei im allgemeinen - wegen fehlender praktischer Gebrauchswertprüfung - an den Anforderungsprofilen von Behörden (z.B. BWB, Bundesbahn, Bundespost) und großen Handels- und Versandhäusern (z.B. C & A, M & S, Quelle). Bei der Verwendung dieser Anforderungsprofile ist zu berücksichtigen, daß sie nicht nach einheitlichen Richtlinien erstellt werden und je nach den zugrundeliegenden Erfahrungswerten mehr oder weniger qualifiziert sind.

Die Bedeutung der einzelnen Gebrauchseigenschaften wird von den verschiedenen staatlichen und privaten Institutionen unterschiedlich gewichtet. So wurde z.B. in einer vergleichenden Studie [3] der Anforderungsprofile

Anforderungen	unumgänglich	sehr wichtig	wichtig	wenig wichtig
Verarbeitungseigenschaften Konfektion				
Breite/Länge	o			
Lagenstabilität des Stapels (Zuschnitt)		o		
Schneidbarkeit des Stapels (Zuschnitt)		o		
Reissbarkeit (Zuschnitt/Handel)		o		
Ausfransfestigkeit (Nähen)			o	
Nähbarkeit		o		
Massstabilität (Bügeln)		o		
Unempfindlich gegenüber Verformung durch Druck und Temperatur (Bügeln)			o	
Unempfindlich gegenüber Wassertropfen	o			
Pflegeeigenschaften				
Formstabilität (Waschen, Reinigen, Bügeln)		o		
Farbechtheit (Waschen, Reinigen, Bügeln)		o		
Selbstglättungsverhalten (Waschen)			o	
Gebrauchseigenschaften				
• ästhetische Merkmale				
Gewicht				o
Deckkraft	o			
Warenoptik			o	
Griff			o	
Geruch	o			
• funktionelle Merkmale				
Gleitfähigkeit	o			
Naht-, Schiebefestigkeit			o	
Scheuerfestigkeit			o	
Knitterresistenz			o	
Luft-, Dampfdurchlässigkeit		o		
Saugfähigkeit		o		
Farbechtheit (Reiben, Wasser, Schweiss)		o		

<u>Bild 1</u>: Anforderungsprofil für Futterstoffe (in Anlehnung an DETERING [1]).

von sieben Institutionen hinsichtlich der Eigenschaft 'Maßstabilität' für verschiedene Bekleidungsartikel aus Geweben und Maschenwaren Abweichungen bei den geforderten Restschrumpfwerten zwischen 1 % und 4 % bei den gleichen Artikeln gefunden. Die Ursache ist sicher darin zu suchen, daß Behörden mehr nach funktionellen Gesichtspunkten die Anforderungen festlegen und auf die dann die Konstruktion abgestimmt wird, während im Privatbereich mehr modische Aspekte (z.B. leichte, lockere Stoffe) eine Rolle

Prüfmerkmal	Mindestanforderungen für							
	HAKA	DOB	Kleider Blusen	Jeans Artikel	Hemden	DOB + HAKA	Wäsche	Frottier- wäsche
Festigkeit								
Zugfestigkeit in daN/5 cm Streifenbreite	30	30	25	35	25	25	25	25
Berstfestigkeit in daN/cm^2	6	6	5	-	5	5	5	5
Restschrumpf in %								
Chemischreinigung								
• Gewebe	2	2	2	4	-	-	3	3
• Maschenware	4	4	4	-	-	3	3	-
Maschinenwäsche								
• Gewebe	3	3	3	4	3	-	5	-
• Maschenware	4	4	4	-	4	5	5	5
Farbechtheit Note								
Reibechtheit trocken	4	4	4	2-3	4	4	4	4
nass	3	3	3	2	3	3	3	3
Waschechtheit 30 °C	4	4	4	2-3	4	4	4	4
40 °C	4	4	4	2-3	4	4	4	4
60 °C	-	4	4	-	4	4	4	4
95 °C	-	-	4	-	4	-	4	4
Schweissechtheit	3-4	3-4	3-4	2-3	3-4	3-4	3-4	3-4
Wasserechtheit	3-4	3-4	3-4	-	3-4	3-4	3-4	3-4
Chlorechtheit	-	-	-	-	-	4-5	4-5	4-5
Meerwasserechtheit	-	-	-	-	-	4-5	4-5	4-5
Lichtechtheit	5-6	5-6	5-6	5-6	5-6	5-6	5-6	5-6

<u>Bild 2</u>: Mindestanforderungen für Bekleidungstextilien der Fa. Neckermann (nach HUTT [2]).

spielen, wodurch funktionelle Gebrauchseigenschaften (z.B. Nahtschiebeverhalten) beeinträchtigt werden können.

Es gibt aber auch Firmen, die ihre Anforderungsprofile ständig den Gebrauchsgewohnheiten und der Mode anpassen, indem durch statistische Auswertung aller Retouren zwischen Schäden durch unsachgemäßen Gebrauch und solchen aufgrund von unzureichenden Materialeigenschaften differenziert wird. Die Forderung nach maximaler Qualität und minimalem Preis läßt sich durch ständigen Vergleich von Artikeln verschiedener Hersteller erfüllen.

Es werden aber auch Anforderungsprofile aufgestellt, die sich hinsichtlich der einzelnen Kenngrößen an dem bereits Erreichten orientieren und die Sollwerte sukzessive höher schrauben. Dadurch erhöhen sich allgemein die Produktionskosten, ohne daß die geforderten Eigenschaften wirksam werden (z.B. Höchstzugkraft-Werte bei Bekleidungsstoffen, welche eher für 'Technische Textilien' angebracht sind). Dadurch können Anforderungsprofile entstehen, die sich u.U. nur durch hohen technischen und/oder finanziellen Aufwand realisieren lassen.

Außer für Fertigprodukte gilt es, auch für die Zwischenprodukte und die Verarbeitungsverfahren Anforderungsprofile aufzustellen. Voraussetzung ist allerdings, daß die Verarbeitungseigenschaften meßbar sind, was eventuell durch Schaffung entsprechender Simulationsprüfverfahren (s. Pkt. 1.2) zu erfolgen hat.

1.2 Textilprüfung

Eine Optimierung von Eigenschaftsmerkmalen setzt deren sichere meßtechnische Erfassung voraus, die allgemein 'Textilprüfung' genannt wird. Die Bedeutung der Textilprüfung bei der Simulation von Verarbeitungs- und Gebrauchsbeanspruchungen haben EHRLER und Mitarb. [4] herausgestellt. Die von ihnen benutzten Definitionen sollen im Zusammenhang mit Bild 3 diskutiert werden.

Unter einer Verarbeitungsbeanspruchung werden die Eigenschaften eines Endproduktes durch Transformation des Zustandes A nach B geprägt. Durch die Beanspruchung im Gebrauch erfährt dieses Material eine weitere Zustandsänderung von B nach C. Danach liegt das gebrauchte Produkt vor.

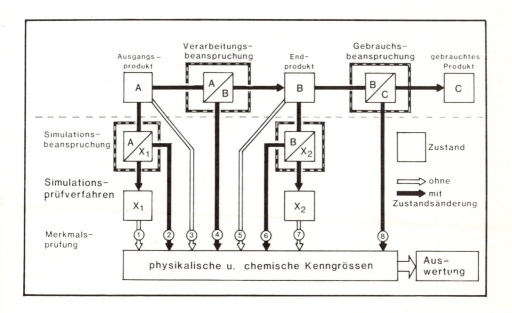

Bild 3: Charakterisierung und Simulation von Verarbeitungs- und Gebrauchseigenschaften.

Da die Textilprüfung die Aufgabe erfüllen soll, Materialeigenschaften und deren Veränderung in der Verarbeitung und im Gebrauch wirklichkeitsnah zu erfassen, spricht EHRLER hierbei von einer Simulationsprüfung.

Die Simulationsprüfung setzt sich aus einer Simulationsbeanspruchung, mit der eine Verarbeitungsbeanspruchung möglichst genau nachempfunden werden soll, und einer Merkmalsprüfung zusammen, mit der eine Materialeigenschaft durch Erfassung physikalischer und/oder chemischer Kenngrößen beschrieben werden soll. Die Auswertung der Meßwerte mit Korrelationsbetrachtungen zu den Parametern der Verarbeitung oder des Gebrauchs schließt sich an.

Bei der Merkmalsprüfung unterscheidet EHRLER weiter zwischen Grundgrößen (z.B. Feinheit, Flächengewicht, Festigkeit), die mit standardisierten Prüfverfahren relativ sicher zu erfassen sind, und technologischen Kenngrößen, mit denen komplexe Vorgänge eines Verarbeitungsprozesses (z.B. Spinnen) bzw. Gebrauchseigenschaften (z.B. Griff) beschrieben werden sollen.

Bei der Erfassung der technologischen Kenngrößen setzt EHRLER eine Simulationsbeanspruchung voraus, die alle wesentlichen Mechanismen beinhalten soll, die bei einer praktischen Beanspruchung auftreten.

Je nachdem, ob die Merkmalsprüfung während bzw. vor und nach dieser Simulationsbeanspruchung vorgenommen wird, spricht EHRLER von einer Verhaltensprüfung bzw. Beständigkeitsprüfung. Die Beständigkeitsprüfung soll Meßmerkmale beinhalten, die einfach zu erfassen und physikalisch eindeutig definiert sind sowie empfindlich auf Materialabweichungen reagieren.

Auf die Unzulänglichkeit der Einteilung der Eigenschaftsmerkmale in 'Grundgrößen' und 'technologische Kenngrößen' macht EHRLER selbst mit dem Hinweis auf die Zuordnung der Eigenschaft 'Festigkeit' zu den Grundgrößen aufmerksam. Während mit der Erfassung der Faserfestigkeit noch Kennwerte der Fasersubstanz erfaßt werden, spielen bei der Festigkeit von Garnen und Flächengebilden eine Reihe von anderen Einflußgrößen wie Konstrukion (Kompression des Garnes, Eliminierung der Einarbeitung bei Geweben) und Faserbegleitstoffe (Weichmacher, Beschichtungen) eine Rolle. An anderer Stelle [5] wird daher der Vorschlag unterbreitet, zwischen einer Prüfung ohne Beanspruchung des Faserstoffes (z.B. Faserquerschnitt, Faserlänge, Masse, Feinheit, spez. Volumen) und solchen Merkmalsprüfungen zu unterscheiden, bei denen die Reaktion des Faserstoffes auf mechanische (Zug, Druck,

Biegung, Torsion), <u>thermische</u> (Schrumpf, Schrumpfkraft) und <u>chemische</u> <u>Beanspruchung</u> (Hydrolysebeständigkeit) geprüft wird. Zu der zweiten Gruppe werden danach die Simulationsprüfverfahren mit komplexer Beanspruchung des Textils zugeordnet.

Die Simulationsprüfverfahren können in einfache, überschaubare Teilbeanspruchungen und Einzelprüfungen zerlegt werden. EHRLER spricht hier von geringem Aufwand in der 'Hardware' und großem in der 'Software', womit Korrelationsbetrachtungen gemeint sind, die erforderlich sind, um Beziehungen zwischen den Prüfmerkmalen und den Prozeßparametern aufzustellen. Bei komplexen Simulationsprüfverfahren ist dagegen die 'Hardware' sehr umfangreich, dafür aber die 'Software' weniger aufwendig, da nur wenige Meßgrößen anfallen.

Besteht zwischen Eigenschaften des Materials (X) nach einer Simulationsprüfung Übereinstimmung mit den Ergebnissen einer Verarbeitungsbeanspruchung (z.B. Zustand X_1 zu B) und Gebrauchsbeanspruchung (z.B. Zustand X_2 zu C), dann kann davon ausgegangen werden, daß die Simulationsprüfung optimal arbeitet.

Ein weiterer Weg der Meßwerterfassung ist die direkte Erfassung einer Zustandstransmission A/B (z.B. Flächengewichts- und Spannungsmessung im Spannrahmen) bzw. B/C (Spannungsmessungen bei Transportbändern). Die unmittelbare Messung einer Eigenschaftstransformation kann auch zur Regelung und damit zu einer Erhöhung der Gleichmäßigkeit einer Eigenschaft herangezogen werden.

1.3 Optimierung der Verarbeitungs- und Gebrauchseigenschaften

Unter <u>Optimierung</u> von Verarbeitungs- und Gebrauchseigenschaften versteht man die <u>technische Realisierung</u> bestimmter Eigenschaften eines 'Anforderungsprofils' oder eines Spektrums von Eigenschaften unter der Voraussetzung, daß andere Eigenschaften nicht verändert oder in der veränderten Form akzeptiert werden.

Eine Optimierung von Eigenschaften beinhaltet Randbedingungen, wie z.B.

- Verwendung betriebsspezifischer Elemente,
- Verwendung bestimmter Betriebs- und Hilfsstoffe,
- Verarbeitung von Ausgangsmaterialien mit wechselnden Eigenschaften,

- Sicherheit des Prozesses (Gratwanderung, Wiederholbarkeit),
- Schnelligkeit (Termine, Mode) und
- Wirtschaftlichkeit des Prozesses (Zeit, Personal, Hilfsstoffe, Energie, Investitionen).

Da in den unter Pkt. 2 diskutierten Beispielen im allgemeinen nur die ersten beiden Aspekte Berücksichtigung finden, wird dort von einer Maximierung von Eigenschaften gesprochen.

1.3.1 Optimierung durch systematische Variation der Prozeßparameter

Bei einer Artikelentwicklung wird im allgemeinen nach der Aufstellung des Anforderungsprofils, d.h. nach Definition der Materialeigenschaften, eine Variation der Prozeßparameter in den technisch realisierbaren, betriebsspezifischen Bereichen vorgenommen, wobei jedoch die Randbedingungen des Prozesses von den noch nicht optimierten Verarbeitungseigenschaften des Textils eingeengt sind.

Eine faktorielle Versuchsplanung und statistische Auswertung der Versuchsergebnisse sollte den Versuchen vor- bzw. nachgelagert sein. Dieses hat den Vorteil, daß - abgesehen von dem wirtschaftlichen Effekt - bei der Artikelentwicklung Prozeßparameter berichtigt werden können, die z.B. durch falsche Anzeige der Maschineninstrumente (Temperaturanzeige defekt, Lager einer Tänzerwalze blockiert) oder einem nicht erreichten stationären Zustand von Maschine (z.B. Maschinenteile im Spannrahmen haben noch nicht Düsentemperatur erreicht, wodurch Abstrahlung von der Ware zu kalten Maschinenteilen erfolgt) und Material (z.B. führt ein Weben mit wiederholtem Maschinenstillstand oder abweichender Webgeschwindigkeit zu unterschiedlicher Spannungsrelaxation im Kettmaterial) zu Fehlaussagen führen.

Verarbeitungseigenschaften werden mittels bestehender, z.T. genormter Prüfverfahren oder durch Simulationsprüfverfahren (s. Pkt. 1.2) untersucht. Im allgemeinen werden klassische Prüfverfahren herangezogen. Die Auswahl geeigneter Prüfverfahren erfolgt anhand von Korrelationsbetrachtungen einerseits zwischen Meßmerkmal und Prozeßparameter und andererseits zwischen Meßmerkmalen verschiedener Prüfverfahren [6].

1.3.2 Optimierung aufgrund von Modellvorstellungen

Mit den unter Pkt. 1.2 beschriebenen Simulationsprüfverfahren wird versucht, möglichst exakt eine Verarbeitungs- oder Gebrauchsbeanspruchung nachzuvollziehen. Die Entwicklung eines derartigen Prüfverfahrens erfordert im allgemeinen einen relativ hohen Aufwand, der für weniger umfangreiche Produktionen und Tagesprobleme nicht immer zu vertreten ist.

Die Forderung nach einer Vereinfachung von Simulationsprüfverfahren setzt voraus, daß die Simulationsbeanspruchung nur auf die für eine Eigenschaft dominanten Prozeßparameter und die Merkmalsprüfung nur auf die dominanten Merkmale einer Eigenschaft beschränkt werden. Die Gewichtung der Prozeßparameter und Eigenschaftsmerkmale nach ihrer Dominanz geschieht durch sog. Modellbetrachtungen:

a) Zu Beginn dieser Betrachtung wird ein phänomenologisches, das sog. makroskopische Modell aufgestellt, in dem die für eine zuvor definierte Eigenschaft wesentlichen physikalischen und chemischen Einflußgrößen verbal/bildlich formuliert werden.

b) In den nachfolgenden Stufen der Modellentwicklung werden - gestützt auf Experimenten sowie physikalische und chemische Gesetzmäßigkeiten - die Einflußgrößen gewichtet.

c) Die dominanten Einflußgrößen werden in eine mathematische Formulierung einbezogen, bis schließlich das sog. mikroskopische Modell vorliegt, welches auf physikalischen und chemischen Gesetzmäßigkeiten beruht.

Viele Probleme der Verarbeitung und des Gebrauchs von Textilien lassen sich schon mit weniger vollkommenen Modellen lösen. Aber selbst diese setzen umfassende Kenntnisse über

- die physikalischen und chemischen Eigenschaften von Faserstoffen,
- bekannte Zusammenhänge zwischen Fasereigenschaften und Prozeßparameter und
- die physikalischen und chemischen Prinzipien eines Prüfverfahrens

voraus. Um dieses Wissen auch einem größeren Personenkreis zugänglich zu machen, bedarf es - analog zu den 'Faserstofftabellen' von KOCH (z.B. [7]) - einer systematischen Aufarbeitung der in zahlreichen Monographien,

1.3.2 Optimierung aufgrund von Modellvorstellungen

Mit den unter Pkt. 1.2 beschriebenen Simulationsprüfverfahren wird versucht, möglichst exakt eine Verarbeitungs- oder Gebrauchsbeanspruchung nachzuvollziehen. Die Entwicklung eines derartigen Prüfverfahrens erfordert im allgemeinen einen relativ hohen Aufwand, der für weniger umfangreiche Produktionen und Tagesprobleme nicht immer zu vertreten ist.

Die Forderung nach einer Vereinfachung von Simulationsprüfverfahren setzt voraus, daß die Simulationsbeanspruchung nur auf die für eine Eigenschaft dominanten Prozeßparameter und die Merkmalsprüfung nur auf die dominanten Merkmale einer Eigenschaft beschränkt werden. Die Gewichtung der Prozeßparameter und Eigenschaftsmerkmale nach ihrer Dominanz geschieht durch sog. Modellbetrachtungen:

a) Zu Beginn dieser Betrachtung wird ein phänomenologisches, das sog. makroskopische Modell aufgestellt, in dem die für eine zuvor definierte Eigenschaft wesentlichen physikalischen und chemischen Einflußgrößen verbal/bildlich formuliert werden.

b) In den nachfolgenden Stufen der Modellentwicklung werden - gestützt auf Experimenten sowie physikalischen und chemischen Gesetzmäßigkeiten - die Einflußgrößen gewichtet.

c) Die dominanten Einflußgrößen werden in eine mathematische Formulierung einbezogen, bis schließlich das sog. mikroskopische Modell vorliegt, welches auf physikalischen und chemischen Wechselwirkungen beruht.

Viele Probleme der Verarbeitung und des Gebrauchs von Textilien lassen sich schon mit weniger vollkommenen Modellen lösen. Aber selbst diese setzen umfassende Kenntnisse über

- die physikalischen und chemischen Eigenschaften von Faserstoffen,
- bekannte Zusammenhänge zwischen Fasereigenschaften und Prozeßparameter und
- die physikalischen und chemischen Prinzipien eines Prüfverfahrens

voraus. Um dieses Wissen auch einem größeren Personenkreis zugängig zu machen, bedarf es - analog zu den 'Faserstofftabellen' von KOCH (z.B. [7]) - einer systematischen Aufarbeitung der in zahlreichen Monographien,

Fachaufsätzen und Normen verankerten Fachliteratur, für die an anderer Stelle [5] ein Vorschlag unterbreitet wird.

Nachfolgend soll an einigen Beispielen gezeigt werden, daß mit relativ einfachen Simulationsprüfverfahren Verarbeitungs- und Gebrauchseigenschaften maximiert werden können, wenn die für das zu untersuchende Eigenschaftsmerkmal dominanten Einflußgrößen durch Modellbetrachtungen erkannt werden.

2. Maximierung von Verarbeitungs- und Gebrauchseigenschaften

Beispiel 1: Maximierung des Festigkeits- und Elastizitätsverhaltens von Maschenwaren

a) Problemstellung

Anforderungsprofile für Maschenwaren enthalten Angaben über das Festigkeits- und Ausbeulverhalten des Materials. Durch Einflußgrößen der Verarbeitung - vor allem die der Veredlung - sowie durch Gebrauchs- und Pflegebeanspruchung können Festigkeit und Elastizität von Textilien beeinträchtigt werden. Während sich diese Kenngrößen bei Garnen und Geweben relativ einfach und reproduzierbar durch einachsige Zugversuche erfassen lassen, streuen diese Werte bei Untersuchungen an Maschenwaren im allgemeinen sehr stark.

b) Stand der Prüftechnik

Garnuntersuchungen machen ein Herauspräparieren des Probenmaterials erforderlich, welches bei bestimmten Maschenwaren (z.B. Wirkware, gerauhte Ware) zu aufwendig oder unmöglich ist. Außerdem ist ein Garn in einer Masche Längs- und Querbeanspruchungen ausgesetzt, so daß auch ein Schlingenzugversuch berücksichtigt werden müßte. Ein weiteres Problem bei der Garnuntersuchung ist eine in ihrer Form fixierte (beruhigte) Masche, bei der durch die Streckung beim Zugversuch wieder ein Ungleichgewichtszustand im Material erzeugt wird.

Untersuchungen am Flächengebilde. Bei Geweben kann eine Festigkeitsänderung relativ problemlos durch einen Streifenzugversuch bestimmt werden, wenn dabei die gleiche Anzahl von tragenden Fäden in dem zu beanspruchenden Fadensystem berücksichtigt werden und die Verformungsgeschwindigkeit auf die der Anforderung abgestimmt wird. Bei Maschenwaren ist die Überprüfung der Materialfestigkeit durch einen Streifenzugversuch insofern problematisch, als die Meßprobe dabei eine starke Querkontraktion erfährt, was - nach den Erfahrungen verschiedener Autoren - das Meßergebnis beeinflußt und nicht einer Gebrauchsbeanspruchung entspricht. Hier bieten sich als Meßtechnik der zweidimensionale Zugversuch ('Meßtechnisches Merkblatt' MB 200) und der Wölb- und Berstversuch ('Meßtechnisches Merkblatt' MB 311) an.

Für den Wölbversuch stehen Meßeinrichtungen zur Verfügung, bei denen der Wölbdruck über ein Manometer erfaßt und die Wölbhöhe über einen Seilzug auf eine Maßskala übertragen wird. Schleppzeiger zeigen jeweils die maximalen Werte an. Mit relativ geringem Aufwand lassen sich diese Geräte auf elektrische Druck- und Wegmessung umrüsten (s. Bild 4). Danach kann auch das wölbelastische Verhalten ('Meßtechnisches Merkblatt' MB 320) von Maschenwaren bestimmt werden (s. Bild 4, unten). Hierzu wird zunächst die Wölbkraft/Wölbhöhen-Kurve der den Druckraum abschließenden Gummimembrane

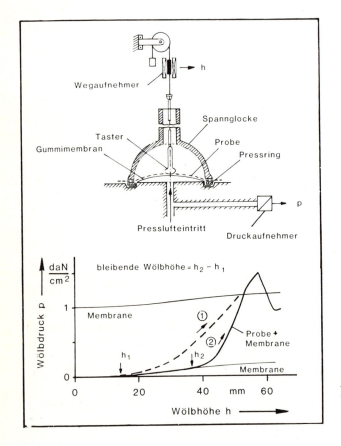

Bild 4: Wölbelastizitätsprüfung von Maschenwaren.

aufgezeichnet, danach die des Systems Membrane/Meßprobe. Nach einer bestimmten Be- und Entlastungsdauer wird die Meßprobe erneut aufgewölbt. Der Punkt, bei dem sich dieser Kurvenzug von der Membrankennlinie trennt, stellt die bleibende Wölbhöhe dar. Aus Tabellen in DIN 53 861 läßt sich die bleibende Wölbflächendehnung ableiten, welche im Zusammenhang mit dem Ausbeulverhalten der Ware steht.

c) Problemanalyse und 'makroskopisches' Modell

Bei einem Wölbversuch werden die einzelnen Elemente der Fläche auf Zug beansprucht. Dabei wird diejenige Warenrichtung zuerst belastet, welche die geringste Dehnungsreserve aufweist. Je nach der Art der Prozeßführung kann eine Maschenware in Längs- oder Querrichtung verzogen worden sein (s. Bild 5). Beim Berstversuch wird daher eine in Längsrichtung verzogene Ware quer und eine in Querrichtung verzogene längs reißen, bevor die in Quer- bzw. Längsrichtung liegenden Teile einer Masche beansprucht werden. Da der gesamte Wölbdruck dadurch jeweils nur von einer Warenrichtung aufgenommen wird, werden im allgemeinen niedrige Wölbkräfte registriert, die eine Faserschädigung vortäuschen. Untersuchungen an herauspräparierten Garnen zeigen aber - unter der Voraussetzung sonst gleicher thermischer und chemischer Verarbeitungsbedingungen - gleiche Festigkeiten.

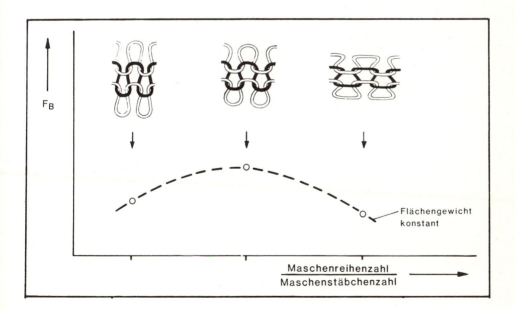

Bild 5: Berstkraft F_B in Abhängigkeit vom Maschenverzug.

Auch beim Tragen wird bei einem Maschenverzug die bereits gespannt vorliegende Warenrichtung zuerst belastet. Alle Kräfte werden von den in dieser Richtung liegenden Fadenelementen aufgenommen. Wird dabei die Elastizitätsgrenze des verarbeiteten Fasermaterials überschritten, kommt es zu einer Überdehnung der belasteten Maschenelemente, was für die Warenfläche eine mehr oder weniger starke bleibende Ausbeulung bedeutet.

d) Maximierung der Berstfestigkeit, des Flächengewichtes und des Restschrumpfes

Zunächst wird eine verfahrensspezifische Variation der Längsspannung und Breiteneinstellung vorgenommen. An den Meßproben wird entsprechend dem 'Meßtechnischen Merkblatt' FM 133 die Maschenzahl in Maschenreihenrichtung (MRR) und Maschenstäbchenrichtung (MSR) sowie der Berstdruck ('Meßtechnisches Merkblatt' MB 311) ermittelt. Ausgewertet wird der Berstdruck in Abhängigkeit vom Verhältnis zwischen Maschenreihen- und Maschenstäbchenzahl (s. Bild 5). Bei dem dem maximalen Berstdruck entsprechenden idealen Verhältnis zwischen Maschenreihen- und Maschenstäbchenzahl kann in weiteren Versuchen die Maschendichte (Produkt aus Maschenreihen- und -stäbchenzahl) - und damit das Flächengewicht - variiert werden. Bei der Maximierung der Berstfestigkeit durch Warenverzug muß aber auch der Restschrumpf berücksichtigt werden. Hierbei spielt weniger der Substanzschrumpf, als vielmehr die affine Verformung der Maschenware eine Rolle. Eine Masche hat das Bestreben, die energetisch günstigste Form - einen Kreisbogen [8] - einzunehmen. Eine in die Längsrichtung verzogene Masche wird daher nach Auslösung von inneren (durch Einfrieren der Kettensegmentbewegung und physikalische Vernetzung blockierten) und äußeren (durch Warenführung und Faser-an-Faser-Reibung verursachten) Spannungen durch Mechanik, Erwärmung und Quellung breiter werden und umgekehrt.

Während der Stückveredlung läßt sich diese affine Verformung mit Hilfe der BASF-Methode [9] verfolgen (vgl. Bild 6). Ein Kreis mit definierter Fläche wird auf die Ausgangsware aufgezeichnet/gedruckt. Nach einer Beanspruchung wird eine etwaige Veränderung der Kreisradien in Längs- und Querrichtung mit Hilfe transparanter 'Prüfellipsen' mit verschiedenen Radienverhältnissen bestimmt, aus der die Kontraktion oder Längung errechnet wird. Aus der verformten Probe wird eine kleine Kreisprobe gestanzt und gewogen, woraus der Flächenschrumpf und die Veränderung des Flächengewichtes ermittelt werden.

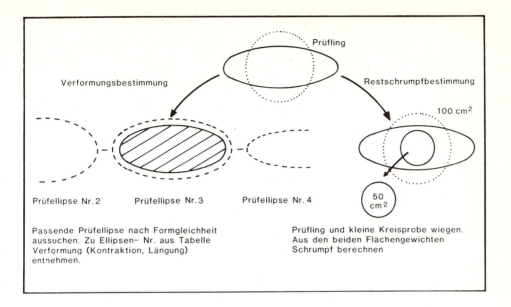

Bild 6: Bestimmung von Verformung und Restschrumpf an Maschenwaren nach der BASF-Methode [9].

Die Maximierung der Berstfestigkeit, des Flächengewichtes und des Restschrumpfes führt in den meisten Fällen zu einer von der gewünschten Endbreit abweichenden Abmessungen. Eine Lösung dieses Problems kann nur im Einvernehmen mit dem Maschenwarenhersteller durch stricktechnische Maßnahmen herbeigeführt werden.

Beispiel 2: Maximierung der Kantenscheuerbeständigkeit von Geweben

a) Problemstellung

Unerwünschte Begleiterscheinungen beim Tragen und Pflegen von Bekleidungstextilien sind Scheuerschäden im Bereich von Stoffkanten, die von einer Hellscheuerung bis zur Zerstörung des Stoffes reichen können. Betroffen hiervon sind vor allem Kragenecken, Manschetten, Taschenpatten und Gürtelpartien sowie die Säume in Rumpf und in den Ärmeln von Bekleidungsstücken. Die Beanstandung nur eines Anteils einer Partie waren der Anlaß zur Entwicklung eines einfachen Simulationsprüfverfahrens zur Charakerisierung der Verschleißanfälligkeit von Stoffkanten.

b) <u>Stand der Prüftechnik</u>

Die Vorhersage der Gebrauchstüchtigkeit eines textilen Flächengebildes war schon immer der Wunsch aller an der textilen Verarbeitungskette Beteiligten. Repräsentative Trageversuche liefern zur Beurteilung der Gebrauchstüchtigkeit eindeutige Aussagen [10], sie sind aber wegen ihres hohen Versuchsaufwandes zur Berücksichtigung der Vielzahl von Gebrauchsgewohnheiten in letzter Zeit in den Hintergrund getreten. Mit der Scheuerprüfung glaubte man, einen Ersatz für den Tragetest gefunden zu haben und forciert durch die Anforderungsprofile großer Handelshäuser steht die Scheuerprüfung heute im Mittelpunkt der Textilprüfung, obwohl Rundversuche die Brauchbarkeit solcher Verfahren zur Simulierung des Verschleißverhaltens oft in Frage stellen [11].

Als gebräuchlichste Verschleißprüfung zur Simulierung des Verhaltens im Gebrauch werden Flachscheuerversuche ('Meßtechnisches Merkblatt' MB 831) angesehen, bei denen entweder durch Stoff-auf-Stoff-Scheuerung oder mit Hilfe eines nichttextilen Scheuermittels die Warenoberfläche beansprucht wird. Allgemein wird dabei der Gewichtsverlust und/oder die Tourenzahl bis zur Lochbildung ermittelt. Letztere können durch dickere Stellen im Flächengebilde verursacht werden, da dann der Scheuerdruck auf den wenigen erhabenen Stellen des Stoffes lastet [11]. Eindeutige Beziehungen zur Kantenscheuerbeständigkeit konnten mit Flachscheuerversuchen jedoch nicht gefunden werden.

Nach SOMMER und WINKLER [12] sind eine Reihe von Prüfverfahren bekannt, in denen gefaltete Stoffproben einer Scheuerbeanspruchung ausgesetzt werden. Jedoch ist in allen Fällen nur eine subjektive Beurteilung des Schädigungsgrades vorgesehen. - Geeignet erscheint dagegen eine Kantenscheuermethode, die für die Prüfung von Viskosefutterstoffen mit dem 'Viscolin'-Warenzeichen (Fa. ENKA) entwickelt wurde. Verwendung findet dabei das 'Crockmeter', ein Prüfgerät zur Bestimmung der Reibechtheit von Färbungen und Drucken nach DIN 54 021. Anstelle des Zapfens zur Aufnahme des Reibgewebes wird ein Edelstahlblech angebracht, mit dem die Kante einer gefalteten Stoffprobe mit 20 (Taft) bzw. 40 (Köper) Doppelhüben gescheuert wird. Der Prüfling wird mit einer Belastung von 500 cN in Faltenrichtung gespannt. Der Scheuerdruck beträgt ebenfalls 500 cN. Nach dem Scheuern werden quer zur gescheuerten Kante zwei Streifen von 5 cm Breite geschnitten, auf 4 cm ausgerifelt und mit einer Einspannlänge von 20 cm gerissen. Die ermittel-

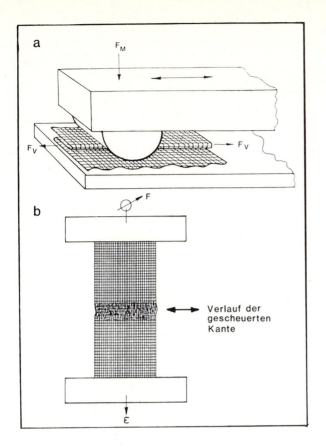

Bild 7:
Kantenscheuerprüfung nach der 'Crockmeter'-Methode.

a) Scheuerbeanspruchung

b) Zugversuch

ten Festigkeitswerte werden auf die Festigkeitswerte des Originalmaterials bezogen, wobei ein Festigkeitsverlust von 30 % nicht überschritten werden soll. - Da bei entsprechenden Scheuerversuchen an Baumwollgeweben, die beim beim Einsatz als Anorakstoff zu Beanstandungen führten, nur ein verminderter Verschleiß beobachtet wurde, modifizierte man das 'Crockmeter' dergestalt, daß anstelle des Zapfens ein Halbzylinder mit einem Radius von 30 mm installiert wurde, auf welchem vor jedem Versuch ein neues Scheuerpapier mit der Körnung 600 befestigt wird (Bild 7) [13].

c) Problemanalyse und 'makroskopisches' Modell

Eine Analyse einer großen Anzahl von Kantenscheuerschäden zeigte, daß von der Fehlererscheinung immer jene Bereiche betroffen sind, in denen der Stoff mehr oder weniger starr vorliegt und einer mechanischen Beanspruchung nicht ausweichen kann. Gefördert wird eine mangelnde Kantenscheuerbeständigkeit durch

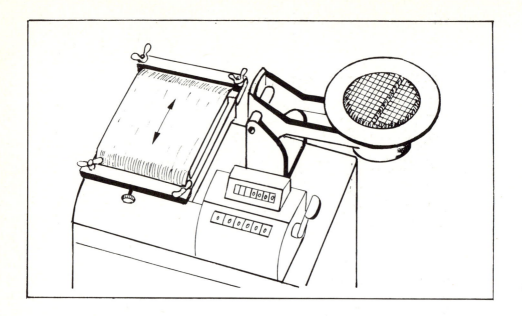

Bild 8: Kantenscheuerprüfung nach der Flachscheuermethode.

- Kaschierung des Stoffes mit steifen Einlagestoffen,

- Zusammensteppen mehrerer Gewebelagen,

- Einsatz von Wattierungseinlagen, welche das Falten von Stoffkanten an gleicher Stelle begünstigt,

- Einsatz von Stoffen mit geringen Dehnungsreserven, herbeigeführt durch Verarbeitung dehnungsarmer Fasern bzw. durch eine Garn- und Gewebeherstellung sowie Veredlung unter erhöhter Spannung,

- Verwendung von Stoffen, in denen die Bewegungsfreiheit der Garne im Flächengebilde bindungstechnisch oder durch erhöhte Fadendichte bzw. Beweglichkeit der Fasern im Garn durch Drehungserhöhung eingeschränkt ist,

- Behandlungen in der Veredlung, welche zu einer Versprödung des Textils führen.

Zusammenfassend kann gesagt werden, daß die Gefahr einer Kantenschädigung durch mechanische Beanspruchung im Gebrauch immer dann besteht, wenn eine deutliche Einschränkung der Bewegungsfreiheit von Fasern und Garnen im Gewebe gegeben ist sowie eine verminderte Dehnbarkeit und/oder größere Quersprödigkeit des Materials vorliegt. Für die Maximierung der Gebrauchseigenschaft 'Kantenscheuerbeständigkeit' müssen in der Verarbeitung daher Prüftechniken herangezogen werden, mit denen die folgenden Materialeigenschaften erfaßt werden können:

Materialeigenschaft	Prüftechnik	'Meßtechnisches Merkblatt'
Härte von Stoffbrüchen	Druckmessung	MB 513
Flexiblität von Stoffbrüchen	Biegesteifigkeitsmessung	MB 623
Dehnbarkeit des Stoffes	Zugversuch	MB 113
Flexiblität des Stoffes	Biegesteifigkeitsmessung	MB 620/623
	Scherversuch	MB 170
Quersprödigkeit des Stoffes	Weiterreiß-/Durchreißversuch	MB 431/432
Quersprödigkeit des Garnes	Schlingenzugversuch	MB 421

Da anzunehmen ist, daß mehrere der genannten Einflußgrößen gleichzeitig wirksam werden, sollte zunächst versucht werden, ein geeignetes Simulationsprüfverfahren zur Charakterisierung der Anfälligkeit gegenüber Kantenscheuerung zu schaffen, mit dessen Hilfe die bisherigen Modellvorstellungen über die Entstehung von Kantenscheuerschäden später vervollständigt werden sollen.

d) Maximierung der Meßtechnik

Als Simulationsprüfverfahren bietet sich eine Kantenscheuerbeanspruchung mittels der modifizierten 'Crockmeter'-Methode (Bild 7, oben, 'Meßtechnisches Merkblatt' MB 833) und der Flachscheuermethode (Bild 8, 'Meßtechnisches Merkblatt' MB 831) an, wobei der Grad des Verschleißes durch Festigkeitsuntersuchungen an den angescheuerten Meßproben (Bild 7, unten, 'Meßtechnisches Merkblatt' MB 113) objektiviert werden soll.

Zunächst mußte die geeignete Scheuerhubzahl ermittelt werden, um unterschiedlich anfällige Gewebe differenzieren zu können. Für die Untersuchung wurden die in Bild 9 näher bezeichneten Gewebemuster eingesetzt, die von A bis F folgende Ausgangsfestigkeiten aufweisen: 54, 22, 76, 56, 47,

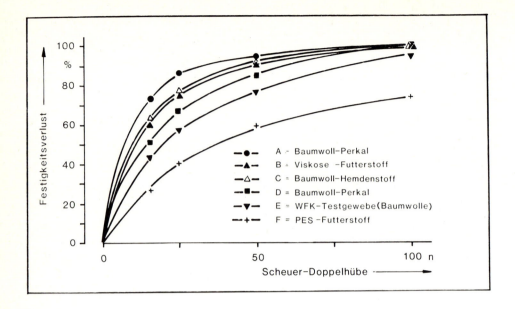

Bild 9: Festigkeitsverlust von verschiedenen Geweben nach Kantenscheuerversuchen mittels der modifizierten 'Crockmeter'-Methode.

und 77 daN/5cm Streifenbreite. Die 30 cm breiten und 30 cm langen Abschnitte wurden quer zum Schuß mit einer Doppelfalte versehen und unter den oben angegebenen Belastungen mit 15, 25, 50 bzw. 100 Doppelhüben gescheuert. Die prozentualen Festigkeitsverluste sind in Abhängigkeit von der Scheuertourenzahl in Bild 9 dargestellt. Zu erkennen ist, daß zwischen 10 und 30 Scheuertouren eine gute Differenzierung der Kurven möglich ist.

An je zwei verschiedenen Baumwollgeweben von Typ A und D wurde an jeweils 10 Meßproben die Wiederholbarkeit des Festigkeitsverlustes nach 15 Scheuertouren überprüft. Dabei wurden Variationskoeffizienten von 10 - 15 % gefunden. Unabhängig davon, ob die Abweichungen meßtechnisch bedingt oder materialspezifisch sind, ist mit dem Prüfverfahren eine gute Reproduzierbarkeit in dem als kritisch anzusehenden steilen Kurvenbereich gegeben.

In weiteren Versuchen wurden elf verschiedene Baumwollgewebe neben der beschriebenen 'Crockmeter'-Prüfung einer Flachscheuerung im gefalteten Zustand unterworfen. Hierzu wurden die gefalteten Proben in einen Spannkopf eines Flachscheuergerätes, Typ 'Frank Hauser' (Fa. Frank), eingespannt

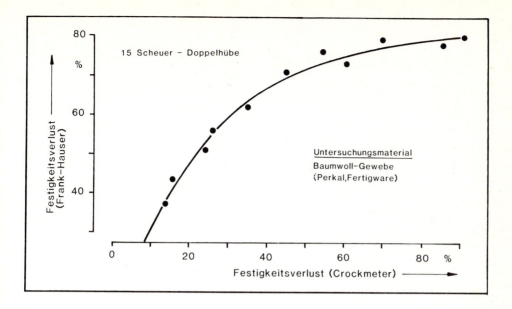

Bild 10: Vergleichende Kantenscheuerversuche an einem Gewebe (B'woll-Perkal, Fertigware) mit der 'Crockmeter'- und Flachscheuermethode.

(vgl. Bild 8) und 15 Touren mit einem 600er Schmirgelpapier gescheuert. Anschließend wurde der durch die Scheuerung eingetretene Zugfestigkeitsverlust festgestellt. In Bild 10 sind die nach diesen beiden Verfahren ermittelten Festigkeitsverluste gegenübergestellt. Zu erkennen ist, daß sich Stoffe mit einer geringen Kantenscheuerbeständigkeit mit Hilfe der beschriebenen 'Crockmeter'-Scheuerung besser differenzieren lassen. Das Ergebnis zeigt aber auch, daß die 15 Scheuertouren bei der Flachscheuerung offensichtlich schon zu hoch waren.

e) Maximierung von Verarbeitungs- und Gebrauchseigenschaften

Es sind alle jene Prozeßstufen zu durchleuchten, bei denen eine deutliche Einschränkung der Bewegungsfreiheit von Fasern und Garnen vorliegt, die Dehnbarkeit herabgesetzt oder die Quersprödigkeit forciert wird, wobei die Verarbeitungsstufen - ausgehend von anfälliger Ware - von hinten aufzurollen sind.

In der Konfektion sollten Maßnahmen zur Verringerung der Biegespannungen durch Veränderung der Mustergestaltung vorgenommen werden, wenn sich die Kantenscheueranfälligkeit bei Verwendung der gleichen Stoffpartie nur auf bestimmte Modelle beschränkt. Geprüft wird die Härte der Stoffkanten sowie deren Flexiblität. Diese Untersuchungen werden durch Kantenscheuerversuche an intakten Stoffpartien der Kleidungsstücke unterstützt.

Bei den kritischen Artikeln wird die Ausrüstung hinsichtlich der Spannungs- und Temperaturführung sowie des Einflusses bestimmter, in den Rezepturen enthaltenen Textilhilfsmitteln und Chemikalien hinsichtlich ihrer hydrolysierenden oder verhärtenden Funktionen untersucht. Überprüft wird das Dehnverhalten, die Flexiblität sowie die Quersprödigkeit von Stoff und Garn. Auch hier kann die Kantenscheuerprüfung zur Differenzierung eines Schädigungsgrades herangezogen werden.

Die Herstellung der Gewebe wird hinsichtlich der Spannungsführung und der Konstruktion (Gewebedichte nach WALZ [14]) untersucht. Ausgewählt werden für Veredlungsversuche Materialien mit maximalen Unterschieden im Dehn- und Scherverhalten.

Sollten sich bestimmte Rohwareneigenschaften als Einflußfaktoren auf die Kantenscheuerbeständigkeit herausstellen, müssen auch die eingesetzten Garne hinsichtlich ihrer Dehnungsreserven untersucht werden.

Beispiel 3: Maximierung des Schiebeverhaltens von Geweben

a) Problemstellung

Die 'weiche Welle' in der Mode führte in den letzten Jahren zunehmend zur Entwicklung von Geweben mit vermindertem Reibwiderstand zwischen Fasern und/oder Fadensystemen, was entweder konstruktiv durch Einsatz offener Garne und/oder Verringerung der Fadendichte bzw. ausrüstungstechnisch durch Weichmacherzusätze erzielt wird. Als Folge dieses Modetrends wird allgemein eine Zunahme von Schadensfällen hinsichtlich Fadenverschiebungen, Rissigkeit, Zieheranfälligkeit und Nahtschiebens beobachtet. Um in der Ausrüstung bzw. Konfektion rechtzeitig geeignete Maßnahmen zur Herabsetzung des Schiebens treffen zu können, ist es erforderlich, objektive, möglichst einfach durchzuführende Methoden zur Erfassung der Verschiebbarkeit der Fadensysteme innerhalb des Gewebeverbandes einzusetzen.

b) Stand der Prüftechnik

Die verschiedenen Untersuchungsmethoden zur Beurteilung des Schiebeverhaltens sind in einer vorausgegangenen Publikation [15] zusammengefaßt. Davon haben sich Prüfverfahren bewährt, bei denen die Ausziehkraft von

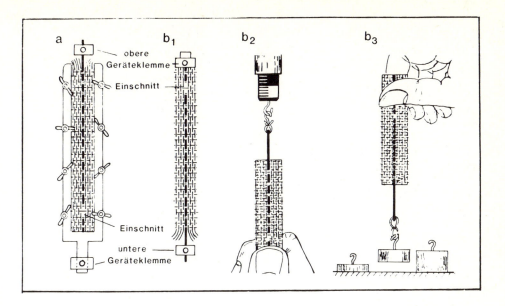

Bild 11: Fadenausziehkraftmessung an Einzelfäden (nach HOLDERER [16]).
a) Prüfung mit Einspannrahmen, b) Prüfung ohne Rahmen mit Zugprüfgerät (1), Federwaage (2), Gewichten (3)

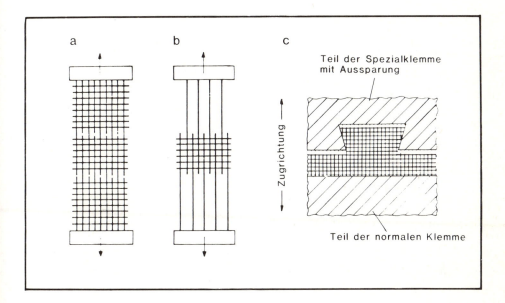

Bild 12: Fadenausziehkraftmessung an Fadenkollektiven.
a) AKU-Methode [17], b) SNV-Methode [18], c) ENKA-Methode [19]

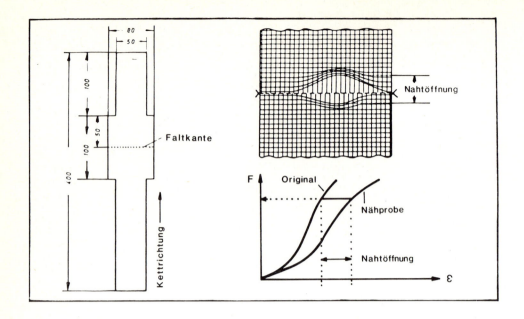

Bild 13: Bestimmung der Nahtschiebefestigkeit [20,21].

Einzelfäden (Bild 11) oder Fadenkollektiven (Bild 12) direkt oder indirekt mit Hilfe einer Naht (Bild 13) gemessen wird.

Bei der Nahtmethode (Bild 13) stellt der Nähfaden beim Auseinanderziehen der Naht eine Art "Kamm" dar, mit dessen Hilfe das parallel zur Naht verlaufende Fadensystem verschoben werden soll. Es wird die Nahtöffnung bei einer bestimmten Kraft entweder mit einem Stechzirkel während des Zugversuches bestimmt (Bild 13, rechts oben) oder aus der Dehnungsdifferenz von KL-Diagrammen der Originalprobe und der 'Nahtprobe' entnommen (Bild 13, rechts unten). Letztere Methode führt im Vergleich zur Stechzirkel-Methode zu besser reproduzierbaren Werten.

Das Herausziehen von Fadenkollektiven nach den Methoden a) und b) in Bild 12 beschreibt das Schiebeverhalten von Geweben am besten; die Probenvorbereitung ist jedoch sehr aufwendig [22]. Bei der modifizierten ENKA-Methode ist dagegen die Probenvorbereitung durch drei Schnitte entlang den oberen Klemmenbegrenzungen schnell durchgeführt; bei bestimmten Geweben (z.B. Drehergeweben und Stoffen mit dehnbaren Querfäden) kann es aber zur Selbsthemmung der herauszuziehenden Fäden kommen.

Eine Meßmethode, bei der die oben geschilderten Nachteile nicht in Erscheinung treten sollten, stellt das Einfaden-Ausziehverfahren nach HOLDERER [16] dar, bei dem ein Gewebeabschnitt in einen Rahmen eingespannt wird. Nach Durchtrennen eines senkrecht verlaufenden Fadens am unteren Ende wird dieser unter Registrierung der Ausziehkraft aus dem Gewebeverband gezogen (Bild 11a). Diese Verfahrensweise - die eine Selbsthemmung des herauszuziehenden Fadens verhindern soll - setzt jedoch ein definiertes Spannen der Stoffprobe voraus, was nur mit Zusatzeinrichtungen einwandfrei zu verwirklichen ist. Versuche [23,24] an 3 cm breiten Gewebestreifen ohne Rahmen haben jedoch gezeigt, daß auch auf diese Weise eine gute Differenzierung von Geweben mit geringfügig abweichendem Schiebeverhalten möglich ist. Von Vorteil ist es jedoch, die Meßprobe hängend einzuspannen, um den Einfluß des Probengewichtes auszuschließen, und den Faden nach unten herauszuziehen (Bild 11b$_1$).

Für die eindeutige Bestimmung der Ausziehkraft eines Fadens aus einem Gewebe ist ein Zugprüfgerät erforderlich, da die Geschwindigkeit des Zugversuches den Beginn des Haft-Gleit-Wechsels - und damit die maximale Zugkraft - beeinflußt. Der Methodenvergleich in Bild 14 bezieht sich daher auf eine konstante Klemmengeschwindigkeit von 50 mm/min.

Anstelle des Zugprüfgerätes genügt auch ein elektrischer Fadenspannungsmesser mit Registriereinrichtung. An dem Meßanker wird eine Klemmvorrichtung angebracht, an der der herauszuziehende Faden befestigt werden kann. Aus der Kenntnis des Einflusses der Abzugsgeschwindigkeit auf das Meßergebnis wurde versucht, die Gewebeprobe gleichmäßig langsam nach unten zu ziehen, was an dem registrierten Kraft-Zeit-Diagramm überprüft werden kann. In Bild 14a sind die nach den beiden diskutierten Methoden ermittelten Ausziehkräfte gegenübergestellt. Der Korrelationskoeffizient r ist mit 0,97 als gut zu bezeichnen. Die mit dem Fadenspannungsmesser registrierten Werte liegen jedoch durchschnittlich um 10 % höher, was bei Vergleichsmessungen zu berücksichtigen wäre. Der bei beiden Methoden berechnete, nahezu gleiche Vertrauensbereich der Mittelwerte zeigt an, daß die Streuung der Meßwerte materialbedingt ist.

Die Funktion des Fadenspannungsmessers kann auch von einer Federwaage übernommen werden (Bild 11b$_2$). Als Nachteil wurde jedoch empfunden, daß bei beginnendem Haft-Gleit-Wechsel die Feder ins Schwingen gerät, so daß die maximale Zugkraft nicht eindeutig abzulesen ist.

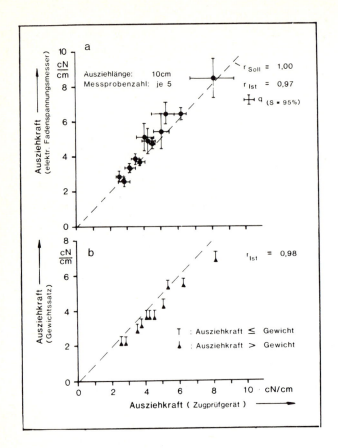

Bild 14:
Bestimmung der Fadenausziehkraft. Korrelationsbetrachtung zwischen den mittels Zugprüfgerät und elektrischem Fadenspannungsmesser (a) bzw. Gewichtssatz (b) ermittelten Werten.

Die Erfassung der Ausziehkraft kann schließlich sehr einfach durch Anhängen von Massestücken mit steigendem Gewicht erfolgen (Bild 11b$_3$). Es empfiehlt sich die Verwendung eines Gewichtssatzes mit 5-g-Abstufungen, wobei als oberste Grenze im allgemeinen ein 100-g-Gewicht genügt. Höhere Ausziehkräfte können durch eine Verringerung der Ausziehlänge erfaßt werden. An dem herauszuziehenden Faden wird eine Klemme mit Haken angebracht, mit dem - beginnend mit dem geringsten Gewicht - die einzelnen Massestücke nacheinander langsam hochgehoben werden. Die Gewichtskraft, mit der sich der Faden aus dem Gewebeverband herausziehen läßt, wird als 'Ausziehkraft' registriert, obwohl der Wert auch innerhalb der letzten 5-g-Stufe liegen kann.

In Bild 14b sind die mit einzelnen Gewichten bestimmten Ausziehkräfte den durch Zugversuch ermittelten Werten gegenübergestellt. Auch hier ist mit r = 0,98 eine gute Korrelation zu verzeichnen, jedoch liegen die mittels Gewichte erfaßten Werte durchschnittlich 8 % niedriger als beim Zugversuch, was wahrscheinlich auf die schlagartige Belastung beim Aufheben der Gewichte zurückzuführen ist.

c) _Problemanalyse und 'makroskopisches' Modell_

Aufgrund von Analysen schiebeanfälliger Gewebe und Literaturangaben [17, 25,26] können folgende Eigenschaftsmerkmale ein Schieben der Fadensysteme innerhalb des Gewebeverbandes begünstigen:

Garnherstellung
- Glatte Filamentgarne mit geringem Reibwiderstand der Garnoberfläche,
- weniger haarige Spinnfasergarne,
- steife, hochgedrehte Garne, die sich schwer verformen lassen.

Gewebeherstellung
- Weniger dicht geschlagene Gewebe, in denen die Garne beim Schußanschlag einer Verformung ausweichen,
- langflottierende Bindungen mit einer geringen Anzahl von Bindungs- und damit Reibungspunkten.

Veredlung
- Fehlende Makrostrukturentwicklung bei Geweben mit texturierten oder hochgedrehten Garnen,
- Eliminierung der Einarbeitung durch Spannen oder Auslösen innerer Spannnungen,
- Aufbringung weichmacherhaltiger Produkte.

Konfektion
- Zu geringe Nahtzugabe,
- zu geringe Stichdichte oder Fadenspannung,
- Nichtverwendung von Spezialnähten (z.B. Kappnähte).

Pflege
- Entfernung von Schiebefestmitteln der Ausrüstung,
- Zugabe von Weichspülern, welche den Reibwiderstand innerhalb des Gewebes herabsetzen.

Z u s a m m e n f a s s e n d kann gesagt werden, daß sich die Schiebeanfälligkeit durch _Kraftschluß_ (Faser-an-Faser- oder Garn-an-Garn-Reibung, Verklebung) und/oder _Formschluß_ (Verhakung von Fasern und Garnen, Verzahnung/Einarbeitung von Fadensystemen) vermindern läßt. Vor allem der Formschluß wird bei Verarbeitung von Textilien zu wenig genutzt.

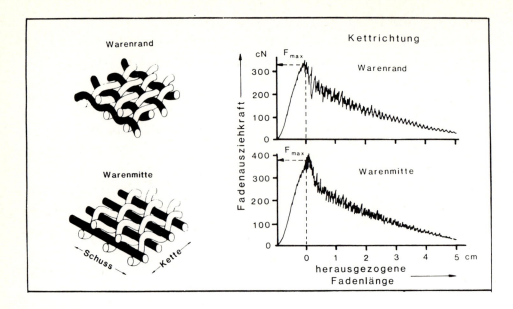

Bild 15: Fadenausziehkraftmessung in der Warenmitte und im Warenrand eines Gewebes. Modellvorstellung über die Lage der Fadensysteme in diesen Bereichen.

Der Einfluß eines abweichenden Formschlusses zwischen den Fadensystemen auf das Schieben wird z.B. bei der Ermittlung der Fadenausziehkraft in der Randzone und in der Mitte eines Gewebes deutlich (vgl. Bild 15). In den Randzonen zeigt das Kettmaterial eine ca. 15 % geringere Ausziehkraft, in Schußrichtung ist das umgekehrte Verhalten zu beobachten. Insgesamt betrachtet ist die Schiebeanfälligkeit in den Randzonen aber geringer.

Dieses Phänomen ist darauf zurückzuführen, daß sich beim Schußanschlag oder durch mechanische Beanspruchung in Folgeprozessen das Schußmaterial wegen fehlender Gegenkräfte in den Randzonen stärker einarbeitet und die Kettfäden entlastet. In Bild 15, links sind diese beiden Zustände schematisch dargestellt. Während in der Warenmitte die Schußfäden mehr oder weniger gestreckt vorliegen - was ein Schieben der Kettfäden auf dem Schuß begünstigt -, wird in den Randzonen eher eine 'Verzahnung' von Kette und Schuß festgestellt. Bei richtiger Fixierung eines derartigen Zustandes kann auch eine weniger dichte Ware schiebefest sein.

d) <u>Maximierung der Beständigkeit gegenüber Schieben</u>

Die Verbesserung des Schiebeverhaltens durch Erhöhung des Form- und Kraftschlusses auf konstruktivem Wege soll anhand eines Beispiels aus der Praxis verdeutlicht werden:

Ein Vorhangstoff aus einem Drehergewebe zeigte in Kettrichtung eine relativ starke Zieherempfindlichkeit. Das leichte Herausziehen von Kettfäden ist aus der Ausziehkraft in Abhängigkeit von der Ausziehlänge in <u>Bild 16</u> (unterste Gerade) ersichtlich. Durch eine Schiebefestausrüstung ließ sich die Zieheranfälligkeit etwas mildern (mittlere Gerade). Nach dem Waschen lag der alte Zustand wieder vor. Durch Veränderung der Lage der Drehergruppen D_1 und D_2 (vgl. Skizzen der Gewebequerschnitte im oberen Bereich von <u>Bild 16</u>) konnte ein besserer Kontakt der mittleren Dreherfäden (Kraftschluß) und ein größerer Umschlingungswinkel bei den außen liegenden Dreherfäden (Formschluß) erzielt werden. Bei vergleichbaren Ausziehlängen von z.B. 8 cm konnte durch diesen Eingriff eine Erhöhung der Fadenausziehkraft um mehr als das Doppelte erzielt werden (oberste Gerade in <u>Bild 16</u>).

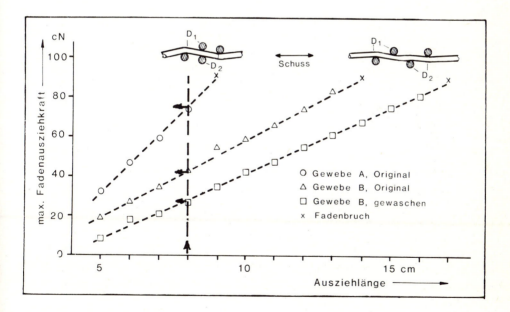

<u>Bild 16</u>: Bestimmung der Zieherempfindlichkeit eines Gardinenstoffes durch Messung der Fadenausziehkraft.

Beispiel 4: Maximierung der Beständigkeit von Velours-Teppichen
             gegenüber 'Shading'

a) Problemstellung

Bei gewebten und getufteten Velours-Teppichen können nach dem Verlegen fleckenartige Zonen mit einer von der Umgebung abweichenden Lichtreflexion entstehen, die dem Teppich eine unansehnliche Warenoptik verleihen. Diese Fehlererscheinung wird allgemein als 'Shading' bezeichnet. Eine Vermeidung des Shading-Effektes setzt die Kenntnis der Entstehungsursache voraus, für die in der Literatur jedoch keine eindeutige Erklärung gegeben wird. Daß aber eine Lösung dieses Problems möglich ist, zeigt die 'Anti-Shading-Garantie', die von einer deutschen Teppichfirma für ihre Velours-Teppiche gegeben wird [27]. Die Shading-Freiheit wird nach Aussagen dieser Firma auf verfahrenstechnischem Wege erreicht; Einzelheiten zu dieser Erfindung sind jedoch nicht offengelegt.

b) Stand der Prüftechnik

Die Untersuchung auf Neigung zur Shading-Bildung erfolgt im allgemeinen durch Verlegung des zu prüfenden Teppichs auf sog. Teststrecken, die stark begangen werden und eventuell eine definierte Klimatisierung erfahren. WANDEL [28] berichtet von einer 'Shading-Maschine', mit der es im Labormaßstab möglich sein soll, die Entstehung des Shadings zu simulieren und zu benoten. Einzelheiten über die Art der Simulationsbeanspruchung werden jedoch nicht angegeben.

c) Problemanalyse und 'makroskopisches Modell'

Nach Literaturangaben [28-30] sowie Beobachtungen am Verlegeort zeigen shading-befallene Teppiche folgende Merkmale:

- Das Material der Polnutzschicht besteht aus Natur- und Chemiefasern, wobei Teppiche aus Polyamid im Vordergrund stehen.

- Die Shading-Zonen sind auf eine Warenbahn beschränkt oder reichen über Schnittkanten hinweg in eine andere Warenbahn.

- Die Shading-Zonen befinden sich in Bereichen, die einer starken mechanischen Beanspruchung durch Begehen unterliegen. Sie befinden sich aber auch in nichtbegangenen Zonen, wobei eine mechanische Beanspruchung durch Staubsaugen nicht ausgeschlossen ist.

- Die Shading-Zonen liegen in Bereichen erhöhter oder wechselnder Luftfeuchtigkeit.
- In den Shading-Zonen verläuft die Strichrichtung anders als in den umgebenden Bereichen. Lupenuntersuchungen von Teppichquerschnitten aus dem Bereich von Shading-Grenzen zeigen eine abweichende Neigungsrichtung der Polschenkel, d.h. die einzelnen Polschenkel beschreiben einen Kreisbogen um ihre eigene Achse.

Bei der <u>Produktion</u> und <u>Ausrüstung</u> von Tuftingteppichen werden folgende Beobachtungen gemacht:

<u>Tuften</u>
- Die Garne werden je nach Reibung zwischen Garnoberfläche und Schlauchinnenseite mit unterschiedlicher Spannung den Tuftingnadeln zugeführt.
- Nach dem Aufschneiden des Pols ändert sich zeit- und klimaabhängig die Strichrichtung der Teppichoberfläche.
- Nach dem Abwickeln gelagerter Rohware werden shading-ähnliche Polverlagerungen beobachtet, die auf eine unterschiedliche Bewegungsfreiheit des Pols im Warenwickel hindeuten.

<u>Ausrüsten</u>
- In Wasch- und Färbeflotten tritt infolge der Quellung und/oder der Temperaturerhöhung eine unmittelbare Polverflachung ein. Es ist bekannt, daß Verformungen während einer Strukturveränderung des Faserstoffes mehr oder weniger gut markiert werden.
- Im Trocken- und Beschichtungsprozeß unterliegt die Polnutzschicht einer thermischen Behandlung, wobei eine Zustandsänderung des Pols hinsichtlich Schrumpf und/oder Drehungsänderung erfolgen kann.
- Dem Teppich wird zwangsweise bei der mechanischen Aufarbeitung des Pols eine Strichrichtung aufgeprägt.

Aus diesen Beobachtungen kristallisiert sich heraus, daß ein Polgarn im aufgeschnittenen, d.h. spannungslosen Zustand unterschiedlichen Temperaturen und Feuchten ausgesetzt ist, wodurch die Polnoppen eine Längen- oder Drehungsänderung erfahren können. Diesen Eigenschaftsmerkmalen galten Untersuchungen an Polyamid-Garnen, die zu ca. 80 - 90 % im Tuftingteppich-Bereich eingesetzt werden.

Untersuchung des Längenänderungsverhaltens von PA-Garnen

a) Einfluß der Temperatur auf das Längenänderungsverhalten von PA

In Bild 17 ist temperaturabhängig die Längenänderung eines vakuumgetrockneten PA-Filamentgarns unter einer relativ geringen Meßbelastung wiedergegeben, welche mit einem thermomechanischen Analysator [31] aufgezeichnet wurde. Bereits unmittelbar oberhalb der Starttemperatur ist ein zunehmender Schrumpf zu beobachten. Bei 150 °C wurde der Aufheizvorgang unterbrochen und das Material auf Raumtemperatur abgekühlt und erneut aufgeheizt. Dabei tritt eine reversible Längung und Verkürzung ein, aus der sich ein reversibler temperaturabhängiger Längenänderungskoeffizient von 0,01 %/°C errechnet. Bei 150 °C wird der Schrumpfvorgang an der Stelle der Versuchsunterbrechung fortgesetzt. Der Schrumpf ε_S bei einer Meßtemperatur setzt sich somit aus der bei Raumtemperatur ermittelten irreversiblen Längenänderung $\varepsilon_{S,R}$ (Restschrumpf) und dem reversiblen temperaturabhängigen Längenänderungsanteil $\varepsilon_{S,r\vartheta}$ zusammen.

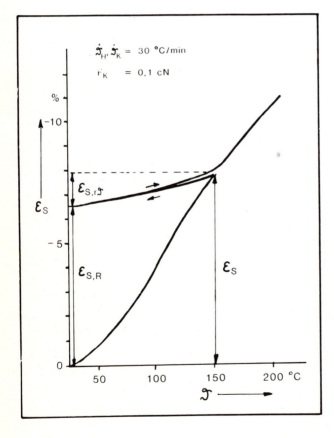

Bild 17: Thermo-mechanische Analyse von PA-66-Filamentgarn - Schrumpfmessung.
ε_S = Schrumpf
$\varepsilon_{S,R}$ = Restschrumpf
$\varepsilon_{S,r\vartheta}$ = temperaturabhängiger reversibler Schrumpfanteil
ϑ = Meßtemperatur
F_K = Meßbelastung
$\dot{\vartheta}_{H,K}$ = Heiz-/Kühlrate

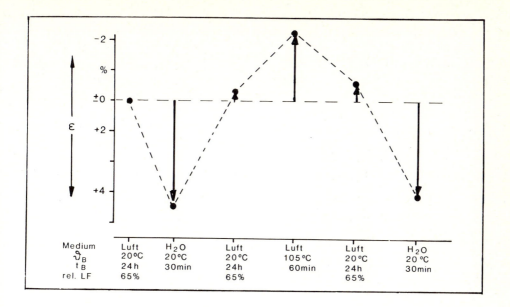

Bild 18: Reversible feuchtigkeitsabhängige Längenänderung von PA-66-Filamentgarn. ε = Längenänderung, ϑ_B = Behandlungstemperatur, t_B = Behandlungsdauer, rel. LF = relative Luftfeuchte.

b) <u>Einfluß der Feuchtigkeit auf das Längenänderungsverhalten von PA</u>

In <u>Bild 18</u> ist das Längenänderungsverhalten von einem PA-Filamentgarn bei wiederholtem Netzen und Trocknen wiedergegeben, wobei die Längenänderung auf die Länge im Normalklima bezogen ist. Zu erkennen ist, daß das Material sich beim Netzen längt und beim Trocknen verkürzt. Dieser reversible Vorgang wird als 'hygrale Dimensionsänderung' bezeichnet. Bei verschiedenen PA-Materialien wurden im letzten Behandlungszyklus Werte zwischen 2 und 7 % gefunden. Der erste Behandlungszyklus dient zum Auslösen des irreversiblen Schrumpfes.

<u>Untersuchung des Aufdrehverhaltens von PA-Garnen</u>

Zur Charakterisierung des Aufdrehverhaltens eines freien Garnendes wird ein Garn mit einer Torsionsscheibe belastet (<u>Bild 19</u>), in die über den Umfang 5 Lochreihen in einem binären Muster angeordnet sind [32]. Mit Hilfe eines Infrarotsenders und -empfängers werden die Löcher abgetastet und die Drehrichtung und Drehzahl der Torsionsscheibe bestimmt. Der Ofen dient der Untersuchung des Temperatureinflusses auf das Aufdrehverhalten.

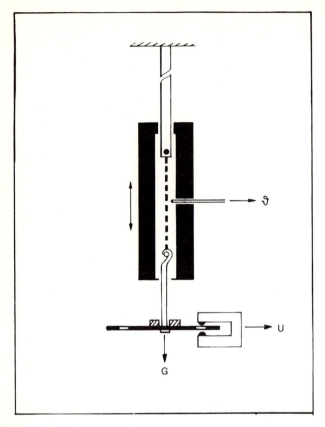

Bild 19:
Bestimmung des thermischen Aufdrehverhaltens Garnen.
ϑ = Meßtemperatur
G = Meßbelastung
U = Drehzahl/Drehrichtung

In Bild 20 ist das Drehverhalten von drei PA-Spinnfasergarnen wiedergegeben. Das Garn dreht sich zunächst entgegen der vorhandenen Drehrichtung auf, kommt zur Ruhe und dreht sich danach in einer harmonisch abnehmenden Schwingung zu und wieder auf. Der Meßvorgang ist erst nach relativ langen Zeit beendet. Hinreichend genau läßt sich der Endzustand bereits durch Mitteln der Aufdrehungen beim 2. und 3. Richtungswechsel der Torsionsscheibe bestimmen.

Um das Aufdrehverhalten eines Garnendes im spannungslosen Zustand zu beschreiben, wurde das Aufdrehverhalten belastungsabhängig untersucht (s. Bild 21) und die Kennlinie auf die Belastung 'Null' extrapoliert. Wechselnde Belastungen bei gleicher Meßprobe zeigten, daß das belastungsabhängige Aufdrehverhalten reversibel ist.

a) <u>Einfluß der Feuchtigkeit auf das Aufdrehverhalten von PA</u>

In Bild 21 ist das belastungsabhängige Aufdrehverhalten auch für einen unterschiedlichen Feuchtezustand des Materials wiedergegeben. Eine Befeuchtung des Garns bewirkt ein Aufdrehen und ein Trocknen ein Zudrehen.

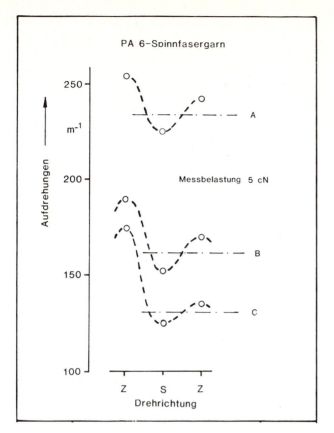

Bild 20:
Aufdrehverhalten von
PA-6-Spinnfasergarnen

Auch dieser Vorgang ist reversibel.

Aus diesem Versuch ist der Schluß zu ziehen, daß eine Verlängerung eines Garnes durch Belasten oder Befeuchten zu einem Aufdrehen und eine Verkürzung durch Entlasten und Trocknen zu einem Zudrehen des Garns führt. Demnach muß auch ein Schrumpfen der Filamente im Garn zu einem Zudrehen des Garns führen, was nicht weiter untersucht wurde.

b) Einfluß der Temperatur auf das Aufdrehverhalten von PA

In Bild 22 ist das Aufdrehverhalten von zwei PA-Spinnfasergarnen mit gleicher Garndrehung beim Aufheizen von Raumtemperatur auf 150 °C wiedergegeben. Die bei gleicher Ausgangsfeuchte geprüften Garne zeigen bereits bei Raumtemperatur einen Drehungsverlust von 55 % (Material A) bzw. 28 % (Material B). Das stärkere Aufdrehen von Material A hängt wahrscheinlich mit einer relativ hohen Elastizität dieses Garnes zusammen, wodurch eine weniger beständige Drehungsfixierung erreicht wird. Ein zunehmend elastisches Verhalten wird durch steigende, im Material blockierte Spannungen hervorgerufen, was durch Gleichgewichtsschrumpfkraftmessungen [31] nach-

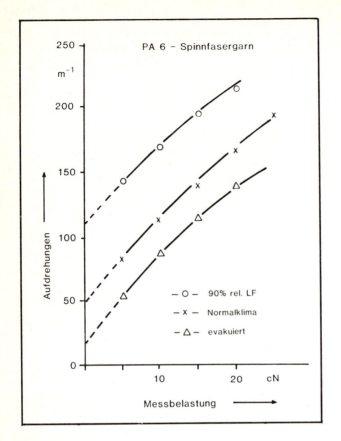

Bild 21:
Belastungsabhängiges Aufdrehverhalten von PA-Spinnfasergarnen mit unterschiedlicher Ausgangsfeuchte.

Bild 22:
Temperaturabhängiges Aufdrehverhalten von PA-Spinnfasergarnen mit unterschiedlicher Ausgangsfeuchte.

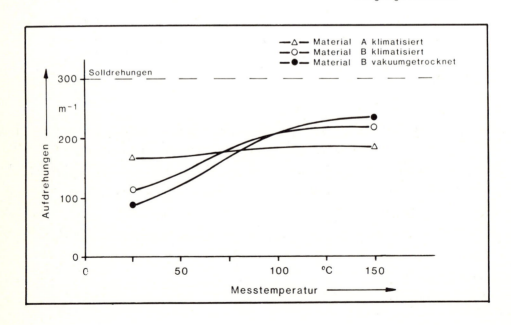

gewiesen werden konnte.

Beim Erwärmen auf 150 °C - womit eine thermische Behandlung der Teppichausrüstung simuliert werden soll - dreht sich das Material A nur geringfügig weiter auf insgesamt 62 % Drehungsverlust auf, während das Material B eine deutliche Aufdrehtendenz zeigt und einen Drehungsverlust von insgesamt 72 % zeigt. Die relativ geringfügige Veränderung des Aufdrehververhaltens von Material A beim Aufheizen ist wahrscheinlich darauf zurückzuführen, daß das Garn aufgrund der höheren blockierten Spannungen auch stärker schrumpft, was nach dem o.g. zu einem Zudrehen des Garnes führt und sich dem erwarteten Aufdrehen überlagert hat.

Das getrocknete Material B dreht sich beim Temperieren stärker auf, da hierbei die beim Trocknen eintretende Verkürzung des Garns (d.h. Zudrehen) nicht wirksam wird.

Schlußfolgerung: Aus den Beobachtungen am Verlegeort und von Teppichproduktionen sowie aus dem Verhalten von PA-Garnen bei wechselnder Temperatur und Feuchte hinsichtlich des Längenänderungs- und Aufdrehverhaltens ist für die Entstehung des Shading-Effektes folgendes 'makroskopische Modell' abzuleiten:

Die Polverlagerung im Gebrauch wird durch ein unterschiedliches Aufdrehen der Polenden hervorgerufen, wodurch sich lokal begrenzt die Strichrichtung ändert. Dieses Verhalten wird von der Stabilität der Drehung der Rohgarne geprägt und hängt von dem in der Ausrüstung erzeugten Gleichgewichtszustand der Pollage und -drehung ab. Im einzelnen steht das Aufdrehen der Polenden in der Verarbeitung und im Gebrauch mit den Garneigenschaften sowie der Teppichherstellung und -ausrüstung in folgendem Zusammenhang:

Einfluß des Rohgarns

- Bei PA-Garnen mit hohen <u>blockierten Spannungen</u> aus dem Spinn- und Verstreckprozeß lassen sich aufgrund des daraus resultierenden, guten elastischen Verhaltens Garndrehungen weniger gut fixieren, d.h. bei diesen Garntypen besteht die Tendenz, sich bereits bei Raumtemperatur aufzudrehen.

- Je nach Intensität der <u>Garnfixierung</u> wird die Garndrehung bei thermischen Folgeprozessen in der Teppichausrüstung mehr oder weniger stark verlorengehen.

Einfluß des Tuftingprozesses

- Hohe Garnspannung beim Tuften initiieren ein Aufdrehen der Garne, was unmittelbar nach dem Aufschneiden wirksam wird.

- Nach dem Aufschneiden der Polschlinge werden die unfixierten Garndrehungen allmählich ausgelöst. Eine zunehmende Poldichte sowie erhöhte Rauhigkeit und Haarigkeit der Polgarne verlangsamt diesen Vorgang. Gefördert wird die Tendenz zum Aufdrehen durch mechanische Beanspruchung der Ware (Vibration der Maschine) und durch erhöhte oder wechselnde Luftfeuchtigkeit.

- Das Auslösen der Drehung ist zeitabhängig. Eine unterschiedliche Arbeitsgeschwindigkeit und Unterbrechungen durch Reinigungsvorgänge führen zu abweichender Pollage der aufgewickelten oder abgetafelten Rohware.

- Je nach Bewegungsfreiheit in der gelagerten Rohware setzt sich der Aufdrehvorgang fort, so daß einer Naßbehandlung u.U. Ware mit lokal begrenzt abweichender Pollage vorgelegt wird.

Einfluß der Ausrüstung

- Allgemein führen Naßbehandlungen zu einer Materiallängung und damit zu einem Aufdrehen der Garne, Trockenprozesse zu einem Zudrehen. Je nach dem Grad der Orientierung der Polymerketten und der thermischen Stabilität des physikalischen Netzwerkes in den nichtkristallinen Bereichen der Faser im Rohgarn werden bei thermischen Behandlungen blockierte Spannungen ausgelöst [31], die ein Aufdrehen und ein Zudrehen (beim Schrumpfen bewirken. Aus den einzelnen Elementen resultiert ein bestimmtes Aufdrehverhalten.

- Bei Wasch- und Färbeprozessen erfährt die momentane Pollage eine mehr oder weniger stabile Fixierung. Über die Veränderung der Drehung in Flotten bestehen noch keine Modellvorstellungen.

- Bei Trocken- und Rückenbeschichtungsprozessen werden je nach Poldichte die ausgelösten Garndrehungen freigesetzt oder bleiben im Ungleichgewicht bestehen.

- Bei der Aufarbeitung des Pols wird eine Strichrichtung vorgegeben, die nicht immer dem Gleichgewichtszustand der zugeführten Pollage entspricht.

Einfluß des Gebrauchs

Im Gebrauch ist zwischen zwei Arten von Shading durch Polverlagerung zu unterscheiden:

1. Gebrauchsshading

Die Pollage bzw. die Garndrehung der gesamten (auch durch Schnittkanten unterbrochenen) Teppichfläche liegt im Ungleichgewichtszustand vor. Im Gebrauch werden die beiden Eigenschaftsmerkmale einem Gleichgewicht zustreben, was je nach Poldichte und dem Reibwiderstand zu den benachbarten Polnoppen - die naturgemäß eine entgegengesetzte Bewegungsrichtung zeigen - mehr oder weniger stark verzögert wird. Beschleunigt wird die Einstellung eines Gleichgewichtszustandes durch mechanische Beanspruchung (Begehen, Staubsaugen), da hierbei der Kontakt zwischen benachbarten, sich gegenseitig behindernden Polschenkeln aufgehoben wird. Durch Feuchtigkeitswechsel findet eine ständige Drehungsumkehr statt, wodurch sich ebenfalls die Polnoppen voneinander befreien können. Feuchtigkeitsunterschiede im Raum führen zu einer Einstellung des Gleichgewichtszustandes nach unterschiedlich langer Zeit.

2. Produktionsshading

Eine durch unsachgemäßes Lagern der Rohware hervorgerufene und in der Veredlung fixierte abweichende Pollage, die bei der Aufarbeitung des Pols nur latent eliminiert wurde, kann durch die unter Pkt. 1. aufgeführten Beanspruchungsmechanismen im Gebrauch wieder zum Vorschein gebracht werden.

d) Maximierung der Beständigkeit von Veloursteppichen gegenüber Shading

- Auswahl von Garnen mit geringen blockierten inneren Spannungen und verminderter Neigung zum Aufdrehen unter Temperatur- und Feuchtigkeitseinwirkung (durch Schrumpf- oder Schrumpfkraftmessung bzw. durch Bestimmung des temperaturabhängigen Aufdrehverhaltens bei unterschiedlicher Ausgangsfeuchte).

- Herstellung eines Gleichgewichtszustandes in der Pollage nach dem Tuften durch Zuführung der Rohgarne in die Maschine unter erhöhter Spannung. Zwangsweise mechanische Bearbeitung des aufgeschnittenen Pols unter Feuchtigkeitswechsel, wobei ein Spielraum um die einzelnen Polschenkel zu schaffen ist (z.B. durch Führung der Ware über eine Klinge). Die beruhigte Strichlage kann durch Reibungsmessungen ermittelt werden.

- Gleichmäßige Aufwicklung der Rohware.

- Mechanische Bearbeitung des Pols - evtl. bei gleichzeitigem Feuchtigkeitswechsel - während des Trockenprozesses und in der Schlußbehandlung. Auch hier fördert das Führen der Ware über eine Klinge die Einstellung eines Gleichgewichtszustandes.

- Eine zwangsweise Aufbringung einer Strichlage, die nicht der energetisch günstigen Strichlage entspricht, ist zu vermeiden.

- Am Verlegeort ist eventuell eine einheitliche Auslösung des Gebrauchs-Shadings durch mechanische Bearbeitung bei wechselnder Feuchte zu erreichen. Auf die Drehrichtung des Polgarnes ist bei rotierender mechanischer Bearbeitung Rücksicht zu nehmen.

Danksagung

Herrn Dr. Gerhard Heidemann danke ich für die Mitarbeit bei der Manuskripterstellung und die fördenden Diskussionsbeiträge. Frau Gabriele Götz und Herrn Dev Kapur gilt mein Dank für experimentelle Hilfe.

Wir danken dem Forschungskuratorium Gesamttextil für die finanzielle Förderung dieses Forschungsvorhabens (AIF-Nr. 4994), die aus Mitteln des Bundeswirtschaftsministeriums über einen Zuschuß der Arbeitsgemeinschaft Industrieller Forschungsvereinigungen (AIF) erfolgte.

3. Literatur

[1] DETERING, H.:
"Die geeigneten Futterstoffe für die diversen Artikel der Oberbekleidung für Damen und Herren."
Melliand Textilber. 63 (1982), 694

[2] HUTT, H.:
"Maschenwaren und Maßänderung - Überlegungen zwischen Herstellung und Verbrauch."
Wirkerei- u. Strickerei-Techn. 30 (1980), 720

[3] BERNDT, H.-J. und KEHREN, M.-L.:
"Mindestanforderungen von verschiedenen Institutionen an Bekleidungstextilien hinsichtlich der Maßänderung beim Waschen und Bügeln."
Recherche für das 2. Seminar für die Textil- und Bekleidungsindustrie am 9./10.11.1982 in Eschborn

[4] EHRLER, P. und SCHREIBER, O.:
"Simulationsprüfverfahren - ein Weg zur Erfassung technologischer Kenngrößen bei komplexer Materialbeanspruchung."
Textil-Praxis 39 (1984), 347

[5] BERNDT, H.-J.:
"Prüfung von Textilien."
in "Fachberichte Messen - Steuern - Regeln",
Band 12: "Sensoren in der textilen Meßtechnik"
Springer-Verlag Berlin/Heidelberg/New York/Tokyo (1985)

[6] BERNDT, H.-J., FRÖHLICH, W. und HEIDEMANN, G.:
"Prüfung von texturierten Polyestergarnen - ein Methodenvergleich."
Melliand Textilber. 63 (1982), 279, 344, 434

[7] KOCH, P.-A.:
"Faserstoff-Tabellen: Polyamidfasern."
Chemiefasern/Textilind. 25/77 (1975), 1013, 1093

[8] BÜHLER, G.:
"Grundsätzliche Betrachtungen zur Herstellung dimensionsstabiler Maschenwaren."
Wirkerei- u. Strickerei-Techn. 29 (1979), 101

[9] RÜTTIGER, W. und SCHMIDT, G.:
"Krumpf und Verformung, zwei wesentliche Faktoren zur Gütesicherung von Maschenwaren."
Melliand Textilber. 61 (1980), 526

[10] ANDERSON, S.L.:
"Abrasion & Service Testing of Fabrocs/"
Wool Sci. Rev. 32 (1967), 16

[11] BERNDT, H.-J. und Kapur, D.:
"Probleme der Scheuerprüfung von textilen Flächengebilden."
Melliand Textilber. 61 (1980), 962

[12] SOMMER, H. und WINKLER, F.:
"Gebrauchswertprüfung von Textilien."
in 'Handbuch der Werkstoffprüfung', Bd. 5, S. 1076
Springer-Verlag Berlin/Göttingen/Heidelberg (1960)

[13] BERNDT, H.-J. und KAPUR, D.:
"Bestimmung der Kantenscheuerbeständigkeit von Geweben."
Melliand Textilber. 65 (1984), 549

[14] WALZ, F. und LUIBRAND, J.:
"Die Gewebedichte."
Textil-Praxis 2 (1947), 330, 366

[15] BERNDT, H.-J.:
"Prüfung des Schiebeverhaltens von Geweben."
Melliand Textilber. 63 (1982), 376

[16] HOLDERER, H.:
"Theoretische Erwägungen für eine Prüfmethode zur Ermittlung der Verschiebefestigkeit der Fäden im Gewebe."
Textil-Praxis 6 (1951), 114

[17] VEER, L.S.:
"Ein neues Verfahren für die Bestimmung der Schiebefestigkeit von Geweben."
Reyon Rev. 13 (1959), H.1, 17

[18] SNV 98 471 (1959)

[19] LATZKE, P.M.:
"Eine neue Methode zur Bestimmung der Schiebefestigkeit von Geweben."
Textil-Praxis 25 (1970), 99

[20] SIS 650 037 (1960)

[21] BS 3320 (1970)

[22] CREMER, J. und MÜLLER, H.:
"Prüfung der Schiebefestigkeit von Geweben, ein Vergleich verschiedener Methoden."

[23] BERNDT, H.-J.:
"Die Messung der Ausziehkraft eines Fadens, eine einfache Methode zur Bestimmung des Schiebeverhaltens von Geweben."
Melliand Textilber. 64 (1983), 917

[24] BERNDT, H.-J. und HEIDEMANN, G.:
"Messung der Ausziehkraft von Einzelfäden - ein Methodenvergleich."
Melliand Textilber. 65 (1984), 742

[25] HECKNER, R.:
"Die Gewebeschiebefestigkeit."
Bekleidung + Wäsche 33 (1981), 11

[26] GREVE, J. und MEYNEN, U.:
"Prüfmethoden der Schiebe- und Nahtausreißfestigkeit."
Bekleidung + Wäsche 30 (1978), 477

[27] N.N.:
"Das Shading-Problem ist gelöst!"
Objekt 10 (1983), H.6, 6

[28] WANDEL, M.:
"Untersuchungen zum Shading-Problem."
Chemiefasern/Textilind. 29/81 (1979), 602

[29] JACQUEMART, J.:
"Le miroitement des tapis."
Bull. ITF 23 (1969), H. 145, 821

[30] N.N.:
"Hinweis für das Verkaufsgespräch über Schattierungseffekte bei Veloursteppichen."
Informationsschrift des Deutschen Teppichforschungsinstitutes e.V. Aachen (1981)

[31] BERNDT, H.-J.:
"Thermomechanische Analyse in der Textilprüfung - Methodik und Anwendung."
Textil-Praxis 38 (1983), 1241; 39 (1984), 46

[32] BERNDT, H.-J. und BEIER, M.:
"Bestimmung des unberuhigten Dralls von Garnen und Zwirnen."
Melliand Textilber. 65 (1984), 150

Anhang

Der Verein Textildokumentation und -information e.V.[*] hat in einer Bibliographie mit dem Titel

"Sensoren und Computer in der Textilindustrie"

die seit 1983 erschienenen Veröffentlichungen zusammengefaßt und in die Bereiche "Fadenbildung/Flächenbildung" mit den Fachgebieten

- Spinnerei/Spulerei,
- Weberei,
- Mascherei,
- andere Bereiche der Flächenbildung,
- Warenschau/Transport,
- Betriebsorganisation/Management

sowie "Veredlung" mit den Fachgebieten

- Spann- und Trockenmaschinen,
- Färberei,
- Druckerei,
- Warenschau/Transport,
- Betriebsorganisation/Management

geordnet.

Eine Bibliographie zur gleichen Thematik für die Bekleidungsindustrie befindet sich in Vorbereitung.

---

[*] VTDI Schloß Cromford
Cromforder Allee 22
D-4030 Ratingen 1